商业街区管理
理论与实务

范小军 史立辉 刘 婷 著

清華大学
出版社
北京

内 容 简 介

商业街区是传播城市商业文化、体现商业个性、承载商业内涵的重要载体和窗口,高品质商业街区有助于提升城市品位、促进城市高质量发展。本书的写作目的是对商业街区运营与管理进行系统的阐述,从而为商业街区高质量运行提供理论借鉴和实际运作指导。本书从世界商业街区发展背景出发,研究特色商业街区的形成机制、管理方法,探索提升特色商业街区品位的方式、手段,充实、完善了高品质商业街区发展的理论基础,指出了世界商业街区未来趋势,分析了商业街区打造的宏观环境和商业街消费行为,提出了商业街打造策略,探讨了商业街运营管理策略。

本书内容翔实、案例丰富、图文并茂、知识系统,包含了大量一手数据与研究资料,可供商业街区的政府管理部门、运营管理者和商业街商户阅读、使用。

图书在版编目(CIP)数据

商业街区管理理论与实务/范小军,史立辉,刘婷著.—北京:清华大学出版社,2024.2
ISBN 978-7-302-65361-5

Ⅰ.①商… Ⅱ.①范… ②史… ③刘… Ⅲ.①商业街—城市规划 Ⅳ.①TU984.13

中国国家版本馆 CIP 数据核字(2024)第 040068 号

责任编辑:刘士平
封面设计:傅瑞学
责任校对:刘 静
责任印制:刘 菲

出版发行:清华大学出版社
  网 址:https://www.tup.com.cn,https://www.wqxuetang.com
  地 址:北京清华大学学研大厦 A 座   邮 编:100084
  社 总 机:010-83470000   邮 购:010-62786544
  投稿与读者服务:010-62776969,c-service@tup.tsinghua.edu.cn
  质量反馈:010-62772015,zhiliang@tup.tsinghua.edu.cn
印 装 者:三河市龙大印装有限公司
经 销:全国新华书店
开 本:185mm×260mm   印 张:22   字 数:530 千字
版 次:2024 年 4 月第 1 版   印 次:2024 年 4 月第 1 次印刷
定 价:89.00 元

产品编号:094137-01

编　委　会

时筠仑　　李　伟　　史立辉

范小军　　李志平　　刘　婷

本研究受上海大学世界商业街区研究院经费支持

商业街区是传播城市商业文化、体现商业个性、承载商业内涵的重要载体和窗口。从国际上看,高品位步行街已经成为国际化大都市的基本配置,如纽约第五大道、巴黎香榭丽舍大街、东京银座等,这些地方街道干净整洁、建筑风格独特、门店装修精致,让人们在休闲的过程中感受着城市的魅力。从国内来看,北京的王府井、上海的南京路、成都的春熙路、重庆的解放碑,也都成为所在城市的地标性街区。2018 年 6 月,商务部在北京召开全国高品位步行街建设工作动员会议,提出开展高品位步行街建设是活跃城市商业、扩大城市消费的重要举措,是提升城市品位、促进城市高质量发展的重要内容。提升品质内涵、打造特质魅力成为国内步行街建设的当务之急。

上海素有“东方巴黎”“购物天堂”的美称,电子商务的快速发展对上海购物品牌产生了较大冲击,伴随消费者体验需求的回归,特色商业步行街区的建设成为上海升级购物品牌的重要抓手。上海市有 67 条特色商业街区,在政府对特色商业步行街区建设的推动下,对目前上海市特色商业街区进行调研分析,存在三个方面的主要问题。首先,部分街区特色不足,基本上就是“逛吃买”,同质化现象严重,对相应的街区缺乏记忆点;其次,自身迭代更新机制未形成,长期发展“后劲”不足;最后,缺乏中华传统文化潜力的挖掘,如何利用、配合,使其能够在特色商业街区中体现中国元素、上海符号,能够对其文化内涵进行深入挖掘,是上海所有街区共同面对的长远课题。放眼全国,商业街区建设存在类似的特色不明显、运营缺乏创新等一系列问题,有必要为商业街区运营与管理提供系统、规范的理论指导,以推动全国商业街区的高质量发展。

本书通过对商业街区运营与管理进行系统的阐述,为商业街区高质量运行提供理论借鉴和实际运作指导。本书共 3 篇,第 1 篇介绍商业街区发展的环境,主要帮助读者完整地理解商业街区的发展历史、宏观环境和消费环境,包括商业街区的发展历史与趋势(第 1 章)、商业街区发展的环境分析(第 2 章)、商业街区消费行为分析(第 3 章)。第 2 篇深入分析商业街区的运营管理策略,为商业街区发展规划和具体运营提供理论指导,包括商业街区的发展战略模式选择(第 4 章)、商业街区的品牌打造(第 5 章)、商业街区的功能布局与业态选择策略(第 6 章)、商业街区的商户管理策略(第 7 章)、商业街区的氛围营造策略(第 8 章)、商业街区的运营管理模式(第 9 章)。第 3 篇为商业街区运营效果评估,为优化商业街区运营提供科学决策指导,包括商业街区发展中的政府作用机理(第 10 章)、商业街区的产出效应分析(第 11 章)和商业街区运营评价体系(第 12 章)。

本书的特点如下。

(1)把握商业街区发展的前沿趋势。本书主要基于相关领域的前沿学术成果和作者长期的研究积累,全面反映全渠道营销的最新发展趋势,如商业街区消费者行为、商业街区的品牌塑造、商业街区评价指标体系等内容，均是最新的前沿研究成果。

（2）系统思维。本书从多个角度系统阐述商业街区发展，既让读者理解商业街区整体发展趋势，又帮助读者理解商业街区发展动因，同时从商业街区运营的全过程维度为商业街区运营提供理论指导，为商业街区管理者解决运营中的具体问题提供针对性建议。

（3）关注商业街区运营效应。本书从政府角度、产出效应、评价指标体系三个维度关注商业街区运营效率，为商业街区管理者提供一个衡量商业街区运营质量的客观标准。

作者

2023 年 12 月

CONTENTS ━━━━━━━━━━━━━ | 目 录 ▢ ▫▫

第2篇　商业街区的运营管理策略

第3篇　商业街区运营效果评估

第1篇

商业街区发展的环境

第1章 ◆

商业街区的发展历史与趋势

1.1 商业街区的内涵及历史变迁

本节首先从街区和商业街的概念入手层层递进到对商业街区内涵的介绍,接着详细介绍商业街区的主要特征,包括服务性高、可达性强、品种多样、专业化程度高、互动性强及开放的公共空间,最后从西方国家和中国古代两个视角追溯商业街区的起源与发展历程,并总结出世界商业街区的七大发展阶段。

1.1.1 商业街区的内涵与特征

1. 商业街区的含义

"街区"的概念最早来源于西方国家,由外文 block 翻译而来。街区是四周被道路围绕的最小区块,其内部涵盖建地、建筑物等。一座城市由各种形态的街区组合而成,并依托河流、街道等构成的公共系统运转。因此,街区是城市结构的基本组成单位,也是城市规划的一个重要元素,为城市发展带来活力。不同的街区在城市发展中承担着各自特定的职能,包括商业街区、居住街区、生产街区、混合街区等,它们具有不同的主导功能。由于互补作用的影响,不同形态的街区通过集聚效应构成整个城市的功能体系。

商业街区是指在一定城市用地范围内,商业和服务功能占主导地位的区域。商业街区的概念是在商业街的基础上发展起来的。具体来说,商业街是指能够满足人们生活和社会的需要,以具有商贸功能和一定规模的街道建筑物为载体,以大量生产经营商家为主体,由集聚的商业、服务设施按照街道的结构比例规律地进行布局,在特定的区域范围内具有一定影响力的开放式商业群体。商业街是现代城市不断发展的产物,它从人性、文化和城市进化的角度出发,在满足居住需求的同时提供丰富的商业和休闲配套,突破单一型街区功能,成为一种混合型增值物业。多条商业街在同一区域发展起来,逐渐集聚形成大型商业街区。总的来说,商业街区是指由一条主干商业街道主导,其他相连通的支干商业街道共同包围而成的商业群带。

商业街区作为城市的基本要素之一,是城市战略网络中的关键组成部分。对商业街区的理解可以从它的四个概念化功能入手:物理结构、交流场所、交通走廊和房地产。首先,商业街区作为一种物理结构,包括多条商业街道、商业建筑、街道上的各种设施和服务的场所、街区自然景观和设计、街道家具和景观小品等,与城市管理直接挂钩。商业街区是城市商业活动的载体,在商业街区内举办的各式各样的活动通常都具有一定的历史渊源,并且无论是从经济上还是从科技上,对时代的变化都极为敏感。其次,商业街区作为重要的交流场所,连接不同的定居点,容纳了社会、文化、政治和经济等多方面的互动。尤其是在大多数欧美国家,商业街区代表着社区的精髓,在社会各阶层之间起着重要的社交和互动作用,特别是对于流动性较弱的地区,以及把本地购物作为定期甚至是唯一的社交联系来源的人群来说,更为重要。再次,商业街区也是城市的交通走廊,是贯穿整个城市的联系和沟通的渠道,与城市的交通规划紧密相关。商业街区通常位于多种交通工具的交汇处,保证街区交通的便利性和易达性,包括地铁、火车、公共汽车、步行等多种方式。最后,商业街区作为房地产的重要载体,涵盖了零售业、休闲娱乐业、商务场所、居住地等多种功能,体现了城市多种所有权和分散所有权的多样化使用和投资,对城市的地产投资和所有权规划有着重要影响。总的来说,商业街区可以视为一种城市中的物理结构、交流场所、交通走廊和房地产的综合体。

商业街区也是城市特有的一种商业集聚现象。商业集聚是指大量不同种类的商业企业在地理空间上的集中布局,导致在一定的商业街范围内商业网点密度和专业化程度较高。商业集聚程度的不同在一定意义上决定了商业街区的规模大小和辐射范围,其发展一般要经历五个阶段。在萌芽阶段,为了满足规模很小的居住区居民的日常需求,居住区周边布局了少量的小型便利店、菜市场、服装店或个体理发店;随着居民规模的扩大,人们的消费需求扩大,购买力也相应提升,出现了种类更多、体量更大的商业,包括大型菜市场、百货商场、超市、品牌服装店等零售店,零售业逐渐集聚,形成商业街区的雏形,这便是商业街区的零售业阶段;由于零售业态的日益增加和扩大,商业街区吸引了一些专业批发商、集贸点和中介服务等商贸机构,进入商贸集聚阶段;当商业街区逐渐发展成为城市或巨型都市的中心时,商业街区业态趋向于多元化发展,大型商厦、国际品牌店、金融机构等入驻商业街区,成为城市的中心商务区(CBD),过渡到商务集聚阶段;随着商业街区品牌效应的扩大,商业街区逐渐成为城市地标或著名景点时,大量游客蜂拥而至,中心商务区(CBD)逐渐向休闲娱乐商业区(RBD)转化,进入文化娱乐集聚阶段。总体上,商业街区发展的五个阶段也是城市发展历程的缩影,一般在每个阶段上都要花费大量时间,但偶尔也会出现阶段上的重叠发展。

2. 商业街区的主要特征

（1）服务性高

城市商业街区应该提供满足人们日常生活需求的产品和其他便利设施,集中于为当地居民提供服务。在欧美国家,商业街区的整体规划一般以社区为基础并积极响应当地需求,提供本地化服务。社区服务性在商业街区发展的初始阶段是基于零售的,包括零售业的类型、位置分布和服务程度等,随着规模的扩大和经济的发展,更多服务业态开始进入商业街区,服务功能趋于多元化。

商业街区为了适应社会的变化,其服务功能从提供单一的零售商品转变为提供全方位的服务。比如为市民提供日常休闲的场所,增加旅游观光的内容,引进更多文化休闲业态等,以满足人们多样化需求。综合性的商业街区为消费者提供"一站式"服务,将购物、餐饮、文化、旅游、休闲娱乐、金融、医疗、交通等多种功能融合,将街区的服务性能最大化。

服务质量是商业街区不可或缺的软实力,提供优质的售前、售中、售后服务,营造舒适健康的休闲环境,为消费者带来良好的消费体验,从而吸引更多的回头客,将街区的人流量最大限度地转化为消费量,提升整个商业街区的品牌口碑。

（2）可达性强

商业街区作为城市的公共空间,位于城市的某一特定区域,由于客流量较大,一般设置在多种交通方式的交汇处,地铁、公交、汽车等交通工具能够方便抵达。在特大城市,商业街区的地段优势将会更加明显,位于城市的商业中心,公共交通线路点的设置数量大,地铁站出入口间隔短,公共汽车班次多,保证商业街区内人流的随时进出。除了优越的周边交通条件,商业街区的主要街道大多是可步行的,它的人行道和车行道的交通动线安排与所在城市的交通体系息息相关。消费者既可以通过乘坐公共交通工具抵达街区,也可以从距离近的办公区或居住区直接步行进入街区,因此具有某些以行人为导向的设置,如人行道。步行街道的设置提高了商业街区的可逛性,能够有效延长消费者的停留时间,增加消费的可能性。

（3）品种多样

商业街区作为相当数量商户的集聚群体,容纳了多种不同的商业形态,提供各色各样的商品。百货商店、超级市场、大型购物中心等不同种业态互为补充,又互相竞争,形成统一的街区商业链。即使是同类商品,也有侧重点各异的不同品牌竞相提供,在商品的质量、功能、包装等方面形成各自的特色,使得消费者拥有广泛的选择空间。城市商业街区作为本地的展示窗口之一,为当地企业家和当地特色化品牌提供了众多机会,比如鼓励小型老字号企业入驻街区,也给予消费者尝试本地特色产品的机会。

随着经济全球化的深入发展,国际贸易日益密切,除了商业街区所在城市本土品牌和国内品牌外,大量国际品牌涉足跨国经营,入驻具有较强活力的商业街区,将具有异域风情和特色的商品提供给更多的消费者,满足他们更加多方位的购物需求。尤其是大都市的商业街区,汇聚了众多国际时尚品牌,有的街区逐渐发展成为国际名品街。当地老字号品牌、国内品牌和国外品牌在商业街区的聚集,给当代消费者提供了更加丰富的选择,也提升了他们的消费体验和满意度。

（4）专业化程度高

现代商业街的重要特征之一就是分工细、专业化程度高。在互联网时代,无论是信息还是商品服务都在爆炸式增长,市场上出现千篇一律的产品和让人眼花缭乱的众多品牌,消费者在这样的市场环境下更加注重商品和服务的专业化,并且开始追求个性化的定制消费。商业街区为顺应消费新趋势,引入了大量的专卖店和专营店,以提供更加精细、更加专业的服务。例如,在大多数商业街区的鞋店中,对鞋子种类的划分越来越细,如运动鞋、板鞋、帆布鞋、皮鞋、高跟鞋等,又根据运动鞋的运动种类（篮球鞋、网球鞋、跑步鞋等）划分不同类型的专营店。另外,街区的商品和服务主攻的方向更加明确,一些品牌有针对性地细分其目标市场。比如,耐克和阿迪达斯等运动品牌根据性别的不同特征和喜好进行深入研究,在街区的不同位置分别开设女性专卖店和男性专卖店。专业化商业街区的不同专卖店之间的互补作用更强,有利于形成良性竞争。

（5）公共空间的开放性

商业街区外部空间是城市公共空间系统的重要组成部分,向全体市民开放,不同于居民街区的封闭性,它是公众共享的公共活动空间,承载着多种形式的城市社交活动。开放性是商业街区的基本特性,商业街区的设计与建设都建立在其作为开放、包容的城市复合空间的前提下,通过引入多种业态和景观小品吸引客流。主题公园、休闲广场、绿色步行区等公共空间的设计能够为街区汇聚更多潜在消费者,提供更充分的参观理由,不只是局限于购物,也可以带家人来这里野餐休憩、闲逛。商业街区外部空间与城市公共空间系统的结合可以形成联动效应,为城市居民提供高质量的服务,丰富人们的日常生活,产生良好的社会效益。

(6) 互动性强

商业街区作为一种混合型增值物业,辐射周围的居民区,起到连接不同居民点的作用,为城市居民提供了社交的公共空间。虽然商业街区的功能主要集中在商业经济,但是其作为城市重要的交流场所,容纳了社会、文化、政治等多方面的互动。不同人群在商业街区内进行接触、交流和分享,以及人与景、物之间的互动都为商业街区增添人气和活力。比如,销售员和消费者之间的互动、消费者与朋友之间的互动、行人与街区景观小品的互动等。商业街区作为许多商业活动的举办场地,为城市居民创造了很多与他人建立联系的机会,这种联系是跨越社会各阶层的互动。特别是在欧美国家,商业街区体现了西方社区文化的精髓,促进社区之间的流动与交往,对于社会的稳定有一定的推动作用。当商业街区发展到较高程度,向休闲娱乐商业街区转变时,这种互动性体现得最为明显,文化娱乐活动与服务丰富了人们的精神世界,增进了人与人之间的交往。

1.1.2 商业街区的发展历史

商业街区的发展是随着城市的繁荣与发展自然出现的,是商品经济发展的必然结果。城市,是行政中心"都城"和商业中心"市"的结合体,"城"与"市"二者的概念完全不同,但在古今中外的城市建设过程中证明,"市"在社会发展与城市构成中处于不可或缺的重要地位。但与此同时,"市"的规模、形态和布局深受经济兴衰、科学技术和人们生活方式的变化的影响,不断进行改变以适应新环境。

1. 西方国家商业街区的起源与发展

在西方国家,商业街区最早起源于公元前184年,罗马执政官伽图在巴西利卡内打造了历史上第一条商业步行街。中世纪与文艺复兴时期,随着贸易的扩展,城市街道逐渐成为市民生活的中心,街道始终是商业活动的主要发生地,而街道两侧的建筑则成为商业活动的重要场所。然而,在大约三十年间,欧美发达国家的城市商业街区的发展经历了从市区到郊区又重新回到市区的往复过程。

19世纪中叶,有轨马车被大量使用,逐渐成为城市的公共交通工具,人们的通行能力因此大大提高,活动的范围也日益扩大。为了接触到更多顾客,零散分布在街坊的店铺开始往交通便利、人流量大的街道迁移,形成众多商店集聚在同一处的现象。人们为了追求方便,更频繁地到商店集聚地采购,顾客数量和规模不断扩大,商店的利润也相应提升,从而吸引了更多的商铺入驻,最终在街道的两边形成了鳞次栉比的商业街。这种通过商铺自发地融合而形成的商业街,其规模、形态和经营模式都没有固定的标准,属于商业街区发展的最初期阶段。随后,经营服装、小百货和纺织品的商店逐渐发展成大型综合商店,销售多品种的商品,规模庞大,采用薄利多销的经营模式,吸引了众多顾客,在商业街中具有压倒性的优势。世界上第一家百货商店正是在1852年建立在巴黎塞纳河左岸的Bon Marche,它在商业竞争中脱颖而出成为商业街的核心,迫使街区的其他店铺往专业化方向发展以求得生存。这时的商业街形成了以综合百货商店为主体,多家中小型专业商店为辅助共同发展的商业街模式,二者相互竞争又相互依赖,实现商业街的共赢,缺一不可。这种商业街典型模式随着社会经济的不断发展,在欧美各国扩散开来,并逐渐形成了19世纪末30年代的典型商业街区布局:大型百货商店位于商业街两端最有吸引力的位置上,专业商店和一些服务设施平行布置在中间街道两边。

20世纪60年代初,经济增长带来的城市外扩和机动车的普及造成了市区的衰落。欧美国家的一些城市逐渐将私人小汽车作为主要交通工具,人们可以很方便地往来于城郊之间,再加上市中心商业街区的地价、污染等问题,中产阶级纷纷选择定居郊外。市区商业街的顾客越来越少,营业额不断下降,逐渐萧条停业,比如美国费城的东市场商业大街。面对市中心的衰落,零售商们跟随中产阶级消费群体一起迁移到郊外,适应时代客观条件的发展和人们生活方式的变化,建立起以购物中心为主体的新商业中心。郊区的购物中心大都建立在交通要道附近,比如在美国,一般设在高速公路附近,保证充足的停车空间。另外,郊区的购物中心在原有经营配置的基础上,通过添加餐饮服务和休闲娱乐业态吸引消费者,如咖啡店、电影院、游泳馆、美容院等。这时,商业街区的发展已经打破了原来单一的商店群自然集聚的模式,开始向具有多功能的综合商业中心发展。

20世纪70年代初,西方的能源危机造成油价上涨,对郊区购物中心的影响巨大,此时,市中心的商业重建成为有效的解决方法——既可以利用城市已有的公共交通体系来节约燃油,又可以利用市区原有的基础设施减少开发资金。与此同时,欧美各国普遍实施城市复兴计划,出台了鼓励政策,商业街区的重建和开发成为主要手段,被统一纳入城市整体规划之中。因此,从20世纪70年代中期开始,掀起了"商业区重返城市"的潮流,欧美各国城市都轰轰烈烈地进行市区商业街区改建工作,逐步形成了现代意义上的商业街区。这次的商业街区打造融合了传统的商业街区典型布局和郊外购物中心多功能的众多优点,同时还根据各国不同的交通特点,形成了众多成功的、独具特色的商业街区。与此同时,为了解决之前市中心车辆拥挤的问题,商业步行街成为主流形式,人车分离,给顾客们带来安全、舒适、便捷的购物环境。美国在20世纪六七十年代就出现了200多条商业步行街,这种模式给商业街区的发展带来了新的繁荣。

20世纪90年代至今,经济全球化的深入发展使城市成为世界经济与当地经济的连接窗口,互联网突飞猛进式的发展为全球信息化和零售业的大变革带来了前所未有的机会。商业街区为了适应时代的变化、保持其生命力,必须强化其主题性、体验性并向智慧化发展。

2. 中国古代商业街区的起源与发展

中国的商业街区起源最早可以追溯到商周时期设立的坊市制度,它是作为"市"的一种基本形态,随着城市封建商业经济的发展而自然形成的。

"城"和"市"在中国最初是被严格分开的,不仅是在概念上,在建筑布局上也是分隔的,市在城外。"市"指以交易为目的的场所,最早起源于原始社会氏族、部落之间自发形成的在乡野之间集聚的交换地。坊市制度最主要的表现是将住宅区和交易区严格分开,用法律和制度对具体的交易时间、地点严格控制约束,在居住区内禁止经商。随着生产的进步,到了夏朝后期,"市"逐渐向城内演进,成为城中的工商业区,极大地改变了原有的堡垒式空间结构和人们的生活方式。"日中为市,日落散市"是中国早期商业街市的基本格局。

春秋时期之后,我国古代商业街区空间的发展主要分为两个阶段:唐以前,市作为"宫市"的形式进入城内,形成统治秩序下封闭集中的市场;宋初后,商业建筑冲破古典市制,出现临街设肆的现象,与行、市结合形成开放式商业街市。

秦始皇统一货币以前,商业活动以实物交换为主,生产与消费者直接联系,生产者即为消费者。古典市制的发展使商市从流动、无固定空间发展为拥有固定场所和定时定量的公共空间。到了汉代,民间自由贸易在"无为而治"的大背景下发展起来,京都长安出现了最早的东西两市。但这时"坊市制度"仍然延续下来,政府对市的区域进行划定,市与住宅、政府机关严格分开。唐初,城市中仍实行严格的里坊市制,直到中唐时期,城市集聚发展,涌现出大批新型商业城市,比如江南地区的扬州、杭州等,商业也随之繁华,成为支撑城镇发展的主要动力之一。这样,城市的政治、军事功能相对下降,工商业职能逐渐提升,兼具经济与政治功能。延续至今的坊市制度限制了商业的发展,逐渐被越来越多的人反对,公然违反者也日益增多,"市"开始从封闭点式向开放线式全面扩张,商业建筑冲破"市"的空间限制并在开放街道延伸,里坊逐渐消散。

北宋仁宗时期,里坊制度在商业的发展下彻底瓦解。汉唐以来封闭的里坊演变成开放的街道,商铺分散在街道两边,门面直接面向大街招揽客人,联成街市。市与城全面融合,不再区分开。相同或相近的商业店铺集聚在一起,街市的发展开始呈现出均质特征。宋朝的城市零售商业发展到了封建社会商业的顶峰,商业街市的店铺门类多样,还出现了新型的服务行业,逐渐演变成汇聚零售店铺、酒楼等餐饮业、戏院等娱乐业聚集的综合性消费场所。元朝时期,政府大力扩张海权,重视海外贸易,商业街市的形态越来越丰富,庙市、灯市、书肆等多种形式展现在街区,为商业街区注入新活力。明初的重农抑商政策并没有阻碍商业的发展,一些以商业贸易为主的经济型城镇发展起来,特别是在滨水地区交通便利的区域。清朝"康乾盛世"时期,城市庙市发展繁盛,数量大大增加,出现了著名的"十大商帮",城镇经济职能更加突出,城镇的商业街市成为商帮们的货物集散地,从而促进了商业街市的蓬勃发展。这些城镇相互依靠,逐渐形成了完善的商业网络体系。同时,提供某类商品集中交易的专业街道大量出现,在地方商帮和地方庙会的影响下,一批富有地方特色的商业街区开始形成,专业化程度提高。

中华人民共和国成立以后,很多城市中心的商业街区是从原有的传统商业街改造而来的,北京的王府井、西单,上海的南京路、豫园等都是改造十分成功的商业街区。自改革开放以来,商业迅猛发展,城市规模急剧扩大,与西方城市的发展类似,传统的城市中心在不断发展变化,出现城市多中心化现象。一方面,新中心区商业街区的建设如火如荼地展开,大量开发商一拥而上,造成商业街区同质化现象严重。另一方面,由于旧中心商业区的衰退,需要加强对传统商业街区的保护与改造,为商业街区的发展重新注入新的生命力。

3. 世界商业街区的发展历程

纵观全世界的商业街区的发展历程,大体上都经历了七个主要阶段。

（1）集市贸易阶段

随着某一地区的人口集聚,生活需求增加,一些地理位置较为便利的区域出现了越来越多的流动商贩,比如十字交叉路口或者人流量大的街道路口。这些流动商贩没有固定的交易场所,主要是进行露天交易,经营时间也不确定,经营产品种类凌乱,规模很小,这属于商业街区发展的集市贸易阶段,是商业街区发展的初始阶段。目前,一些落后农村和偏僻城市发展起来的集市贸易和露天市场仍属于此阶段,在国内外均可以找到典例。

（2）店铺交易阶段

随着商贩数量的增多与来往的密切,商贩逐渐追求稳定的客源,开始寻找固定的店铺经营,进入店铺交易阶段。商户们相邻布局在街道两侧,有了固定的交易场所和交易时间,经营条件得到改善,规模逐渐扩大,但商铺之间的联系合作较少,大多数都处于自我探索、自我发展的状态。这一阶段的商业街区的主要发展目标仍然是满足当地消费者的需求。

（3）区域性商业中心阶段

在此阶段,商业街区的集聚效应更加明显,店铺数量激增、种类更加多样化,多种不同的商业业态在商业街区集合,逐渐形成区域性商业中心。此阶段的店铺营业时间延长、位置集中、辐射范围扩大,不再局限于满足当地人的需求,开始辐射周边地区,并且拥有了较好的经营条件,商铺之间的竞争日益加深。

（4）规模扩大阶段

随着人们生活需求的增长,商业街区开始扩大经营规模,增加产品种类,出现了一些大型商业街区,进入规模扩大阶段。这一阶段商业街区最大的特征就是规模迅速扩大,商铺个体的创新活动明显增加,远远多于简单的模仿。并且商铺之间的联系加深,开展多种互补合作活动,这一变化带来的效果超过了原来的激烈竞争。此时商业街区进入发展高速增长期。

（5）结构优化阶段

随着商业街区的技术、信息、供销网络迅速发展,综合性百货商店、连锁超市等新型商业业态入驻商业街区,并且凭借着压倒性优势成为商业街区的主力店铺,占据着最有利的地理位置。伴随着商业街区商业结构的逐渐丰富优化,商业街区开始进入结构优化阶段。商业结构的调整反过来倒逼商业街区不断去完善其配套基础设施和服务,提高商业街区整体的业务水平。

（6）趋同阶段

商业街区在经历高速发展后,商业业态和规模逐渐趋于成熟、稳定,开始进入趋同阶段。随着商业街区的发展,大型购物中心也开始加入,改变了商业街区最初以购物为主的单一功能,扩大为融合购物、餐饮、休闲娱乐、文化、体验为一体的复合型功能区。总体来说,世界各地的商业街区都在往综合性购物中心发展。

（7）调整定位阶段

由于商业街区在趋同阶段的飞速发展,同质性现象非常明显,急需在原有的基础上找到自身的发展特点。因此,商业街区的发展进入最终的调整定位阶段。在此阶段,商业街区已经完成了几乎所有要素的积累,具备了整合街区各个层面的资源的基本条件,通过突出街区的竞争战略来明确其发展方向,抓住街区的独特性,向个性化、多元化方向发展,逐渐适应激烈的竞争环境。

1.2　商业街区发展的价值

本节将从经济、社会、旅游和文化四个角度分别介绍商业街区发展的价值,进一步说明发展商业街区的必要性。

1.2.1　经济价值

城市作为一个经济实体,城市商业是生产和消费的纽带,是区域经济的主要流通渠道。商业街区是城市的社会商品价值实现的重要场所,直接影响所在城市区域及周边地区的社会经济的正常运营,同时也对城市经济的发展起到了重要的助推作用。

商业街区能够带动城市产业的快速发展。商业街区从经济学角度来看其实是一种商业集聚现象,多种不同业态的商业由于交通环境或地理位置的优势汇聚一处,逐渐形成街区的竞争力,带来客流的集聚。消费体量的扩大不断吸引更多商业业态的加入,从最初单一的零售业到餐饮业、旅游业、服务业等第三产业的综合发展,不断汇集人气和市场吸引力,带来日益扩增的市场容量。比如主打销售计算机、数码科技产品的杭州文三路电子信息街区,在街道两侧汇聚着各色专卖店、品牌店及专业市场,街区商务楼内入驻众多软件公司,产业集聚效应明显,逐渐形成高科技产业带。此外,街区内完善的产业基础设施极大地推动着杭州高新技术产业的发展。

商业街区的发展能够刺激城市的经济投资。商业街区的发展不仅体现在产业上的集聚,也表现在人气的集聚。作为一种多功能、多业种、多业态的商业集合体,商业街区能够吸引众多年龄层的消费群体,满足他们生活性、文化性、娱乐性和心理性的多种需求,市场规模较广。随着商业街区在规模、业态、功能和空间上的发展,其可辐射的范围也在不断外扩,不仅仅服务于本地居民,更多的是吸引外地旅客,市场容量迅速扩大。强大的规模市场容量有效刺激投资者的热情,经营者蜂拥而至,广泛撬动投资,包括房地产开发商、国际知名品牌、大型商场品牌等,也提高了商业街区周边地区的经济竞争力。

商业街区的发展能够扩大城市消费市场,激发消费潜力。商业街区是社会和经济的导向,是社会影响的导向,是消费取向的导向。消费流行风从城市开始吹起,而商业街区一般是流行风的风源。加强商业街区建设,加强街区品牌营销,把握顾客的最新消费趋势,能够吸引更多的潜在顾客进入街区;完善街区业态布局,最大限度满足顾客需求,有利于实现人流量到消费量的转化。

商业街区的发展在提高自身使用价值的同时,也能够带动所在城市地块价值的提升。商业街区能够集聚人气,为城市居民提供多样化服务,随着其进一步发展,服务种类更加齐全,业态更加多元化,基础设施也更加完善。基于此,商业街区就可以成为其辐射区域的中心点,能够带动所在地块的价值及同区域的土地价值、建筑价值、产业价值和价格的提升,最终可以拉动整个城市房地产业的价值提升。

1.2.2　社会价值

1. 增加就业机会

商业街区集聚着大量零售店铺、购物中心和百货商场,从这些业态的顶层管理到日常经营都需要劳动力支持,这为社会提供了大量的就业岗位,增加了就业机会,有利于社会的稳定发展。不仅如此,商业街区的高服务性为剩余劳动力转移提供合理流向,大多数以雇工身份向第二、第三产业转移,在餐饮、休闲、娱乐、住宿等产业寻得稳定的工作。另外,一些商业街区鼓励支持中小型店铺在街区内自主创业,这为下岗再就业者提供了很好的平台。比如,一些著名的美食商业街区,由成百上千个独立的小吃店铺组成,这种小型美食商铺的创业成本不高,对下岗失业人员来说风险也相对较低,每年接待的顾客数量多,营业额有保障,提供了大量的就业岗位。

2. 加强社会互动

商业街区的服务性可以促进经济的相互依存、社会互动和邻里稳定。根据一项对旧金山社区的研究发现,相比于远离商业街区的社区,那些在商业街区附近聚集的社区居民具有明显的更高的社会意识。商业街区向公众提供了良好的交往空间,包括广场、街道、公园绿地等,带给社区居民更多互相走动、互相交流的机会,提高了整个社区移动的频率,改善了人际关系。同时,商业街区作为资源共享和共同活动的重要载体,促进了社区与社区之间的相互依赖,消费、购买活动构成了"最深刻的参与",人们可以在商业街区内攫取、分享大量与日常相关的信息,居民和众多参与者可以进行良性互动,使日常生活都紧密交织在一起,极大地提高了社区的稳定性。另外,以社区为基础的零售业发展可以降低店面的空置率,同时增加行人的活动,甚至会增强人们的体质。

3. 展现社会文明

商业街区的建设既是对城市原有资源的整合,更是展现城市景观、社会文明和城市精神的窗口。商业街区的街道设计一般十分重视自然环境与人文环境的融合。商业街区的设置会从人的需求出发,提供问讯、通信、纳凉、休憩、卫生等功能和公共服务设施,精心设计喷泉、橱窗、休息椅、路灯、绿化等街道家具,让人们在街区内享受极致的服务和关怀,充分展现城市文明。同时,在街道空间内提供多样化体验,比如繁华、轻松、复古、怀旧、时尚等,配置除购物外的休闲娱乐和就餐空间,满足人们多方面的心理需求,增强人们的参与感和体验感。商业街区的人性化和人情味设计特征能够缓解现代社会人们沉重的心理压力和负担,让人们的心情得到放松,释放负面情绪,进一步改善城市的精神风貌。

4. 改善城市生态环境

商业街区的景观设计和植被绿化布局能够美化城市环境,塑造城市良好的生态环境。街区内的绿色植被、花卉、水体等设计增加了城市绿化覆盖面积,能够在一定程度上改善城市环境。特别是大都市内的步行商业街,在街道两侧栽种众多大型树木,吸收市中心大量的汽车尾气,为行人提供了空气清新的一块步行区域。日本大阪的难波商业街区在生态化设计上表现得尤为突出,其高低不同的建筑屋面上覆盖着一个仿真的人工峡谷,峡谷上栽种着浓密的绿色植物,顾客们跟随坡度的倾斜程度进入不同楼层,享受类似爬山的乐趣,呼吸着更加新鲜的空气。另外,商业街区的发展会使街区内公共基础设施不断完善,比如交通系统、垃圾处理设施、园林绿化设施,而商业街区作为城市公共基础设施的重要组成部分,会加快推进整个城市基础设施进一步完善,最终实现城市环境的优化和提高。

1.2.3 旅游价值

商业街区是城市旅游资源的重要组成部分,旅游与商业二者密不可分。随着物质条件的不断改善,游客的出行需求越来越高、越来越多样化,单一的自然风景观光已经不能满足他们空间上的享受和时间上的充实,精神上的放松和享受成为游客们的追求。由于商业街区具有多种功能,综合了商业、文化、交通、娱乐、休闲等业态,可以同时满足游客在吃、喝、玩、乐等多方面的需求,因而成为游客们必去的打卡点,为城市旅游业提供了丰富的旅游资源。另外,商业街区与城市的自然景点可以互补,游客们一般会选择在白天去参观风景名胜,然后在夜间游览商业街区,而商业街区的丰富业态可以满足游客的需求,为游客提供各种各样的活动选择。

现代商业街区的经营结构日趋多样化,不仅包括传统的商业结构,如购物、休闲、娱乐等,还拥有旅行社、酒店、景区等旅游经营结构,可以为人们提供"一站式"综合旅游产品和服务,是城市旅游资源的集大成者。很多商业街区正在尝试将商业步行与旅游观光结合在一起,开发其旅游功能,完善服务设施,注重将商业街区打造成地区标志性的旅游必经之地。据统计,德国的慕尼黑步行街平均每年能够吸引 370 万前来旅游的游客,在旅游旺季甚至达到每天 30 万的客流量。这类街区内的商店日夜开放,灯火通明,经营项目可以把游客的时间安排得满满当当。在我国,此类商业街区也比比皆是,上海南京路步行街和北京王府井街区的人流量有七成以上是外地游客,显示了都市商圈强大的集聚力和吸引力。由此可见,商业街区为城市旅游业的发展做出了巨大贡献。

除了丰富的商业旅游资源,商业街区还为城市的历史文化旅游提供了支撑内容。商业街区的设计是商业与地域文化的融合,展现不同城市的个性,记录着城市一点一滴的发展。不同历史时期的建筑物在商业街区得到保护、改造或重现,形成了独特的历史风貌和建筑形式,成为城市中独具特色的生活场所,为城市旅游业提供了体验、回顾所在城市地域文化的旅游资源,吸引大批对异质文化追求与向往的游客。一些商业街区与少数民族聚居地毗邻,街区内包含了少数民族的语言、食物、音乐等民族性文化元素,为游客提供了体验不同文化的机会。比如,我国丽江的四方街,位于丽江古城的中心位置,作为茶马古道上最重要的枢纽站,汇集各民族文化,居住在街区内的纳西族人民穿着具有纳西特色的服饰翩翩起舞,吸引世界各地的旅游观光者前来游玩,极大地推动了丽江旅游业的蓬勃发展。

1.2.4　文化价值

在现代社会,世界各地的城市现代化进程出现千篇一律的现象,到处都是一片高楼大厦,车流不息,霓虹灯日夜通明,逐渐失去了每所城市应有的个性和文化魅力。商业的快速发展可以视作社会进步的重要标志,但城市不能因此缺少历史底蕴和人文精神,城市的特色建筑是展现城市文化的一个标志。商业街区的建筑设计大多融合了当地的地域特征,强调独特性、可识别性,将商业与地域文化充分融合,成为展示城市文化的重要窗口。比如,巴黎著名的香榭丽舍大街不仅汇聚着众多国际品牌,还吸引着众多艺术家的目光,体现了整个法国艺术的精华,成为法国文化最出色的展示厅之一。纽约第五大道作为世界知名商业街区,是购物者的天堂,集聚众多专卖店、品牌店,同样也是纽约这座城市文化的重要体验地,这里也汇集着大量剧院、博物馆和艺术馆等文化设施。由此可见,商业街区是展现城市文化和地域文化的重要载体,消费者在街区内可以通过视觉、味觉、听觉、嗅觉全方位的参与,充分理解商业街区所在城市的内涵和文化。

在商业街区的众多类型中,历史商业街区具有最突出的文化价值。历史商业街区保留下来的传统建筑和历史街道是世界文化的瑰宝,是体现历史文化风貌的核心区域,也是人们重温历史、体验历史的重要去处。随着城市的发展,很多历史城市采用保护历史商业街区的方式来保护城市的传统文化。黄山的屯溪老街、平遥南大街等都是中国传统文化延续的成功例子。历史商业街区的形成,一般需要经历漫长的发展过程,其中保存的大量建筑物不仅具有很高的艺术价值和审美价值,还反映了特定历史时期的文化氛围和文化特征,也反映了特定历史时期城市的发展特征,包括当时的生产方式、生活习俗、风土人情等,具有重要的历史文化价值。因此,商业街区的建设与发展有利于传承地域文化、延续城市文脉和记忆。

1.3　商业街区类型分析

本节将详细介绍商业街区的不同类型,从商圈辐射范围、经营商品类型、空间形态、交通限制、历史演进等几个角度对商业街区的类型进行划分,并选取五个典型商业街区类型进行分析。

1.3.1　商业街区的常见分类方法

商业街区在城市建设与发展过程中扮演着重要的角色,对商业街区的合理分类有助于加深对商业街区含义的理解与分析。商业街区种类繁多,根据不同的分类标准,可以划分不同类型的商业街区。本书提出几种常见的分类方法,以商圈辐射范围、经营商品类型、空间形态、交通限制、历史演进等为标准进行分类(图1-1)。

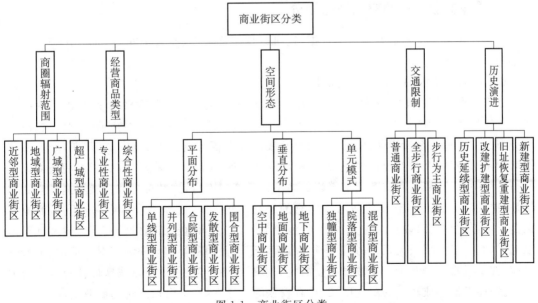

图1-1　商业街区分类

1. 按照商业街区的商圈辐射范围划分

以商圈辐射范围为依据,商业街区可以被划分为近邻型商业街区、地域型商业街区、广域型商业街区和超广域型商业街区。近邻型商业街区是指以日常生活用品为主要产品,设立在居民区住宅附近或城市周边的日常购物场所。通常商圈人口不超过 1 万人,街区长度在 100～200 米,集中性较弱,主要服务周边居民区或特定社区。地域型商业街区大多位于地区型城市的中间地域、交通的中心地,在销售日常生活用品的基础上增加耐用品的种类,经营范围比近邻型更加广泛,一般在其后方分布着多个近邻型商业街区。地域型商业街区在消费者分布上更为广泛,商圈人口在 3 万～10 万人,消费者抵达方式多样化,不仅仅局限于步行或骑行方式。广域型商业街区一般位于市政府所在城市,铁路、地铁、公交等大批量输送的交通方式都集中于此,聚客能力较强。街区集中了销售耐用品的店铺,核心店铺以全国性连锁店、百货商店、超级市场等大型零售商为主,商圈人口在 15 万～20 万人,辐射范围较广。超广域型商业街区位于大城市商业中心区域,是所在城市的零售中心,交通十分便利,集聚了国际性专卖店、品牌店、连锁店及购物中心等多种业态,街区长度一般超过 2 000 米,商店密度非常大。商圈人口超过 20 万人,客流量非常大,辐射较远地区的消费者,甚至能够获得外地流动人口的青睐。其提供的商品与服务选购性很强,不以便利性为主。

2. 按照商业街区的经营商品类型划分

按照商业街的经营商品类型,商业街区可以被划分为专业性商业街区和综合性商业街区两大类。专业性商业街区是指经营商品类型相同或属性相似的商店汇聚在一起形成的商业街区,如酒吧街、美食街、服装街等;综合性商业街区是指经营多种商品类型和属性的商店汇聚在一起,通常有大型百货店或购物中心作为街区的核心商铺,四周集中分布多样化的专业店、专卖店。

3. 按照商业街区的空间形态划分

以商业街区的空间形态为分类依据,还可以从平面分布、垂直分布、单元模式等方面进行细分。

(1) 以商业街区的平面分布为依据

依据商业街区的平面分布,可以分为单线型、并列型、合院型、发散型和围合型商业街区。单线型商业街区是指店铺沿着一字型、直通型或折线型等单一线型街道两侧依次布局,该分布的主要原因是街道受到空间上的限制或原有老街区的影响无法扩展开来,如上海市淮海中路、天津古文化商业街区、杭州清河坊商业街区。并列型商业街区是指由两条或以上并行排列的街道组成,两排商店沿着相邻两条街道背向而行,这种排列方式能够提高空间利用率,扩大商业面积。比如,西安市大明宫的建材市场、西安北院门商业街。合院型商业街区是指街道边的建筑以合院为主,空间特色明显,合院之间通过街道以"一"字形或并列形串联起来,有一定的层级关系,占地面积很大,相对于前面两种类型空间利用率较低,如上海市豫园、四川成都宽窄巷子。发散型商业街区一般是以主干道、中心广场或地标性建筑物为中心,向四周发散形成较广的商业区域,具有较强的引导性,如上海市五角场商业街区、重庆解放碑商业街区和法国巴黎星形广场商业街区。围合型商业街区的聚合感很强,是以建筑围合而形成的空间广场,如西安市大雁塔南、北广场。

（2）以商业街区的垂直分布为依据

依据商业街区的垂直分布,可以分为空中、地面和地下商业街区。空中商业街区也称为地上商业街区,采用高架式街道,建立在地面商业街区的基础上,充分利用空间,创造出街道和市场兼容、无其他交通工具干扰的舒适的商业环境,较为著名的有美国明尼亚波利斯市的空中步行系统和重庆市沙坪坝商业街的空中步行走廊改造。地面商业街区与空中商业街区相辅相成,建在地面上,对工程技术的要求相比地上和地下都比较低,建造难度小,因此它是常见且普遍的一种类型,如上海南京路步行街区、韩国首尔明洞商业街区。地下商业街区通常依托地下轨道交通,紧密连接地上地面客流,充分利用地下空间,建在地面以下,如加拿大著名的蒙特利尔地下城,能够有效缓解地面交通压力。

（3）以商业街区的单元模式为依据

依据商业街区的单元模式,可以分为独幢型商业街区、院落型商业街区和混合型商业街区。独幢型商业街区是指街区中建筑尺度相似,变化甚微,布局上相对均匀,没有明显的中心店铺,建筑大小较为统一。南京1912街区是独幢型的代表,这类商业街区在尺度上契合传统,利于营造良好的街区体验氛围,但同时受尺度单一的限制,一些新型业态难以在这类街区很好地发展起来。院落型商业街区是指在建筑形式上以院落为主要构成要素,集聚在一起构成的情景消费体验的商业街,成都宽窄巷子是院落型的杰出代表。以具有当地特色的院子形成街区,可以充分体现传统文化和历史底蕴,主题性突出,在空间上可以进行扩展延伸,为消费者带来良好的体验感。混合型商业街区中既有核心建筑物,又有尺度相似的小建筑物。核心建筑物的尺度一般较大,设置在街区的中心位置或交通环境最有利的位置,周围分散着尺度相似的小建筑群。上海新天地商业街区采用的就是这类建筑空间布局,多种建筑尺度能够丰富空间格局,满足现代商业业态的需要,促进新业态在街区的快速发展。

4. 按照商业街区的交通限制划分

按照商业街区的交通限制可划分为普通商业街区、全步行商业街区、步行为主商业街区。普通商业街区是指既设有专用的车行道和人行道的商业街道,除了载重车辆、大型车辆禁止通行外,对其余车辆通行通常不设严格限制。行人和车辆在街区范围内共同活动的商业街区有很多,如新加坡乌节路商业街区、法国巴黎香榭丽舍大街。全步行商业街区是指设置仅对步行者开放的街道,采取一些交通管制实现人车分离,除了消防、急救等特殊车辆外,其余车辆禁止通行,保证步行者拥有安全与舒适的步行体验。这类商业街区的安全性非常高,有利于营造浓厚的商业氛围,提高消费者的满意度。重庆解放碑步行街和德国慕尼黑内城步行街都属于全步行商业街区。步行为主商业街区是指在主干商业街道内,除人力车、观光游览车等慢速通行车辆外,其他车辆禁止进入,主干商业街道仍以步行为主要移动方式,如英国伦敦牛津街、上海南京路步行街。

5. 按照商业街区的历史演进划分

按照商业街区的历史演进,可被划分为历史延续型、改建扩建型、旧址恢复重建型、新建型商业街区。

历史延续型商业街区主要是指有历史基础的古代商业街的延续,它们基本保留着传统历史风貌,继承历史建筑的特定风格和气息,往往出现在历史积淀深厚的古城中,是人们感受历史、重温历史的重要场所。比如山东枣庄的"运河古城"商业街区,保留城市已存的"运河"和"古城"两个历史元素,展现枣庄兼具北方城市的豪放、大气和水乡的灵秀、生机。此外,重庆磁器口商业街区以其浓郁的古风而闻名,保留历史建筑的风格,展现错落有致的山城地貌。被誉为"世界上最古老商业街"的哈利利商业街也是历史延续型的典型代表,它位于埃及开罗伊斯兰老城区,自14世纪起就已经是当地繁华的商业街区。

改建扩建型商业街区是指为适应时代发展,在原有的历史基础上,由当地政府主导进行改建、扩建的商业街区。这些街道一般都具有悠久的历史背景,沿街建筑由于多年的风吹日晒而陈旧损坏,原有基础设施跟不上现代城市的快速发展,因而亟须改建以满足现代商业功能。1992年法国巴黎香榭丽舍大街的综合性改造就是此类商业街区的典例,在原有的香榭丽舍街道的基础上扩大步行空间、调整街区空间规划、恢复建筑立面,使其恢复原有的盛名并吸引了更多的观光者。再如杭州的湖滨步行街区的全面改造,将原有的车行道整改为全步行道,统一主干道两侧的建筑立面及路面、路灯的装修风格,调整商业业态布局,使湖滨商业街区重焕生机,成为城市的重要展示窗口。

旧址恢复重建型商业街区,不同于改建扩建型,是指那些历史上存在过但却没有完好地保留下来的商业街区,由于其珍贵的历史价值,当地政府或开发商在其旧址上进行保护性恢复重建,以重现历史样貌。这类商业街区一般具有浓厚的文化气息,展现历史传统文化。比如西安的大唐西市,曾是唐朝时期的国际贸易中心,经过政府的保护重建后,兼具购物、餐饮、休闲娱乐、旅游等多种新业态,保留原有的唐风,整体建筑风格也重现唐代的历史特色,使游客们在商业街区内感受现代购物、休闲和古代唐文化的融合。

新建型商业街区是伴随着现代城市发展而出现的。它一般由政府主导,从城市规划的全局视角挖掘、整合、利用城市的各个层面的资源,综合考虑城市的多种街区功能,选址建造全新的商业街区,充分反映时代的特征。青岛著名的啤酒街就是由当地政府借助青岛啤酒在全球的品牌知名度而新建的现代商业街,凸显青岛整座城市的啤酒文化。

1.3.2　商业街区的典型类型分析

1. 中央商业街区

中央商业街区或中心商业街区(Central Business District,CBD),它是大都市商业发展到一定程度的产物。中央商业街区是E. W. Burgess在20世纪20年代提出的街区概念,它是城市的商业和商务中心,是包括百货商场、办公机构、公共建筑、娱乐场所等设施的城市最核心部分。一般来说,在较大的城市中,它也作为城市"金融区"或"金融中心"的代名词。

中央商业街区的商业功能非常发达,不仅包含一般的零售业和服务业,贸易、金融、娱乐、房地产、写字楼及配套的商务文化、市政、交通服务等也涵盖在内,综合性商业功能齐全,高度集中了城市的经济、科技和文化力量。另外,中央商业街区是整个城市经济和商业的中心,是展现城市的窗口和名片,它的功能不仅局限于某一区域,辐射范围广泛,是客流的集聚地,也是商务活动的主要发源地。通常,中央商业街区的社会知名度要高于其他类型的商业街区,它们作为城市甚至一个国家的商业象征,吸引着世界各地的目光。例如,纽约曼哈顿第五大道、香港中环、东京银座、上海陆家嘴等商业街区，成为所在国家或地区著名的商业品牌，并且在其城市商业发展中起着重要的作用。由于其特殊的经济地位，中央商业街区绝大部分都设立在城市的黄金地段、市中心区域或交通枢纽位置，有多种交通工具运行，人流量巨大，建筑物和商铺高度集中，人口密度和地价非常高。

2. 游憩商业街区

游憩商业街区或休闲商业街区（Recreational Business District，RBD）。其概念最初由学者 Stansfield 和 Rickert 在研究旅游区的功能特性时提出，是随着城市旅游业的快速发展而产生的概念。游憩商业街区是指城市中购物、休闲娱乐、文化、餐饮、互动、健身等各种以休闲和商业服务为主的设施集聚的特定商业区域，重点突出街区的休闲服务功能，为市民提供游憩的好去处，是城市游憩系统的重要组成部分。它是以城市商业中心区为基础，把多种游憩活动内容融合进去，形成了具有宜人的环境、良好的精神风貌、融洽的人际关系的休憩、购物、游玩的场所。其主要特点是与商业设施和商业活动有着高度的产业、空间共生性。

游憩商业街区的发展过程主要分前后两种类型：前一种是以传统旅游景区为中心，商业在旅游景区附近集聚而形成的商业街区，主要由各类餐馆、小吃、纪念品商店等零售业态构成，如南京的秦淮河商业街区；后一种是现代常见的以城市商业中心为基础，聚集了具有游览观光功能的旅游吸引物和具有餐饮、住宿、购物、娱乐等多功能的商业设施而形成的新型游憩商业街区，如北京的王府井街区。由此可见，游憩商业街区以游客和本地居民为服务对象，结合了旅游和商业两大重要业态的综合区，步行街、商业街、广场绿地、娱乐设施与场所、文化展现、标志性建筑物是其必备的内容。在我国比较典型的游憩商业区有广州天河城商业区、深圳华侨城主题街区、上海静安寺街区等。与中央商业街区的商务功能相比，游憩商业街区的主要目标是为本地居民和游客提供游憩、娱乐、休闲、购物的场所。

3. 特色商业街区

特色商业街区是指在商品种类、市场细分、硬件设施或经营方式等方面有独特的专业特色的商业街，包括两种常见类型：第一种是集中经营某一大类商品的商业街区，以专业店铺为街区主体，专业性强、商品种类齐全，如电子产品商业街、酒吧街、啤酒街等；第二种是具有明确市场定位，专门针对某一特定群体，商品结构和服务能够满足细分目标客户的需求，如国际名品街、学生用品街或女士服装一条街。特色商业街区与传统商业街区相比，更擅长将商业、旅游和文化三者紧密融合，来打造形成街区的独有特色，体现地域特色是街区设计的重要考虑因素之一。特色商业街区大多都拥有可识别的物质空间形态，同时融入趣味性、体验性，给公众留下深刻的印象，发挥地标效益，扩大街区的影响力和知名度。例如，上海新天地作为淮海路的热门旅游点之一，通过对传统石库门建筑的改造升级，打造出独具特色的空间形态，成为"海派文化"的重要体验场所。在我国现阶段，很多城市都形成了各自的特色商业街区，如成都的锦里、宽窄巷子，上海的新天地、豫园，北京的大悦城、王府井，等等。

特色商业街区通常具有自己特定的内涵，在街区设计中突出其独有的特色，这些特色可以体现在很多方面，如文化特色、历史特色、商品特色、服务对象、主题特色等。由此可见，特色商业街区的业态不一定非常齐全，只需专注于其特色业态的发展，其他业态作为补充即可。另外,特色商业街区的商品一般具有很强的针对性,商品的主次之分明显。例如,广西南宁市中山路美食街,以当地小吃为特色,其主要经营商品就是各种美食,在这里旅游纪念品、服装等其他商品就会很少出现。凭借其精准的定位和清晰的主次之分,特色商业街区具有普通商业街区所没有的比较优势,尤其是专业性强的特色商业街区,能够吸引更多的回头客,将客流量转化成购买力。

4. 主题商业街区

主题商业街区是在城市发展过程中逐渐形成的一种新型公共旅游资源,是商业街区众多种类中较为常见的一种。主题商业街区是具有特定的主题和核心吸引力,可以满足消费者特定的需求的城市区域空间,其特点是在街区的规划、设计、开发和运营一系列过程中始终围绕一个或多个主题展开,主题的选择即代表着此类商业街区的特点和定位。这里的主题通常包括文化的积累、时尚元素的趋势、生活方式的展现。它具有以街区整体为导向的统一策划和运营,并拥有表现主题的景观、配套设施和商业模式。广义上的主题商业街区不仅包括由一个或多个主题构成的商业街区,也可以是在一个较宽泛的主题下拥有多个衍生主题的商业街区,其业态形式可以是多种多样的。另外,主题商业街区具有一定的文化内涵,以文化的强大凝聚力来吸引特定的人群,形成街区可识别的标志性特征。

主题商业街区作为一种新的商业业态形式,是消费观念和消费方式变革的必然结果,也是商业和旅游业相互融合的产物。世界各国的城市几乎都拥有自己的标志性主题商业街区,它们以主题鲜明、文化沉淀、特色明显等优势充分为所在城市的发展提供活力和生命力。比如以"艺术精华"为主要表现主题的法国巴黎香榭丽舍大街,以"影视娱乐"为主题的美国环球影城商业步行街,以"水"为主题表达对象的日本福冈博多水城,等等。

主题商业街区通常以主题选择的不同来进行分类,一般包括商业休闲、文化娱乐和人文景观三大类。其中,以商业休闲为主题的商业街区突出购物功能,集聚着大量百货商场、购物中心等业态,如中国香港铜锣湾、上海南京路、天津滨江道商业街,英国利兹中心商业街等;以文化娱乐为主题的商业街区主打休闲、文化艺术享受、娱乐,为城市居民提供休闲放松的理想场所,这类主题街区的素材选择十分广泛,涵盖音乐文化、影视文化、艺术展示、餐饮文化、酒吧文化等,充分挖掘现代生活的精神需求,比较出名的有北京三里屯酒吧街、中国香港荷南美食街区、上海新天地等;人文景观类主要以历史文化作为主题,将商业功能和旅游功能相结合,传承和保护传统文化,展现所在城市深厚的文化底蕴,如以民国文化为主题的南京 1912 街区、传播闽都文化的福州三坊七巷、植入徽文化的安徽屯溪老街等。

5. 历史文化商业街区

历史文化商业街区,国外一般称其为 Historical District,简称历史街区,是指具有一定文化底蕴、历史积淀,保存有一定规模和数量的历史建筑,能够显示一定历史阶段城市风貌的商业街区。在历史街区内,对历史建筑的保护、传统文化的传承与对现代商业的开发三者并重,即历史街区兼具商业功能、旅游功能、历史功能和文化功能,它是城市发展脉络的重要组成部分,具有很强的历史文化、社会和经济价值。与主题商业街区不同的是,历史街区重点突出其历史特色,并着重强调保护与传承。

厚重的历史文化底蕴是历史街区最大的特色和主打的品牌,它展示出历史遗留下来一些可以展示的某个历史时期城市典型风貌特色的痕迹,成为传达城市发展历程的重要载体。它既保存了城市文化的集体记忆,也为本地居民提供了可持续发展所依据的从过去到未来的、持续的文明观,它也是不可再生的资源。历史街区具有强烈的时代特征和不可估量的历史价值。对于历史街区的设计而言,重点是在延续历史文脉的基础上,完善街区商业结构、商业业态与城市公共空间的重组,塑造历史风貌与现代城市商业的和谐相融。

历史街区通常满足三个主要特征:第一,必须具有很明显的城市传统特征,其商业形态和物理景观仍保留着这一传统特色。历史遗留下来的建筑在整个街区中占有较大的比例,传统建筑风格在街区的氛围塑造中起着主导作用;历史风貌在整个街区范围内较为统一,在视觉上具有完整性。比如杭州的清河坊历史街区,街道两侧保留着中国传统式两层二进木构架坡顶的建筑,粉墙黛瓦,展现了两朝古都昔日的风采。第二,历史街区具有顽强的生命力,它们不仅目睹了历史的变迁,而且在历史的长河中保存了下来,继续承担着现代城市的功能。例如南京颐和路历史街区,较为完整地保存了近代民国时期的花园洋房住宅区和外国使节公馆区,能够反映民国时期特有的时代风貌和历史文化。第三,历史街区内保留着某个时期人们生活的痕迹,可以从中体会到不同的文化气息,具有强烈的时代特征。

1.4　国内外商业街区发展的现状

本节将从国内、国外两个维度介绍商业街区发展的现状。首先介绍我国商业街区发展的状况和发展过程中显现出的一些问题,然后从国外商业街区发展革命论入手,介绍国外商业街区的发展特征。

1.4.1　国内商业街区的现状

1. 我国商业街区发展现状

近年来,我国商业街区的发展十分迅速,尤其是在商业步行街的建设数量上。据统计,截至2019年年初我国共有步行街2 100余条。商业街区在城市的形象地位和商业地位越来越突出,已经成为所在区域商业发展、消费升级和综合竞争力的代表,成为城市的靓丽名片和对外开放的重要窗口。随着我国城市化水平的日益提升,商业街区的建设逐渐被视为城市建设的重要组成部分,也是城市营销和经营中的一个热点。在很多一、二线城市中心地带的商业街区营业额甚至占到了整个区域的60%~80%,可见商业街区的运营对我国城市商业的重要贡献。然而,由于近代中国种种政治原因,我国商业街区建设在近代的发展落后于西方国家,随着我国市场经济的快速发展,我国近几年正在奋起直追,大力落实建设高质量商业街区的工作。

我国在20世纪70年代末进行了大规模的现代步行商业街建设,旧城中心商业区进行大规模的改建和整治,如哈尔滨中央大街、成都地下商业街和北京前门商业区等。20世纪80年代以来,商业街区的开发与建设成为城市建设新的热潮,逐渐加入服务业等多种业态的有机组合,开始在商业街区内结合商业与旅游业。20世纪90年代以来,我国现代商业街区设计的理念逐渐转向观念、精神方面,更加重视生态环境与人文环境之间的融合,建设中贯彻了"以人为本"的理念,满足人们购物、休闲、娱乐等多样化、多层次的需求。2019年年初,我国商务部提出"改造提升一批步行街,把步行街打造成为消费高质量发展的平台"的工作要求,决定在全国开展试点步行街改造,实现"高起点规划,高标准改造,高水平运营"。这次的步行街改造工作有着明确的目标——提升品质、突出特色、传承优秀文化、展现城市形象、引领商业创新、满足消费升级。首批试点的11条步行街非常具有代表性,商务部这次的改造工作极大地提高了我国现代商业街区建设的质量和水平,以首批试点的11条商业街带动全国范围内的国家级示范步行街建设,并突出强调"街街有特色、街街是景色"的中国特色和国际化水平。我国商务部表示,力争在未来三到五年内,在全国建成30~50条高品质步行街。

改革开放后,我国城市规模的急剧扩大导致传统城市中心的变化,城市多中心化也随之出现,这一方面促进了新区商业中心的开发和建设,另一方面也带来旧中心商业区的衰退和老化。我国现代商业街区的发展主要分为三大部分:在原有传统商业街区基础上发展起来的、对历史商业街区的保护和改造及由大型商场为核心发展起来的城市中心商业街区。

我国城市新的商业中心大多出现在由大型商场、商务写字楼、金融贸易等为核心的区域,集聚着多种多样的业态,功能十分齐全,集休闲、娱乐、购物、旅游、住宿、餐饮、商务为一体。如上海陆家嘴金融中心,是上海在开发浦东新区过程中形成的新的商业中心,不仅凭借集聚着全球著名的金融公司成为商务中心地带,而且汇聚了各大购物中心,正大、国金等综合商场为陆家嘴商业街区积累了众多的商业人气。

另外,我国城市中心区的商业街区很大一部分都是在原有传统商业街区的基础上演变发展而来的。对于这部分商业街区,最重要的就是对传统经营特色的继承和创新——老字号品牌是经历了历史的层层考验而保留下来的珍贵财富,有着广泛的品牌知名度和良好的品牌口碑,在大多数人们心中拥有着强烈的品牌认同感。保护与维持"老字号"是国内改造更新传统商业街区的重要基础,被视为保持商业街区的生机与活力的重要源泉。我国现阶段对于传统商业街区保护的理念有所进步,不再局限于对传统建筑的冻结和简单重建,而是更强调传统建筑所体现的文化与当代社会功能、城市建设的融合,以适应现代社会的发展与社会的需求。对传统商业街区的创新式再利用已逐渐成为中国商业街区建设的重要手段之一,以具有创新的自信实践来取代仿古。

我国历史源远流长,拥有相当一部分历史商业街区,对于这部分街区的保护和改造重点放在了历史建筑上。历史建筑的价值在于其还原历史的真实性,对历史建筑进行保护最根本的就是保护建筑的"原真性"。国内目前对历史建筑的保护整治主要遵循"做减法而不做加法"和"整旧如旧"的原则。

上海新天地商业街区的改造与建设是国内商业街区发展的一个成功典例。新天地内的建筑大多建于20世纪二三十年代,属于典型的旧式石库门风格。对新天地的改造工作坚持"昨天,明天,相会于今天"的再利用理念,保留了最具传统特色的里弄特点,特别是对黄陂南路一侧的具有上海典型里弄格局的建筑进行完整保留。针对一些破坏较严重的老建筑,在整修过程中也尽量做到"整新如旧";针对那些破坏不严重的构件则不作任何修补,以展现历史的沧桑感。另外,在老肌体的基础上也穿插进一些现代创意的新肌体。透明的全玻璃橱窗和挡板,以及现代的钢筋水泥材料,强烈体现了当代建筑风格特征,传统与现代的鲜明对比突出了老建筑的历史风采与传统美学特征。

2. 我国商业街区的发展问题

我国商业街区在近年来进入快速发展期,"商业街区经济"成为城市经济发展的新的助推力,其商业价值和社会价值受到了越来越多人的关注,全国各城市都加入积极开发和建设商业街区的浪潮中。但是结合近十年来我国商业街区的发展过程来看,很多商业街区的建设并没有达到预期效果,存在着一些有待解决的问题。

(1) 同质化现象严重,缺乏特色

20 世纪 90 年代后,我国商业街区的建设出现重复建设、投资趋同的现象,大多重点突出街区的购物功能,这就导致很多商业街区的经营范围和种类都完全相似,缺少了商业街区的自身特点而变得千篇一律。很多商业街区在设计和开发上盲目模仿其他成功案例,从建筑风格、街区空间布局、经营商品方面生搬硬套,忽视所在地区的发展现状和已有的商业氛围,造成了人力、物力、财力资源的大量浪费,商业街区也冷冷清清,没有达到预想的效果。

在建筑风格上,我国的很多商业街区模仿国外比较出名的建筑设计、一味地复制我国古代建筑风格,在建设过程中过分强调奢华,浪费了很多资源。在过去的一段时间,我国的仿古商业街区热度十分高,甚至出现了复刻模仿汉朝的商业街,更夸张的是有的商业街区仿造巴黎的凯旋门。在经营商品结构方面,我国很多历史商业街区售卖的商品几乎完全一致,逛完了一条街就再也没有兴趣进入下一条街,出现了"千街一面"的同质化现象,经营方式也大同小异,完全缺失了商业街区自身的商品特色和氛围。

这种盲目模仿的行为和过度的同质化现象对于我国商业街区的发展是极为不利的,不仅会导致商业街区项目之间的恶性竞争,而且会导致我国商业街区整体的吸引力和营运能力下降。各个地区商业街的风格和特色都趋于一致,设计定位、经营商品都出现雷同,不能满足消费者多元化、探索新奇的需求,从而让消费者失去对商业街区品牌的认同和喜欢,导致商业街区经营上的品牌化思路很难行得通。

(2) 缺乏规划的前瞻性

商业街区是一个规模较大的商业综合体,由多个业主共同投资建设而成,每个业主对街区运作理念都不尽相同,因此会给商业街区整体规划、布局和配套的合理性带来不足。国内很多商业街区的设计规划在初期阶段缺少专业的论证,对商业街区发展的定位、目标和特色没有准确的把握,没有充分地把商业规划与区域发展状况、城市规划、市场需求、消费习惯等结合起来。商业街区作为一个整体缺乏了明确的运营目标,最终导致街区各业主的无序发展。同时,商业街区的建设运营成本较高,一般需要来自多方业主的投资,这种多元化的投资必然会给各方带来利益驱动下的投资多元化取向,造成商业街区整体资源价值的降低。

商业街区本质上是一个城市的大中型零售场所,应该充分发展其休闲娱乐、旅游、展示等多元业态,但国内商业街区的业态布局也存在不合理和目光短浅的问题。大多数商业街区的业态规划都是在重复其前一时期的消费水平、消费热点,甚至是直接对国内外成功的商业街区的盲目模仿,这就使得业态规划不完整、不科学,没有融合商业街区本身的特色,直接导致吸引顾客的能力下降。这一特点在我国国际品牌中体现得尤为明显,国内商业街区的国际一、二线品牌比重仍然很低,主要是因为国内商业街区运营者在国际品牌资源上不重视,这直接反映在国人固有的"好东西都在国外"的消费思维上。

国内商业街区的空间布置也不是很合理,尤其是位于城市内部的商业街区,它们的建设大多缺乏对其所处区域其他街区建设的考虑,只是单纯地从自身发展角度考虑。比如国内的一些商业街区的主干商业街以购物零售商铺为主,这时主干商业街周围一般会聚集餐饮等配套设施,但如果在整个街区的前期规划设计里没有考虑到配套设施的空间,就会造成后期街区建设的混乱与不合理,甚至会使建设返工,造成城市内部商业格局混杂。

商业街区规划的一大难点在于交通方面,交通是确保商业街区流通地位和完善其城市化功能的重要工具。一方面是商业街区的交通工具多样化,地铁线路与商业街区直通的路线安排、公交站点与间隔时段的合理设置、机动车行道与非机动车错峰式安全布局,这些在商业街区前期规划里都需要慎重考虑;另一方面是商业街区的停车场建设,我国大多城市中心的商业街区到了节假日都会出现严重堵车现象,最大的原因还是停车场设计得不合理,没有做好相应的应急准备。

(3)业态结构不合理

国内商业街区的业态结构不合理主要表现在各种业态所占比重的不平衡——同种业态高档、中档和低档业态的比例失衡。

在局部改造的传统商业街区,老城区产权结构较为复杂,政府和商业街区管理单位在业态引导方面缺乏强有力的措施,因此传统购物业态的同质化现象较严重,而餐饮、休闲、娱乐等服务业态较为缺乏。另外,传统商业街区大多有很多居住区,受商住不分离、交通等环境的限制,商业配套基础设施先天不足,也导致一些业态和业种在这里不具备生存条件。

新开发商业街区一般有两种:商铺以出售为主的街区和以“只租不售”统一经营为主的街区。前者由于产权的分散,业主与经营分离,业主最关心的是商铺出租的收益,而商业经营及商业业态分布不在他们的考虑范围内。因此,商业街区的整体业态以近期畅销品、高利润业态为主,缺乏整体的规划,强调街区的短期收益。后者在统一经营基础上,相对前者来说业态结构更为合理,但后者的经营团队很容易忽视在同种业态上的高、中、低档的搭配比例。比如,一些新开发商业街区在餐饮方面安排清一色的小吃店铺,却几乎没有可以坐下消磨时光的茶馆、咖啡厅等店铺,这会造成顾客在街区的停留时间减少。

1.4.2　国外商业街区的现状

1. 国外商业街区功能革命论

20世纪80年代末以来,商业街区的功能革命论在欧美国家兴起,并逐渐发展成为商业街区发展理论的主流。“生活街”与“豪布斯卡”原则是商业街区功能革命的主要构成内容,为现代国际著名商业街区的发展提供了指导思路。

(1)生活街

传统商业街区的功能以购物为主,而这种单一化的功能定位限制了商业街区的拓展空间。根据人的需求发展趋势,在有形商品得到满足后,需求逐渐向无形商品转移,即人们在消费过程中会增加休闲娱乐、文化体验、健身运动、自我修养等方面的支出比重。这时,传统商业街区的单一化功能就无法适应人们的需求变化。为了顺应这种发展趋势,商业街区的经营理念由传统的“购物街”向“生活街”转变,扩大商业街区的功能,将其打造成为一个集购物、休闲、娱乐、餐饮、居住、商务为一体的生活空间。这一功能的扩展为国外商业街区的重新繁荣和振兴指明了道路。

（2）"豪布斯卡"原则

"豪布斯卡"（HOPSCA）是指在城市中的居住、办公、商务、出行、购物、文化娱乐、社交、游憩等各类功能复合、相互作用、互为价值链的高度集约的街区建筑群体。HOPSCA 由 Hotel、Office、Park、Shopping Mall、Convention、Apartment 构成。HOPSCA 包含商务办公、居住、酒店、商业、休闲娱乐、交通及停车系统等各种城市功能；它具备完整的街区特点，是建筑综合体向城市空间巨型化、城市价值复合化、城市功能集约化发展的结果；同时 HOPSCA 通过街区作用，实现了与外部城市空间的有机结合，交通系统的有效联系，成为城市功能混合使用中心，延展了城市的空间价值。

2. 国外商业街区的发展特征

国外商业街区在社区文化的强烈影响下，最常见的分类方法是按照商圈的辐射规模划分为近邻型、地域型、广域型和超广域型商业街区。随着社会总体消费水平的提升，广域型和超广域型商业街区的数量有所增加，然而从整体数据来看，近邻型商业街区所占比重仍然是最高的。以日本为例，近邻型商业街区从所处地理位置来看占整体的 57.2%，相比于地域型的 30.3%、广域型的 5.8% 和超广域型的 1.8% 所占比重最大。由此可见，大部分的商业街区还是分布在居民区附近，主要是服务居民的日常生活。从日本的人口规模来看，10万人以上的城市人口密度较高，仍以近邻型商业街区为主，以 62.7% 的占比远超其他类型；然而在人口较少的 5 万～10 万人的城市，商业街区则需要通过吸引更多外来消费者填补当地的人口空缺，因此以地域型商业街区为主，占比 40.1%。

与近邻型商业街区占比最大相对应，国外商业街区的地理位置主要选在住宅街区和繁华街区。住宅街区附近借助居民日常需求驱动而发展起来的商业街区十分普遍，特别是一些地广人稀的城市，住宅区之间相隔较远，距离繁华街区也很远，这时商业会逐渐在住宅区居民的强烈需求下在住宅区内发展起来。以日本的商业街区为例，位于住宅区的商业街区占比 32.6%，而城市中心的商业街区占比 25.2%，车站附近的商业街区占比 16.8%。

除此之外，在海外发达国家的中心城市，很多商业街区对人车共行的传统街道进行改建，使其成为步行商业街，扩展城市立体空间而建设地下商业街，全封闭或半封闭交通，避免车辆交通对行人的安全威胁，控制噪声和污染，给步行者创造一个安全、方便、舒适的消费休闲环境。步行商业街逐渐成为欧美国家中心城市商业街区的主流形式，在外表上基本保持传统建筑体的艺术魅力，但内部装潢呈现出现代化，体现国际潮流；在道路设计上，在靠近步行商业街出入口处留出充足的空间给停车位和公交车站，拓宽人行道，铺设彩色地砖，突出通道标志，对路面进行美化铺装，并配备休闲座椅、垃圾桶、书刊亭等；在环境氛围上，扩大绿化面积，设置喷泉、街景雕塑，以树木花草和五彩灯光营造优雅别致的环境；在经营业态上，一般以专卖店或大型百货商场为主，几乎涵盖餐饮服务业和文化娱乐业，以实现多功能化。在德国慕尼黑市，市政府于 1972 年决定将中心商业区东西向的纽豪森大街、考芬格尔大街，南北向的凡思大街改建为十字交叉广场式的步行商业街区，东西长 800 米，南北长 580 米，街宽在 15～30 米。改造工程充分融合传统商业街道和古建筑遗产，在街道、广场的空间设计了绿化、雕塑、街灯、喷泉、导视标志、座椅，路面铺装强调西方艺术感，以彩色条石和马赛克为材料，与街道两侧的三色街灯形成呼应，构成美妙精致的环境空间。即使在夜晚，街灯和霓虹广告灯点亮了整个街区，日均客流量达到 15 万人次。欧洲城市的步行商业街区整体发展体系较完整,硬件配套设施完善,有很多具有代表性的国际知名街区——英国伦敦的哈罗步行商业街、荷兰鹿特丹的林巴恩步行商业街、德国西部的林克大街、瑞典斯德哥尔摩的魏林比步行商业街等。

1.5 商业街区发展趋势

在介绍完国内外商业街区现状的基础上,本节将进一步介绍商业街区未来的发展趋势,从商业街区功能的多元化、主题的特色化、组织的专业化、环境的绿色生态化和运营管理的智慧化五个方面展开。

1.5.1 商业街区的功能趋于多元化

基于在规划设计中提出的针对商业街区的“豪布斯卡”原则,功能的多元化是未来商业街区发展的鲜明特色,即商业街区的发展从传统的“购物场所”向综合性的“生活广场”转化,逐渐成为集购物、观光、休闲、娱乐、文化、商务等业态为一体的综合公共空间。这一发展趋势充分考虑到消费者体验,体现了以消费者为导向。在人们物质生活水平日益提高的背景下,消费者更加追求精神体验感和文化满足感,单一的购物体验已经不足以让他们满足。因此,商业街区的发展也需要迅速适应消费者需求的变化,增加更多服务、休闲娱乐功能,打造高品质、多选择商业街区,为消费者提供一个放松休闲的环境。除此之外,商业街区的商务功能引进也是一大重要趋势,办公写字楼在商业街区落脚为其在白天汇聚充足的人流量,进出办公楼的众多商务人士逐渐成为商业街区的潜在顾客,有利于商业街区整体形象的提升。香港弥敦道的商品种类丰富、品种齐全,涵盖了各类服装、电器、影音器材、玩具,甚至有很多金铺店和中药店,后期为满足年龄各异的中外旅客的需要,在弥敦道南端临维多利亚港的区域设置了一系列休闲文化业态,包括香港艺术馆、香港文化中心、太空馆等。再后来,香港政府对弥敦道街区做了重点开发改造,吸引了一些对南端土地的投资者,用来开发高档的商务办公区和星级酒店,增加了弥敦道街区的商务、住宅功能,使其档次和形象迅速得到改善和提升。

商业街区是多种业态的有机组合体,无论是在业态的多元化选择上,还是在业态的合理安排上都要十分慎重。商业街区开发者既要有一定的消费前瞻性,引入国际、国内知名品牌;也要扶持老字号、具有本土特色的特殊产品。有的业态需要较大的经营面积,虽然利润率不高,但能够为商业街区带来人流;有的业态具有区域特色,代表性强,能够为商业街区增加文化特色,有利于品牌形象的形成,但承受租金的能力有限,可以适当给予一些补贴;商业街区还需要一些满足公共服务功能的非营利性业态,这些都需要商业街区开发者与运营者的总体布局规划。另外,商业街区需要不断地进行业态和功能的及时更新,由于其运作要遵循市场经济规律,而市场是动态的,商业街区的各种业态比例、业种的具体经营状况会随着市场不断变化。因此,建立良性的业态更新机制是商业街区发展的重要特征,需要根据市场变化及时调整业态,并通过业态调整的控制来保持商业街区整体业态的合理。

在电子商务蓬勃发展的近几年,新零售业态成为新的热点。互联网品牌纷纷从线上走向线下,开拓其潜在市场;线下实体店品牌也争先恐后地开通线上商城,冲破时间空间的限制,最大限度地吸引更多消费群体。线上线下逐渐打破界限,走向融合,这为商业街区的新零售业态发展创造了条件。商业街区在未来几年可以通过积极完善其基础设施建设,大力吸引互联网品牌入驻街区设立它们的线下体验店,将线上流量充分转化为街区的线下客流量和消费量,形成线上与线下的相互导流,激发整个商业街区的活力。

1.5.2　商业街区主题追求特色化

特色化是商业街区未来发展的主流方向,由于高度的专业集群、合理规划及品牌化,特色商业街区正在展现出旺盛的生命力和活力。商业街区一旦突出其特色优势,注重挖掘商业街区的文化内涵,将其设计建设与城市特点、历史文化、民俗文化和建筑文化等有机结合起来,培育商业文化品位,打造文化特色优势,就能提高其核心竞争力,在众多商业街区中脱颖而出。

商业街区在现代社会已经成为一个城市的社会文化活动中心,很多商业街区开始重视其文化的展示,打造人文景观,力图把商业和旅游、文化、休闲进行有机的结合。上海多伦路文化名人街将上海丰富的文化底蕴通过商业建筑、商品展示等展现出来,并借助上海的海派文化和名人传奇讲述了独特的多伦路故事,在上海众多商业街区中独具一格。国内外经验表明,具有深厚文化底蕴的商业街区具有长久的生命力,因为文化是全人类共同的,休闲也是世界性的,由文化酿造出的城市休闲产品——具有鲜明文化特色或主题的商业街区,是经久不衰的高质量产品。

消费市场需求的多元化、个性化、差异化特征,决定了商业街区同种业态也需要推行错位经营、特色经营和个性化经营。商店不能“千店一面”,商业街区也不能“千街一面”。商业街区本来就有自己的个性、风格和特色,改造建设的时候更要有意识地在各方面错位,借助商业街区的商业资源、文化资源、信息资源、客流资源、区位优势、人气、设施资源、辐射能力等,使商业街区显现出独特的品牌形象。

1.5.3　商业街区组织更加专业化

在商业街区的组织架构方面,世界各国都制定了有关商业街区的管理法规,按照管理法规形成由街区内所有零售商共同组成商业街区协作组织,促进商业街区的“法人化”。并且由商业街区法人负责街区内的市场调查、地面铺装、街道照明导视系统、营销宣传等一系列活动的统一管理,以保证各个独立商铺的相互协作与配合,提高商业街区的综合竞争力。在国内,杭州湖滨步行街区的改造工作由专门设立的“湖滨管委会”统一指挥,湖滨管委会是一个依托于街道和政府的独立组织,下设四大职能部门:商务局、湖滨指挥部、街区发展服务中心、杭州上城区投资控股集团。由它们对湖滨步行街区进行具体的运营工作和管理工作,包括物业服务、市政管养、智慧化发展、产业运营等一系列活动,而管委会的主要职能是确保步行街区改造规划的完整性和协调性。在国外,日本政府为了促进商业街区的活力,分别设立了商业街振兴协会、事业共同协会等法人组织,加强商业街区内各店铺、各业态之间的相互联系和相互依存,提高商业街区的组织化程度。

1.5.4　商业街区环境趋于绿色生态化

20世纪中叶,世界范围内出现了能源危机,地球资源枯竭与环境破坏问题变得日益严重,与节能有关的绿色建筑逐渐受到社会各界的关注和重视,建筑领域内开始掀起一阵"绿色"浪潮,商业建筑中也逐渐尝试采用温室、草皮屋顶、覆土保温,以及植被、风车发电、太阳能利用等节能和生态学的设计思想。绿色发展观既强调发展,又强调可持续,要求发展必须以人类的永久生存为前提,做到对不可再生资源的合理开发、节约使用,对可再生资源不断增值、永续利用。总而言之,绿色发展观是人文关怀和自然环境的融合发展。世界各地不断涌现出绿色环保与建筑设计相结合的理念和方法,同时也出现了一系列这方面的理论和实践,推动了城市建筑领域的绿色设计实践活动。商业街区作为城市建设的重要组成部分,对城市生态环境的发展具有重要价值,因此在设计规划上也逐渐趋于绿色化。比如,日本大阪的难波商业街区在建筑的外立面上覆盖着仿真的人工峡谷,栽种多样化的绿色植物,打造出绿色、舒适的商业环境。

与此同时,现代都市人对步行商业街区的重视程度也是绿色生态化趋势的一个重要表现。现代科技的发展破坏了人们的传统生活,城市充斥着混凝土建成的高楼大厦,赖以生存的街道空间也沦为适应现代快速交通体系的物流通道,汽车尾气排放造成了城市空气浑浊不堪。近来,人们认识到了在快速紧张的都市生活中寻求放松的重要性,意识到绿色植被及步行空间对人们生活的调节作用,于是,人们希望能够通过对原有商业街区的步行化改造,局部重现传统街道的生活情景,在闹市中开辟出一片宁静舒适的公共空间。步行商业街区在城市中心拥挤路段实施人车分流的措施,甚至有的城市推出全步行商业街,确保行人的安全。比如,我国杭州的湖滨路步行街,在街道两侧增加了许多装饰和街道家具,包括绿地、绿色植被、彩色路面、街头雕塑、座椅等,营造出宜人优雅的商业氛围。另外,商业街区越来越重视打造绿色的公共空间,在公园、广场等地方种植很多高大树木、五颜六色的花,不仅可以美化环境,而且可以吸收市中心的汽车尾气,释放出新鲜的空气;水体的引入也是商业街区生态改进的一个发展趋势,越来越多的商业街区会选择傍水而居,将自然环境与商业环境融为一体,没有自然调节的街区也会选择建设人造湖、喷泉。

1.5.5　商业街区运营管理趋于智慧化

现代科学技术的快速发展给商业街区的管理和运营带来了便捷和创新,大数据、人工智能、5G等新技术与商业街区的融合是未来发展的重要趋势之一。

在业态提升方面,商业街区将着重打造"数字化商街",实现传统业态向体验式、参与式、互动式业态的转换,利用大数据、人工智能、5G等新一代科技和新体验,实现从单体商铺数字化到商街整体智慧化升级。一方面,商业街区通过与国际或国内知名电商合作,引入一些互联网品牌的线下体验店,甚至可以是线下首店、线下旗舰店,实现线上线下的融合发展,不断发挥品牌效应,并引入科技互动手段,提高购物体验的智能化、便捷化;另一方面,商业街区通过新零售业态的引入推动街区传统业态的自我升级,鼓励它们尝试新零售,开通线上销售渠道,更加注重体验式消费场景的打造。在这一方面,杭州湖滨路步行街的改造方向顺应了商业街区的智慧化发展方向——湖滨步行街区通过大力引进新零售业态,依托杭州本地互联网企业快速发展的吸附效应,积极打造线上线下融合的消费模式,成为"新零售试验区",并且对新零售业态的入驻给予政策上的优惠,吸引了网易严选、盒马鲜生等网红电商品牌的入驻,为街区的发展汇聚了大量的人气。

在智能设备方面,无人便利店、无人咖啡店、移动支付、智能导视牌等数字设备在商业街区得到广泛应用,提高了街区商铺经营的效率,并且为消费者在街区内提供便利。商业街区将充分利用新技术和运营商数据来发展智慧商业,结合第三方平台提供的消费者信息,进行客流结构、轨迹、商圈联动等分析,为街区的整体运营提供参考依据。以数字丰富消费体验是商业街区发展的一个非常重要的方向,能够提高街区的服务质量,最终带来街区综合竞争力的提高。

在街区管理方面,全力搭建智慧街区综合管理平台,运用大数据、云计算、物联网、AI等新技术,对公共资源进行统筹,用技术赋能街区管理,使管理更加智能化,全面提高街区治理能力和水平。商业街区作为城市的重要组成部分,智慧街区综合管理平台需要与其所在的城市系统相连,融合公安、城管、市场监管、文化旅游、地铁、公交、消防、景区等千万条数据,对整个街区的实时人流、网格动态、商业业态、周边酒店入住情况、周边停车情况等信息进行全面掌控,依托大数据进行精确分析,从而为消费者提供精准优质的服务。

第2章 ◆

商业街区发展的环境分析

引例

纽约第五大道

第五大道(Fifth Avenue)是美国纽约市曼哈顿一条重要的南北向干道,南起华盛顿广场公园,北抵第138街(图2-1)。1907年,美国成立了第五大道协会。地产所有者、经济承租人和零售商在一年间大约集资了180万美元来提供商业区需要和政府服务的空项。协会雇用了相当于城市警力5倍的社区安全员来保障治安。100年以来持续坚持高标准,使第五大道始终站在成功的顶峰。包揽众多货品齐全、受人喜爱的商店是第五大道的一个特色。美国第五大道货品丰富、品牌齐全、高档优质,也促使品牌的运作成为寸土寸金的第五大道的突出特点。从20世纪70年代初开始,纽约市政府开始对第五大道的商业布局进行规划和调整,使得一批最具执行力的大公司开始进入,帮助政府的规划落地。在此期间,美国第五大道拥有大量地下和立体的停车设施,主干道上白天只允许双向公共交通车辆行驶,而社会车辆和私家车只能绕支马路行驶,同时允许在支马路的单侧设置收费的停车道。傍晚6时以后,可允许社会车辆和私家车进入(图2-2)。

图2-1 纽约第五大道

文化要素的介入,使第五大道在浓郁的商业氛围中不断展现出浓厚的文化氛围,进而使其层次提高。其中,各种类型的博物馆多达二十余个,让人叹为观止。西边紧靠纽约的中央公园,环境闹中取静。最南端是华盛顿广场,其周边有著名的纽约大学和格林威治村,那是纽约最有文化气息的地方,纽约的作家、画家、演员、艺术家都集聚在这里。这里还有纽约最古老的剧场,周边散布的餐馆更是各种文化圈子聚会的首选(图2-3)。

图 2-2 纽约第五大道支马路

图 2-3 第五大道上的博物馆

　　第五大道长达约 4 公里的商业街,与二十余条支马路相交,而且支马路都相当宽敞。47 街是美国最大的钻石和金银首饰一条街;第 61 街是一条休闲娱乐街,其中皮埃尔酒店是它的标志性建筑;第 59 街主要是一条以酒店业为主的支马路,标志性的广场酒店紧邻中央公园旁边。

2.1 政策环境

　　政策环境通常是指一个国家或地区的政府发布的方针政策,对商业街区发展影响极大,甚至从某种意义上说它起着主导性和决定性的作用。党和国家政府的方针政策,以及政治体制改革的重大措施,对商业街区发展影响最为直接。它们是开展现代商业经济活动的政策条件和保证,既影响商业发展战略规划和措施的制定,又影响人们思想及消费观念的变化和更新,为商业街区发展提供新的机遇和可能,也为其进一步发展创造出宽松的政治环境。

2.1.1 产业政策

各国制定商业街区发展的商业政策一般可分为自由放任政策、保护政策和振兴政策三种。在自由放任政策下，经营者在法律范围内自由竞争，以谋求自己的利益；美国对零售业者采取的政策即属于此。在日本的商业街区的发展中，曾采取保护政策，也曾采取振兴政策，使得日本的商业街区走上了良性发展的道路。我国商业街区建设由来已久，并且在改革开放后，各大中小型城市为保留城市文化、融合国际经济发展模式都推出了不同的商业街区发展规划。我国的城市建设处于高速的发展期，商业街区是市场化的投资产品，各级政府在城市建设中，都将商业设施的建设列为城市规划重点，其目的是提高城市形象和品位，扩大就业和税收，促进地方经济。国家的商业网点规划管理条例正处于立法阶段，各地政府也制定了不少的优惠政策，对商业街区的开发建设和经营管理给予了高度重视，从而推动了商业街区的发展。2000 年后，出现了第三产业发展热的现象，商业街区作为服务业的主要战场，被大多数地方政府重视，并蓬勃有序地发展起来。各地政府先后出台了关于特色街区建设的相关文件，并在文件中明确体现了政府在商业街区建设过程当中所扮演的角色和起到的作用。

北京市将特色街区建设明确纳入城市商业发展规划，并出台了《北京市发展特色商业街办法（试行）》[京商发（规）〔2001〕63 号]，提出特色商业街建设应采取政策引导和市场化运作相结合的方式，积极吸引社会资金，充分调动企业的积极性。同时对特色商业街选址应遵循的原则、特色商业街建设应符合的要求、经营应遵守的规定，以及组织管理、申报命名等方面均提出了要求；2005 年市商务局起草了《北京市发展特色商业街区（市场）管理办法》；2007 年，市商务局会同相关部门研究资金支持办法，进一步规范商业街专项补助资金的使用和管理，研究印发了《对北京市商业街区改造资金管理实施办法的补充意见》和《特色商业街（特色市场）改造提升技术要求》，对十个方面的改造内容提出具体的技术标准。

杭州市政府于 2004 年 11 月针对当地政府已命名且具有相关功能的特色商业街区发布了《杭州市商业特色街区管理暂行办法》，要求所符合情况的特色商业街区统一由当地的贸易行政管理部门负责，进行统一规划、特色定位、商业布局的总协调和管理；区级人民政府可以组建特色商业街区的管理机构对街区进行日常监督管理；市、区级政府应加大对街区的投资建设力度。

青岛市于 2005 年发布《关于进一步加快商业街发展的意见》，并在文件中规划“2007 年底前，重点抓好市区中山路等 17 条商业街建设、改造，强化管理，打造 3～5 条在国内具有较高知名度的商业街品牌，使全市商业街的规模、档次明显提升”，并将街区规划与老城区改造和新区规划建设相结合，与周边区域规划相结合。按照“统一领导，分工负责，部门联动，以区为主”的要求，市经贸委会同有关部门，重点抓好商业街统筹规划、政策指导、督促检查和认定命名等工作。

成都市于 2010 年 6 月 2 日下发《成都市特色商业街区精品建设工作方案》，方案中要求力争到 2015 年全成都市打造新建商业街 30 条，成功申报省级特色商业街区 15 个，国家级特色商业街区 5 个，形成定位准确、特色鲜明、消费便捷、服务优良的特色商业街区网络体系。文中明确指出，一是由各区及成都高新区管委会制定符合本区自身情况的特色街区规划纲要,并且对街区选址、街区风貌、业态聚合、配套设施等进行统一规划建设;二是特色街区的建设由成都市商务局牵头,并联合建委、财政局、文化局、城建局、工商局、旅游局等多个局委成立特色商业街指导工作小组,负责当地特色商业街区的建设工作。2012年11月,随着国务院正式批复《中原经济区规划》,中原经济区正式上升为国家战略。

山西省商务厅《关于开展2019年度特色商业街培育和认定工作的通知》指出,重点在于加快现有商业街改造提升、推进新兴商业街规划建设和完善特色商业街配套设施。

2018年中央经济工作会议、2019年中央政府工作报告均将步行街改造提升作为重要任务部署,并以中共中央、国务院名义出台若干文件。商务部先后出台和公布《关于推动高品位步行街建设的通知》《关于开展步行街改造提升试点工作的通知》《推动步行街改造提升工作方案》《步行街改造提升评价指标(2019版)》《关于加快我国商业街建设与发展的指导意见》等文件,明确提出"提升现有商业街、创建特色商业街"的工作目标,并争取利用2~3年时间,在全国形成定位准确、特色鲜明、消费便捷、服务优秀的商业街网络体系;成立相应的组织协调机构,加强同规划、建设、财政、工商、税务、消防、交通、环保等部门的协作,形成长效机制。同时,要发挥商业街协会组织的桥梁纽带作用,形成全社会互联互动、协调配合的工作机制。

2.1.2　土地政策

随着我国经济的快速发展和城市化的快速推进,城市建设用地不断扩张,各类问题逐渐显现。在一些大城市,城市的快速扩张带来了生态环境破坏、基础设施成本上升、能源消耗增加、农业用地减少等问题。为此,一些学者提出关于城市集约化利用的"存量规划"概念,即"在保持建设用地总规模不变、城市空间不扩张的条件下,主要通过存量用地的盘活、优化、挖潜、提升而实现城市发展的规划"。

2002年4月国土资源部《招标拍卖挂牌出让国有土地使用权规定》明确要求,"商业、旅游、娱乐和商品住宅等各类经营性用地,必须以采取招标、拍卖或者挂牌的方式出让"。商业性服务业属于新兴服务业,占地比重较低,但其发展速度整体较快,用地受到越来越多的关注。

2006年,针对土地管理,特别是土地调控中出现的建设用地总量增长过快,低成本工业用地过度扩张,压低、拖欠征地补偿费损害农民土地权益,违法违规用地、滥占耕地现象屡禁不止等新动向、新问题,国务院下发《关于加强土地调控有关问题的通知》(国发〔2006〕31号),明确规定:"国家根据土地等级、区域土地利用政策等,统一制定并公布各地的工业用地出让最低价标准""工业用地出让最低价标准不得低于土地取得成本、土地前期开发成本和按规定收取的相关费用之和""工业用地必须采用招标拍卖挂牌方式出让,其出让价格不得低于公布的最低价标准"。国土资源部及时按照这一通知精神,公布了《全国工业用地出让最低价标准》(国土资发〔2006〕307号),并明确了实施要求。这些措施对政府出让行为具有较强的约束,极大地压缩了恶性竞争竞相压价的空间,在保障土地所有者合法权益、抑制工业用地的低成本扩张、推进区域协调发展、促进土地节约集约利用等方面发挥了重要作用。2009年,国土资源部结合当时的宏观经济形势,下发《关于调整工业用地出让最低价标准实施政策的通知》(国土资发〔2009〕56号),适当调整工业用地出让标准的实施政策,解决地价政策与产业政策协调配合、地价在促进土地节约集约利用等方面的作用。这些政策为促使更多的土地资源支持服务业发展提供了可能。

2008年1月,国务院下发《关于促进节约集约用地的通知》,按照节约集约用地原则,审查调整各类相关规划和用地标准,强化土地利用总体规划的整体控制作用、切实加强重大基础设施和基础产业的科学规划、从严控制城市用地规模、严格土地使用标准;充分利用现有建设用地,大力提高建设用地利用效率;充分发挥市场配置土地资源基础性作用,健全节约集约用地长效机制;加强监督检查,全面落实节约集约用地责任。

2012年9月国务院印发《国内贸易发展"十二五"规划》的通知。通知强调,地方政府应完善商业网点规划和土地政策,制定全国流通节点城市布局规划,做好各层级、各区域之间规划衔接。科学编制商业网点规划,做好商业网点规划与控制性详细规划和修建性详细规划的相互衔接,加强商业网点建设指导,完善社区商业网点配置。

2014年3月,国务院下发《关于推进城区老工业区搬迁改造的指导意见》,提出科学编制搬迁改造实施方案,对推进企业搬迁改造,将城市更新、存量土地开发和历史文化风貌保护进行了统筹安排。

2015年年底举行的中央城市工作会议指出,要加强城市设计,提倡城市修补,加强控制性详细规划的公开性和强制性。

2.1.3　政府商业街区管理

欧美国家普遍采用市场化的手段管理运营商业街区。许多著名商业街区都有类似管理委员会的行业协会组织。例如,巴黎香榭丽舍大街的众多活动都是由香榭丽舍管理委员会策划和组织的(图2-4)。巴黎市政当局于20世纪90年代初,就着手对香榭丽舍大街进行整体规划(图2-5)。早在1907年,美国纽约第五大道商业街就成立了第五大道协会,后来创建了第五大道商业发展区。这两个组织的有效管理和运营保障了第五大道的文化传统和商业品质,同时也有效沟通了商户,加强了行业联系,弥补了政府服务不足的矛盾。近几年,在两大组织的协调下,第五大道区域的地产所有者、经济承租人和零售商在一年间就集资了近200万美元,有效解决了让大多商业街区都感到头疼的安全和卫生问题。

图2-4　巴黎香榭丽舍大街

图 2-5 夜晚的巴黎香榭丽舍大街

日本全国有上万条商业街,大多商业街由中小零售店组成,并且具有家族传承色彩(图 2-6)。日本政府在商业街区的建设和发展中的作用主要体现在两个方面:一方面是对商业街区的整体建设进行科学规划,积极推进商业街区硬件设施的升级换代;另一方面是制定商业街区振兴政策,从金融支持、法律援助等方面营造商业街区发展的软环境。为了保护中小零售商的利益,促进商业街区的繁荣,进而促进城市中心地带繁荣,日本政府颁布了《搞活中心商业街法》,内容包括为商业设施及商业活动、停车场、活动场地等提供补贴或低息贷款。《搞活中心商业街法》起到了推动中小零售企业的信息化和系统化,支持中小零售业的人才培养等作用。在商业街区管理上,日本政府的努力方向是转变商家经营管理观念,帮助其建立共同发展机制,鼓励成立商业街区自治委员会,建立商业街区的"组织管理、辅导、事业支援"体系,制定商业街区案例规范,从而使商家自己组织起来,共同规划、管理,整体性地改善经营环境,解困经营难题(图 2-7)。

图 2-6 日本某知名商业街

我国城市化进程中,各级政府都把商业街区的规划管理和建设作为城市规划建设的重点,在推动商业街区发展的同时,也在一步步地规划商业街区的管理,对城市发展的规划意识的

图 2-7 日本神户中华街

加强和商业街区建设具有规划性起到了推动作用。2008 年 12 月 30 日,国务院办公厅下发了《关于搞活流通扩大消费的意见(国办发〔2008〕134 号)》文件,特别提出要推动特色商业街建设。也就是说,在面对金融危机的背景下,特色商业街区对扩大内需,促进消费将发挥积极的作用。商务部于 2009 年发布第 21 号《商业街管理技术规范》,规定了商业街管理技术的术语和定义、设置要求、商业街管理,并说明了关于商业街环境要求、设备设施要求、消防安全要求、管理机构、卫生管理和公共环境秩序、交通管理、公共设施的管理与维护、经营活动管理等方面的管理技术规范,以及《商店建筑设计规范》《城市道路交通规划设计规范》《城市规划基本术语标准化》《城市居住区规划设计规范》等相关规范,深入贯彻商务部《关于加快我国商业街建设与发展的指导意见》,推动特色商业街建设和发展,发挥特色商业街的聚集效应,引导和扩大消费。

通过我国政策大环境分析可以得出,商业街区的大力发展得到了各地政府的高度重视,很多城市都把商业街区的建设当成"一把手工程",要下大力气抓紧、抓好。积极的政策环境为商业街区的规划和管理提供了良好的发展平台和机遇,进而形成了一种良好的政策资源。这种政策上的资源,为我国城市商业街区的资源营销提供了有力的政策保障。

2.2 经济环境

经济环境一般是指一个国家或地区的经济发展状况、生产力水平及其布局状况、产业结构、城市与交通、通信,以及人民生活的水平等因素综合所形成的外部环境,它是现代商业经济活动发展的经济基础和必要条件。无论是商业街区发展中的投资融资,还是消费者在商业街区购买的任意商品,都会受到经济环境的影响。

2.2.1 国际经济环境

世界经济复苏态势放缓,发达经济体和新兴市场国家内部表现分化。美国、德国在 2018 年的下半年增长势头开始放缓。受脱欧影响,英国持续低速增长,日本经济增速下行压力增大。主要新兴市场国家除印度经济增速在 5% 以上运行外,巴西、俄罗斯、南非的经济增长率基本都在 2% 区间以下,经济还处在企稳恢复阶段。

　　国际商品市场和金融市场动荡加剧,不确定、不稳定因素集中凸显。由于受到全球经济速度放缓、贸易摩擦增多及美联储"加息＋缩表"的三重影响,大宗商品市场、全球货币市场、股票市场和债券市场价格大幅度波动。以美国为代表的发达经济体纷纷收缩流动性,很多资金都回流到本国,引发新兴经济体资金大规模外逃,加重了债务负担。

　　多边主义受到冲击,贸易保护主义思潮涌动。过去30年,经济全球化浪潮席卷世界,国际分工体系和国际产业链深入发展,国际多边主义经济格局得到重塑。经济全球化在为各国带来发展机遇的同时,也积累了深刻的社会矛盾,尤其是在发达经济体中,由于产业外移造成本国工业的空心化,工人失业问题严重,收入减少,滋生了贸易保护主义思想的土壤。美国在收紧全球流动性的同时,开启贸易保护主义。在"单边主义"和"零和博弈"思维下对外退出世界贸易组织等多边协调机制,重新构建以美国利益为中心的世界政治经济规则,激烈争夺世界经济主导话语权;对内通过加征关税、启动调查等一系列措施限制对美国的出口。另外,美国在知识产权和高科技领域大力打压发展中国家。这些逆全球化措施违背经济发展的规律,减慢世界经济复苏的步伐,制约新兴经济体国家的发展速度。

　　总的来说,当前世界经济有如下几个特点。

1. 主要经济体的货币和财政政策继续宽松,但空间有限

　　随着世界经济下行压力加剧,2019年主要经济体央行转向实施宽松的货币政策,并且仍面临下行压力和通胀水平趋升,未来主要经济体仍有一定降息空间,但大幅降息的可能性较小。在货币政策宽松空间有限的情况下,部分经济体也将实施较为积极的财政政策。欧元区和英国选择继续放松财政政策,英国财税刺激规模增加的程度较2018年有所上升;新兴经济体也将继续增加财政刺激,印度下调企业所得税税率,巴西通过养老金改革方案,效果已显现出来,但规模较小;美国和日本由于政府财政和债务压力大幅上升,财政刺激规模有所减弱。

2. 部分经济体债务危机将有所改善

　　2020年全球贸易向好,主要经济体利率总体维持较低水平,这有利于减轻部分经济体偿债压力,缓解债务危机,促进财政状况有所好转。从发达经济体看,欧元区和英国的货币政策放松和出口增速提高,有利于降低其债务负担;从新兴经济体看,一方面发达经济体的低利率促使国际资本流入新兴经济体,另一方面中美双边贸易减少有利于促进中国以外的新兴经济体的进出口贸易增长,利好于部分对外贸和外资依赖性较高、经常账户逆差严重的南美和欧洲新兴经济体国家,承受的货币贬值和偿债压力将有所减轻。

3. 主要经济体金融市场风险持续积累

　　发达经济体货币政策宽松,促使国际资本大量流入新兴经济体,新兴经济体的金融市场风险将大幅上升。如果发达经济体货币政策由松转紧,地缘政治冲突加剧,可能出现国际资本大量撤离新兴经济体国家,对新兴经济体的金融市场将带来冲击。

4. 新科技革命和产业变革将重塑全球产业格局

　　第一,以数字技术革命、生物技术革命和新能源技术革命为代表的第四次工业革命将重

塑世界经济版图,成为经济增长的重要驱动力。5G、人工智能等颠覆性技术的出现将赋予生产和消费新的方式,促进科技创新、业态创新和模式创新。大数据、云计算、人工智能、物联网、3D打印、虚拟现实、增强现实、混合现实(VR/AR/MR)、区块链等数字信息技术将改变传统服务和制造方式,大幅提高生产率。生物技术、新材料、新能源、空间、海洋开发等新技术广泛渗透,正在引发群体性技术革命和产业创新。谁能抢占科技制高点,谁就能站在产业变革前沿,在新一轮国际竞争中赢得主动。因此,世界各国都在制定相关发展战略,以求在新的技术变革中抢占先机,尤其是在数字技术、生物技术、量子技术等前沿领域纷纷发力。经合组织(OECD)《2015经合组织数字经济展望》报告显示,截至2015年,其80%的成员国已经构建了数字经济国家战略框架。

第二,数字经济成为带动新兴产业发展和传统产业升级的主导力量,并深刻影响着全球产业、投资发展格局。据有关报告显示,全球大数据市场规模年增长率达40%;其中,大数据技术及服务市场复合年增长率(CAGR)达31.7%。2018年,全球人工智能核心产业市场规模超过500亿美元,同比增长50%;人工智能领域投融资额超过450亿美元,同比增长超过70%。产业发展融合化、生产方式智能化、组织方式平台化、技术创新开放化将成为重要特征。制造业向数字化、智能化、网络化、绿色化的服务型制造发展;创新方式向开放融合、共创分享发展;绿色低碳可持续发展成为主流。

第三,数字技术将推动国际贸易方式创新、成本优势转化、效率提高、结构调整和规则变革。跨境电商等新兴贸易方式不断涌现,将为中小微企业提供更多市场机会,并催生新的贸易规则和监管模式。国际贸易正在从以劳动力为主导的传统比较优势向以创新为主导的技术比较优势转换。据麦肯锡预测,当前只有18%的商品贸易基于"劳动力成本套利",自动化、人工智能将使越来越多的产业由劳动密集型转为资本密集型。全球价值链中研发、品牌、知识产权等无形资产份额上升,这一趋势对提高劳动者素质、创新投入和知识产权保护都提出了迫切要求。

第四,全球产业链、供应链、价值链深入发展将重塑国际经贸规则。随着跨国公司主导的国际分工由产业内分工向产品内分工发展,同一产品由"一国生产变成多国生产",研发、设计、制造、流通、销售、结算等各环节在不同国家和地区完成,由此形成了全球产业链、供应链和价值链体系。以推动全球生产、服务、贸易、投资、金融一体化发展成为新一轮经济全球化为核心的主要特征,对"三链"的掌控能力成为产业竞争力的重要标志。同时,"三链"的不断发展导致全球产业内贸易、产品内贸易、区域内贸易增多,全球贸易由以最终品贸易为主向中间品贸易为主转变,价值链区域化布局的特征日趋明显。目前,全球货物贸易中70%以上是中间品。按照世界贸易组织(WTO)的统计,2007—2016年我国货物贸易进口的中间品大多占进口总额的60%以上。

5. 世界经济重心从大西洋向太平洋迁移将重塑全球竞争格局

随着以中国为代表的亚洲发展中国家不断崛起,全球经济增长重心从大西洋向亚太地区转移,"21世纪是太平洋世纪"开始显现。2018年,东盟和中日韩的经济总量为23万亿美元,占世界的27%。亚太经合组织(APEC)21个成员GDP之和占世界比重从1980年的46.3%上升到2018年的60.5%。根据WTO预计,到2030年全球2/3以上的中产阶层集中在亚洲。消费能力的增长将使亚太地区成为西方品牌战略布局的重点。西太平洋地区在迈向世界经济重心的同时也成为大国战略博弈的重点。

目前的国际经济形势对商业街区的发展有着不可忽视的影响,同时商业街区的经营和发展需要对国际经济形势做出调整。全球经济增长态势放缓,大宗商品市场、全球货币市场、股票市场和债券市场价格的不稳定对商业街区发展而言是不利的,无论是商业街区的融资、投资,还是商业街区的商品货物,都会受到这些因素的影响。宽松的货币和财政政策会影响到居民的收入水平、生活水平和消费选择,当储蓄利率降低时,人们会选择将货币用于消费而不是存在银行,这对商业街区而言相对有利。新科技革命和产业变革改变了全球产业格局,商业街区可以利用先进的技术,获取更大的吸引力,为消费者带来更加丰富的消费体验。例如,AI试衣技术可以帮助消费者虚拟试衣,既方便省时,又能呈现出仿真的穿着效果。

2.2.2　国内经济环境

我国经济基本平稳运行,宏观经济面表现良好。经济增长基本维持在合理区间。2015年经济增速放缓以来,每年增速相对稳定,变化幅度不大。国家统计局最新数据显示,2019年经济增长开局平稳,第一季度同比上涨6.4%。物价走势温和适中,从衡量物价走势两个最重要指标CPI和PPI来看,居民消费价格指数一直保持持续上涨。2011年以来,工业生产者出厂价格指数出现了一定程度的反复,经历了一段时间指数下滑后,2014年后出现了价格指数上涨。虽然个别年度出现反弹,但总体来看,CPI和PPI走势保持平稳。2019年4月CPI同比上涨2.5%,环比上涨0.1%,PPI环比上涨0.3%,比3月扩大0.2个百分点。就业形势稳中向好,城镇登记失业率低位运行。2010—2015年,失业率维持在4.1%以上,2016年以来,失业率进一步下降至4%,2017年是3.9%,2018年是3.8%,居近十年的最低位。外汇储备资产总体趋稳,人民币汇率双向浮动弹性进一步增强,以人民币汇率为标的物的金融衍生品交易量逐渐扩大,尤其是香港交易所(HKEX)的人民币期货成为人民币未来走势最重要的风向标。

对于商业街区的发展而言,经济的平稳发展为其创造了稳定的环境,物价走势平稳,居民消费水平稳步提高,有利于刺激消费、提升居民的消费水平,对商业街区的发展十分有利。

1. 经济增长具有韧性,商业街区发展经济环境相对稳定

一方面,经济运行仍然存在不少困难和挑战。从国内看,我国正处在转变发展方式、优化经济结构、转换增长动力的攻关期,结构性、体制性、周期性问题相互交织,经济下行压力加大。从国际看,当前世界经济增长持续放缓,全球动荡源和风险点增多。中美之间除贸易冲突外,还涉及高科技、金融、地缘政治、国际规则等全方位的大国博弈,我国面临的外部环境依然复杂多变。

另一方面,经济保持平稳发展具有坚实支撑,有利因素在积累增多。一是我国经济稳中向好、长期向好的基本趋势没有改变。物质技术基础雄厚,产业门类齐全,国内市场广阔,人力资本和人才资源庞大,经济韧性强、潜力大,应对外部冲击能力强。二是供给侧结构性改革深入推进,改革开放力度加大,宏观政策更加注重组合发力,为经济平稳运行提供有力支撑。

经济对商业街区发展的影响渗透方方面面,如商业街、商铺的投资融资,商品的价格,等等,经济保持平稳发展为商业街区的发展减少了很多不确定性因素,为商业街区平稳发展提供保障。

2. 基础设施完善,房地产投资缓步下行

早在 2019 年中央经济工作会议上就强调,要切实增加有效投资,发挥投资的关键作用。会议指出,支持加大设备更新和技改投入;加强战略性、网络型基础设施建设,推进川藏铁路等重大项目建设,稳步推进通信网络建设,加快自然灾害防治重大工程实施,加强市政管网、城市停车场、冷链物流等建设,加快农村公路、信息、水利等设施建设。

2019 年以来,中央坚持"房住不炒"定位,全面落实因城施策,稳地价、稳房价、稳预期的长效管理调控机制。

对基础设施的投资有利于商业街区的基础设施建设,为商业街区吸引游客提供基础保障。政府对于地价、房价的控制有利于商业街区降低经营成本,优化投资结构。

3. 消费受利好政策提振,预计保持平稳增长

近年来,围绕扩内需促消费的政策和措施持续推出,促进汽车、家电、消费电子产品更新升级,促进文化旅游消费、体育健身和体育消费等,鼓励夜间商业和假日消费,促进流通新业态新模式发展,激发消费潜力、促进消费升级。中央经济工作会议一直强调,要发挥消费的基础作用,推动消费稳定增长。商业街区在发展过程中要注意消费的多元化,满足不同消费群体的需求,增强商业街区的消费活力。

4. 扩大国内消费需求,助推商业街区发展

社会生产力发展和人民生活改善,促使社会主要矛盾从人民日益增长的物质文化需要同落后的社会生产之间的矛盾,转化为人民日益增长的美好生活需要和不平衡不充分的发展之间的矛盾。随着社会生产能力的提高,商品大面积供不应求的现象已很鲜见,但商品供过于求的情况时常发生。因此,经济发展的制约因素逐渐从供给约束转向需求约束。作为经济发展的一般规律,经济发展动力逐渐从投资主导型转向内需主导型,进而转向消费主导型发展模式。在经济发展的需求动力视角下,中国当前的经济发展模式为内需主导型,即消费、投资和出口协调拉动经济增长。中国属于大国,经济发展更需要发挥大国优势,特别是发挥国内市场规模优势,增强经济发展稳定性。中国经济已由高速增长阶段转向高质量发展阶段,外部经济环境波动较大,国际贸易摩擦逐渐增多,在这种背景下,中国政府越来越重视增强消费对经济发展的基础性作用,提出要通过推动供给侧改革、推进城镇化建设、加大扶贫力度来扩大国内消费需求,从而拉动国民经济的增长。

我国经济发展从过度依赖外贸转向依赖内需,扩大国内消费需求,为商业街区的发展提供了政策支持,也为商业街区持续发展创造了可能。商业街区建设中需要配合国家相关政策,例如慎重考虑商业街区选址,将商业街区设在农村与城镇交界处,扩大服务范围,支持消费扶贫政策,提供物美价廉的商品等。

2.3　社会文化和自然环境

社会文化环境是指一个社会的民族特征、价值观念、生活方式、风俗习惯、伦理道德、教育水平、语言文字、社会结构等的总和。社会文化环境是塑造消费者需求与偏好的核心因

素。当社会文化环境发生变化时,个体对产品和购物方式的偏好也会随之改变。例如,当社会上崇尚一种"体验文化"时,即注重购物体验和购物真实感时,消费者往往更倾向于在商业街区购物,能够触摸到、感受到产品的质量,获得最真实的购物体验。当社会注重"文化体验"时,人们往往会选择逛逛带有文化底蕴的特色商业街区,通过步行商业街区的环境、活动、设施、服务四大类体验媒介与城市文化特色结合,激发人们对步行商业街区形成文化上认可的感受。

社会文化环境对人们的影响是潜移默化的,主要通过影响消费者的思想和行为间接地影响到消费者对购物方式的选择,下面讨论与商业街区发展关系较为密切的几个因素。

2.3.1　人口

由于人既是商品的生产者和经营者,又是商品的消费者,整个商业经济活动都是围绕人口进行的,生产的目的就是为了人们的消费。所以人口既是整个社会、经济发展的主体,也是现代商业经济活动的主体。在人口环境中具有一定数量和素质的人口构成了商品生产的人力资源,是进行商品生产的必备条件;而全部的社会人口则是商品的消费对象,凡是具有一定数量人口的地方都需要组织商品生产,提供足够的商品来满足人们的消费需求。

一般情况下,人口的数量和密度,决定了商业经济活动的现实或潜在的容量及对商品总的需求情况。人口数量多、地理分布密度大的经济发达的地区,商品消费需求量大,市场容量大,商品生产的能力也强,现代商业经济活动发达,发展的潜力也巨大。

据美国人口调查局估计,截至 2013 年 1 月 4 日,全世界有 70.57 亿人。2016 年,世界人口达到了 7 262 306 342 人。当前的预计显示世界人口将在未来数十年持续增长,但由于较难估计出生率下降等因素,无法得出具体数值,仅得出 2050 年世界人口将为 75 亿～105 亿人,取决于出生率下降的速度。长远看来,估计 2050—2150 年世界人口将停止增长并缓慢下降。中华人民共和国第六次人口普查登记的全国总人口为 1 339 724 852 人,与 2000 年第五次全国人口普查相比,十年增加 7 390 万人,增长 5.84%。

据相关部门统计,我国城市人口"老龄化"的趋势并未减缓,这意味着我们要充分关心他们的生活,老年人的出行方式大多都是步行或公交,而在步行商业街区中更需要建立起舒适的步行环境来给予老年人足够的照顾。与年少者相比,老年人对于户外环境的向往度往往更高,因为在户外环境中老年人可以通过与他人的接触和交流排遣寂寞感。此时即需要在步行商业街区的设计中添加更多的适宜元素,良好地连接各处公共空间,避免拥挤,改善步行环境,提高老年人在城市中的生活质量程度。

2.3.2　价值观念

价值观是基于人的一定的思维感官之上而做出的认知、理解、判断或抉择,也就是人认定事物、辩своего是非的一种思维或取向,从而体现出人、事、物一定的价值或作用;在阶级社会中,不同阶级有不同的价值观念。价值观具有稳定性和持久性、历史性与选择性、主观性的特点。价值观对动机有导向的作用,同时反映人们的认知和需求状况。生活在不同的社会环境下,人们的价值观念不同,对于消费方式的选择也有差异。

我们经常说的价值观,是指人们对社会中各种事物的态度和看法,即人们在社会里崇尚什么,这与人们对产品的选择有直接关系,也影响到商业街区的日常营销。

例如,我国用来出口东南亚的黄杨木刻,一直因用料考究、精雕细刻,尤其是采用传统的福、禄、寿三星或古装仕女的造型,受到东南亚地区消费者的普遍喜爱。

然而,同样的东西,在欧美一些国家,却无人问津。显然,东西方文化的差异性,造成人们在价值观和审美观的不同,从而导致消费阻碍。后来,出口公司改变过去的传统做法,采用一般技术做简单的艺术雕刻,涂上欧美人喜爱的色彩,并加上适合复活节、圣诞节、狂欢节等的装饰品,便很快打开了市场。

生活在不同的社会环境中,人们的价值观念会相差很大。消费者对产品的需求和购买行为深受价值观念的影响。在市场中,价值观念主要体现在消费者对时间、对新事物、对财富的态度,以及如何看待风险上。

消费者的价值观是影响其决策行为的核心因素。随着生活节奏的加快和网络的普及,城市消费者的价值观在不知不觉之间有了改变,特别是年轻一代消费者更加明显。第一,偏好速食文化,喜欢声光电子媒体。第二,更加追求方便和效率、复合功能型的产品,如二合一洗发水、三合一咖啡等。第三,享受生活,计划眼前,家庭在娱乐方面的支出比例逐年提高,旅游成为增长最为迅速的休闲方式,信用卡的市场年年扩大,贷款成为购房、购车等大件消费最平常的方式。第四,追求生活质量"品位""格调"是重要的,服装、家具以及日用品,都要有"品牌"的观念,但这并不表示要花费极高的代价来获得。第五,渴望肯定和认同,人与人之间的疏离感渐增,他们需要认同和欣赏,更加注重外表的个性化。减肥瘦身中心的大行其道,名牌服饰的不断引进可以验证这一点。健康意识成为趋势,年轻人开始讲求清淡和自然,素食、茶饮料市场稳步拓展。他们对"健康营养品"也相当感兴趣,甚至诞生一些"胶囊人"。财富与快乐无关,消费者的快乐来源于产品,自我实现需求是消费者快乐的源泉,花钱买体验是快乐的渠道。消费者开始将消费重点从需要的产品转向消费体验,从大众化转向个性化,从个人消费转向社区群体。

2.3.3　文化传统

公元前 184 年,罗马执政官伽图就曾在巴西利卡内建造了历史上最早的商业步行街;中世纪与文艺复兴时期,由于贸易的扩展,城市街道成为市民生活的中心。商业街区各自特有的文化内核是提高街区商业体验性的重要决定因素。中国传统的商业步行街区起源于宋代,北宋张择端的《清明上河图》是当时生活场景的写照,从那以后城市商业街区充斥着各种市民活动。现代步行街系统最早出现在欧洲。1926 年,德国的埃森市基于前工业紧凑的城市结构,人口居住密度高,在"林贝克"大街禁止机动车辆通行,1930 年将其建为林荫大街,使商业获得成功,成为现代商业步行街的雏形。

文化的形成是一个长期积累的过程,商业街区文化是商业街区从创建开始逐步积累形成的一切文化现象,是商业街区在大众心目中的印象、感觉和独特个性。其内涵包括商业街区的建筑、景观、人文、特色店铺、商业信誉、消费群体、消费观念、消费习惯等。商业街区文化作为一种文化现象,属于文化价值的范畴,是物质形态和精神形态的统一体。商业街区文化能在消费者心目中形成潜在的文化认同和情感眷恋,能给消费者在逛街的过程中带来情感体验,不仅能满足购物、消费的物质需求,更能展现消费者的生活方式、休闲方式、消费模式、品位、格调。逛街、购物的过程也是一种与众不同的消费体验和个人情感的释放,从中能获得美好的生活体验和精神满足感。商业街区文化由商业街区景观文化、商业街区行为文化、商业街区品牌文化构成。商业街区景观文化是由商业街区的实物和历史人文构成商业街区印象。商业街区行为文化是商业街区运营过程中所展现的文化,包括商业街区的管理模式、商演活动、文明创建、传播行为、商户行为等因素构成商业街区商业形象。商业街区品牌文化是商业街区在与外部世界沟通交流、相互作用过程中在大众心目中形成的心智定位,是商业街区文化的精髓。商业街区品牌文化是商业街区与市场联系的纽带,直接作用于大众的消费心理,从而影响消费,所以能成为商业街区赢得市场、保持旺盛生命力的关键因素。

文化是商业街区的灵魂,缺乏文化和特色支撑的商业街区是没有生命力的,是难以长久繁荣的。纵观国际国内一些兴盛不衰的著名商业街区,均有其独特的文化特质。

巴黎著名的香榭丽舍大街,其大街上点缀的大小不一的宫殿、博物馆,以及协和广场和戴高乐星形广场、林荫大道等历史景观和人文景观更为著名。大街中段的大宫和小宫,则定期或不定期地举行各种大型的文化艺术和展览活动,整条香榭丽舍大街充满了浓厚的艺术气息。

匈牙利首都布达佩斯市中心的瓦茨商业街,其独特魅力在于它所显示出的浓郁的文化气息,使人们在精神上得到的享受远远高于物质上的满足。在这里可以买到各式装帧精美的书籍和做工精致的工艺品,还有那一件件迷人的古玩、一幅幅逼真的油画作品等。当您立于街头,艺人们会为您奏出一曲曲优美动听的旋律(图 2-8)。

图 2-8　瓦茨商业街

距今已有七百多年历史的北京王府井商业街犹如一个博物馆,汇聚着博大精深的老北京文化。盛锡福、瑞蚨祥、东来顺、全聚德、翠华楼等诸多老字号记录着历史的沧桑巨变;同升和帽店、吴裕泰茶庄等老北京的名店有着十足的名店气派和京味儿;中国照相馆——当年毛主席、周总理的照片都是在这里拍摄的,至今店铺的橱窗中还摆着这些老照片;大街上的雕塑则向人们展现着久远年代的记忆(图 2-9)。

图 2-9　北京王府井

厦门中山路商业街是至今仍完整保留百年历史风貌的商业街区,其两旁连绵、优美雅致的骑楼建筑,带着浓郁的南洋风情,也是华侨踊跃投资房地产业和厦门城市近代化规划及建设相结合的历史记忆。旧城里的风貌建筑还记载着厦门悠久的历史,包括郑成功踞厦时秣马厉兵的遗迹、"通商口岸"商品贸易的繁荣、市井的生活等,构成了厦门深厚的文化底蕴。厦门中山路是商业街,更是展现近现代史和厦门老城文化的商业旅游区(图 2-10)。

图 2-10　厦门中山路商业街

2.3.4　民族传统和宗教信仰

民族传统是一个民族根据自己的生活内容、生活方式和自然环境,在一定的社会物质生产条件下长期形成并世代相袭的一种风尚,是通过反复练习而巩固下来并变成需要的行动方式等的总称。它在饮食、服饰、居住、婚丧、信仰、节日、人际关系等方面都表现出独特的心理特征、伦理道德、行为方式和生活习惯,对消费者的消费偏好、支出模式等产生重要影响。

在民族传统中,商业街区管理者应特别注意传统节日。在西方国家,每逢圣诞节,各种食品、日用品和礼品出现销售高峰。在我国春节前夕会形成生活用品、礼品、食品的购买高峰;在清明节、端午节、中秋节、国庆节、劳动节和双休日,人们对商品和服务的需求也显著增长。另外,商业街区管理者还应注意各民族的禁忌,入乡随俗,避免不必要的损失。

宗教信仰对商业街区发展也有一定的影响,特别是在一些信奉宗教的国家和地区,其影响力更大。不同的宗教信仰有不同的文化倾向和戒律,从而影响人们认识事物的方式、价值观念、行为准则和消费行为,带来特殊的市场需求。民族的不同,宗教信仰及其生产、生活的习俗彼此间也有很大差异,它们既影响商品生产的差异,又影响商品消费的差异,从而更增加了商业经济活动的复杂性与地区差异性。例如,欧美人喜穿西服,日本人在特殊节日喜穿和服,苗族人喜欢穿光彩夺目的服饰等,差异极为明显。他们对现代商业经济活动各自既提出了不同需求,又为其发展提供了不同的机遇和市场。某些国家和地区的宗教组织对教徒的购买决策有重大影响。例如,一种新商品出现,宗教组织有时会限制和禁止使用,认为该商品与其宗教信仰相冲突。相反,有的新商品出现,会得到宗教组织的赞同和支持。宗教会号召教徒购买、使用,起到特殊的推广作用。因此,商业街区在发展时应充分了解不同地区、不同民族、不同消费者的宗教信仰,销售符合其要求的产品,制定适合其特点的经营策略;否则会触犯宗教禁忌,失去市场机会(图 2-11)。

图 2-11　印度加尔各答(杜尔加 Puja 节日——印度教最大的宗教节日)

2.3.5　教育水平与文化素质

教育水平是指消费者的受教育程度。一个国家、一个地区的教育水平与其经济发展水平往往是一致的。一般来讲,教育水平高的地区,消费者对商品的鉴别力强,容易接受广告宣传和新产品,购买的理性程度高。教育水平的高低影响着消费者的心理和消费结构,影响着商业街区的经营策略及销售推广方式的选择。例如,在文盲率高的地区,用文字形式做广告难以收到好效果,而采用电视、广播和当场示范表演等形式,容易为人们所接受。又如,在教育水平低的地区,适合销售操作使用、维修保养都较简单的产品;而在教育水平高的地区,则需要先进、精密、功能多、品质好的产品。因此,在设计商业街区经营和销售策略时,应考虑当地的教育水平,使产品的复杂程度、技术性能与之相适应。另外,商业街区管理者和工作人员的受教育程度等,也会对商业街区的发展产生一定的影响。

文化素质是指人们在文化方面所具有的较为稳定的内在的基本品质。文化素质不仅包括科学技术方面的知识,更多的是指人文社科类的知识,包括哲学、历史、文学、社会学等方面的知识。这些知识通过语言或文字体现出来。文化素质较高的人一般综合素质也较高,他们知识面广,对商品各方面的情况都比较了解。文化素质决定了商品消费的水平、质量和品位层次。素质越高的地区,商品生产的质量越高,消费需求的品位层次也越高。面对这一消费群体,商业街区在商品推广的过程中不能简单地介绍商品的功能和特性,而是要更多地传递商业街区的独有文化、产品文化及消费文化。例如,苏州观前街最早起源于玄妙观内的摊市,为当时的善男信女和游玩民众提供消费和玩乐的场所,至今已有 150 多年的发展历史,是一条以文化为基础,宗教文化融合市民文化,同时又融入商业文化的传统商业街(图 2-12)。苏州观前街对苏州人而言,有着不同一般的意义,常言道:"到苏州不到观前,等于没去苏州。"其功能定位为"具有浓郁地方特色的融商业、文化、宗教于一体的市区购物、餐饮、休闲和旅游中心"(图 2-13)。

图 2-12 玄妙观——苏州观前街因其得名

图 2-13 20 世纪 20 年代初还没有经过扩宽的观前街

2.3.6 地理位置

地理位置(含自然地理位置和经济地理位置)条件的优越与否,对商业街区有着重大影响。就我国而言,长期以来沿海地区的商业经济活动远较内地繁荣,特别是改革开放以来更是呈现崭新的局面,广东、福建、浙江、上海、江苏、山东、天津、辽宁等省市实现了商业经济的腾飞。此外,我国形成了上海、天津、广州、深圳、珠海、厦门、宁波、青岛、大连等具有全国性意义的国内外贸易商业中心。近期以来,陆地上的周边地区商贸活动的崛起与开拓,其中重要的原因之一,也均得益于它们各自所处的优越地理位置。同样,我国内地历史上或新兴起的商业中心城市,如位于"黄金水道"长江中游和汉江汇合地具有"九省通衢"之称的历史名城武汉市,被国务院定为新开发区的地处长江中游、鄂西川东重要物资集散中心地宜昌市,以及其他著名的商业中心城市的形成和发展,均同它们所处的优越的地理位置有着密切的关系。

区域的地形地貌一般会对商业街区位置的选择和设计、规划工作产生非常重要的影响。在对商业街区进行设计规划时,地形是不容忽视的因素,只有综合地形进行调查,才能了解整个街区的地形地貌,才能对雨水排放等因素进行合理设计,同时又能兼顾街道的风景。不同区域地质条件不同,影响市场、交通运输建设等的投资和难度。地质基础好的地区,进行商业街区建设时,既可以省去相当的投资,又不影响建设速度和质量。地质基础较差的地区,则要为地基开挖、处理等花费许多的物力、财力和人力,也影响建设速度的正常进行和质量。例如,在地质基础差、岩体松散的地区修建商业街区建筑后果遗患无穷,显然是不明智的;在地震、火山频发区、泥石流、岩体崩塌等较易发生的地区,进行大量的投资发展商业街区也显然不合时宜等。

各地理区域均具有其相应的地貌条件,为商业街区提供各异的活动舞台场所。因而这一地区地貌状况如何,对商品的生产、流通和消费情况,都会带来至关重要的影响。平原、盆地地区相对来说有利于商品的生产和流通,并且这些地区经济发达,人口众多,消费量和消费水平相对较高,从而促进商业街区也随之繁荣发达。在山地高原地区则会加大商品生产的投入,交通运输较为艰难,从而会增大流通环节的难度和成本;同时这些地区经济也相对落后,人口稀少,消费量和消费水平也相对较差,则导致这些地区商业街区发展也相对滞后。

保利水城与佛山水乡特色结合,发扬了其和谐、舒适的开发理念,在规划与设计上强调保留原有的自然资源,利用现代建筑设计手法,更加充分地挖掘展示千灯湖及其水道的秀美景观资源,同时注重建筑物与周边环境的和谐共生,将特定的自然景观与零售消费有机结合,营造了全国独有的水生态主题。保利水城最后建成为中高档突出"水"主题的集休闲、娱乐、饮食、购物、旅游为一体的体验式购物广场,在强化轻松休闲式感官享受的同时,也为佛山带来了国际化商业形态,是南海区第一个真正意义上的"一站式"休闲购物场所,也是目前国内唯一首推"水城"概念的购物中心(图 2-14)。

图 2-14　保利水城

2.4　消费环境

商业街区能满足不同兴趣爱好的消费群体购物、餐饮、文化、娱乐、旅游、观光等多种需求,是零售业多种业态、服务业多种业种的有机组合体。商业街区是消费的地方,消费不仅仅是购物,还涉及生理和心理的需要。玛丽·道格拉斯(Mary Douglas)和巴龙·伊舍伍德(Baron Isherwood,1979)认为,"所有社会中出现的消费,都是'跨越商业范围的';也就是说,消费不限于商业系统,相反,它总是表现为一种文化现象。它既与意义、价值及交流有关,又和交换、价格及经济关系有关"。消费的多种特性是消费观念、习俗、时尚、潮流等消费文化的成因。一个好的商业街区首先要有合理的业态布局,这是商业街区发展初期所要注重的主要因素。随着商业街区向纵深发展,合理的业态只能满足消费者购物的物质需求,商业街区要在激烈的市场竞争中占得优势,还需要有不易受到模仿的独特的因素,除了满足消费者基本的购物需求外,还能使消费者在购物时身心愉悦,满足情感等方面的精神需求。

2.4.1　消费的政治环境

1. 中国居民消费发展阶段

消费是改善人民生活水平的重要载体,中国政府高度重视改善民生和居民消费发展。居民消费政策随着经济发展和居民消费发展逐渐发生变化,大致可以分为三个阶段。

第一阶段(1978—1992 年)是政策重点关注处理积累与消费关系。改革开放以来,国家工作重心转移到经济建设上来,但改革开放初期的生产供给能力依然有限,短缺仍是这一时期的主要特点,调整积累与消费的比例关系和促进消费品生产增长,是这一时期的重点问题,预防消费膨胀成为处理积累与消费问题的关键。

第二阶段(1992—2012 年)是政策重点关注扩大消费需求。社会主义市场经济体制确立之后,经济市场化程度不断提高,市场供给能力大幅提高,居民收入快速增长。但由于文化、消费习惯、社会保障、收入分配等方面的原因,居民消费率持续偏低,扩大居民消费需求,以及协调消费、投资和出口之间的关系,成为该阶段居民消费政策的重点问题。

第三阶段(2012 年至今)是政策重点关注促进消费升级。中国特色社会主义新时代社会主要矛盾发生变化,人民日益增长的美好生活需要和不平衡不充分的发展之间的矛盾成为新时代社会主要矛盾。市场供求结构性错配导致产能过剩和消费外流等问题,推进供给侧结构性改革,完善促进消费的体制机制,发展中高端消费,促进消费升级,成为当前和未来消费领域的政策目标。

2. 新时代中国特色社会主义理论

新时代中国特色社会主义消费理论是从全局视野出发,对我国当前国情做出的科学判断。新时代我国经济发展进入了新常态,供给侧和需求侧不协调性加剧,社会主要矛盾发生了转变,资源环境问题日益严峻,人民群众的消费需求发生了变化。面对一系列的新情况、新变化,以习近平同志为核心的党中央,不忘初心、牢记使命,坚持以人民为中心,为满足人民日益增长的消费需求,提出了许多消费政策。

新时代中国特色社会主义消费理论内涵丰富,主要包括推进绿色消费发展、推动能源消费革命、扩大国内消费需求三大版块,涵盖了生态保护、资源节约、供给侧结构性改革、区域协调发展、扶贫五大方面。

(1) 推进绿色消费

绿色发展是循环低碳、可持续的,是人与自然相互和谐的发展。绿色发展作为"五大发展理念"之一,也是生态文明建设、实现美丽中国的必然要求。促进绿色发展就必须提倡推广绿色消费,即倡导绿色低碳、节约适度、文明健康的消费方式。近年来,《生态文明体制改革总体方案》《关于建设统一的绿色产品标准、认证、标识体系的意见》《"十三五"节能减排综合工作方案》《关于促进绿色消费的指导意见》《"十三五"全民节能行动计划》《循环发展引领行动》《促进绿色建材生产和应用行动方案》《工业绿色发展规划(2016—2020 年)》《关于加快推动生活方式绿色化的实施意见》《企业绿色采购指南(试行)》等一系列文件的印发,对充分认识绿色消费的内涵、意义、要求和主要目标,培育和强化绿色健康消费理念,促进绿色产品供给和消费发挥了重要作用。首先,绿色消费的内涵要从两个方面进行分析。一方面,从满足生态需要来讲,绿色消费既要节约资源又要保护环境。消费行为的主体是人,消费的客体是资源和环境,整个消费过程和结果都要符合资源的合理开发和利用,有利于生态环境的保护。另一方面,从满足个人健康需求来讲,绿色消费指消费者对有利于自己身心健康的绿色产品的需求和购买行为。绿色消费的概念是两个方面的叠加,即绿色消费是以有利于人的健康和环境保护为标准的消费方式及消费行为的统称。绿色消费表现为崇尚节约、反对浪费、选择环保的产品及服务、减少资源消耗、减低污染排放。其次,我国推行绿色消费是由我国现实国情决定的。虽然我国幅员辽阔、资源丰富,但由于我国人口众多,资源的人均占有量在世界排名比较靠后。我国自然资源的总体特征是总量丰富、人均占有量不足。随着经济的快速发展、人口的不断增长,我国的资源与环境的承载力在不断地下降。发展绿色消费有利于降低资源消耗、减少环境破坏,从而能够促进社会主义生态文明建设。尤其是近年来随着人民收入水平的提高,消费需求不断攀升,消费已成为拉动经济增长的新引擎。绿色消费作为一种新型消费方式和新的经济增长点,具有巨大的空间和潜力,所以促进绿色消费能够实现经济的可持续发展。另外,推进绿色消费既是对中华民族勤俭节约传统美德的传承,也是现阶段消费升级、推动供给侧结构性改革的内在要求。为了更好地贯彻绿色发展理念、发展绿色消费方式,我国对推动绿色消费提出了四点要求。一是要加强对绿色消费的宣传和教育,大力推动消费理念绿色化并对其进行宣传、教育,要使绿色消费理念深入人心,在全社会形成勤俭节约的良好风尚。二是要严格规范人们的消费行为,引导人们形成绿色消费方式,使消费者转变为主动的绿色消费主体。三是要严格市场准入,提高消费品的市场准入门槛,不断地增加绿色产品的生产,加大绿色产品的有效供给,使绿色消费品得到大规模的推广。四是要完善政策体系,建设绿色消费的长效机制,为绿色消费提供政策保障。

(2) 推动能源消费革命

能源资源是国民经济的重要物质基础,能源消费是否高效、合不合理不仅体现了我国的生产力发展水平和人民的生活水平,更直接决定着国家未来的前途和命运。2014 年 6 月 13 日,习近平总书记在中央财经领导小组第六次会议上提出"要推动能源消费革命,抑制不合理能源消费",加快形成能源节约型社会。推动能源消费革命是生态文明建设的必然要求,是贯彻新发展理念的重要方式,体现了对资源的节约、对环境的保护,是一种科学、高效、合理的资源消费方式,有利于推动生态环境保护,以及经济社会发展的协同共进。我国现阶段能源消费总量大、能源利用方式粗放、能源使用效率偏低。在这种能源消费指导下,我国能源消费量占到世界的 22%,而国内生产总值仅占世界的 11.5%,这就是说,我国单位能源产出效率仅相当于世界平均水平的一半。这种高消耗的能源消费方式不仅对现阶段我国的资源与环境造成了严重的损害,也是对子孙后代合理使用资源、享受良好生态环境权利的剥夺。面对以上情况,我国提出要走资源节约型、环境友好型的绿色发展道路,推进能源消费革命,要让当代人和后代人都能过上幸福生活。

(3) 扩大国内消费需求

2014 年 5 月 10 日,习近平总书记在河南考察时提出:"我国发展仍处于重要战略机遇期,我们要增强信心,从当前我国经济发展的阶段性特征出发,适应新常态,保持战略上的平常心态。"新常态是在总结我国过去经济发展状况的基础上,对我国今后一段时期经济发展普遍态势做出的科学判断。经济发展新常态与旧常态的不同在于经济发展速度更稳,经济结构更加优化,创新成为经济发展的主要驱动力。在经济发展新常态下,人们的消费结构、消费特点、消费水平等都发生了变化。因此,我国提出要通过推动供给侧改革、推进城镇化建设、加大扶贫力度来扩大国内消费需求,从而拉动国民经济的增长。

2.4.2　消费的经济环境

1. 消费总量

市场规模彰显优势。从需求的角度看,国民收入由消费、投资和净出口构成。投资和进出口受经济环境和经济周期波动较大,消费相对比较稳定。因此,中央政策中多次提出扩大内需和发挥消费对经济发展的基础性作用。消费对经济增长贡献率的波动最小,是经济发展中最稳定的拉动力量。最终消费需求由 1978 年的 2 057.8 亿元增加至 2017 年的 437 152 亿元。国内市场规模巨大彰显大国经济优势:一方面发挥消费对经济发展的基础性作用,增强经济发展的内在稳定性,使大国具有更强的外部冲击承受能力;另一方面促进规模化生产,发挥产业或区域内生优势,促进企业技术进步。整体居民消费分为城镇居民消费和农村居民消费。改革开放以来,中国城镇化水平迅速提高,城镇化率由 1978 年的 17.9% 上升至 2017 年的 58.5%,农村居民消费占总体居民消费的比重由 62.1% 下降至 21.4%,城镇居民消费占比由 37.9% 上升至 78.6%。因此,居民消费主体由农村居民消费转变为城镇居民消费。长期以来,居民消费率偏低一直是困扰中国经济发展的结构性问题。对中国居民最优消费率的研究表明,城镇居民消费率偏低是导致中国居民消费率偏低的主要原因。

2. 消费水平

消费改善生活质量。随着消费水平的提高,人民生活水平也逐步提高。城镇居民人均消费支出从 1978 年的 311 元提高至 2017 年的 24 445 元,农村居民人均消费支出从 1980 年的 162 元提高至 2017 年的 10 955 元;人民需要从追求温饱到追求消费数量再到追求生活品质,居民消费从注重量的满足向追求质的提升、从有形物质产品向更多服务消费、从模仿型排浪式消费向个性化多样化消费转变。随着消费改善,人民需要从日益增长的物质文化需要转向美好生活需要。从消费物品数量上能更直观地考察居民消费改善。以耐用品和食品为例,揭示了居民消费的变化。耐用品较好地反映了居民的日常生活消费状况,体现居民日常生活的便利程度;食品属于必需品,食品消费是人类再生产的重要过程,对居民健康和人力资本积累具有重要影响。在耐用品消费中,每百户拥有的洗衣机、电冰箱、空调机、计算机数量大幅增加,汽车更是经历了从无到有的过程。耐用品数量的增加过程,正是手表、自行车、缝纫机"老三件"向彩电、冰箱、洗衣机"新三件"的消费变迁过程。在食品消费中,对粮食的消费逐渐减少,对食油、猪羊牛肉、鲜蛋、鲜奶的消费不断增加。除了耐用品消费和食品消费外,居民衣着、居住、家庭设备、医疗保健、交通通信、文教娱乐等消费都发生了巨大变化。消费水平是居民生活水平的最重要的体现。消费的过程是人的再生产过程,消费水平的提高对经济社会和人的全面发展带来了深远的影响。比如,人力资本积累提高,人均受教育程度增加,劳动生产率提升,人口平均预期寿命大幅延长等。经济发展提高了消费水平,消费发展为经济发展奠定了基础,为人的全面发展提供了保障。

3. 消费结构

升级扁平化与分化。随着消费水平提高,居民消费结构不断升级。从居民恩格尔系数看,从 1978 年到 2017 年,城镇居民恩格尔系数从 57.5% 下降至 28.6%,农村居民恩格尔系数从 67.7% 下降至 31.2%。恩格尔系数是国际上通用的衡量居民生活水平高低的一项重要指标。按照联合国对恩格尔系数的划分标准,我国城镇居民生活水平从温饱转变为富足,农村居民的生活水平从贫穷转变为相对富裕。不仅食品消费支出占总消费支出的比重在降低,食品消费的内部结构也在发生深刻变化。中国居民的食物消费比例正从传统的 8∶1∶1 的粮食、蔬菜、肉食结构,转向 4∶3∶3 较高级的食物消费结构。除恩格尔系数降低外,居民消费结构升级还表现为高层级消费比重上升和消费者对品质消费的追求提升。其一,服务性消费、发展型消费比重提高。服务性消费增长速度快于实物性消费,发展型消费增长速度快于生存型消费,引起服务性消费、发展型和享受型消费比重提高。比如,近年来旅游、文化、体育、健康、养老"五大幸福产业"迅速崛起,智能家电、智能手机、可穿戴智能设备等行业快速发展,并成为新兴消费热点。其二,消费者对品牌、品质、设计等因素的追求持续提升。随着收入提高,消费者对消费品质的追求越来越高,更加关注商品的品牌、设计等因素,引领中国各行业品牌经历从无到有、从弱到强的品牌崛起。比如,华为、海尔、联想等中国品牌快速、广泛地融入百姓生活。中国居民消费结构除了不断升级的一般特征外,还表现出两个典型特征。

(1) 消费结构升级趋于扁平化

居民消费结构升级趋于扁平化发展,即不同群体之间的消费结构差异在缩小。

城乡居民恩格尔系数差距从 1980 年的 4.9 个百分点,扩大到 1999 年 10.5 个百分点,又降低至 2017 年的 2.6 个百分点。因此,城乡居民消费结构的差距,经历了先发散再收敛的演变。耐用消费品在居民消费结构升级过程中占据着举足轻重的地位,勾画了消费结构升级的基本轨迹。耐用消费品经历了从数量方面"有与无""多与少"的差异,逐渐转变为品质方面"好与差"的差异。以汽车为例,在改革开放初期,很少有家庭拥有汽车;到了 2000 年左右,越来越多的城镇家庭开始拥有汽车;近年来,越来越多的农村家庭开始拥有汽车。汽车消费的结构升级逐渐从数量差异转变为品质差异。

（2）居民消费结构升级出现分化

随着房价上涨和商业模式变迁，居民收入差距和财产差距逐渐拉大。在城镇化过程中，居民的房贷负担率不断攀升，房价上涨对消费的"财富效应"越来越弱。收入和财富的分化及不同阶层预算约束的分化，引起消费分化：富裕阶层的消费趋于奢侈化，中产阶层和中低收入阶层开始追求高性价比的商品，形成 M 型消费结构。消费升级过程同时面临消费升级机会和"消费降级"风险。

消费结构升级中的扁平化和分化，看似两个相互矛盾的特征，其实二者同时存在。一方面，改革开放初期，我国商品供给依然处于短缺状态，并且家庭联产承包责任制极大地激发了农村生产效率，城乡收入差距减小，因此，城乡居民恩格尔系数差距较小。随着社会主义市场经济地位确立，城市发展开始快于农村，城乡收入差距拉大，导致城乡恩格尔系数拉大。21 世纪以来，耐用消费品逐渐普及、更新，恩格尔系数不断靠近富足标准，引起城乡恩格尔系数差距再次缩小。另一方面，在经济发展过程中，技术变革、房价上涨、服务业发展等，改变了收入分配方式，导致不同群体的财富和收入差距巨大，进而形成了不同的消费阶层。富裕阶层的消费更加注重追求消费品质和文化内涵，其他阶层则在强弱各异的消费约束下推进消费升级，从而产生消费分化。中国人口众多，市场规模巨大，不同群体的消费结构升级进程有先有后、有快有慢、错落有致。因此，扁平化和分化的发展趋势，共同勾勒着中国居民消费结构升级的真实图景。

4. 消费方式

网购改变生活方式。马克思曾说："饥饿总是饥饿，但是用刀叉吃熟肉来解除的饥饿，不同于用手、指甲和牙齿啃生肉来解除的饥饿。"在不同的环境制约下，不同的消费方式产生不同的消费。随着生产能力、技术条件、消费业态等变化，我国居民消费方式发生了巨大的变迁。与消费水平提高和消费结构升级从消费内容上改善居民生活不同，消费方式变迁从消费形式上改善居民生活。消费方式变迁，给经济发展和人民生活带来了深刻影响。第一，网上购物极大地丰富了商品的供给种类和范围，延伸了消费者的消费需要及其满足程度，促进了规模经济发展，有助于降低商品价格。第二，新兴消费业态加速了消费升级过程，提高了消费便利程度，促进了行业发展，提升了业态效率，优化了商品供应模式。第三，消费信贷放松了消费约束，优化了消费决策。

2.4.3 消费的社会文化环境

1. 消费文化演变

文化基因——"黜奢崇俭"的消费文化。"一项没有文化支撑的事业难以持续长久。"文化是一个民族的灵魂和血脉，是民族间相互区别的根本，一个没有文化传承的民族，就会失去前进的根基和动力。文化构成了人类的生活方式，人类只有通过对文化的反思才能真正地了解自身存在的价值和意义。消费文化就是在人类消费过程中创造出来的一种文化。中国的消费文化在每个历史阶段都有各自的特点，但是勤俭节约是中华民族消费观念不变的基因。在我国古代社会，由于生产力水平极为低下，农业是主要的消费资料生产部门，是人们的衣食之源，但是农业受气候和季节的影响较大，具有不稳定性，因此在这种物质资源极为匮乏的情况下,人们为了能够生活就逐渐形成了一种"黜奢崇俭"的消费文化,并被作为一种传统美德世代流传。早在春秋战国时期,"崇俭"就是诸子消费思想的根本主张。例如,儒家提倡适度消费,俭不违礼;墨家重视强本节用,认为节俭则昌、淫逸则亡;道家主张消费要无欲、知足。到了汉朝,"黜奢崇俭"成了消费领域内的基本规范。魏晋时期诸葛亮、贾思勰等许多思想家也均推崇"以俭治国"。即便是在我国历史上较为繁盛的唐朝也十分反对奢侈浪费,提倡适度消费。宋元时期,由于受到理学的影响,其消费思想仍然以尚俭为主,提倡发展生产,满足人们的基本消费需要,实行开源节流。明清时期国家统一,专制统治日益强化,地区性商业开始形成,出现了资本主义萌芽。这一时期许多思想家专注于经济的发展,认为只有发展生产,消费才能得以顺利实现,因此在消费方面仍然提倡"黜奢崇俭"。直到近代,由于开始注重发展机器工业,人们才认识到了发展消费对生产及民生的重要作用,提出了"黜俭崇奢"的消费思想,但是就整个中国古代史及近代史来看,"黜奢崇俭"的消费文化毫无疑问已经成了我国消费文化的主流。中国共产党自成立以来也一直秉承着勤俭节约的消费文化。毛泽东认为勤俭节约是办好一切事情的基本原则,提出"任何地方必须十分爱惜人力物力,绝不可只顾一时,滥用浪费",并要求全党要珍惜生产生活资料,注意节约、不能浪费。改革开放以后,由于我国从高度集中的计划经济体制向市场经济体制转变,经济得到巨大发展,人民消费水平有了实质性提高,但是邓小平还是提倡适度消费的理念,他说:"要注意消费不要搞高了,要适度。"他认为中华人民共和国成立以来由于坚持了勤俭节约、艰苦奋斗的工作作风才使得国民经济取得了巨大发展,而高消费会滋生腐败、影响社会安定、阻碍社会健康发展。随着我国社会主义市场经济的深入发展,社会生活领域发生了巨大的变化,一些党员干部在思想意识上出现了问题,所以为了加强党的自身建设,提高党员干部的素质,江泽民提倡要继续发扬艰苦奋斗、勤俭节约的消费观念,并指出:"我们的民族历来有勤俭节约的好风尚好传统,我们的国家要勤俭建国,我们所有的领导机关和领导干部、所有的部门和单位,都要坚持勤俭办一切事业。"

2. 消费观念

（1）物质主义与精神追求的分裂

物质主义是指在消费过程中把对物的追求与占有作为消费目的,而不注重精神世界的修养与提升。消费伴随着人类始终,人从出生在地球舞台上的第一天起,每天都要消费,不管在他开始生产以前和在生产期间都是一样。消费一般是以物质消费与精神消费相结合,物质承担着消费的载体与基础作用。物质消费不仅促使生命的延续,而且有助于精神世界的丰满。一般来讲,人类社会发展初期,由于生产力低下,物质财富匮乏,严重影响和制约着人们的消费水平。然而随着社会生产力提高,尤其是进入商品经济丰裕时代,为消费奠定了坚实的物质基础。与此同时,人们的消费能力不断提升,消费欲望开始膨胀,部分人由日常物质消费需求走向对物质的贪欲和占有,此种状况不论是西方还是中国都是如此。人的需要相对于动物而言也是较为全面的,既有自然需要,也有社会需要和精神需要。当人通过物质消费满足自然需要的同时,人的社会需要和精神需要不同程度地得以满足。然而,人的社会需要和精神需要的满足并不只是通过物质消费得以实现,高层次的精神追求与物质消费不具有通约性,如品格的提高、人生境界的跃升、健康心理的培养、崇高理想信念的追求等。当前,我国部分人开始陷入物质主义的旋涡,他们把人生的意义等同于物质消费的多少,认为人活着就是要消费更多的东西。有些人购置名车多辆、名表多个、豪宅多栋、名牌衣服塞满衣柜等,其实真正用于消费的量是有限的,甚至有的物品闲置在那里。物质消费与精神追求之间的分裂,致使一些人在无度追求物质消费的过程中,忘却了精神追求,结果精神空虚、人格分裂、心理扭曲、理想信念淡漠,成了"空心人"。

(2) 拜金主义与"以人为本"相背离

拜金主义消费价值观是指在消费过程中对金钱的盲目崇尚和膜拜,认为买的商品价格越高,人自身的价值越大,地位越高。拜金主义一般是通过追求价格高昂的贵重奢侈品的消费行为表现出来的。中国目前是奢侈品消费大国,也是奢侈品消费上涨较快的国家。

(3) 享乐主义与生存、发展相割裂

享乐主义是指把享乐作为消费的最终目的,为了享乐而享乐的消费价值观。享乐主义消费价值观的主要表现就是通过不停地追逐花样翻新的消费时尚获取感官愉悦和当下快乐,享乐成为消费的终极追求。尤其是在现代传媒的宣传蛊惑下,一部分中国人在琳琅满目的消费品和各种休闲服务面前不再矜持。追求高档消费和各种休闲服务已成为拉动内需、刺激经济增长的动力,获得了社会的认可,取得了道德合法性。

(4) 黜俭崇奢同勤俭节约及绿色消费价值观相抵触

黜俭崇奢是指崇尚奢侈性、铺张性消费,排斥勤俭节约意识。奢侈既有质方面的含义,也有量方面的含义,此处主要侧重于后者。质方面追求高档贵重商品消费,量侧重于数量多,与铺张浪费相同。目前,我国一些人钟情于奢侈性、铺张浪费性消费。之所以如此,是因为在他们的观念里,奢侈性消费、铺张浪费性消费上档次,有身份,有面子。他们认为节俭性消费显得小气,"土老帽"等。有些人举办婚丧嫁娶仪式时,不惜重金,大操大办。这种黜俭崇奢的消费价值观既背离了我国勤俭节约主导价值观,又与绿色消费观相抵触。

2.5   竞争环境

2.5.1   与电子商务间的竞争

1. 国内外电子商务发展现状

近年来,电子商务蓬勃的发展改变了人们的消费方式。随着社会的进一步发展,网络购物的环境愈加成熟,网购未来有可能成为社会的主要消费渠道和交易方式。在现阶段,以B2B、B2C、C2C在电子商务模式的实践中做得最多,发展也极为成熟。尤其是 B2B、C2C 开展了对大众消费者的网络零售业务,淘宝、天猫、京东等大型电商广为消费者所熟知。

据不完全统计,电子商务的全球化发展越来越快,电子商务占据商业市场比重将持续加大,全球各地区间电子商务发展的差距将逐渐缩小,各大企业的合作概率及并购频率升高,共享经济已进入全球市场并且规模将不断扩大。

电子商务在我国市场规模持续增长,各大产业支撑不断提升,服务业电商快速发展,线上线下融合步伐加快,新业态新模式层出不穷,乡村电商蒸蒸日上,跨境电商如火如荼,B2B电商也迎来了新机遇。在我国电子商务之所以发展迅速,主要推动力还是国家重视程度的提升,以及各个企业和行业及相关人员的积极配合。总的来说,电子商务在我国的发展趋势将以更加多样化、服务优先、秩序规范的特征继续前行。

2. 电子商务与商业街区的对比

传统步行商业街区一直以来是一个城市对外展示综合实力与商业形象的重要窗口。它是在城市自然生长过程中逐渐形成的,是城市中街道商业经济和人口高密度聚集的区域之一。其中吸引消费者前往的重要动力因素归结于其购物环境的真实、商业气氛的浓厚、文化底蕴的魅力及历史建筑的风韵。但如今快速发展的电子商务,使得商品交易方式产生了巨大的转变,传统商业模式与电子商务模式相比较来说,后者因避免了租赁场地所产生的费用和减少了人员成本,在商品价格上具有竞争优势。网络购物的便捷性和对商品的快速搜索对比能力相之于传统购物方式是压倒性的,也可以说是对其生存能力的挑战。此外,传统步行商业街区一般位于城市的心脏地带,很多传统商业街区都具有交通拥挤、停车困难、整体位置不明、购物环境较差等问题,这大大降低了其对消费者的吸引力。

(1) 空间性和效率性

以商业街区为首的传统商务模式多以现实生活中实体商铺的模式而存在,固定的场所及固定的商品会给人留下特定的印象,在空间感上锁定了部分人流基础,这是传统商业独有的空间特性,而电子商务却无法获得。但反观电子商务,虽说在空间场所上不及传统商务,但在虚拟空间上更胜一筹,消费者可以足不出户地选购商品进行比对,这在以前是不敢想象的事情。但随着时代的进步,网络的发达,电子商务实现了虚拟交易后通过物流送抵消费者所在地点,在时间上虽然比传统商务更长一些,但总的来说在很大程度上减少了额外的活动,也更具便利性,商品选择范围也更大。全天 24 小时的在线客服更是给消费者带来了无比的轻松感,不会像"早八晚九"的实体店一样需要计划时间去消费,而可以利用一切的空闲时间进行线上的购物,消除了传统商务的昼夜地域之分。

(2) 体验性和互动性

与电子商务相比较,商业街区的突出优点是交易过程中的体验性与互动性。所谓体验,即抛开购物的结果不论,而是让消费者享受购物过程给自己带来的快感,并且对所有商品拥有第一时间的体验感。电子商务在用户体验方面也有相应优势,电子商务的体验感并不是实体穿着的体验感,而是现今较为流行的先试用再付款,这对于绝大部分消费者来说是比较能博取好感的方式,但因为产品种类的特殊性,无法在所有商品中实施这套措施,因此在体验方面,电子商务模式不及商业街模式。体验与互动是密不可分的一组形容消费者行为活动的形容词,在其余一切因素相平衡的前提下,有了互动的加入,消费者则更愿意选择去传统实体店中消费,这是体验性与互动性相互依存又相互独立的特征。

(3) 交易性与安全性

无论是在线上购物还是在线下购物,都会发生交易,而交易往往都伴随着安全问题。在传统步行商业街区交易过程中,可见可感可触,一定程度上安全性较高,而所谓的商品真假与否却不是消费者可以判断的。反观线上电子购物,产品的质量、交易的渠道、物流的可靠性、支付的安全等方面都不能得到绝对的保证,这不免增加了交易的风险性。因此单从交易安全上来讲,商业街区在一定程度上是远优于电子商务系统的。但综合而言,二者都需要在安全与保障方面严格管理并积极实施,以保证消费者消费过程的安全性与后期保障性。

（4）商品选择的多元性

商业街区多以零售为主，如今虽然丰富了商品的多样性，但是远不及线上购物的丰富。电子商务的优势在于其将商品转化为文字及图片，使消费者可以最多、最广、最全面地及时浏览商品，同时也体现了电子商务系统的多元性。

基于电子商务模式的线上通常说的是大数据、互联网等各种手段，其实大多是为精准营销做服务的。如今，很多线上电商准备要下线发展并结合实体的力量来带动自身的发展，这足以体现了实体商业必不可少的社会重要地位。但实体店的重启之势，并不代表实体商业在如今的大环境下能飞速发展，而是要在做好实体的基础同时，通过互联网这个"加速器"打开线下局面精准发展，正如当前线下实体电商体验店已进入人们的视野并高速地发展起来。在如今多元化的购物及线上购物的便捷性前提下，对于以零售业为主的商业街区来说，势在必行的是与时代接轨，在丰富线下体验感的同时，要将线上线下融合机制推行到底。比如，发展与线上相匹配商品的线下体验店，像无人超市、无人餐厅及无人零售店等，通过街内流线的引导，使消费者可以在商业街区中方便找到自己所需店铺并及时去体验后交易。这是时代无法避免的消费手段，也是步行商业街区发展的必然趋势。

2.5.2　商业街区间的竞争

从商业竞争环境上来分析，现代城市之间的竞争逐渐演变成商业街区之间的竞争。面对激烈的商业竞争，相当一部分商业街区内部采取传统的低价竞销的方法，努力保持或扩大客流量以巩固其商业地位，迫使其他商业街区也采取低价促销这种低级的竞争方式。这种大幅降低价格的短期行为，造成了消费力的提前转移，仅仅满足商业街区短期的市场需求，没有站在市场长期发展的角度上进行规划，使得商业街区的资源价值在无形中消损，导致许多商业街区在保本和亏损的边缘上经营，无法生存和发展。另外，大幅度降低价格给消费者带来错觉，以为降价前商业街区内部的利润过高，而影响到正常的消费心理和消费行为，进而导致客流资源的减少。有的商业街区向专业化发展，刺激、带动其他城区的模仿、跟风，结果很快到处形成同质化的专业商业街区。突破传统的营销方式，在满足市场需求的基础上，提升商业街区的资源价值成为商业街区竞争的迫切手段。

1. 商业街区竞争力影响因素的特点

各商业街区在功能多样性、地域延展性、产品独特性方面与其他商业街区不同，同时在商品结构、经营方式、管理模式等方面也有自己独特的特点。首先，商业街区竞争力是商业街区综合实力的表现，影响因素包含很多子因素，这些因素不仅具有一定的层次性，同时又相互作用，共同构成一个系统。其次，商业街的建设涉及三对矛盾：一是街区改造建设方、街区商业经营者，以及街区内居民的利益矛盾；二是社会、环境、经济效益之间的矛盾；三是短期利益与长期利益的冲突。最后，商业街区是一个独特的"混合体"，不仅产品独具特色，而且建筑空间和历史人文等也具有自己的特点。因此，商业街区竞争力影响因素具有系统性、复杂性和独特性的特点。

2. 商业街区竞争力的影响因素分析

商业街区竞争力是指商业街区在其建设和发展过程中所表现出来的能反映其生存状况

和发展潜力的能力,其影响因素主要表现在以下几个方面。

(1) 外部空间因素

在商业街区的经营和发展过程中,良好的外部环境,较多的发展机遇,以及政府对商业街区的支持,会对商业街区的竞争力产生重大影响。其外部空间因素主要有外部交通系统、人口规模和特征、劳动力保障等。

① 外部交通系统。外部交通系统是指消费者能够选择到达商业街区交通的多样性和便捷性,成熟和发达的商业街区是不允许运货车辆通行的。

② 人口规模和特征。人口规模及特征包括人口总量和密度、年龄分布、平均教育水平、总的可支配收入、人均消费性支出、人口变化趋势,以及到城市购买商品的邻近农村地区消费者数量和收入水平。

③ 劳动力保障。劳动力保障不仅是衡量商业街区及其商圈内的消费能力的重要因素,也是衡量商业街区内商家经营能力的指标,其组成部分主要是管理层的学历和工资水平,以及普通员工的学历和工资水平。

④ 经济情况。经济情况是对主导产业、多角化程度和项目增长性等的分析。商业街区的主导产业是其能够长远发展的关键,若商业街区内大部分产品是与主导产业相关的产品,那么该产业的发展前景就会直接影响商业街区进一步的发展。

⑤ 竞争状态。任何一个商业街区都可能会处于商店过少、过多和饱和的情况。商店过少的商业街区内只有很少的商店提供满足消费者需求的特定产品与服务;商店过多的商业街区则相反,会有太多的商店销售特定的产品与服务,以致每家商店都得不到相应的投资回报;饱和的商业街区商店数目应当恰好满足一定数量的人口对特定产品与服务的需要。

⑥ 政策法规。政策法规主要包括税收、营业限制、规划限制及租金。对于商业街区,不同商店和不同产品的税收对于各个商家的吸引力不一样,宽松灵活的政策能吸引更多的有实力的商家。

(2) 内在资源因素

内在资源因素是影响商业街区竞争力的决定性因素,其来源于内生变量。从单个的商业街区来看,商业街区内在的资源和能力决定着商业街区竞争力的强弱。根据不同资源和能力对商业街区竞争力作用的不同,其内在资源因素包括业态结构系统、内部交通系统、建筑空间系统等。

① 业态结构系统。业态结构系统是指业态构成比例。商业街区同普通的步行商业街区不同,商业街区的业态构成必须是以专卖店为主,同时兼顾商业街区的娱乐功能,配以一定比例的其他零售业态的商店。

② 内部交通系统。内部交通系统是指消费者在商业街区购物的安全性和便利性,主要的影响因素有道路曲折度、节点数目与多样性、行人流线和景观的结合度,以及无障碍设计等。

③ 建筑空间系统。建筑空间系统不仅在功能上要满足商家摆设商品的需要,还必须为消费者购物提供方便,它作为一种独立的要素给人留下深刻的印象。

④ 商业信誉。商业信誉是由商业街区内企业的竞争力高低决定的,商业信誉好的企业有助于提高商业街区竞争力,反之则阻碍商业街区竞争力的提高。

⑤ 商店环境。商店环境是影响消费者对商业街区综合满意度的一个很重要的指标。

商店环境好能营造出更好的购物环境和氛围,从而提高商业街区的竞争力。

⑥ 环境系统。从商业街区的整体功能来看,环境的改善可以提供有益的生态环境,能够降低街道上的噪声并减少空气污染。

⑦ 附属设施系统。附属设施系统是商业街区得以生存和发展的基础,其作为室外空间的重要构成部分可以给消费者提供良好的活动场所。

⑧ 规模布局系统。规模布局系统指商业街区的规模,包括商业街的长度、宽度和高度三部分。

（3）内在历史人文因素

内在历史人文因素是区别于外部空间因素和内在资源因素而影响商业街区竞争力的因素,不能简单纳入其余两部分的范畴。内在历史人文因素和内在资源因素一样来源于内生变量,但内在历史人文因素从精神层次上影响商业街区长远发展,是商业街区的独特文化。反之,商业街区的发展又加深了历史的沉淀。内在历史人文因素可以由历史文化和街区居民价值观来评价。

第3章 ◆

商业街区消费行为分析

3.1 不同类型商业街区的消费行为概述

商业街区作为现代人生活中的重要组成部分,在满足人们购物、社交、休闲娱乐等方面发挥着不可替代的作用。本节将对商业街区的概念、分类、消费者的消费行为和购买行为及消费者购买行为理论进行介绍,详细阐述商业街区的相关知识,并探究不同类型商业街区中的消费行为的重要意义。

3.1.1 商业街区的概念及分类

商业街区是由众多商店、餐饮店、服务店铺等共同组成,按一定结构、比例规律排列的商业繁华街道,是城市商业的缩影和精华,是一种多功能、多业种、多业态的商业集合体。商业街区随着城市发展而自然形成,一般是中心城市零售店群与同一地段的各种文化、娱乐、饮食设施及金融机构等现代建筑共同发展起来的。总之,商业街区是由大型店铺与众多中小零售商业共存的商业设施组成的,包括各种活动中心、运动休闲和公共设施的商业聚集地,它是城市社区商业的重要组成部分。随着现代城市街市改造与复合商店街的进一步开发,商业街区在功能上已逐步完成了由单一的满足消费者购物的基本需求向集购物、休闲、娱乐、餐饮、健身、运动、旅游等于一身的多元化需求的转变,在商业街区的规划上经历了由杂乱无序的自由发展阶段到逐步完善、整体布局协调的成熟阶段,在商业街区发展与规划的构造上实现了网点布局、经营结构、经营形态、门市铺面等配置的合理化与高级化。商业街区在都市商业发展中发挥了其应有的聚合作用,主要表现在商业街区内部构造所提供的综合性服务的特有魅力,即商业街区店铺构成、业态结构、服务结构、业种结构等要素几乎囊括了所有零售商业的经营形态和经营方式。

然而,随着人们的生活水平提高和消费水平不断升级,人们对商业街区也提出了更高的要求,他们渴望更精细化、更专业的商业街区能够给自己带来更好的、更有针对性的服务。根据城市各街区不同的区位、文化因素进行规划,商业街区会呈现出不同的商业发展形态。我们将商业街区划分为以下五种类型:现代综合型商业街区、民俗特色休闲旅游街区、滨水休闲旅游商业街区、酒吧休闲商业街区、餐饮休闲商业街区。因为各个城市及商业街区的历史背景、自然条件、经济实力、城市建设、风格特色等要素都不尽相同,所以同一类型商业街区可能会有一些细节上的差异,但它们仍存在许多共同之处。

这五种不同类型的商业街区的划分可以让消费者根据自己的具体消费需要和偏好选择相应的商业街区进行消费。例如,想要购买新衣服或者一些生活用品的消费者抱着购物目的,大多会选择去现代综合型商业街区进行消费;民俗特色休闲旅游街区招待的更多是以游览为目的的旅游消费者;滨水休闲旅游商业街区比较适合想要观光放松的消费者;酒吧休闲商业街区则大多是结束工作后的年轻人放松解压、聊天聚会的地方,也是推广夜间经济的重要场所;而餐饮休闲商业街区则主打餐饮功能,消费者来这里主要是品尝美食、请客聚会等。总之,各种商业街区各有魅力,共同促进了一个城市或地区商业经济的发展。

3.1.2　消费行为和购买行为

不同类型的商业街区有不同的受众群体。由于心理、街区特征、消费环境、个人喜好等因素的不同,这些消费者在商业街区里的消费行为也截然不同。那么什么是消费行为呢?消费行为是指消费者的需求心理、购买动机、消费意愿等方面心理的与现实的诸多表现的总和。其最主要的行为表现是购买行为。也有学者将消费行为定义为消费者寻找、购买、使用和评价用以满足需求的商品和劳务所表现出的一切脑体活动。消费行为包含以下三个方面的内容。第一,消费行为可以表述为寻找、选择、购买、使用、评价商品和劳务的活动,这些活动本身都是手段,满足消费者的需求才是它们的目的。第二,消费行为是一种复杂的过程。无论在什么情况下,任何一个阶段,即便是最重要的购买阶段,也不能等于消费行为的全过程。消费行为必须包括购买前、购买中和购买后的心理过程。第三,消费者扮演着不同的角色。在某种情况下,一个人可能只充当这种角色;在另一种情形下,一个人则可能充当其他的角色。

消费行为的核心问题是消费者的购买动机的形成问题,消费者自身的欲望是驱策消费者去购买的主因。它既产生于消费者的内在需要,又来自外部环境的刺激。强烈的需求会成为决定某一时期的消费行为的支配力量。但是,某一需要还要取决于消费者个人的习惯、个性和家庭的收入总水平与财产额的高低,以及家庭规模与结构的特点等。影响消费行为的因素也有许多种。第一,需要,包括生理的、社会的和心理的需要。消费者的需要是购买的直接动因。第二,可支配收入水平和商品价格水平。一般来说,消费总额和可支配收入水平是向同一方向变化的。但就某一具体商品来说,可支配收入水平的提高并不一定意味着消费量的增加。例如,随着可支配收入水平的提高,对某些中、高档商品的购买和消费量会增加,而对低档商品的购买和消费量则会减少。商品价格对消费者的购买动机有直接影响。第三,商品本身的特征及商品的购买、保养和维修条件。例如,商品的性能、质量、外形、包装等,商店的位置、服务态度等购买条件,以及商品的保养和维修条件等,都能在不同程度上影响消费者的购买行为。第四,社会环境的影响。消费者的需要,尤其是社会、心理的需要,受这种影响而产生变化的可能性更大。

由于消费行为最主要的行为表现是购买行为,企业要想适应市场、驾驭市场就必须掌握消费者购买行为的基本特征。购买行为是消费者围绕购买生活资料所发生的一切与消费相关的个人行为,包括从需求动机的形成到购买行为的发生直至购买后感受总结这一购买或消费过程中所展示的心理活动、生理活动及其他实质活动。一般表现为五个阶段：第一，确认需要，消费者经过内在的生理活动或外界的某种刺激确感出某种需要；第二，搜集资料，消费者通过相关群众影响、大众媒介物宣传及个人经验等渠道获取商品有关信息；第三，评估选择，消费者对所获信息进行分析、权衡，做出初步选择；第四，购买决定，消费者最终表示出的购买意图；第五，购后消费效果评价，包括购后满意程度和是否有重购的意愿。

关于购买行为的划分有多种方式，主要介绍以下三种分类方式。

1. 根据消费者购买目标选定程度划分

（1）全确定型。全确定型是指消费者在购买商品以前，已经有明确的购买目标，对商品的名称、型号、规格、颜色、式样、商标及价格的幅度都有明确的要求。这类消费者进入商店以后，一般是有目的地选择，主动地提出所要购买的商品，并对所要购买的商品提出具体要求，当商品能满足其需要时，则会毫不犹豫地购买商品。

（2）半确定型。半确定型是指消费者在购买商品以前，已有大致的购买目标，但具体要求还不够明确，最后购买需经过选择比较才可以完成。例如，购买计划是空调，但对购买什么牌子、规格、型号、式样等没有明确要求，这类消费者进入商店以后，一般要经过较长时间的分析、比较才能完成其购买行为。

（3）不确定型。不确定型是指消费者在购买商品以前，没有明确的或既定的购买目标。这类消费者进入商店主要是参观游览、休闲，漫无目标地观看商品或随便了解一些商品的销售情况，如果遇到感兴趣或合适的商品有时会购买，而有时则观后离开。

2. 根据消费者购买态度与要求划分

（1）习惯型。习惯型是指消费者由于对某种商品或某家商店的信赖、偏爱而产生反复的购买行为。由于经常购买和使用，他们对这些商品十分熟悉，体验较深，再次购买时往往不再花费时间进行比较选择，在购买时注意力稳定、集中。

（2）理智型。理智型是指消费者在每次购买前对所需的商品，要进行较为仔细研究比较。购买感情色彩较少，头脑冷静，行为慎重，主观性较强，不轻易相信广告、宣传、承诺、促销方式及售货员的介绍，主要考虑商品质量、款式。

（3）经济型。经济型是指消费者购买时特别重视价格，对于价格的反应特别灵敏。购买无论是选择高档商品，还是中低档商品，首选的都是价格，他们对"大甩卖""清仓""血本销售"等低价促销最感兴趣。一般来说，这类消费者的购买行为与自身的经济状况有关。

（4）冲动型。冲动型是指消费者容易受商品的外观、包装、商标或促销而产生的购买行为。购买一般以直观感觉为主，从个人的兴趣或情绪出发，喜欢新奇、新颖、时尚的产品，购买时不愿反复地选择比较。

（5）疑虑型。疑虑型是指消费者具有内倾性的心理特征，购买时小心谨慎和疑虑重重。购买一般缓慢、费时多，常常"三思而后行"，会因犹豫不决而中断购买，购买后还会疑心是否上当受骗。

（6）情感型。这类消费者的购买行为多属于情感反应，往往以丰富的联想力衡量商品的意义，购买时注意力容易转移，兴趣容易变换，对商品的外表、造型、颜色和命名都较重视，以是否符合自己的想象作为购买的主要依据。

（7）不定型。这类消费者的购买多属尝试性，其心理尺度尚未稳定，购买时没有固定的偏爱，这种类型的购买者多数是独立生活不久的青年人。

3. 根据消费者购买频率划分

（1）经常性购买行为。经常性购买行为是购买行为中最为简单的一类，指购买人们日常生活所需、消耗快、价格低廉的商品，如油盐酱醋茶、洗衣粉、味精、牙膏、肥皂等。购买者一般对商品比较熟悉，加上价格低廉，人们往往不必花很多时间和精力去收集资料和进行商品的选择。

（2）选择性购买行为。这一类消费品单价比日用消费品高，多在几十元至几百元之间；购买后使用时间较长，消费者购买频率不高，不同的品种、规格、款式、品牌之间差异较大，消费者购买时往往愿意花较多的时间进行比较选择，如服装、鞋帽、小家电产品、手表、自行车等。

（3）考察性购买行为。消费者购买价格昂贵、使用期长的高档商品多属于这种类型，如购买轿车、商品房、成套高档家具、钢琴、计算机、高档家用电器等。消费者购买该类商品时十分慎重，会花很多时间去调查、比较、选择。消费者往往很看重商品的商标品牌，大多是认牌购买；已购消费者对商品的评价对未购消费者的购买决策影响较大；消费者一般在大商场或专卖店购买这类商品。

此外还有许多分类方式，根据不同的研究内容，可以选择不同的分类方式来对消费者的购买行为进行讨论，以更好地了解消费者的消费行为。

3.1.3　消费者购买行为理论

提到分析消费行为和购买行为，就不得不提到霍华德（Howard）和谢思（Sheth）的消费者购买行为理论。在消费者有限理性的假设下，他们把影响消费者购买决策的因素归纳为三类：动机、可供选择的产品和决策调节因素。其中，动机用一个特定的产品类别来表示，反映了消费者的潜在需求；可供选择的产品提供了满足消费者需求的可能，是满足消费者动机的方式；调节因素是消费者运用一系列的规则，使得动机和可供选择的产品相匹配。这些因素涵盖了消费者决策过程的各个方面，包括动机、认知、学习过程、个性特征、态度及其态度的转变、外部环境等。在此基础上，霍华德和谢思把消费者的购买决策过程描述为确定类别、收集信息、感知理解、形成态度和购买产品五个阶段。

消费者购买行为是指消费者为满足自身需要而发生的购买和使用商品的行为活动。一些西方学者在这一领域进行了深入研究，揭示了消费者购买行为中的某些共性或规律性，并以模式的方式加以总结描述。其中尤以恩格尔-科拉特-布莱克威尔模式（Engel-Kollat-Blackwell，EKB 模式）和霍华德-谢思模式（Howard-Sheth）最为著名。

1. EKB 模式

EKB 模式强调了购买者进行购买决策的过程。这一过程始于问题的确定，终于问题的解决。在这个模式里，消费者心理成为"中央控制器"，外部刺激信息（包括产品的物理特征和诸如社会压力等无形因素）输进"中央控制器"；在"控制器"中，输入内容与"插入变量"（态度、经验及个性等)相结合,便得出了"中央控制器"的输出结果——购买决定,由此完成一次购买行为。

具体来说,EKB 模式描述了一个完整的消费者购买行为过程:在外界刺激物、社会压力等有形及无形因素的作用下,使某种商品暴露,引起消费者的知觉、注意、记忆,并形成信息及经验储存起来,由此构成消费者对商品的初步认知。在动机、个性及生活方式的参与下,消费者对问题的认识逐渐明朗化,并开始寻找符合自己愿望的购买对象。这种寻找在评价标准、信念、态度及购买意向的支持下向购买结果迈进。经过产品品牌评价,进入备选方案评价阶段,消费者在选择评价的基础上做出决策,进而实施购买并得到输出结果,即商品和服务。最后对购后结果进行体验,得出满意与否的结论,并开始下一次消费活动过程。

2. 霍华德-谢思模式

霍华德和谢思认为,影响消费者决策程序的主要因素有输入变量、知觉过程、学习过程、输出变量、外因性变量等。模式中的输入变量(刺激因素),包括刺激、象征性刺激和社会刺激。刺激是指物品、商标本身产生的刺激;象征性刺激是指由推销员、广告媒介、商标目录等传播的语言、文字、图片等产生的刺激;社会刺激是指消费者在同他人的交往中生成的刺激,这种刺激一般与提供有关的购买信息相连。消费者对这些刺激因素有选择地加以接受和反应。

知觉过程是完成与购买决策有关的信息处理过程;学习过程是完成形成概念的过程。知觉过程和学习过程都是在"暗箱"内完成的,经过"暗箱"的心理活动向外部输出变量。上述因素连续作用的过程表现为:消费者受到外界物体不明朗的刺激后,进行探索,引起注意,产生知觉倾向,进而激发动机。同时通过选择标准的产生,以及对商品品牌商标的理解形成一定的购买态度,从而坚定购买意图,促成购买行为。购买的结果将反馈给消费者,消费者对商品的满意状况,又将进一步影响其对商品品牌的理解和态度的变化。

霍华德-谢思模式与 EKB 模式有许多相似之处,但也有诸多不同点。两个模式的主要差异在于强调的重点不同。EKB 模式强调的是态度的形成与产生购买意向之间的过程,认为信息的收集与评价是非常重要的方面。而霍华德-谢思模式更加强调购买过程的早期情况:知觉过程、学习过程及态度的形成;同时也指出了影响消费者购买行为的各种因素之间的联系错综复杂,只有把握多种因素之间的相互关系及联结方式,才能揭示出消费者购买行为的一般规律。

EKB 模式和霍华德-谢思模式尽管较繁杂,各种因素变量较多,但为营销企业了解消费者购买行为的产生、发展趋势及规律性,提供了脉络清楚、思路清晰的参考依据,便于企业在千变万化的消费者购买行为中,准确把握其规律性,做出正确的判断及最佳营销决策。

完成以上的讨论,我们提出下一个问题,为什么要进行不同类型商业街区的消费行为分析呢?首先,了解不同类型商业街区的消费行为,可以充分掌握在不同类型的商业街区中,消费者有何偏好、消费者的购买过程如何发生及影响购买等因素。这有利于不同类型的企业商家根据自己的特点确定发展方向和经营重点,更好地满足消费者层出的不同需求,在满足消费者消费需求的同时实现自身的最大盈利和发展。其次,网商、新服务业、新文化产业层出不穷,迫使商业街区谋求创新与可持续发展的潜力。针对各地商业街区外部竞争环境的进一步加剧,一方面需要优化其人文环境,挖掘地域商业文化资源;另一方面则要针对消费品市场的发展趋势,尤其是从消费者行为的动态变化中寻求规律,探索不同类型商业街区发展之路。我们探究不同商业街区应该采取的商业模式、经营方法和营销重点等,来为商业街区更好地运营做出规范与指导,加强各类型商业街区的竞争力,由此探究不同类型商业街区中消费者的行为特征。研究消费行为是十分有意义的,一方面,它对于企业及时根据消费者的反应调整经营政策,进行适销产品的生产与销售,保证最大盈利具有一定的实用意义。另一方面,研究消费者心理和消费者意识及其变动趋势,对于充分利用市场机制,搞好市场预测,大力发展中国特色社会主义经济,也有着重要帮助。基于这些考虑,我们下面将分别对各种类型商业街区的消费行为进行详细探究。

3.2　现代综合型商业街区消费行为分析

本节将重点介绍最为常见的一种商业街区类型——现代综合型商业街区,并从影响消费的因素等角度对现代综合型商业街区中的消费行为进行分析,阐述现代综合型商业街区中消费行为的特点。本节最后通过介绍南京新街口的案例,帮助读者更好地理解现代综合型商业街区及其中的消费行为。

3.2.1　现代综合型商业街区介绍

现代综合型商业街区是指在传统商业街区改造或商业口岸节点形成的一般商业步行街区,其主要功能是购物。现代综合型商业街区无疑是各大城市中最普遍的一种商业街区形式。典型的现代综合型商业街区有北京王府井、上海南京路步行街、南京新街口等。

现代综合型商业街区主要有以下几个特点。

(1) 功能设施全。现代综合型商业街区至少应具有购物、休闲、娱乐、餐饮、体育、文化、旅游、金融、电信、会展、医疗、服务、修理、交通等多种功能,其中以购物和休闲娱乐为主。现代综合型商业街区努力做到“没有买不到的商品,没有办不成的事”,最大限度地满足广大消费者的各种需求。

(2) 商品种类多。现代综合型商业街区是商品品种的荟萃,包括各种各样的品牌及各式各类的产品。例如,北京西单、王府井和上海南京路步行街,作为国际大都市的商业街区,不仅要做到“买全国、卖全国”,而且要有比较齐全的国际、国内品牌,丰富的产品将为消费者带来多样化的选择。

(3) 经营分工细。分工细、专业化程度高,是现代综合型商业街区的重要特色,现代消费已从社会消费、家庭消费向个性化消费转变,要求经营专业化、品种细分化。因此,在现代综合型商业街区内,除了具有各自特色的商品店铺外,其余都由专卖店、专业店组成。

(4) 购物环境美。现代综合型商业街区的购物环境优雅、整洁、明亮、舒适、协调、有序,是一种精神陶冶、美的展现和享受,突出体现购物、休闲、交往和旅游等基本功能。

(5) 服务质量优。服务质量优是现代综合型商业街区的重要优势之一。现代综合型商业街区中的服务人员和工作人员都是受过专业培训的,具有较高的职业道德和职业素养,会最大化地以顾客为中心,为消费者服务。除了每一个企业塑造、培育和维护自己的服务品牌,推进特色经营外,现代综合型商业街区服务的整体性、系统性和公用性也得到了重视,以提高整体素质、维护整体形象、塑造整体品牌。

总之,现代综合型商业街区具有能够极大地顺应消费个性化时代消费者的购买行为的特点。现代综合型商业街区集中了若干大型百货商场、众多的连锁化经营的专卖店和专业店,往往地处闹市区或黄金地段,人流量大,店牌醒目,标识清晰,店堂明亮,装潢讲究,具有强烈的时代气息。

3.2.2 现代综合型商业街区消费行为

现代综合型商业街区的消费者以购物为主要目的,有着极强的购买力,包括食品、日常用品、奢侈品、休闲娱乐用品在内的多种购买对象。我们以影响消费行为的三个维度,即需要、可支配收入水平和商品价格水平、商品本身的特征来分析现代综合型商业街区的消费行为。

1. 需要

需要包括生理的需要和心理的需要。消费者的需求作为购买的直接动因,我们有必要探究现代综合型商业街区消费者的消费需要。

从生理需要看,消费者产生购买行为有的是基于实际的需求。例如,购买食物和水等满足饮食需求,以维持人体基本的生命活动;购买服装进行保暖,以及购买其他生活必需品来满足基本生活要求等。作为基本需求的生理需求,这些生活必需品对人们的吸引力是较大的。这些商品往往没有高昂的价格,消费者进行购买时具有很强的购买力,不会花费太多时间进行选择,可能做出周期性购买或一次性大量购买。即使这类商品涨价,购买行为也不会受到太大影响。

从心理需要看,首先,现代综合型商业街区能够满足消费者追求品牌消费的心理,如许多大型现代综合型商业街区集中了较多的奢侈品牌、轻奢名品、进口品牌等。在现代综合型商业街区进行购物,消费者有机会选择各种时尚名品、奢侈大牌等高档次的产品,以满足他们追求档次需求。其次,现代综合型商业街区满足了消费者追求时尚、展示自我个性的心理。现代综合型商业街区作为以满足消费者购物的街区类型,它的产品一定是丰富多样且高质量的,在这里消费者可以选到独一无二的、走在潮流前端的各种产品。最后,现代综合型商业街区满足了追求品牌消费的顾客货比三家的购买心理需求,在现代综合型商业街区中品牌众多,相近的货架上展示着不同品牌的相同产品,在同一个货架前或同一个楼层上,消费者甚至可以"货比十家",选择自己最心仪的那一款商品。

从社会需要看,在现代综合型商业街区与朋友一起逛街、购物成为社交的一种重要方式,很多人在周末放松时都会选择逛街,而这类现代综合型商业街区往往是首选。在此情况下的消费行为也满足了人们的社会需要。此外,现代综合型商业街区也成为一种娱乐休闲场所,被越来越多的人所接受。

2. 可支配收入水平和商品价格水平

在现代综合型商业街区中,有昂贵的奢侈品,但也不乏物美价廉的折扣商品。正是由于现代综合型商业街区这种巨大的包容性,它比其他类型的商业街区更容易接纳不同生活水平和消费层次的消费者。有生活水平和消费层次略低的消费者,也有生活水平和消费层次略高的消费者,后者更多一点。具有较高购买力的消费者既会进行高价名品的消费,也会进行低价折扣商品的消费。购买力较低的消费者则更多地选择低价折扣商品进行购买。随着可支配收入水平的提高,对某些中、高档商品的购买和消费量会增加,而对低档商品的购买和消费量则会减少。

3. 商品本身的特征

现代综合型商业街区的百货店、专卖店、专业店经营的都是正牌商品,无假冒伪劣产品,品质可以得到保障,特别是一些世界知名品牌,都是通过特许连锁的形式经营的,品牌齐全,商品质量好,包装精美,售后服务也比较完善,购物有保证。这些都促进了消费者的购买行为,大大增强了他们在现代综合型商业街区进行消费的意愿。

分析完现代综合型商业街区的消费行为的驱动因素,我们再来分析现代综合型商业街区的消费者的消费行为的特点。现代综合型商业街区的消费者往往具有较高的卷入度(involvement)。卷入度反映了一个对象或事件的重要性及问题相关程度,是一种主观的心理状态。卷入度这一概念在考察各方面消费行为时扮演调节变量和解释变量的角色。高卷入度的消费者更有兴趣获得产品信息,更有可能积极地搜索和处理与产品有关的信息,更有可能花费大量时间和精力反复广泛地评价和比较替代品牌,察觉各品牌间差异,对特殊的品牌形成偏爱。低卷入度的消费者不会有复杂的决策和信息处理,对于有的购买甚至不曾有一个决策过程。现代综合型商业街区的商品、品牌种类繁多,因此消费者在进行消费时,具有较高的卷入度,更愿意花时间去了解即将购买的产品,以此做出更好的消费选择,这是现代综合型商业街区的消费行为的一个重要的特点。

现代综合型商业街区的消费行为的第二个特点是高知觉品牌差异。知觉品牌差异可以定义成消费者头脑中所持有的一个综合概念:在某一类产品中主要替代品牌产品间的相似性很小。消费者越是察觉各种品牌间的质量差异,就越能感觉到区别这些品牌的重要性,才会积极搜索信息,以发现这种差异是什么;同时对品牌所具有的独特品质的察觉,使消费者更大概率地产生忠诚购买行为,对价格不再敏感,情愿付出较高的价格。现代综合型商业街区往往包含许多品牌,这些品牌之间也有较大的差异,因此这些消费者在购买某一类别产品时往往会选择一到两个品牌进行购买。由于不得不在众多品牌间做出选择,无论是自愿还是被动,这些消费者都会对品牌及商品信息进行了解。无论通过广告了解还是之前的购买经历,在确定商品类别后,他们都会进入收集信息阶段,通过广告宣传、媒体投放、购买经历等方式获得信息,加上自己的感知理解,从而形成自己的态度,最后根据态度进行选择购买产品。这种购后体验也会进一步成为新的信息来源,影响下一次的购买体验,这就是一个完整的购买行为闭环。现代综合型商业街区消费者在信息收集阶段更加敏锐,能够更好更快地做出自己的选择。

我们将现代综合型商业街区中的产品和服务分为享乐主义消费和实用主义消费,享乐主义的消费具有如下特征:有感情和审美感觉体验,或可以产生感官愉快、幻想和娱乐。实用主义的消费更多是认知驱动的结果,有作用性和功能性,有目标导向,最终完成某种功能和实际的任务。这样看来,现代综合型商业街区的消费不仅包括实用型消费,如购买生活必需品等消费行为,也包括享乐型消费,如购买奢侈品、轻奢产品、服务等消费行为。

现代综合型商业街区作为最重要、最常见、最受欢迎的一种商业街区类型,其发展对于整个商业街区领域的发展都是至关重要的,因此探究现代综合型商业街区的消费行为就显得更加有意义。同时,现代综合型商业街区的许多特点与要素对其他类型的商业街区也有一定的适用性,成功的现代综合型商业街区可以为其他商业街区类型的发展提供参考。

3.2.3 现代综合型商业街区案例——南京新街口

新街口是南京一个古老的地名,但在1929年以前只是一片冷清的普通旧式街区,沿街房屋后面还有不少空地及池塘。1929年开始的都市建设彻底改变了这里的风貌,宽为40m的4条干道在此交汇:中山东路、中正路、汉中路和中山路,中间形成环形广场。凭借成为新的交通枢纽的优势,新街口迅速发展为新兴的商业中心。

如今南京新街口荣膺"首届十大'中国著名商业街'"称号,成为仅次于北京王府井、上海南京路步行街的中国第三大商业街。作为有近百年历史的商业街,南京新街口商业街区在其发展的过程中形成了自身特有的优势和特点。第一个特点是商业密集度高。南京新街口商业街区现有土地面积为0.275平方公里,商业面积达140多万平方米,云集大小商家1 600余家,既有中央商场、新街口百货商店、华联友谊商厦等中华老字号大型百货零售企业,也有金鹰国际购物中心、沃尔玛购物广场、东方商城、大洋百货等具有外资背景的大型百货商场,还有苏宁、福中数码港等民资背景的大型电器商场,可谓业态齐全,百花齐放。第二个特点是影响辐射力大。新街口商业街区销售额的30%是南京都市圈的马鞍山、滁州、芜湖、镇江、常州等城市的消费者实现的。第三个特点是知名商贸企业多。从精神文明建设来说,南京的市属商贸是省级文明行业,市属商贸系统的相当部分在新街口街区。中央商场、街口百货都是首批全国"百城万店无假货"活动示范店。新街口百货是全国精神文明建设先进单位,区内还有10多家市级文明单位,7家省级文明单位,各商家还有很多青年文明号、巾帼文明号及国家和省级劳模20多名。步行在入夜的新街口,重新设置的大型霓虹灯广告牌及招牌,加上立体泛光照明和进口路灯形成了闪亮跳跃、声光组合的四大层次立体灯光结构,流光溢彩,魅力四射,体现出温馨、繁华、大气、现代、高雅的五个不同的灯光主题。新街口从传统的购物街发展为集购物、旅游、商务、展示、文化五大功能于一体的特色步行街区,并成为中外游客来南京的必游之地。

3.3 民俗特色休闲旅游街区消费行为分析

本节将对民俗特色休闲旅游街区进行介绍。首先阐述民俗特色休闲旅游街区的特点及分类,并对民俗特色休闲旅游街区中的消费行为进行分析,结合旅游业发展的状况,阐述民俗特色休闲旅游街区中消费行为的特点;最后通过介绍南京夫子庙的案例,帮助读者更好地理解民俗特色休闲旅游街区及其中的消费行为。

3.3.1 民俗特色休闲旅游街区介绍

许多城市尤其是历史悠久、具有深厚文化底蕴的城市都会保留古民居街区或民俗建筑街区,它们是最具名片意义的风情街区。对古民居街区进行改造使其风貌提升,充实其休闲和购物功能,进一步形成了城市的民俗特色休闲街区,或将其进一步发展为以仿古建筑和民俗特色建筑为主的休闲街区。这种类型的街区通常十分知名,我们可以举出许多例子,如丽江古城、桂林西街、凤凰古城、成都锦里古街、南京夫子庙、上海豫园、福州三坊七巷、重庆磁器口、安徽屯溪老街、天津五大道街区等,都属于民俗特色休闲旅游街区,这些民俗特色休闲旅游街区已经俨然成为旅游名片,是一个城市亮丽的风景线。这类型街区在满足人们消费、休闲需求的同时,也极大了拉动了区域经济的发展。

国内有学者对民俗特色休闲旅游街区进行过研究,他们认为民俗特色休闲旅游街区是通过表现城市的文化、历史背景,配备各项旅游设施,具有某种城市景观、独特文化魅力,形成一定的规模、知名度,满足旅游者购物娱乐、文化体验、休闲消遣需求的街区。总的来说,民俗特色休闲旅游街区是在商业街和步行街基础上进一步发展的产物。首先,它属于商业街区的一种,是在商业街区的基础上发展起来的一种城市特色空间。其次,"民俗特色"四个字表明:它在一定程度上是城市文化的缩影,展现的是一个城市或地区独特的文化氛围和文化特色,其积极有效的开发能够对整体城市形象产生正面的影响。"旅游"两个字表明,它在很大程度上是与旅游产业相关联的。它突出以某一个或某几个休闲、旅游、购物或其他方面要素为主导,从而形成自身特色。所以,可将民俗特色休闲旅游街区定义为:在某个城市或区域范围内,以旅游、休闲、购物等其他相关领域的某一个或某几个要素为主导,以当地独特风俗、文化、历史等因素为特点,形成自身特色并具有该城市特色的商业性街区。

民俗特色休闲旅游街区通常以城镇景观、历史建筑、民族风情等特色为旅游吸引物,具有餐饮、住宿、购物、休闲娱乐、文化体验等多方面功能设施。民俗特色休闲旅游街区是旅游产业集聚的最小单位,集购物、休闲、文化、度假体验等于一体。旅游产业是 21 世纪发展迅猛的产业之一。自改革开放以来,随着社会的经济水平不断发展、人民的生活水平不断提高,人们闲暇时间的增多,休闲旅游意识的苏醒,旅游需求旺盛增长,我国的旅游产业经历了一个黄金发展期,目前已经具有较大的产业规模,在国民经济中占有越来越重要的地位。由于旅游需求的旺盛、旅游产业本身的零基础,旅游产业经历了一个粗放式的产业扩张时代,然而在旅游市场不断成熟的今天,游客的旅游需求和旅游过程中的消费需求有了新的变化,旅游产业的增长方式转型升级是未来的大趋势。研究和比较民俗特色休闲旅游街区的消费行为有助于更好地指导目前我国各地大规模兴起民俗特色休闲旅游街区及时调整发展方向,改进经营模式,更好地适应旅游消费的新的发展模式。

民俗特色休闲旅游街区的特点主要有以下几个方面。

1. 产业集聚与功能拓展

在传统的观光旅游模式下,旅游产业布局呈现出分散的局面,随着旅游市场发生重大的变化,旅游需求由单一的观光向观光、休闲、度假、会议、医疗等复合型的需求转变,旅游过程表现出"点少、时间长、深度体验"的特点,在一个旅游目的地满足游客的所有需求是未来旅游新形势,产业布局将会趋向集中式的分布,产业集聚、集群将会发展壮大,并产生规模效益,对资源进行更为有效的利用。民俗特色休闲旅游街区作为旅游产业集聚的最小单位,将购物、休闲、文化、度假体验结合起来,具有多种功能,在满足消费者旅游观光的需求的同时,提供一系列附加服务。然而此时的服务价格往往高于普通市场中的平均价格。

2. 具有物质文化基础

民俗特色休闲旅游街区都具有文化、历史或民族特色的旅游物质文化基础,而且承载这种文化、历史或民族文化的物质文化资源在具有独特性的同时还具有一定的完整性和量的规模,以满足接待消费者基本的空间场所需要,并且具有推广和展示这种独特文化资源的条件和途径。

民俗特色休闲旅游街区可以分为以下几种类型。

(1) 遗产密集型。这类街区的特点是街区机理完整,物质遗存丰富。高品位遗产在街区内密集分布,整体保护价值较高,这类民俗特色休闲旅游街区主打"遗产传承—文化遗产利用主导"的街区开发模式。

(2) 载体缺失型。这类街区的特点是历史厚重,但载体缺失,街区空间激励与载体不复存在,如许多历史悠久但尚未完全开发或利用的悠久民俗区。这类民俗特色休闲旅游街区主打"还原记忆—街区记忆复原主导"的街区开发模式。

(3) 传统商业型。这种商业街区是城市传统的商业功能主导的街区,曾经拥有丰富的商业设施和商业氛围。这类民俗特色休闲旅游街区主打"繁华再现—商业业态升级主导"的街区开发模式。

(4) 传统居住型。这种商业街区是以居住功能主导的街区,保存特色民居群落,以居住文化与生活方式为核心。这类民俗特色休闲旅游街区主打"诗意客居—独家空间营造主导"的商业街区开发模式。

(5) 景区依托型。这类街区距离成熟景区较近,通常作为景区或景点的配套旅游服务功能区存在。这类民俗特色休闲旅游街区主打"共享风景—景区服务延展主导"的街区开发模式。

(6) 文化主题型。这类街区与故事传说、民俗艺术、历史事件、传统手工技艺等非物质文化资源密切相关,拥有主体化的街区核心和强大的文化感召力。这类民俗特色休闲旅游街区主打"讲述故事—文化主题演绎主导"的街区开发模式。

(7) 城市文化符号。这类商业街区的特点是荟萃城市典型文化符号,代表城市的文化性格。这类民俗特色休闲旅游街区主打"彰显个性—城市文化性格主导"的街区开发模式。

随着民俗特色休闲旅游街区种类的细化,街区功能也随之丰富起来。单一的购物已不能满足游客的需求,餐饮、住宿、休闲、文化体验、会议等让民俗特色休闲旅游街区的街区功能焕发出新的活力。从国内外的民俗特色休闲旅游街区的发展历程来看,民俗特色休闲旅游街区正是一个由购物街区向社会活动场所,向"客厅"的转变。即使是专业特色突出的民俗特色休闲旅游街区,也开始重视街区辅助设施、辅助功能的发展,功能复合化已然成为旅游特色街区发展和繁荣的关键。

此外,民俗特色休闲旅游街区旅游经济元素的加入,除了与其他类型商业街区一样促进消费经济的发展外,还发挥着比其他类型商业街区更广泛、更深刻的作用。

第一,民俗特色休闲旅游街区促进了旅游经济的发展。民俗特色休闲旅游街区是集购物、餐饮、休闲、娱乐、旅游等多功能为一体的特色街区。由于它的多功能性,吸引了大量的外地游客或本地居民到此旅游、消费,也由此刺激旅游经济的发展。因此,对民俗特色休闲旅游街区进行合理有效的开发、建设及管理,实现其经济利益最大化,将有利于旅游经济的发展、增强城市旅游经济的活力。

　　第二,民俗特色休闲旅游街区的发展有利于提升城市旅游形象。从民俗特色休闲旅游街区的含义中可以看出,民俗特色休闲旅游街区在一定程度上凝聚了城市风貌、历史文化、民俗特点、城市形象等城市特色元素。消费者通过在民俗特色休闲旅游街区进行的旅游、休闲等不同形式的活动,可以感知到整个城市的独特形象特征。因此,对民俗特色休闲旅游街区进行合理的规划发展,是提高城市旅游形象的重要途径和方式。

　　第三,深化旅游产业结构升级。随着时代的发展,人们的需求也在日益增加,旅游消费的需求也是如此。在"食、住、行、游、购、娱"这六大旅游要素中,简单的游览、参观要素已经无法满足旅游者日益增长的需求,特别是他们对于休闲的需求。在这样的背景下,民俗特色休闲旅游街区的发展使得旅游活动从以观光、游览要素为主升级成为综合性、多功能性的活动。

　　随着国民经济的发展,旅游业和商业街区也飞速发展,民俗特色休闲旅游街区之间的竞争也不断加剧,要想更好地打造民俗特色休闲旅游街区,实现其更好发展,不仅要积极探索新的、有效的开发模式,还要进一步了解民俗特色休闲旅游街区的消费行为,了解其特点,做到知己知彼,百战不殆。

3.3.2　民俗特色休闲旅游街区消费行为

　　民俗特色休闲旅游街区是基于文化发展起来的商业街区。文化作为购买行为的重要影响因素,逐渐成为一个单独的研究视角。人们购买的消费品蕴含了一定文化内涵,超越了功利主义特性和商业价值,反映了消费者的文化归属和消费准则,形成了消费的偏好和态度,并且显著影响消费者的认知和行为。也正是由于历史、文化氛围浓厚,民俗特色休闲旅游街区的消费行为很多都属于文化消费,如购买旅游纪念品、特色商品等。文化消费是指对精神文化类产品及精神文化性劳务的占有、欣赏、享受和使用等。文化消费是以物质消费为依托和前提的,即消费者看重的并不是商品的实用价值,而是商品背后附加的文化价值,消费者愿意为这些附加价值买单。例如,在丽江古城购买一个少数民族特色的手工编织装饰,或许没有什么实用价值,但这代表了中华民族多民族文化的鲜明特色和独特风格,承载着浓厚的文化和历史底蕴。民俗特色休闲旅游街区的消费者为了满足精神需要,不断增加对这类文化消费的购买力,这也成为民俗特色休闲旅游街区的一个重要特点。

　　民俗特色休闲旅游街区的消费对象以旅游消费者为主,这些消费者购买纪念品等商品,少次多量。同时在游玩之余也会进行餐饮、住店、旅游体验(如在四川体验采耳服务)等服务型消费。我们从消费行为分类的角度来看民俗特色休闲旅游街区的消费者的消费特点,可以看出民俗特色休闲旅游街区的消费行为大多是不确定型消费行为。旅游消费者进入民俗特色休闲旅游街区的店铺往往不是出于明确购买某种产品的目的,而是为了观光游玩;购买纪念品大多也不是事先计划好的,而是在参观、游览、休闲,漫无目标地观看商品或随便了解一些商品的过程中遇到感到有兴趣或合适的商品后产生购买欲望。同时,在民俗特色休闲旅游街区,消费者更容易受商品的外观、包装、商标或其他促销努力的刺激产生冲动型消费行为。这种购买一般以直观感觉为主,从个人的兴趣或情绪出发,喜欢新奇、新颖、时尚的产品,购买时不愿做反复的选择比较。此外,在民俗特色休闲街区,消费者的消费行为往往属于享乐消费,即"有感情和审美感觉体验,或可以产生感官愉快、幻想和娱乐"的消费。这是因为在民俗特色休闲街区,人们的消费对象往往不是生活必需品,而是出于享乐目的的一些消费品。因此,我们认为民俗特色休闲街区消费者的消费行为大多是享乐消费。

体验式消费在民俗特色休闲旅游街区的消费行为中占重要一部分,在这些颇具特色的民俗或历史街区,如果能亲自参与某些活动,消费者会有更好的旅游体验和消费体验,如古街中的摔碗酒、换古装拍照、亲自打年糕等。这种体验式消费,是区别于传统商业的以零售为主的业态组合形式,其更注重消费者的参与、体验和感受,并对空间和环境的要求也更注重体验性。民俗特色休闲旅游街区拥有独特的空间和环境条件,以体验经济激发消费行为是很好的选择。因此,我们认为民俗特色休闲旅游街区的消费行为通常具有较高的卷入度。民俗特色休闲旅游街区的参与性是这种体验式消费行为的核心。在体验式旅游活动中,游客本身是旅游产品的一部分,游客通过对旅游活动的亲身参与获得旅游经历。卷入程度越高,感受越深刻,体验就越丰富。

民俗特色休闲旅游街区与一个城市的旅游业紧密相连,在推动相关产业发展和经济进步方面发挥着巨大的作用。通过对民俗特色休闲旅游街区的特点和消费行为的进一步了解,可以帮助其与旅游行业紧密结合,充分利用好各类资源,以实现更好的发展。

3.3.3 民俗特色休闲旅游街区案例——南京夫子庙

一个城市的主要魅力在一定程度上可以说是它的历史与记忆,一条条街上的一座座建筑承载着关于南京的记忆,给这座城市带来了丰富的底蕴。繁华的南京总有诉说不尽的故事,写满历史沧桑的老街、老建筑使这座城市弥漫着令人沉醉的怀旧气息。如今当它完美和谐地融合了现代社会的时尚元素时,就显得更加风姿绰约,楚楚动人。于是,这些老街、老建筑成为我们回顾过去的一个通道。走在现今夫子庙的大街小巷里,看着古色古香的亭宇楼阁,恍惚间回到了当年那个繁华丰茂、人声鼎沸的夫子庙。夫子庙又称孔庙或文庙,是祭祀我国古代著名的大思想家、教育家孔子的庙宇。因为孔子曾做过鲁国大夫,弟子们称其为夫子,因而孔庙也称夫子庙。夫子庙有三大建筑群:第一座是祭祀孔子的庙宇——大成殿;第二座是大成殿后面的学宫;第三座是古代科举考试遗址——江南贡院。古时的江南贡院东接桃叶渡、南抵秦淮河、西邻状元境、北对建康路,是古时的"风水宝地"。现在它更是我国唯一的一座以反映中国科举制度为内容的专业性博物馆。从明太祖朱元璋定都南京,乡试、会试便在此举行,贡院经过明、清两代不断扩建,鼎盛时期号舍达两万多间,规模居全国各贡院之冠。1985 年,南京市政府修复了夫子庙古建筑群,还改建了夫子庙一带的市容,许多商店、餐馆、小吃店门面都改建成明清风格,并将临河的贡院街一带建成古色古香的旅游文化商业街。夫子庙既恢复了旧观,又展现了新容,实现了商业价值。

如今的夫子庙商业旅游街区,以风光旅游、本地小商品市场、小吃餐饮为主,具有浓厚的文化底蕴。夫子庙是明智的,它只做小商品及文化商品,从而避开了与新街口的正面竞争。夫子庙商业文化相当发达,首先是夫子庙建筑群两侧的东西二市就以其丰富的工艺美术品、古玩、字画及其他文化用品交易而显示出文化的商业价值。其次,在夫子庙还有小商品市场、花鸟鱼虫市场和古玩、珍藏品交易市场,体现了南京人的一种闲适心态和文化品位。如今,夫子庙已成为现代商品云集的商业中心区之一,同时小吃餐饮也十分出名。这一带的饭馆、茶社、酒楼、小吃铺比比皆是,仅夫子庙中心地带,不同花色品种的小吃就有 20 多种。夫子庙小吃咸甜荤素,风味独具,春夏秋冬,各领风骚。诸如春天的荠菜烧饼、菜肉包子;夏天的千层油糕、开花馒头;秋天的蟹黄烧卖、萝卜丝饼;冬天的五仁馒头、水晶包子,都是有口皆碑的。夫子庙小吃已上升为小吃宴、小吃席,在中国食谱中形成了小吃系列,形成了独特的饮食文化。2007 年,中央电视台在"五一"期间做过一项关于全国各大景区游客量的统计,南京的夫子庙以每天 20 多万游客量的傲人成绩遥居第一,可见夫子庙商业旅游街区的高知名度、巨大的影响力和过人魅力。

3.4 滨水休闲旅游商业街区消费行为分析

本节将对滨水休闲旅游商业街区进行介绍。首先阐述滨水休闲旅游商业街区的概念、分类和空间领域划分等内容,并对滨水休闲旅游商业街区中的消费行为进行了介绍;最后通过介绍南京水木秦淮风尚休闲街区的案例,帮助读者更好地理解滨水休闲旅游商业街区及其中的消费行为。

3.4.1 滨水休闲旅游商业街区介绍

滨水是指滨海、滨湖、滨江的条件,城市核心区的河流景观是滨水城市的独特资源,如上海的黄浦江、重庆的长江、天津的河海、北京的什刹海、广州的珠江等,不胜枚举。都市的河流是一个城市的灵魂,它承载着这个城市的文化,展示着这个城市的商业繁华。对于拥有滨水资源的城市核心区,具有发展滨水休闲旅游业的天然优势。借助水域打造的城市景观环境,大力开发的休闲和商业房地产造就了滨水休闲旅游商业街区。滨水休闲旅游商业街区以城市的江河湖海为重要依托,其功能定位是文化街区、商业街区和旅游街区。将这种天然的优势转化成产业优势,打造绚丽多彩的都市滨水休闲旅游街区是这一类街区发展的重要突破口。经典的滨水休闲旅游街区有北京什刹海、旧金山渔人码头、上海外滩、威尼斯水城、周庄水乡水街、武汉万达汉街、苏州李工堤等。

水是地球上最常见的物质,是万物必不可少的资源。人类正是在水域边才得以发展出高度文明的社会,可以说水孕育了人类文明,水在人类发展中的各个阶段及各个方面也都从未缺席。这种关系从一开始就注定了人始终具有亲水性。在现代城市钢筋混凝土的环境下,人对自然有着强烈的渴望。水体是滨水商业街区中最引人瞩目的自然景观。上善若水,人类把水当作最美的事物,人们通过亲近水,如涉足、嬉水等活动来表达自己对水的感情。水的触感、气味、温度等都能让人感到亲切和放松。滨水商业区相对于非滨水商业区而言,其主要优势在于良好的滨水景观、舒适的购物环境及开阔的景观视野。这些优势可以促进闲逛人士购买的欲望,并使他们成为购买者。滨水商业街区外部空间体验的亲水化给人们留下深刻的印象,吸引众多消费者多次光顾。因此,滨水环境对购买行为产生了推动作用。滨水不仅促进了消费,从更长远的角度看,水运的便利促进了贸易的发展。因此,滨水休闲旅游商业街区往往在较早的时期发展起来,且有一定规模。

按照滨水休闲旅游商业街区形成的起源形式不同,我们将滨水休闲旅游商业街区分为两种类型:历史形成的滨水休闲旅游商业街区和新兴改造的滨水休闲旅游商业街区。历史形成的滨水商业街的形成与发展蕴含丰厚的历史文化,构成商业街浓郁的文化特色。例如,北京什刹海地区是北京内城保留原有民俗文化和老北京特色传统风景地区和民居保留地区;秦淮河是古老的南京文化渊源之地,从六朝起便是望族聚居之地,商贾云集,文人荟萃,儒学鼎盛,素有"六朝金粉"之誉。这些滨水休闲旅游商业街区依托历史,后期发展为商业街区,具有极高的文化内涵和商业价值。新兴改造的滨水休闲旅游商业街区则是以水域为依托,以现代风格建立、发展时尚休闲旅游场所,如上海外滩、杭州钱江新城等。这两种滨水休闲旅游商业街区都各具特色,吸引了大量消费者。

滨水休闲旅游商业街区的空间领域划分主要可以分为以下三个部分。

(1)近水水域及驳岸空间。近水水域及驳岸空间是滨水商业空间中与水资源联系最密切的空间之一,驳岸空间的设计包括对水域界面的控制及滨水驳岸的形式。这一部分的大型商业活动较少,有一些小型店铺,以观光为主。

(2)步行街及滨水开敞空间。消费者在步行街中的活动主要是行走或休憩。对于步行街,不一定临水,因此也分为邻水和非邻水步行街两种。

(3)商业建筑实体。各滨水商业街建筑的类型各不相同,这种不同不仅表现在滨水商业区之间的主要商业项目的定位不同,也表现在同一商业区内部不同位置的商业经营项目的差异。这一部分是商业活动的主要集聚地,聚集了各种消费场所和服务场所。

3.4.2　滨水休闲旅游商业街区消费行为

通常来说,滨水休闲旅游商业街区也包含大型商超,以满足人们的购物需求。但同时它更多地与旅游、休闲、观光目的结合,注重消费者的享受体验。例如苏州李公堤,找准文化与商贸旅游产业发展的契合点,加强商旅文精品项目的建设。李公堤着力提升文化内涵,丰富文化业态,将商旅文结合的开发理念变为现实,在传统文化引进的同时注重多元文化的丰富性,实现动与静的结合、传统与现代的结合,体验风尚、风情、风味,不仅着力打造苏州文化,同时也展现国内外相关文化、特色。李公堤集食、住、游、购、娱、文为一体,使其成为华东地区规模最大、风情最浓、品牌出众、人气集聚的商旅文结合的滨水休闲旅游商业街区,真正成为在全国有知名度和美誉度的、最能够体现苏州工业园区"现代与传统融合,文化和商业并举"的中国最具特色的景观休闲商业街区之一。在这样的条件下,我们认为,滨水休闲旅游商业街区既包括现代综合型商业街区的部分特点,也包含民俗特色休闲街区的部分特点。

滨水休闲旅游商业街区的消费行为分类与民俗特色休闲街区一样,多为享乐主义消费。享乐主义消费就是人们为了满足享受需要而产生的消费。比如,人们消费高级食品、娱乐用品、某些精神文化用品及服务,就是因为这些消费资料能满足人们舒适、快乐的需要。享受型消费是较高层次的消费形式,人在满足了生存需要之后,会要求满足享受和发展的需要。人们来到滨水休闲旅游商业街区往往以休闲、观光、旅游为目的,而不是基本的需要。

此外,无计划的和突然的消费行为通常也会发生在滨水休闲旅游商业街区,这属于一种冲动消费行为。在水波荡漾、灯火辉煌的滨水商业街区,消费者处于愉快兴奋的状态,消费的情感反应可能在原本无计划购买的情况下被引出,这种情感反应可能是愉快、兴奋的,所带来的情感激发和释放也是显著的享乐主义消费的表现。

消费者进入滨水休闲旅游街区往往也不是出于明确购买某种产品的需要,而是作为观光游玩的过程之一。在参观、游览、休闲,漫无目标地观看商品或随便了解一些商品的过程中,消费者购买有兴趣的产品或服务。因此,滨水休闲旅游街区的消费行为通常具有不确定性。由于水域观光往往也是城市景点,或是依托历史文化形成的街区,滨水休闲旅游商业街区往往也包含旅游元素或历史元素。因此,文化消费在其中也起着重要的作用。

　　滨水休闲旅游商业街区依托水资源,形成了独特的商业街区形式。但是,该街区中消费者的消费行为也与民俗特色休闲街区和现代综合型商业街区中的消费行为有相似之处。因此,在发展滨水休闲旅游商业街区时,除了借鉴同类型商业街区的成功经验,还可以参考民俗特色休闲街区和现代综合型商业街区的经典模式,取其精华,以实现更好的发展。

3.4.3　水域休闲旅游商业街区案例——南京水木秦淮风尚休闲街区

　　水木秦淮是南京秦淮河改造整治工程的重要一段,也是鼓楼区重点打造的商业街区。为了让秦淮河变成“流动的河、美丽的河、繁荣的河”,使之成为展现秦淮河风采、宣传南京的重要平台,进一步凸显美丽长江、魅力南京的风采,在政府的策划下,诞生了一个集餐饮、休闲、娱乐、文化于一体的时尚街——水木秦淮。位于南京城西的草场门大桥至定淮门大桥长约 750m 的秦淮河驳岸东侧,有一处占地 75 000m^2,名“水木秦淮”的大型时尚休闲街区。该项目作为“水陆一日游”的重要码头,惠及周边 40 万居民。在水域休闲旅游商业街区和龙江居民小区之间的河面上,一座斜拉式人行天桥将秦淮河两岸更紧密地联系在一起。为了不影响整体景观,该街区的商用店铺修建为护坡式建筑且一律不超过两层。此街区聚集海内外各种特色鲜明的餐饮、酒吧、咖啡吧等,配以书画、茶社,以及常年艺术表演,向人们展现它的休闲娱乐功能及其深厚的时尚文化内涵。据了解,水木秦淮街区内共分布了 30 家商铺,进驻商家营业面积从十几平方米到两千平方米的都有,经营业态包括酒吧、咖啡馆、西餐厅、茶艺馆、茶餐厅、手工巧克力吧等。水木秦淮的定位和其他休闲旅游商业街区有相当大的差异。在招商过程中,管理公司也力图向国际化迈进,聚集世界各地有特色的餐饮、著名迪厅和电玩、酒吧茶社和 SPA、书画古玩和民间艺术等,融入秦淮河美丽的自然风光,融入金陵丰厚的文化内涵、国际先锋的时尚观念、活力脉动的现代文明。水木秦淮滨水休闲旅游商业街区以浓郁的文化氛围为依托,以时尚消费为主题,成为全新的南京旅游休闲的新坐标。

3.5　酒吧休闲商业街区消费行为分析

　　本节将对酒吧休闲商业街区进行介绍。首先,以城市的夜间经济为切入点,阐述酒吧休闲商业街区的概念和特点等内容,并对酒吧休闲商业街区中消费行为的特点进行总结,主要包括品位性消费、基于社会性需要的消费和炫耀性消费三个特点;其次,通过介绍南京 1912 酒吧街的案例,帮助读者更好地理解酒吧休闲商业街区及其中的消费行为。

3.5.1　酒吧休闲商业街区介绍

　　酒吧指提供啤酒、葡萄酒、洋酒、鸡尾酒等酒精类饮料的消费场所。随着时代的发展,它的功能获得了较大程度的开发。现在的酒吧不仅是品酒的场所,还成为人们社交生活的重要一部分,它会有现场的乐队或歌手、专业舞蹈团队表演、定期举办的庆祝等形式多样的活动。同时,酒吧也是夜生活的重要组成部分。在大型城市的中心区域,形成了一批酒吧街区,吸引着众多消费者,尤其是年轻人,以此成功打造为夜生活区。夜生活区成为城市休闲和商业消费的新亮点,而以此为基础的夜间经济也得到了飞速的成长。有名的酒吧休闲商业街区包括北京三里屯、南京1912酒吧街等。这一类特色商业街区的产生是城市生活休闲化的必然要求。随着人们收入水平的提高、工作压力的增大,对于休闲娱乐的需求也不断增加。休闲娱乐也逐渐成为人们张扬个性、舒缓身心、扩展社交的手段和方式。因而,那些集酒吧、咖啡厅、KTV等娱乐设施为一体的特色商业街全面兴起,成为城市休闲生活的新向导。

提到酒吧休闲商业街区,就不得不提到夜间经济。夜间经济是现代城市业态之一,指从当日下午6时到次日早上6时所包含的经济文化活动,其业态囊括晚间购物、餐饮、旅游、娱乐、学习、影视、休闲等。夜间经济是休闲经济的重要组成部分,也是第三产业的重要组成部分,它能带动购物、餐饮、文化、娱乐、观光、旅游、健身、交通等多行业的发展,成为城市经济发展新的增长点。年轻群体生活方式的变革使其成为夜间消费的"主力军"。酒吧休闲商业街区作为夜间经济中餐饮和休闲部分,促进了消费经济特别是夜经济的时空延伸,释放了潜在的消费需求,创造了新型消费形式,为形成新的经济增长点起着积极的推动作用。同时,它在促进经济发展方面发挥着举足轻重的作用。

对于许多人来说,尤其是对于年轻人来说,"夜生活"已不再是一个新的概念。白天用一杯咖啡抖擞精神,晚上用一壶浊酒抚触灵魂。在忙碌的白天,人们为生活奔波,结束工作的晚间时刻,正是休闲放松的最佳时刻。酒吧休闲商业街区的打造,恰好满足了当下年轻人对夜生活的需求。夜幕来袭,霓虹闪烁。热恋中的情侣可以走进咖啡厅延续甜蜜,或走进一家餐厅演绎"深夜食堂"的美妙;三五好友可相约酒吧,音乐伴美酒,在这里畅谈宣泄,快意酣畅。

数据显示,在夜间经济消费上,约60%的城市居民消费发生在夜间,北京王府井超过100万人的高峰客流是在夜市,重庆三分之二以上的餐饮营业额发生在夜间。夜间经济消费东西差异明显,东部消费高于西部,夜间消费绝大多数集中在哈尔滨—北京—成都—腾冲一线以东,北京与东南沿海最活跃。夜间消费存在18时左右的晚高峰和21—22时的夜间双高峰。滴滴网约车数据显示:北上广深和部分珠三角及东部沿海城市佛莞厦为双高峰"不夜城",武汉、福州、长沙等存在大的晚高峰与小而长的夜高峰。这与酒吧休闲商业街区的营业时间相一致,酒吧、夜店等场所通常以晚间作为主要营业时间,营业至第二天凌晨。其中,每晚22—24时是酒吧休闲商业街区最热闹的时间。可见,我国的夜间经济已经得到了较大的发展。

我国的夜间经济已经由早期的灯光夜市转变为包括"食、游、购、娱、体、展、演"等在内的多元夜间消费市场,逐渐成为城市经济的重要组成部分。夜间经济的发展主要可以分为三个阶段。第一阶段的主要特点是延长营业时间。餐饮、购物等传统上以白天活动为主的服务行业逐渐向夜晚延伸,成为夜间消费的重头戏。许多特色美食和风味小吃在城市划定的夜间餐饮区内集聚,形成如北京的簋街,成都的锦里、宽窄巷子等独立的24小时餐饮区。第二阶段逐步丰富夜间经济业态。酒吧、KTV、夜店等活动时间以夜晚为主、白天为辅的现代服务行业逐渐走向本土化、规模化。第三阶段随着消费需求和层次不断升级,夜间旅游的专项产品逐渐走向成熟,夜间经济开始集约化经营。各城市可以依托历史街区、河流、湖滨、海滨,打造夜间经济聚集区。各地政府也纷纷出台专项政策扶持夜间经济的发展。

酒吧休闲商业街区内,酒吧、KTV等商业单位集聚。从经济学的角度来看,消费者在购物过程中会追求消费过程中效用最大化。因为消费者在消费过程中不但有购物的支出,而且包括时间成本、选择成本、信息搜索成本甚至是购物地点转化产生的交通成本等一系列隐性成本的支出。理性的消费者往往会追求消费总成本最小化,也就是说消费者在购物过程中不仅通过讨价还价来降低实际的购买成本,同时还总是希望购买过程是省时省力的。因此,假设消费者需要购买某一种商品,在市场信息不完全的情况下,消费者往往需要走访多家商铺,对多个商铺里的这类商品的质量与价格等信息进行比较,通过反复的挑选,来最终决策购买哪家的商品。如果经营这类商品的商铺相隔距离远,就会增加消费者的时间成本与交通支出。相互靠近的同种店铺则会省去消费者更多比较所产生的时间与精力,让消费者更容易进行选择。因此,在同等情况下,消费者会倾向于选择在区域内相互靠近的同业种的商铺。此时,市场的力量推动了商业网点选择在街区内形成集聚。这样的集聚容易形成单一的商业网点成为主导的休闲街区。在这条街区上某一类商业网点所占的比例会非常大,这使得这条休闲街区成为专业消费的街区。因此,才会出现众多的"酒吧一条街"。这也是酒吧休闲商业街区的重要特点之一。

3.5.2 酒吧休闲商业街区消费行为

年轻人、时尚元素、休闲娱乐这几个关键词共同拼凑成了酒吧休闲商业街区的独特的消费行为,主要包括以下三个特点。

1. 品位性消费

随着生活水平的提高,人们越来越注重自身身份地位与个人价值的体现,而消费则顺理成章地成为这样一个平台。在波德里亚的《消费社会》中,消费俨然被贴上了"符号"的标签,人们购买什么品牌的商品,去哪里购买,都是时尚品位与身份的体现。酒吧休闲商业街区的主要顾客——都市白领,在经济收入相对较高的前提下自然而然也成为追求时尚及品位消费的领头人。他们接受比较良好的教育,接触的社交圈比较广,思想活跃而超前;他们喜欢购买别人所没有的东西,以展示出与众不同和自信;他们追求品牌,在点点滴滴的消费中彰显品位,展现自己的个人价值。当你的西装、打火机、口红、手包都是某个大牌的热销单品时,消费就被"符号化"了。当都市白领们结束一天的工作,来到某个知名的酒吧,点一瓶昂贵的红酒,进行各种社交活动时,这种品位性消费就出现了。

2. 基于社会性需要的消费

根据调查,白领阶层更善于投资和理财。有很多人,尤其是女性会用购物消费打发时间或者宣泄情绪。在这种情况下,商品所拥有的精神意义、消费所带来的快感、对缓解压力平衡情绪的作用就远远超出了商品本身的意义。这些消费者在消费时讲究环境和氛围,购买礼品时讲究包装,吃饭讲究环境和口味。他们的这种消费就是为了享受,为了心情的愉悦。从某种程度上说,这种消费行为也是一种情绪化的冲动型消费。

根据马斯洛需求层次理论,人的需求逐级递增,由低层次到高层次依次为:生理需求、安全需求、社交需求、尊重需求和自我实现需求。调查表明,在城市白领消费中,衣着服饰、美容、健身、保健品、旅游休闲娱乐消费等消费类型排在前几位。这就证明,都市白领阶层的社会需求逐渐高于简单的生理需求和精神需求。此处提到的酒吧休闲商业街区的这种消费行为,就是为了获取愉悦的心情、建立良好的人际关系而进行的基于社会化需要的消费。

3. 炫耀性消费

经济学家凡勃伦在《有闲阶级论》中曾提出"炫耀性消费"的概念,即人们购买商品的目的不单是获得物质这么简单,更多的是通过拥有别人没有的或高品质的商品来获得社会地位的满足感,提高个人荣耀。如今,随着人民经济水平的提高,酒吧、高级饭店等高档场所时常出现"杯酒值千金"的场景。部分年轻人在积累了一部分财富后选择用奢侈品或高消费来彰显个性,获得尊重,表达自己的成功。这种欲望也是一种炫耀性消费的体现。虽然这种消费行为不值得被提倡,但它作为人们释放情绪的一种方式,它的存在是合理的。

此外,由于酒吧休闲商业街区中的消费行为是典型的享乐消费,消费者在进行消费时更关注消费过程中的体验与心境。轻松的环境、愉悦的心情作为良好的购后体验,成为新的信息来源,会进一步影响下一次的消费过程。

酒吧休闲商业街区作为城市夜生活的重要组成部分和关键促进动力,在扩大内需、丰富市民精神生活、带动相关经济发展等方面发挥着不可替代的作用,甚至有些酒吧休闲商业街区已经成为一个城市地标性的区域,也吸引着其他城市的人们前来休闲娱乐。充分探索酒吧休闲商业街区的特点及其消费行为,对于更好地发展这一领域的经济和相关产业具有重要的意义。

3.5.3　酒吧休闲商业街区案例——南京 1912 酒吧街

南京 1912 酒吧街位于南京市玄武区,东邻南京总统府、西至太平北路、南至长江路、北至长江后街,是南京地区以民国文化为建筑特点的商业建筑群,也是南京民国建筑和城市旧建筑保护与开发的成功案例。南京 1912 酒吧街是由 19 幢民国风格建筑及共和、博爱、新世纪、太平洋 4 个街心广场组成的时尚商业休闲街区,清两江总督府、太平天国天王府、总统府、美术陈列馆、中央饭店等环聚四周。与一般人流量较大的商业街区不同,它更多承载的是一种文化性活动,是一个集休闲、娱乐、观光于一体的时尚街区,让金陵古城和"总统府"历史文化真正融入南京人的生活、旅游、休闲和娱乐中。南京 1912 酒吧街经过短短数年时间,便发展成为浓缩南京城市人文精华和民国历史风采并能引领时尚的"城市客厅"。同时,南京 1912 酒吧街也发展成为目前国内影响力最大的连锁文化休闲主题街区运营品牌,在取得各种的效应和良好的口碑后,南京 1912 酒吧街继续迈出了向外拓展的步伐。

这里既有历史文化特色又具现代时尚风采,南京人要将依托于总统府、体现民国建筑精神的"南京 1912"打造成一个中西合璧、时尚互融、文化精彩的现代城市客厅。这里有 17 幢建筑,其中 5 幢是原有的民国建筑,最高的只有 3 层楼。在建筑外观上,在大多数新建筑中,毫无修饰与浮华的青砖既是墙体又是外部装饰,烟灰色的墙面上勾勒了白色的砖缝,除此之外再无任何修饰。受西风东渐的影响,民国时期的建筑、社会风尚都带着中西合璧的味道。这样一种历史经验和怀旧情怀,自然成为时尚消费的最佳背景。在南京 1912 酒吧街,风格各异的酒吧和茶座,在体现民国建筑精神的建筑里彰显着独特的现代气息。就这样,前卫与怀旧,过去与现在,遥远而泛黄的旧梦,世俗而绚烂的现实人生,共同构成了南京 1912 酒吧街特有的风情。

3.6 餐饮休闲商业街区消费行为分析

本节将对餐饮休闲商业街区进行介绍。首先阐述餐饮休闲商业街区的概念及发展现状等内容,并对餐饮休闲商业街区中的消费行为进行分析,从智能互联发展、习惯性消费行为和浪费型消费三个角度介绍餐饮休闲商业街区中的消费行为的特点;最后通过介绍南京湖南路狮子桥步行美食购物区的案例,帮助读者更好地理解餐饮休闲商业街区及其中的消费行为。

3.6.1 餐饮休闲商业街区介绍

餐厅、饭馆、茶坊也属于中国最具商业活性的行业。据有关数据统计,中国社交生活80%是在餐桌上,中国人民对于餐桌文化是十分重视的。因此,只要能够成功打造餐饮街区,就可以带动一个区域,引爆这个区域一系列的发展。比如重庆南滨路、济南芙蓉街、南京湖南路狮子桥步行街、北京簋街等,都是餐饮休闲商业街区的成功案例。

餐饮休闲商业街区是以美食为主要功能要素,以酒店、餐馆、小吃为主要商业形式的城市特色商业街区。一方面,饮食是消费者服务消费的重要内容之一,也是休闲活动的重要内容之一。随着人们生活水平的提高,人们所担心的问题已经从能否吃饱转变为吃好的、吃有特色的、吃没吃过的。饮食已经成为一种享受,成为一种人们放松、休闲的方式。另一方面,饮食业不仅能满足人们填饱肚子的生理需要,同时也是旅途过程中的一个重要环节。来到一个新的城市,品尝当地的特色名菜,熟悉当地的饮食文化,也成为众多消费者或旅游者所追求的要素。

餐饮行业作为满足居民"衣食住行"四大基本生活需求之一的行业,规模庞大。

与酒吧休闲商业街区相同,市场的力量推动了商业网点选择在街区内形成集聚。这一过程一般会推动某一业种的商业点在街区内聚集,比较容易形成单一的商业网点并使其成为主导的休闲街区。这使得这条休闲街区成为专业消费的街区,因此餐饮休闲商业街区往往也是许多餐饮店铺集聚,吸引了大量的消费者。

3.6.2 餐饮休闲商业街区消费行为

餐饮休闲商业街区中的消费行为多是以聚会、饮食为目的的服务性消费,这种消费除了满足人们的基本的生理需要外,也是一种休闲娱乐及社交的方式。由于附加了社会需要和情感需要,这种消费行为就不再是单纯的实用型消费,更多的是一种享乐型消费。享受完美味的特色佳肴后,在街区内逛街散步,已经成了许多人放松休闲的重要方式。

近年来,我国餐饮行业发展较快,餐饮收入一直保持快速增长。从信息获取的渠道来看,随着餐饮行业互联网渗透程度不断提升,在线生活服务平台已经成为消费者查看餐厅信息、挑选餐厅最主要的渠道;亲戚朋友的推荐也是消费者获取餐厅的重要渠道之一;此外,口碑评价、价格、位置是消费者在选择餐厅时的前三项考虑因素。其中,80.7%的消费者在选择餐厅时会考虑餐厅的口碑评价。就此而言,提升餐厅的口碑值不但能帮助餐厅提升老客复购的频率,更能帮助餐厅吸引更多的新客前来就餐。从预订行为来看,在线生活服务平台由于其方便快捷、信息丰富等特性,已成为消费者外出就餐时预订餐厅的主要方式。在预订过餐厅的消费人群中,有85.1%的消费者曾通过在线生活服务平台预订餐厅,超餐厅微信公众号及电话预订等渠道近1倍。

考虑到餐饮休闲商业街区的性质等因素,我们认为餐饮休闲商业街区中的消费行为主要有以下特点。

1. 受信息影响程度高,多借助点评 App 进行消费决策

随着移动互联和智能点评 App 的迅速发展,餐饮休闲商业街区的消费多依靠第三方订餐平台获取商家信息及优惠券,然后进行消费。我们从消费决策过程的角度对这一消费行为进行分析。首先,消费者确定商品类别,来到餐饮休闲商业街区的消费者大多以饮食、聚餐为目的。他们可能会选择中餐或者西餐,川菜或者粤菜,咖啡或者茶。消费者在确定了商品类别后,会进入收集信息过程,这时用到的工具便是手机中的点评类 App,如美团、大众点评等。消费者选择自己想消费的商品类别,便可以查询到该地区某类餐饮的各家店铺、店铺人均消费、菜单,以及其他消费者在这些店中进行消费的经历、分享和打分。此外,许多店家还在 App 上推出优惠券、代金券,来吸引消费者的光顾。通过这种渠道,消费者获得相关信息,加上自己的感知、理解与喜好,形成自己的态度,最后选择去哪一家进行消费。消费完成后,消费者可以和他人一样,在 App 中进行评价、打分,为其他人做出参考。这种购后体验也成为新的信息来源,形成餐饮行业的消费行为闭环。

2. 习惯性消费行为

餐饮休闲商业街区中的消费行为的第二个特点是习惯性消费行为。这种消费行为的表现主要是,当人们曾经在某家餐厅用过餐并认为这家餐厅还不错时,下次有极大可能再次光顾。我们将这种消费行为归为习惯性消费行为。习惯性消费行为是指消费者并未深入收集信息和评估品牌,只是习惯于购买自己熟悉的品牌,在购买后可能评价产品,也可能不评价产品。当产品被重复购买或者产品相对不重要时,消费者就不会被激发在大脑里从事大量的决策活动。习惯性购买行为来自消费者履行习惯行为以减少思考成本的需要。习惯性购买不会有强烈的、积极的品牌评价和比较,重复购买不是因为对品牌的强烈偏好,它代表减少认知付出的一种便利的方式。所以习惯购买的"惰性"及在哪里就餐并不是很重要的两点因素,这使得消费者不会深度涉入,即消费者具有较低的卷入度;在无明显缺陷的情况下也不会反复广泛比较"品牌差异",即消费者具有较低的知觉差异。在卷入度低和品牌差异小的情况下,消费者比较容易接受包括广告、宣传在内的各种途径传播的信息,根据这些信息所造成的对不同品牌的感知来决定最终选择。

3. 浪费型消费严重,节约意识淡薄

中国餐桌上有较为严重的浪费现象,这似乎是个顽疾。媒体多年来一直未停止过节约粮食的呼吁,甚至中央电视台都打了控制舌尖上浪费的公益广告,每年召开"两会"时也都会有代表委员提出相关议案,但餐饮消费中的浪费现象仍未得到有效控制。中国人的饮食礼

仅是比较发达的,其中一个重要特点就是热情好客,为了表示对客人的热情,总是习惯性多点菜,由此导致消费过剩行为严重。

这类消费行为一般发生在餐饮行业,因此在餐饮休闲商业街区中尤为严重,我们将其归为浪费型消费。这类消费行为的典型特征是:其消费产生的效用满足,并不来自消费者对物的直接消费过程,而是来自在消费过程中由于与他人发生社会关系而得到的效用满足,物的消费过程的边际效用为零,是一种与消费理性假定直接相悖的行为,因此可以从经济学意义上视为浪费,是一种浪费型消费。

但浪费型消费不仅存在于餐饮行业,在购物行业也是存在的,如过度包装、冲动购买等消费行为。在私人消费领域,浪费型消费看似是个人行为,除了进行道义谴责,似乎难以有更为严苛的指责(否则就成了对个人理性与自由选择的粗暴干涉)。

虽然目前我国已经成为世界第二大经济体,人均 GDP 也有较大幅度的提高,但还是一个发展中的大国,各种浪费现象的严重存在令人十分痛心,已经成为经济发展方式转变中的社会风气的负能量,甚至有可能演变成为引致"中等收入国家陷阱"的系统性风险的组成部分。因此,经济和社会的发展必须有科学的消费模式与之协同,我们应当坚持厉行节约,反对这种浪费型消费。

民以食为天,尤其是在中国这种注重酒桌文化、拥有悠久饮食文化的国家。因此,餐饮业的发展能够极大地带动整个区域其他商业形式的发展。比如,在餐饮休闲商业街区的购物中心,是人们饭后休闲的绝佳选择。同时,随着互联网对居民生活渗透的深入,越来越多的消费者习惯通过在线渠道满足自己对餐饮的各类需求,通过在线生活服务平台挑选、预订餐厅。餐饮休闲商业街区也成为受互联网影响最大的商业街区类型之一。因此,餐饮休闲商业街区的特点及消费行为的探索更应结合时代的发展,将新鲜的元素注入其中,感受它的巨大魅力。

3.6.3　餐饮休闲商业街区案例——南京湖南路狮子桥步行美食购物区

南京湖南路位于南京城西北部,西起山西路市民广场,东至中央路,路幅 30 米,全长 1 100 米,是南京最著名的商业街之一。湖南路原本是一条普通小街坊,路幅只有几米宽,没有大型商场。南京市鼓楼区坚持 10 多年持续对湖南路进行旧城改造、道路拓宽、灯光亮化、建精品街等一系列工程;严格管理、文明服务,进入湖南路商场的一万余种商品都必须"过三关",即销前质量关、销中检查关、售后服务关,每道关口实行专人负责。1997 年 3 月,湖南路被中宣部确定为"全国创建文明城市活动示范点";1998 年 2 月,湖南路被中宣部、国内贸易部、国家工商总局、国家技术质量监督局四个部门公布为全国创建"百城万店无假货"活动示范街。湖南路一直得到南京市和鼓楼区政府的支持,湖南路两侧的支干道逐渐改造为一条条特色街,如狮子桥美食街、云南路宾馆饭店一条街等。人流如织、灯火闪耀、五彩缤纷的湖南路、狮子桥美食街,灯光艺术隧道融东方传统喜庆色彩与西方现代化造型艺术中的奔放特色于一体。美食街沿街茶楼、酒店、精品大排档鳞次栉比。各种美食琳琅满目,具有各自特色,令人垂涎欲滴。山西路广场上,改造后的青春剧场、青少年宫和天文馆建筑物外墙上皆配有泛光照明设计,使整个广场与湖南路、山西路现代商业区交相辉映。

第2篇

商业街区的运营管理策略

第4章

商业街区的发展战略模式选择

4.1 商业街区发展的影响因素

4.1.1 社会因素——发展的基础条件

1. 人口

人口因素一般包括常住人口、流动人口的数量、年龄、知识结构、分布、劳动力结构,以及个体心理因素。商业街区发展需要分析消费者偏好、消费者结构、消费需求,以关注人口因素对市场细分、业态选择、商业商品种类、档次选择的影响。

人口分布是影响商业街区分布的一个非常重要的因素。尤其是对于那些以服务周边居民为主要功能的商业街区而言,它们紧邻人口居住区分布,该类商业街区都是基于人口的集中而聚集兴起的。显然,社区居民人口越多,所需的商业设施规模也就越大。不同的人口规模所需的商业业态是不同的,同时各项商业设施的比例也是不同的。根据余国合(2003)的研究资料整理得出人口规模与商业配置关系表(表 4-1):当人口规模较小时,所需的商业业态较为简单,因此整个商业规模也较小;反之人口规模较大,所需的商业设施也就越先进和越完备,相应的商业规模就会越大。

表 4-1 人口规模与商业配置关系表

人口规模/万人	商 业 业 态
0.2	便利店、生鲜食品、餐饮店等
0.5	综合超市、功能服务网点
2	中型超市、专业商店、文化休闲场所等
10	以大型综合超市为主,配置相应的服务设施
20	以社区购物中心为主,并辅以完备的各项功能设施

同时,消费者偏好对商业街区的分布也会产生较大影响。个体具体行为决策时会表现出来的特征,将从根本上影响商业街区开发的规模和档次、发展的定位、空间组合和分布。按照供给是以需求为先导的理念,只有以商业街区需求特征为基础的空间分布才能满足各细分市场的不同需求,从而达到可持续发展的目标。例如,针对市民消费者的商业街区大多

集中在人口居住区,而针对游客消费者的商业街区大部分在主要景区周边。

2. 区位

区位因素一般包括地理位置、区位性质、所处商圈、街道走向、周边环境,指影响以至决定经济、人文社会现象的空间位置和组合关系的那些地理、自然、社会、经济等客观存在的因素。城市商业区位的分布,即商业街区的分布在很大程度上取决于政府战略,并受店面业主选择的影响。

3. 社会发展

社会发展因素一般包括社会发展水平、文明程度、价值观,主要影响商业街区的主题定位、商业档次选择。社会发展环境是各种经济活动的土壤,社会发展主要影响商业街区人们的行为方式、社交方式、消费方式。

4. 物理空间

物理空间因素一般包括建筑形态、可用物业、基础设施、土地性质、容积率、产权归属等方面的内容,商业街区发展要分析物业性质、用途、扩展空间,建筑改造成本,市政设施是否满足业态要求,可采取何种物业管理方式、开发合作方式。物理空间主要影响商业街区空间结构设计、规模体量、做地方式、投资方式、运营模式。

5. 交通

交通因素一般包括车流、人流走向、停车位、公共交通、流量程度,商业街区发展需要分析街区周边街道是否能容纳因此而增加的交通量,行人出行规律,交通安全,平日交通流量如何,分流能力,是否能改做步行街、单行线,能否改变公交线路,停车场距离街区距离,停车方式等。交通主要影响商业街区交通组织设计、街区管理方式。

交通线路能将社区商业各个网点连接起来,使整个商业街区完整有序。社区商业通过与交通线路协同布局规划,使居民更为方便地到达各个商业网点,提升整个社区商业的便利性。同时交通线路场所,也是社区居民人际交往的发生地,是社区居民主要的、开放的公共空间,将社区商业的布局与其结合起来,更能发挥社区商业的功能性。

6. 景观

景观因素一般包括地址、自然资源、绿化、地形,商业街区发展需要分析景观美观与功能需求之间的关系,街区的建设能否带来环境的正效应、能否改善形象。景观主要影响商业街区景观设计、街面设计。

4.1.2 经济因素——商业进化的基础和实践者

1. 经济发展环境

经济发展环境因素一般包括企业数量、投资环境、企业质量,商业街区发展需要分析商务结构、档次、规模、业态组合。经济发展环境主要影响商业街区规模体量、主题定位、商业业态。

2. 经济发展水平

经济发展水平因素一般包括地区产值、人均可支配收入、财政收支情况,商业街区发展需要分析街区所在地是否具有充足的资金投入建设培育,融资能力如何。经济发展水平主要影响商业街区规模体量、业态定位。

居民人均额可支配收入水平越高,购买力也就越强,就越适合先进的、大型的商业业态的发展,而不同的商业业态也就决定了社区商业不同的规模。根据国外经验可以得出,当人均 GDP 较低时,商业业态以百货商店为主,随着人均 GDP 的增加,超市、便利店、购物中心等相继出现。人均 GDP 与商业业态关系如表 4-2 所示。

表 4-2　人均 GDP 与商业业态关系表

人均 GDP/美元	商业业态发展
1 000	百货商店
2 000~3 000	超级市场
6 000	便利店
8 000	仓储店
12 000	购物中心

3. 消费水平

消费水平因素一般包括居民存款率、购买力、社会消费品零售总额,商业街区发展要分析当地消费特征与能力。消费水平主要影响商业街区业态定位。

社区居民的消费结构,决定了整个社区所需的商业业态种类,而通过不同商业业态的单店面积,进而影响整个社区商业的规模。所以对社区居民的消费结构进行调查是非常有必要的。

4. 产业

产业因素一般包括优势产业、传统产业、新兴产业、支柱产业,商业街区发展要分析竞争力、产业结构、第三产业比重、服务业发达程度。产业主要影响商业街区业态选择、主题定位。

4.1.3　文化因素——无形资产的价值利用

1. 文化历史

文化历史因素一般包括传统历史、文化、习俗、习惯、民间艺术、艺术风格。文化因素影响商业街区主题定位。

商业街区通过充分挖掘独特的文化传统、历史积淀,并加以利用,能提升街区价值内涵,形成独一无二的特色风貌。在充分挖掘商业街区的各种文化资源后,根据商业街区主流消费群体所感知和关注的、吸引和满足主流消费群体的文化,采用适当的方法进行筛选和整合。特色商业街区的空间分布和定位需要特别注重与城市历史文化、民俗文化的有效结合,强调以商代文、以文促商。

2. 消费习惯

消费习惯因素一般包括消费观念、购买习惯,是指消费主体在长期消费实践中形成的对一定消费事物具有稳定性偏好的心理表现。消费习惯影响商业街区形态、业态档次选择。

消费习惯是消费者在日常消费生活中积久形成的某种较为定型化的消费行为模式。例如,消费者出于某种需要、动机、情感、经验或心理偏好等原因,喜欢使用某种品牌的某种商品,经常地且不加挑选和比较地购买,表现在消费者的各种消费活动中。同时,消费习惯也是人们对于某类商品或某种品牌长期维持的一种消费需要,它是个人的一种稳定性消费行为,是人们在长期的生活中慢慢积累而成的,反过来它又对人们的购买行为有着重要的影响。

4.1.4 政策因素——政府的价值导向

1. 宏观环境

宏观环境一般包括城市规划、投融资政策、总体规划,商业街区发展要分析街区是否符合规划要求。宏观环境影响商业街区业态定位、投资方式。

宏观政策、城市规划主要通过影响整个城市的空间结构、投资方向,进而影响到城市商业街区的总体布局。

2. 产业政策

产业政策一般包括产业导向、产业规划、扶持政策,商业街区发展要分析是否符合产业定位、可否获得政府的扶持力度、产业导向如何。产业政策影响商业街区产业选择、业态配比、招商策略。

商业街区的建设培育需要政府政策的支撑,良好的政策环境将极大促进商业街区的繁荣。

3. 土地政策

土地政策一般包括土地利用方式,规划、国土等部门的法律法规、制度和要求。土地政策影响商业街区投资规模、建设规模、合作性质。

特色商业街区主要影响因素比较见表 4-3。

表 4-3 特色商业街区主要影响因素比较

街 区		具 体 模 式	动 力 主 体	影响定位主要因素
旧城改造价值开发	观音桥商业步行街	在旧城改造规划基础上推倒重建	社会经济发展政府主导	交通组织、经济发展水平、消费力
	青岛红酒坊特色街	旧城改造与产业多元发展	社会发展政府主导	产业基础、文化、区位
	梅家坞茶文化村	旧城改造、自然资源挖掘与产业发展	政府主导社会发展	景观环境、产业基础、文化、需求
	胜利河大兜路美食街区	以旧城改造与完善配套为目的的价值开发	社会发展政府主导	景观环境、消费偏好、需求、交通组织
产业集聚引导提升	解放碑步行街	在商贸金融集聚基础上的政府引导提升	经济发展政府推动	区位、经济发展水平、消费力、需求
	青岛啤酒街	工业资源保护与开发利用	经济发展政府企业推动	产业基础、消费偏好
	四季青服装特色街区	在产业集聚基础上的政府引导提升	经济发展政府企业推动	产业基础、区位、经济发展水平
	绍兴路汽车文化精品街区	以政府引导为前提的产业集聚	经济发展政府企业推动	需求、空间资源
	武林路时尚女装特色街区	在商业集聚基础上的政府引导提升	经济发展政府推动	区位、交通组织、消费偏好、消费力

续表

街　区		具 体 模 式	动 力 主 体	影响定位主要因素
历史文化保护开发	成都宽窄巷子	历史保护与开发利用	社会发展政府推动	区位、文化民俗、消费偏好
	西安书院门	历史保护与开发利用	社会发展政府企业推动	历史、文化民俗
	清河坊历史文化特色街区	历史文化保护与开发利用	社会发展政府主导	文化民俗、历史
	南山路艺术休闲特色街区	历史文化保护与开发利用	经济发展政府推动	历史文化、区位、消费偏好、消费力

4.2　商业街区的发展模式选择

4.2.1　商业街区发展战略模式

1. 商业街区发展战略模式的构成

商业街区发展模式包括定位、关键资源、业态、文化、收益方式五个方面的内容。这五个方面相互影响,构成有机的商业街区发展模式体系。

（1）定位

商业街区是否能运营成功,首先必须明确自身的定位。定位是商业街区发展模式的起点。关于定位,具有代表性的理论主要有波特、特劳特和科特勒对定位的理解。波特认为战略的本质就是选择不做哪些事情,没有取舍就没有选择的必要,定位实际上就是选择应该做什么。特劳特强调利用社会消费心理学塑造获得消费者认同的独特地位,利用消费者已有的观念构筑差异化的形象,也就是如何在目标受众的头脑中占据一席之地的方法。科特勒在其营销理论中提出了著名的 STP 工具,也就是细分市场——Segmentation;确定目标市场——Targeting;定位,对于供给进行独特设计以在目标消费者心目中占据特定位置——Positioning 的"三部曲"。

国内传统商业街区的商铺产权大多比较分散,统一规划和运营难度大,定位不清晰、滞后的现象比较普遍,这是造成商业街区"千街一面"业态同质化现象的主要原因。商业街区要想在市场中站稳脚跟并获得良好的发展,首先必须明确自身的发展定位。商业街区的定位是在战略层面和执行层面建立更直接和具体的联系。定位能帮助商业街区明确发展方向,整合影响商业街区发展的重要资源,确定业态构成并通过动态调整保持合理的业态结构,塑造个性的商业街区文化,通过适当的方式获得理想的收益。国内外成功的商业街区均有着清晰的定位。美国纽约第五大道100年以来始终坚持高标准,具有货品丰富、品牌齐全、高档优质的特点,尤为突出品牌运作,各家名店的橱窗文化已成为游客观光购物不可或缺的内容。法国巴黎的香榭丽舍大街因其历史景观和人文景观而著名,定期或不定期举行的各种大型文化艺术和展览活动让香榭丽舍大街到处充满了浓厚的艺术气息。业态方面,巴黎的香榭丽舍大街是时尚的代名词,时装与化妆品占据着商业街的主导地位。国内商业街区也不乏成功定位的例子,如体现上海现代商业文化、商品价格相对低廉的四川路;借用对传统民居街区的改造,在提升原有风貌的基础上,不断充实休闲和购物功能,形成别具民俗文化特色的休闲商业街区成都锦里;方圆 2 千米范围内消费者占比近 50%,近 70% 的消费者是周边住户,主打潜意识光顾,不受广告影响的"社区化"商业南京新城市广场等。

（2）关键资源

商业街区的成功运营需要掌握和运用相应资源。资源是商业街区运营单位能够开发利用,并可产生经济效益、社会效益和环境效益的各种事物和因素。商业街区资源包括商业资源、文化资源、信息资源、客流资源、区位优势、人气、设施资源、辐射能力等。

虽然商业街区拥有的资源类型基本相似,但是不同的商业街区发展模式对各类资源的依赖程度和运用有着较大差异。能形成与其他商业街区进行有效区分、难以复制、有助于形成商业街区核心竞争力,和商业街区的定位、业态、文化、收益方式紧密联系、相互强化,对商业街区的发展有着重要影响的资源,称为关键资源。关键资源是确定商业街区发展模式的重要因素,关键资源的有效整合和运用水平直接影响到商业街区的运营效果。

（3）业态

业态是指针对特定消费者的特定需求,按照一定的战略目标,有选择地运用商品经营结构、店铺位置、店铺规模、店铺形态、价格政策、销售方式、销售服务等经营手段,提供销售和服务的类型化服务形态。

业态是商业街区向消费者提供商品和服务的具体形态,消费者的各种消费需求通过各类业态得到满足并转化为商业街区的经济收益。商业街区发展至现代,已经由初期的较为单一的商品零售、现货交易场所发展成为具有商业零售、餐饮、文化、娱乐、旅游、观光等多功能、多业态、多类型的商品、服务终端提供商的有机组合体。确定业态构成并通过动态调整保持合理的业态结构已经成为现代商业街区经营的重要内容。

业态是商业街区发展模式的主要载体,不论商业街区采用何种发展模式都需要通过具体的业态组织来实现。好的业态组织要充分考虑商业街区的关键资源,充分围绕进入商业街区的主流人群需求特征来组织业态,满足他们的消费需求,为他们服务,让其中的大部分人能够成为消费者。目前有很多商业街区只赚人气、不赚钱,就缘于业态组织没有充分考虑商业街区现有人流的消费需求和消费特点,不注意开发这部分人的消费能力。业态也是影响消费者选择消费场所的主要因素之一,优质有特色的业态组织可以成为商业街区吸引人流的重要资源。

（4）文化

商业街区是消费的地方,消费不仅仅涉及购物,还包括生理和心理的需要。玛丽·道格拉斯（Mary Douglas）和巴龙·伊舍伍德（Baron Isherwood）认为（1979）,"所有社会中出现的消费,都是'跨越商业范围的'。也就是说,消费不限于商业系统,相反,它总是既表现为一种文化现象,又表现为一种经济现象。它既与意义、价值及交流有关,又和交换、价格及经济关系有关"。消费的多种特性是消费观念、习俗、时尚、潮流等消费文化的成因。

商业街区文化是商业街区从创建开始逐步积累形成的一切文化现象,是商业街区在大众心目中的印象、感觉和独特个性,其内涵涉及人类社会发展中的方方面面,如商业精神、商业理念、商业道德、商业伦理、商业管理哲学、经营文化、商业技术文化、建筑文化、街区文化、饮食文化、服饰文化、民风习俗、生活方式等。

现阶段商业街区面临着激烈的市场竞争,竞争对手、方式的多元化、复杂性促使商业街区去发现、建立难以复制、难以替代的特殊价值。商业街区文化能在消费者心目中形成潜在的文化认同和情感眷恋,让逛街、购物的过程成为一种与众不同的消费体验和个人情感的释放,从中获得美好的生活体验和精神满足感。文化的形成是一个长期积累的过程,难以复制、不易替代,并且形成之后又反过来支配着人的行为模式。文化既有共性,又有差异。商业街区文化的特性使其在新的市场条件下对商业街区的发展产生越来越大的影响,国际国内一些著名的商业街区都越来越重视商业街区文化的塑造。让商业街区拥有独特的文化特质正在成为有效提升商业街区竞争力的重要手段。

(5)收益方式

根据商业街区经营管理主体的性质、经营目的的不同,商业街区运营所获得收益的方式也不尽相同。收益方式也是影响商业街区发展模式的重要因素。目前商业街区经营追求的收益方式主要有经济效益、社会效益和衍生效益三类。

经营商业街区获得经济效益主要通过商业零售获得利润、租金收益、商业地产升值收益、商业街区公共资源收益如广告、停车场等公共配套收费、活动举办收费等。社会效益方面,商业街区可以成为体现城市的文化内涵、反映民众人文精神、展示城市文明素质的城市名片,为市民和游客提供公共休闲和购物空间、丰富业余生活、提升生活品质,展示良好的商业形象、推动社会商业文明的进步等。好的商业街区还会产生众多的衍生效益,如对当地旅游的带动、对所在片区经济的带动、对文化等相关产业的带动等。

2. 国内商业街区发展战略模式

商业街区要获得较好的发展,取决于市场需求和市场竞争的推动,选择适宜的商业街区发展战略模式具有重要意义,一个合适的发展模式有利于商业街区在竞争中获得优势。

(1)综合商业街区发展模式

现代商业街区的功能从结构上来说一般是综合化的。过去以购物为主,现在则注重提供消费者所需要的综合服务。例如,北京王府井商业街,其综合性比较强。王府井商业街的新东安市场,建筑面积达到22万平方米,集购物、餐饮、娱乐、旅游、写字楼多种功能于一体。其中地下一层的"生活园地",突出生活情调,以食品、家用电器、生活用品为主。北区的仿古街市、老店、茶社等店面,给人以回归历史的感受。中华老字号食品一条街内,特色食品荟萃,令人流连忘返。

(2)特色商业街区发展模式

为适应消费者个性化、多样化与差异化的要求,商业街区最有竞争力的发展目标是"特色"。1999年,上海市首次命名衡山路休闲娱乐街、威海路汽车配件街、福州路文化街、雁荡路休闲街、上海老街等10条市级商业特色街,在中国形成比较大的冲击波。其实,多年来上海的商业街都在探索自己的经营特色,形成了以四街(包括南京路)四城为中心的都市商业新格局。其中名牌商品荟萃的淮海路,最能体现上海现代商业文化;商品价格相对低廉的四川路,是许多国内游客喜欢去的购物天地;旅游小商品集中的西藏路,成了中外旅游购物中心,尤以销售各类特色小商品而著名,等等。

(3)"扎堆"式商业街区发展模式

"扎堆"的概念是武汉商场提出的,其基本意思是通过规模扩张,职能扩大(形成购物中心、价格中心、信息中心、休闲中心、旅游中心),产生向心力、凝聚力、辐射力效应,达到商流、物流、客流、信息流的高度集中。目前,在武汉已经有多种形式的"扎堆"商业街区:一是"单体企业扎堆",如武汉广场、世界贸易中心和武汉商场购物中心,营业面积接近20万平方米;二是"群体企业扎堆",如在武汉商场旁边,又有协和广场、游子乡商厦、五洲商城及大规模的展览馆改建工程;三是"跨区企业扎堆",如民意广场周边10平方公里范围内集中了武商、武广、利济商场、上海商城、六渡桥、王府井、佳丽广场、中心百货等10多家大型商场及灯具、家电等小型专业市场。

（4）步行街发展模式

步行街是指在交通集中的城市中心区域设置的行人专用道,并逐渐形成商业街区。1999年由江泽民题名的南京路步行街开街,在此前后,北京、广州、武汉都建设了各具特色的步行街,逐渐形成了上海南京路步行街、合肥淮海路步行街、长沙黄兴南路步行街等知名步行街。步行街的核心是培养了人文环境,减少了交通干扰,使消费者购物时得到舒适、便利。但是,步行街建设不能"一窝蜂"。巴黎的香榭丽舍大街、奥斯曼大街和美国纽约第五大街,都不属于步行街。

（5）"销品茂"发展模式

"销品茂"取自英文Shopping Mall,即购物中心,以大型零售业为主体,众多专业店为辅助业态和多功能商业服务设施形成的聚合体。商城中除传统的商品零售、餐饮外,还容纳电信、邮政、美发等第三产业中服务业的一切内容,是一种集购物、餐饮、休闲、娱乐、文化等多功能于一体的大型购物中心。它从20世纪50年代就开始盛行于欧美等发达国家,现已成为欧美国家的主流零售业态,销售额已占据其社会消费品总额的一半左右。近年来"销品茂"开始席卷中国,迅速在北京、上海、深圳、广州等地发展壮大。毫无疑问,"销品茂"是与世界市场接轨最快速的新兴业态。国内知名的"销品茂",如深圳华润万象城,其中包括了真冰场、嘉禾影城、法国REAL百货、OLY超市、世界名牌、世界餐饮等各种消费业态。

3. 国外商业街区发展类型及特征

从20世纪70年代开始,在欧美各国普遍实施城市复兴计划时,商业街区发展被统一纳入城市整体规划之中,进行专业的设计和建设,逐步形成了现代意义上的商业街区。根据西方国家有关专家的研究表明,商业街区就其发展演变的历程而言,大致可分为近邻型、地域型、广域型、超广域型四种类型,其特征也不尽相同,如表4-4所示。

表4-4　商业街区聚集区的类型及特征

特征	类型			
	近 邻 型	地 域 型	广 域 型	超 广 域 型
立地环境	① 居民区住宅地域、城市周边地域 ② 即使有交通线路通过,也缺乏集中性 ③ 商圈人口不超过1万人	① 地区型城市的中间地域 ② 限定地区的交通中心地 ③ 商圈人口为3万~10万人 ④ 在其后方拥有多个近邻型商业街区	① 市政府所在地城市 ② 铁路、地铁、公共汽车等大批量输送的交通线路的集中地 ③ 商圈人口在15万~20万人,聚客能力较强,辐射范围较广	① 大城市商业中心部 ② 铁路、地铁、公共汽车等大批量输送的交通线路的集中地 ③ 商圈人口在20万人以上,聚客能力强,能吸引外地流动人口的购买力 ④ 在其后方拥有多个广域型商业街区

续表

特征	类型			
	近 邻 型	地 域 型	广 域 型	超 广 域 型
规模与密度	① 街区长度为100～200米 ② 商店密度为50%～80%	① 街区长度为500～700米,在街区边缘,多转变为紧邻型商业街区 ② 商店密度为70%～90%	① 街区长度为1 000～1 500米 ② 商店密度为80%～100%	① 街区长度为2 000米以上 ② 商店密度为90%～100%
业态构成	① 以日用品为主,加少数耐用品 ② 重视实用性、低价格	① 耐用品加日用品 ② 在顾客层分布和价格上,均较为广泛,重视感觉、流行性、品质等	① 以耐用品为主 ② 顾客层较窄,重视感觉、流行性、品质等	① 以耐用品为主 ② 顾客层较窄,重视感觉、流行性、品质等
店铺构成	① 好进店门、让人们感到亲切、大众形象 ② 核心店铺为地方性连锁店、超级市场、廉价杂货店等	① 高级、个性的形象与亲切的形象并存 ② 核心店铺为全国性连锁店、地方性百货店、超级市场等	① 豪华、高级的形象,强调个性 ② 核心店铺为全国性连锁店、百货店、超级市场等	① 豪华、高级的形象,强调个性、享受 ② 核心店铺为国际性与全国性连锁店、百货店、超级市场等

(1) 近邻型商业街区

近邻型商业街区是指城市周边和居民区内的小型商业街区,主要由中小型商店构成,顾客来源主要是邻近的居民。其商圈人口不到1万人,以销售日常生活用品(食品、日用杂货、家庭用燃料等)为主,是当地居民每天徒步或骑自行车去购物的商业街区。因此,这类商业街区一般分布在居民区内或邻近居民区的周边地区。

(2) 地域型商业街区

地域型商业街区是指大中城市的中型商业街区,如站前商业街大都属于这种类型,顾客来源主要以周围居民为主。这类商业街区涉及人口3万人,其商圈人口不到10万人,日用品商店和耐用品商店混杂在一起,有家具店、钟表店、眼镜店、唱片店、自行车店、体育用品店、饮料店、点心店、茶叶店、文具店、书店、小型百货店、医疗用品店等。地域型商业街区以公共汽车、家用小汽车和铁路等为交通手段,提供比日常用品、习惯性用品更高一档的商品服务。因此,这类商业街区一般地处市中心外部交通便利的地方,如车站周围或其他文化娱乐设施比较集中的地方。

(3) 广域型商业街区

广域型商业街区是指地方中心城市的较大型的商业街区,顾客群以本市和周边地区的消费者为主。这类商业街区位于地方市政府所在地,有美术馆、银行分行等为背景,其商圈人口在15万～20万人,主要出售的是耐用品而非日常用品。在这类商业街区里,有百货店、大规模的综合超级市场、高级专门店、高级食品材料店、专门出售某种食品的专门食品店(如点心店、水果店、茶叶店、调味品店等)。顾客以公共汽车、家用小汽车、地铁等为交通工具,每月一两次来此类商业街区购物,或者抱有一定的购物目的来此地购物。因此,这类商业街区一般分布在地方中心城市的外部交通便利、聚客能力较强的地区。

（4）超广域型商业街区

超广域型商业街区是指位于大型城市的中心商业区，以具有巨大聚客能力的大型零售商店为中心构成的超大型商业街区。如东京的涩谷、银座、新宿，其商圈人口在 20 万人以上，百货店和大型商场出售的商品以耐用品为主。顾客利用铁路、地铁等交通工具，不定期地从远处来此类商业街区购物。显然，这类商业街区一般选择在流动性人口多、外部交通便利、聚客能力较强，或具有传统特色的地区，而且主要限于大型城市。

4.2.2　现代商业街区开发模式

现代商业街区的开发与招商，一般存在着两种模式，即先开发后招商模式和先招商后开发模式（即订单地产模式）。

1. 先开发后招商模式

这种模式通常的做法是：先盖好房，然后分割成不同面积出售产权甚至卖期权。在这个过程中，很多企业对商业面积后期运营不加考虑，少数开发商实行 1～3 年的固定租金回租帮助买家养铺、营造商业氛围。如此开发的不良后果随着这类项目的交付使用而暴露出来。传统模式往往在项目建成后，为满足租户的要求需改造物业，从而造成大量的人、财、物的严重浪费。例如，某商业大厦在建成之后，为了吸引太平洋百货，光在设施改造上就投入了 4 000 多万元。

2. 先招商后开发模式

商业地产的先招商后开发模式（即订单地产模式）是指地产商在开发商业地产之前，就先与知名商业企业结成战略联盟。与先建设后招商的传统模式相比，订单模式具有多种优点，更适应变化中的市场环境。其优势在于：一是前期准确的商业街区分析、合理的市场定位和业态组合可减少各种资源的浪费，使资源效用最大化；二是强大的商业运营力、品牌资源、客户资源，与供应商的平台、网络这两者之间形成互补关系，实现强强联合；三是商业巨头入驻商业街区不但可以提供稳定的租金，还可以借助商业巨头的品牌效应加快中小店铺的招商进度，使这部分物业以较高的价格出售；四是减少了对建设周期和资金统筹的影响因素，使投资估算更准确。规划之前确定了租户，减少了项目竣工后出现改造工程的可能性，如此既避免了时间和资金的浪费，也使项目预算更准确，资金统筹工作按计划进行。但这种模式仍存在一些缺点：一方面，可能面临街区原有商业业态改变或非商业地产改造成商业物业，原设计的业态组合面临重新调整；另一方面，合作伙伴经营状况变化的不可预测性可能带来的不利影响，导致物业对经营商的依赖性很大。

4.2.3　战略框架下的商业街区管理体制分析

总结国内外近年来商业街区管理体制的演变，主要有表 4-5 所示的几种模式可供选择。

表 4-5　商业街区管理体制类别

名称	特征	示例
委托制	在商业街区相关管理机构下设监察大队,受政府相关职能部门的委托,对街区道路、公共设施、户外广告、卫生绿化等进行综合管理	上海市南京路:成立南京路步行街管理委员会,下设交巡警队伍和市容城管监察队
抽调制	从政府各机关部门抽调人员,合署办公,综合执法理,成立由宣传、技监、工商、物价和辖区负责人参加的管委会	南京市湖南路:由市委副书记挂帅,成立由宣传、技监、工商、物价和辖区负责人参加的湖南路管委会,管委会下设一个办公室和综合执法机构,后者从技术监督局、工商、公安、市容等职能部门抽调建立执法队伍,负责整个商业街的商品质量和执法管理
物业管理制	成立物业管理公司,靠向商家收取一定的管理服务费维持正常管理工作,并协助相关职能部门维持街区的正常管理秩序	深圳市东门商业步行街:成立步行街区管理办公室,由辖区内街道办事处主管,组建管理队伍,依照市政府颁布的《东门商业步行街管理规定》对整条街区的市容环境、公共设施、治安交通秩序、公共物业等具体事务进行协调和日常管理,管理费用向商家收取,政府各部门按照"谁主管,谁负责"的原则依法履行各自职责

1. 管理制度选择的原则

商业街区的管理是城市管理的重要组成部分,是城市管理的新课题。不管采取哪一种管理形式,都必须围绕管理的目标,即把商业街区建设成为环境优美、秩序良好、安全文明、服务周到、商业繁荣的一流街区,而要达到这一目的,必须考虑如下几点。

(1) 规避多头管理

政府有关部门必须制定相应的法规来明确授权,并明确各管理机构的职责范围,提升商业街区主管机构的市场化程度,实现有序竞争,在增强商业街区管理效率的同时有效降低政府管理成本。

(2) 完善建设规划

商业街区的规划、更新属于都市计划与都市更新的课题,从消费者的立场而言,需要的是便宜、安全、合适、安心的环境;从经营者的角度来看,需要安定繁荣的经营环境;从政府管理的角度来看,则希望通过商业管区的发展,提高国民生活消费水平,提高零售业者的经营素质,同时建立良好的都市环境,提高城市商业形象。在我国的大多数城市商业建设中都存在着乱摆摊设点、公共环境较差、公共设施不足及交通、人流拥挤无序的现象。这些问题并非大小商家能自行解决的,必须实现政府及商业街区相关管理机构的介入,提高规划建设上的预见性。

(3) 实现政企分开

商业街区的治安秩序、市场秩序、交通秩序管理、广告审批等城市管理,多属政府管理职能,应由政府机构来做,而保洁、绿化、设备的维修则可以交给企业去做。因此管理的主体必须是非常明确的,推进政企分开已经成为当前影响我国商业街区竞争优势的重要因素。

(4) 完善中介组织

通过组建商会、工会、商家联谊会等群众性自治组织,充分发挥和调动商家参加管理的积极性和创造性,建立可靠的沟通途径。

2. 商业街区管理体制的选择

就集贸商业街区而言,重点提升的因素应是其经济性,因此必须实现较低程度的政府干预,在减轻政府财政负担的同时,加大市场自主调控的力度,进一步降低市场综合交易成本。中介机构成为市场秩序主要调节机构。因此,政府参与程度较低的委托制,成为较为理想的选择。一方面,发挥中介市场的市场调节力量;另一方面,政府通过相关机构实现对街区道路、公共设施、户外广告、卫生绿化等外部因素的统筹管理,给予市场更高交易效率,使集贸商业街区取得更为适宜的发展平台。

就特色商业街区而言,需要增强"特色"这一核心竞争因素,必须实现管理的相对稳定性,保障特色的持续经营,从而使特色因素能够在商家自主竞争的过程中实现良性循环;实现管理机构的权威性,保障持续得到政府规划等方面的切实支持,从而进一步提升在具体领域的竞争实力。因此,抽调制成为较为适合的管理体制,在政府直接管理下,措施容易到位,责权利能够统一,变多个部门管理为一个机构管理,克服了多头管理的毛病,一定程度上使特色商业街区成为一个城市管理的"特区",管理效果比较好。

就专业商业街区而言,需要增强"目标集聚"这一核心竞争因素,因此必须实现管理机构和商家成为利益共同体,这样管理机构才能够牺牲暂时的小利,放弃非目标集聚的商业形态进入,从而保障商业街区目标集聚程度的不断提升,围绕目标客户进一步提升服务水平,营造更佳的发展环境。因此,市场化程度较高的物业管理制成为较为理想的选择。根据目前国内商业街区发展形态的演变趋势,可以采取"政府职能部门+专门机构物业管理公司"向专业物业管理公司过渡的方式。

所谓"政府职能部门+专门机构物业管理公司"的管理模式,是指包括公安、工商、规划、交通、卫生防疫、城管办等在内的政府各职能部门在商业街区依法履行分内的职责,而专门管理工作机构由政府设立,实现事业单位编制和企业化管理,依照市政府颁布的管理规定,对商业街区范围内的市容环境卫生、公共设施、治安交通秩序、市场秩序、公共物业等公共事务进行协调和日常管理,管理办下设物业管理公司,负责商业街区内的清洁、绿化及公共设施、设备的维护保养工作。这种管理体制的优点在于:首先,它融合了合署办公和物业管理两种模式的优点,实现了政府的联合办公,大大方便了商业街区内的商家,提高了办事效率;其次,物业管理把商业街区的保洁、绿化、设备维护保养等管理起来,并向商家收取一定管理服务费,实现了市场化运作,解决了责权利不到位的难题。政府把一部分城市管理工作交给物业公司去做,有助于政府精简机构、节省开支、减轻负担,也符合国家事业单位人事制度改革的方向。

4.3　商业街区的战略定位

商业街区是否能运营成功,取决于是否明确自身的定位。商业街区市场定位,是根据消费者的数量、需求、偏好及购买力进行特性定位,细分各类、各层次的消费级,从而最终确定其规模、经营门类及商品档次等。为适应潜在顾客的需要,需要对应分析不同年龄、职业、文化层次消费者的购买心理和需求差异,商业街区的经营内容、品牌布局、业态定位的前瞻性规划,应该根据街区自身条件因素和其在市场中的竞争情况而确定。因此,商业街区的辐射范围、经营种类、功能元素、消费层结构、投资和营运主体的匹配也应随着目标市场定位的不同而改变。

4.3.1　市场细分分析

商业街区定位的主要决策依据是:商业街区域性质、人口与购买力、消费特点、购物的便利性、交通条件、地方经济环境、竞争环境、环境障碍、发展趋势等。因此,在定位决策之前,应先做好以下分析。

1. 商业街区辐射力分析

根据顾客前往商业街区内零售店所需的时间和所走的路程,可以分别选择现在商业街区内,不同地点的主要从事日用品销售的商店(如大型超市),从事选择品销售的商店(如各种专卖店),从事耐用品销售的商店(如大型百货店)各一两家,按照表 4-6 可以分别确定这三类商店的商业街区范围。显然,它们的范围很不相同。我们可将这三类商店的商业街区范围进行综合,得出商业街区的半径,即辐射范围。

表 4-6　三类商店的商业街区范围

交通工具类型	日用品商店	选择品商店	耐用品商店
步行	500～800 米	20 分钟内可到达	20 分钟可到达
骑车	1 500～1 800 米	20 分钟内可到达	20～40 分钟内可到达
公共汽车、汽车	3 000～3 500 米	20 分钟内可到达	20～40 分钟内可到达

一般而言,商业街区的商圈可分为三个层次。

(1)核心商圈:最接近店铺并拥有高密度顾客群的区域,一般顾客光顾很方便,而且每个顾客的平均购货额也最大,来商业街区的顾客中 55%～70% 的人都处在这个区域。

(2)次级商圈:位于核心商圈以外的邻近区域,顾客需花费一段时间才能到达,来到商业街区的顾客有 12%～25% 的人处于这一区域,顾客较为分散。

(3)边缘商圈:位于次级商圈的外围,属于较远的辐射区域,拥有的顾客最少,而且最为分散。商圈的层次可以通过对商业街区内不同地点客流量的观察来加以划分。

2. 商业街区引客效应分析

首先要进行商业街区人口规模的估算,这可以用静态指标和动态指标来分别表示。顾客来源可分为三个部分。

(1)居住人口。居住人口是指居住在商业街区附近的常住人口,这部分人口具有一定的地域性,是核心商圈内基本顾客的主要来源。他们忠诚度较高,消费场所比较固定。

(2)工作人口。工作人口是指工作地点在商业街区附近的人口,这部分人口中不少人利用上下班就近购买商品,他们也是商业街区基本顾客的主要来源。商业街区内工作人口越多,潜在的顾客数量就越多,商业街区的规模就越容易扩张。

(3)流动人口。流动人口是指在商业街区交通要道、商业繁华地区、公共活动场所过往的人口。这部分人口也是商业街区主要顾客来源,是构成商业街区节假日人流的基础。流动人口选择消费场所的随意性较大,忠诚度较低,但较易接受销售广告的影响。

商业街区静态人口规模指标包括居住人口和工作人口。这两个指标可以采用当地人口统计数据,它反映了该商业街区潜在的消费需求量。商业街区动态人口规模指标则可用流动人口来反映,可以通过对商业街区内不同地点客流量的观察来统计。平常日均客流量与节假日日均客流量反映商业街区实际消费需求量(两者平均之后可得平均每日客流量)。

$$引客效应指数 = \frac{平均每日客流量 \times 人均每次购买额}{(商业街区内居住人口 + 工作人口) \times 人均每次购买额}$$

$$= \frac{平均每日客流量}{商业街区内居住人口 + 工作人口}$$

商业街区内客流量统计分析则可以通过以下数据的观察来获得:

① 平日、周末、节日客流量差异、客流量时点分布;

② 商业街区内十字路口客流量、主街道客流量、商场客流量、车站客流量;

③ 客流规律(客流目的、速度、滞留时间)。

3. 商业街区向心力分析

商业街区向心力是指各种零售业态满足顾客需求的程度。每个商业街区顾客构成都不同,而每一顾客群都有特定的消费特征。只有了解商业街区所囊括的不同顾客群特点,才能掌握其消费倾向,从而设立适应这些消费者需求的零售商店,以得到最好的布局效益。所以向心力分析的第一步是进行顾客消费心理及行为研究,可以通过问卷调查的方式来摸清商业街区的人口特征。

(1)消费者数量

一定数量的消费者是建成商业街区的先决条件,也是确定一个商业街区规模大小的基础。市场规模的大小由那些有购买欲望且有支付能力,同时能够接近商品或劳务的现实购买者与潜在购买者决定。在人均消费水平已定的条件下,人口数量越多、增长越快,市场规模就越大。

所以决策者在为商业街区做市场定位之前,只有充分了解本商业街所区能吸引到的现实购买者与潜在顾客群的数量规模,并分析周围已有的其他商业街区的定位及供给情况,才能做到市场定位的合理、准确。

(2)消费者性别、年龄结构

随着人们生活水平的日益提高,性别、年龄不同在消费中所体现出来的差异越来越明显,不同性别、年龄的消费者在购买力、消费心理及消费层次上的差异是很大的。一般来说,年轻人购物较容易冲动、攀比倾向强,购买商品注重的是外表、款式及时尚,在购买前所做的思考较少,同时由于年轻人的收入相对较低,对商品档次的追求无力过高;而中年人的消费心理较为成熟,对服装的需求量也比年轻人有所下降,对于商品更注重质量与品牌,持币待购现象比较普遍,有一定的购买潜力。

如果商业街区的产品设置多为年轻人追求、喜爱的商品,那么决策者应重点分析年轻人的消费心理及变化趋势;同样,如果商业街区内流动人口比重较大,决策者就应该在这一部分人口群体的消费需求上加以分析。同时,不同年龄段的人口,在耐用品消费上所体现的差异性更大。在城市中,20～24 岁的年轻人,大多还处于结婚的准备期,对耐用品的需求不高;25～29 岁的年轻人逐渐进入婚姻期,对耐用品的需求比例上升。中年人购买耐用品,大多是对商品的更新换代,所以非常注重商品的品质。

（3）消费者职业特征

不同职业的人所处的工作、生活环境及收入水平差异较大,这些个体差异也会对消费形成较大的差异。如果把从事不同职业活动的人按脑力劳动者和体力劳动者粗分为两大类,则脑力劳动者的想象力和联想力较丰富,审美意识较强,他们比较注重商业街区的外观造型、橱窗陈列、色彩搭配等,对产品更注重品牌和内在质量。此外,根据工作文化环境的不同分类,在外资企业工作的职员,工作节奏较快,自由支配的时间很少,所以他们购买商品的目的性较强,易出入固定的购买场所。

（4）消费者的文化程度构成

人们的市场需求随人口文化结构的变化而不断变化,文化素质较高的消费者对文化消费等发展资料消费及享受资料消费的市场需求相对较大,而文化程度构成较低的阶层,即使收入水平与知识分子阶层相当,其消费的重点也往往停留在吃、穿、住等生存资料消费。

对于一个城市而言,由于一些历史原因,城市中不同地理区域内的居民及工作者的文化层次不同,进而形成了消费的差异。决策者在做商业街区定位之前,应充分了解这一因素。

向心力分析是进行行业态结构、分布及经营状况分析,以及各种业态饱和度分析。根据主要顾客群的消费习惯,进行不同业态零售企业的聚集与饱和度对比分析;同种业态商店的聚集与饱和度分析;不同行业商业服务业的聚集与饱和度分析。

零售商店的饱和度通常用饱和指数来衡量。饱和指数通过潜在需求和实际供给的对比,来测量特定商业街区某类零售商店每平方米的潜在需求。其计算公式如下。

$$某类商品零售饱和指数 = \frac{购买某类商品的潜在客户 \times 最大顾客平均每周购买额}{某地区经营同类商品商店的营业总面积}$$

4.3.2 市场定位维度

根据商业街区所处地理位置、商业街区辐射范围、目标顾客的消费层次、购买能力和需求特征,以及周边地区商业布局和经营状况等,确立别具一格的市场定位。

1. 主题定位

随着经济发展,消费者的消费心理和行为都发生了转变,更加趋于对个性和情感的追求。所以独特的主题是主题商业街区的卖点,是吸引消费者的重要因素,是贯穿整个项目的灵魂。一个成功的主题定位是人们追求高品质的第一步,也是最为关键的一步。主题定位应根据消费者的需求,将主题商业街区有可能面对的市场划分为不同的群体,将市场进行细分,再根据细分市场的标准,选择具有潜力的目标市场,确定服务的主要消费者,以此作为主题定位的基础和参考。有了前期的分析和调研,可以融入策划者的创意想法,根据开发规模总体定位选择一个合适恰当的主题。它可能是一种文化的积淀,一种生活方式的积累,或是一种时尚元素的符号,一种感召力量的体现,无论是哪一种定位都最好与当地的文化风俗、社会风貌、生活习惯相联系,深刻挖掘地方特色的资源,使"主题"与消费者本身的需求相互融合渗透,这样才能塑造自己的特色。

2. 规模定位

商业街区的规模定位首先要考虑所在商圈的商业总量,如果在一个商业总量不大的商圈内规划大型项目,则项目建成后不能获得有力的支撑,则难以经营,造成有场无市的局面,给商业地产投资者和经营者带来较大的损失。

小规模商业街区在经营定位时一定要避免与大型商业设施等发生正面冲突,要做到专而精,一定要以自身的特色吸引消费者。大型商业街区也要有自身的特色,避免与商圈内、同一城市内其他商业项目重复,以独树一帜的特色来吸引顾客。

3. 业态定位

开发商在最初开发项目时,业态配比是否合适直接影响其未来的发展。什么样的业态适合进驻商业街区或商业中心,各种业态的数量如何确定,商场中一层摆什么,二层摆什么,都应遵循商业规律,避免资源浪费。

(1) 同业差异、异业互补

同业差异是指不能盲目招同一品类的店。例如,零售业态的核心主力店招商,不能同时招来两家基本上都是经营食品和日用品的大型超市;核心主力店同质化、无差异更是不能想象的。

异业互补的目的就是满足顾客消费的选择权,并能让顾客身心体验变化,提高其消费兴趣。例如,百货店和超市因为经营品项不同,可以互补;承担购物功能的零售店与顾客休息放松的餐饮店可以互补,等等。

(2) 商品多层次、购物无拘束

六大主力业态,聚集区域主要商业形态,强调以规模制胜,大型超市、精品百货、家用电器、家居用品、数码影院、餐饮娱乐等多业态互为补充,相互促进经营。全面满足区域居民综合消费需求,从日用品到精品百货,从运动休闲到品牌服饰、从针织用品到童装系列,强调一站式全体验购物理念。商业街区的综合定位和业态配比,体现多层次购物需求和多形式体验消费,实现从购物到娱乐到餐饮的消费过程,不同业态合理搭配。

4. 功能定位

功能定位是对产品核心层的纲领性总结,商业街区的功能定位一般采用归纳法。不同的业态有不同的功能,现代商业已不可能以传统单一的购物功能满足消费群、客户群的需要了。随着人们消费水平的提高,休闲、娱乐型购物消费已成为一种趋势。现代商业项目通常体现如下四大功能:购物、休闲、娱乐和服务。

为了满足目标商铺购买者、商铺经营者及最终消费者的需求,确定所建商业街区所要提供的功能。功能定位是满足目标客户需求的最基本方面,只有商业街区具有了目标商家和消费者所需要的功能,消费者的需求才有可能得到满足。但由于顾客对档次要求不同,功能也不一定能满足目标商家的需求。因此,功能定位要求准确与周到,一定要从消费者和商家的角度出发,不仅要发现他们的现实需求,还要挖掘潜在需求,在满足现实需求的基础上,尽量满足潜在需求,如此目标商家和消费者的满意度会大大提高。

5. 客户定位

商业街区面对多种类型的客户,他们的需求和期望是不同的,商业地产开发商必须首先明确所开发项目的客户是谁,才能够基于客户的需要来提供产品。

商业街区目标客户的选择是指对一条商业街区消费者主体的界定,也就是一条商业街区所能吸引到的、在商业街区内有消费意愿的消费群体。按照顾客的购买动机和购买行为及对商业街区贡献程度,可以把客户分为四种类型:核心客户群、重点客户群、游离客户群、偶得客户群(图 4-1)。

6. 风格定位

国内商业街区目前正处于高速发展期,"造街热"的浪潮从大型城市、省会城市已经波及地县级城市乃至乡镇。一个城市有 5 条左右的商业街、特色街已经较为普遍,有的城市甚至已经有 10 条以上的商业街、特色街。在商业街区同质化倾向严重的"千街一面"的发展阶段,建立和保持具有鲜明个性特征的形象显得尤为重要。商业街区风格定位就是利用商业街区某些方面的差异,在大众心目中塑造与众不同的、给人印象鲜明的个性或形象,从而能在大众心目中占有一个有利的位置,达到吸引并留住消费者的目的。

图 4-1　客户分类图

消费市场的需求有多元化、个性化、差异化及情感化的特性,在对商业街区的文化资源进行挖掘与有效整合后,分析资源(消费理念、消费方式、服务等级、文明程度等)主要能满足哪一类消费人群的情感需求;资源在哪些方面具有独特性、是其他商业街区难以模仿的;哪一类人群能认同并接受商业街区文化,产生情感导向并影响到其对消费场所的选择,从而确定商业街区的文化定位。

商业街区的文化定位受到多种因素的制约和影响,具有复杂性、多样性,讲究策略和方法,专业性强的特点。商业街区的文化定位是商业街区特色塑造的关键。

案例 4-1

无锡蠡湖一号商业街战略选择与定位

1. 无锡商业市场概况

2018 年,无锡当时有主要商圈 11 个,覆盖 46 条特色商业街,多数为自然形成;另外,无锡市近 5 年来城市居民的生活水平日渐提高,消费力逐日提升,居民生活属于富裕型,产生了对高层次精神文化消费的需要。可见,无锡的经济与商业发展现状有足够的空间供新项目发展。

2. 商业分析

目前,无锡的 46 条商业街综合与特色各占一半,综合街感觉杂乱,特色街没有主题,特色不足。商业街区的功能以餐饮、零售等传统行业占主导,休闲娱乐、文化类商业缺少。从

　　档次来看,以低档为主,高档商业缺乏。因此,目前的商业不足以满足无锡市民对高档休闲及高层次精神文化生活的需求,娱乐、文化类商业正是可以进入的空白点。

3. 地段价值

　　蠡湖新城成熟度不够,但知名度已经形成,周边度假村、疗养院众多,但商业、娱乐配套不够,难以满足游客度假休闲需求。从区位上看,这里是旅游人群必经之路,处于RBD辐射范围内,环境价值较高。

4. 战略选择与定位

（1）SWOT分析

优势（Strengths）	劣势（Weaknesses）
• 片区优势,蠡湖新城被重点规划 • 处于新城RBD辐射圈内 • 地块具有自然资源 • 交通便利 • 开发商有一定影响力 • 区域内启动的第一个商业项目	• 片区不够成熟、商业氛围不足 • 周边为交通要道,道路宽,不便通行 • 区域内启动的第一个商业项目,有一定风险性
机会（Opportunities）	威胁（Threats）
• 无锡经济发展快,居民生活水平提高 • 无锡旅游业增长较快 • 无锡现有商业缺少文化、休闲、娱乐类主题项目 • 无锡缺乏高档次商业项目	• 新城内旅游配套商业将逐渐形成 • 周边大盘自有配套商业

（2）SWOT分析总结

　　应抓住有利时机与市场空白,努力成为带动区域商业,引导区域商业的蠡湖标志性商业街区。

① 战略选择:做旅游商业区、社区商业、特色文化娱乐商业街的结合体。

② 商圈定位:蠡湖新城副中心级商业。

③ 项目功能定位:无锡首条水岸文化、娱乐、旅游休闲街。

④ 建筑风格定位:现代商业形态＋充满异域风情元素。

⑤ 客户定位:客户主要来源于周边新导入的高素质的社区业主,以及来蠡湖旅游度假的客源;蠡湖新城完全建成后,CBD区的商务和办公客源也是另一支主力军。客户群分类如下。

核心客户群:蠡湖新城高级住宅区的业主、来蠡湖旅游客源和度假客源。

每个商业街区都有自己的辐射范围,且该商业街区位于蠡湖新城旅游带末端,是旅游人群必经之路,周边虽然度假疗养院众多,但娱乐、商业配套不够,难以满足游客度假的休闲需求。因此,核心客户不仅是在蠡湖一号商业街周边有较高消费水平的业主,还包括旅游度假的客源,项目前期的营销推广应重点把握这部分人群。

重点客户群:蠡湖新城金融文化区域的商务客源和办公人群。

当时无锡的商业还是以餐饮、服饰等为主,分别在30％左右,休闲、文化类商业数量很少,总数只占一成不到,难以完全满足该片区内商务人员的高层次文化生活需要。

游离客户群:其他片区的社区人口和大学的学生。

相对于其他片区的居民和大学生而言,他们选择该商业街,但也会经常去其他不同的商业街进行消费。他们介于忠诚与不忠诚之间,是一个处于游离状态的客户群,也是商业街应通过营销策略而竭力留住的客户。

偶得客户群:来自市区的商务客源。

来自其他市区的商务人群,具有较高的休闲、文化需求,并且具有较高的消费能力,但属于该商业街边缘的消费群体,购买行为更多由其自身因素决定,因此,在营销推广方面需要更加有针对性。

4.4　商业街区的特色塑造

商业街区的生命力在于其与众不同的特色,正是这些特色构成了商业街区的核心竞争能力。商业街区的特色塑造包括对现有城市道路、两侧建筑及各种公共设施进行的全面整理和规划,使其更加整齐有序,特色鲜明。

一条商业街区空间的特色塑造,通常要与这座城市的历史文化遗存相关联,但又不能仅限于这些,空间特色的物化和显现必然要借助一定的物质载体。在城市不断发展变化的过程中,有些物质载体会因为经济利益或其他因素渐渐地消失,这时空间特色往往会被重塑和创造,特色虽然被重塑了,但其背后的文化意义和传承却不一定能够延续。在历史文化遗存保护方面我们要尽量做到最好,但同时对街道空间特色内涵的解读也不应该仅限于过去,而更应放眼未来,用发展的眼光创造出属于本时代的空间特色(图4-2)。

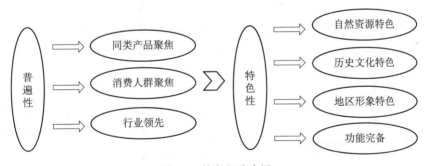

图 4-2　特色塑造内涵

4.4.1　商业街区特色塑造理论

1. 城市文化资本理论

"文化资本"是资本的一种形式,由法国人类学家和社会学家皮埃尔·布迪厄(Pierre Bourdieu)率先提出,他将资本划分为三种类型,包括经济资本、社会资本和文化资本。英国文化人类学家维特·威特·特纳将文化资本定义为"人们的生活习惯、态度、生活方式等与文化及文化相关活动的有形及无形资产"。他解析了文化资本的三种存在形式:精神层面的形态,如习惯、生活方式等;客观物质的形态,以文化商品的形式出现,如图像、书籍、艺术作品等,包括这些商品或者理论的具体体现、使用痕迹甚至是批判性评价等;最后是体制的形态,如一些特定的礼仪、规则等。

文化资本的理念肯定了文化及文化产物的功能性作用。在资本运作过程中,尽管文化资本不能像经济资本那样量化,但是却实现着与物质财富相同的作用,将文化资本的理念延伸到城市的建设中。例如,历史古迹、人文轶事、文化符号等,这些文化资源在人和环境的相互关系中,因其地域性、独一性,转化成为城市特色的文化资本。

文化资本理论与建筑学的交叉运用在凯文·林奇(Kevin Lynch)、阿摩斯·拉普卜特(Amos Rapoport)、挪威建筑理论家诺伯格·舒尔茨(Norberg-Schulz)等著作中都有相应的研究。基于此,我们可以总结出城市文化与城市商业街区之间相互影响、相互促进的关系,立足于城市文化资本的挖掘,探讨在体验经济下的今天,如何让商业街区体现城市文化的特色,以满足人们对文化特色的体验需求。

2. 体验理论

(1) 体验经济

体验经济最早被提及是在20世纪70年代,由著名未来学家阿尔文·托夫勒(Alvin Toffler)在《未来的冲击》一书中提出。而体验经济第一次被系统地阐述是在由美国麻省理工学院学者、《哈佛商业评论》撰稿人B. 约瑟夫·派恩(B. Joseph Pine)和西方另一位学者詹姆斯·H. 吉尔摩(James H. Gilmore)在1999年出版的《体验经济》中。

《体验经济》一书将人类经济史划分为四个阶段:从物品经济未加工时代,到商品经济时代,再到服务经济时代,而后人类就将进入体验经济时代。体验经济的基本含义是企业以服务为平台,以商品为道具,以消费者为中心,创造能够使消费者参与、值得消费者回忆的活动。其核心内容是将体验从服务中分离出来,成为一种经济提供物,即一种可供消费的商品。根据马斯洛的层级需求理论来理解,体验经济满足的是自我实现的需要。

图4-3 《体验经济》对体验的解析

体验包括四个基本类型:娱乐(entertainment)、教育(education)、逃避(escape)、审美(estheticism),简称为"4E"。它们互相兼容,形成独特的个人遭遇。通常,让人感觉最丰富的体验,往往是同时涵盖这四个方面,即处于这四种体验交叉的"甜蜜地带"(sweet spot)的体验,如图4-3所示。

① 娱乐体验

娱乐体验类似于审美体验,是体验活动中的消极方面;使用者获得愉悦的过程中,通常只是享受或者观赏商品或服务,他们并不亲自参与服务,而是对体验媒介产生难忘的反应。通过娱乐的方式,如何让消费者停留下来进行深层次的感知、交流,如何使体验更加有趣和令人欣赏,是娱乐体验设计的重点。

② 教育体验

教育体验是具有教育意义的体验,与逃避体验相同,在消费者积极参与的过程中被激发出来。教育体验设计的重点是吸引人们在对知识的接收和技能的探索中,让人全身心地投入,达到沉浸其中的状态。

③ 逃避现实体验

逃避现实体验需要在人们参与活动或商品购买的过程,并达到忘我的状态。设计的重点是创造轻松的条件让使用者参与进来,并激发他们动手去做的兴趣。

④ 审美体验

审美体验即使用者想要进入并且停留、流连忘返的内在感受。设计的重点是让整体环境更为舒适、自由,创造舒服自在的气氛。

（2）体验的特征

《体验经济》中对体验作了这样的解释:"体验事实上是当一个人达到情绪、体力、智力甚至是精神的某一特定水平时,他意识中所产生的美好感觉。"体验是体验经济实现的关键,它作为一个经济提供物,是"生产与消费合一"现象的表现。

① 体验是"个性化"的需求,结果是因人而异的

任何一种体验都是某个人本身心智状态与事件之间互动作用的结果。体验是个人的,是个人参与的所得。由于每个人的生活经历、文化背景、社会地位的差别,因此导致即使相同的体验场景下,个体的体验也会有所差异。

② 体验是一种客观的心理需求

在体验式消费中,个体消费产品,以获得一种体验,满足其个体的心理需求。每一次消费,都在一定程度上反映了消费者认可的价值、情感、经历。每一次消费,都是一次经验之旅,将强化或改变人们原有的消费行为。例如,父母带着孩子们到迪士尼世界,是为使家庭成员通过这个事件共同分享难忘而愉快的经历,是通过交流来体验家庭幸福的一个组成部分。尽管它是无形的,但大家都十分珍视它,因为在这次体验经历中,家庭成员都获得了增进家庭情感的价值诉求。

③ 体验是可以被激发的

体验深藏在人们的身体之中,但通过必要的手段使其激发并外在化,再针对其外在化的暴露点给以满足。比如,商家可以研究消费者对某一商品和商业行为的心理感受,掌握其规律,通过向人们提供适应其心理特点的产品和服务,诱导其产生积极的体验,引发其为价值付出的行为。

④ 体验是具有经济价值的

虽然目前体验还不能像产品和服务一样可以单独出售,直接给经济活动带来收益,但是它可以通过激发消费者和游览者游览动机和冲动性购买,间接地为企业带来收益。

⑤ 体验可以是真实的,也可以是虚拟的

无论是哪种体验,无论体验的对象是什么,无论体验的结果是什么,体验最终收获的是内心中各种情感,以及情感带给人的满足。因此,只要是你所感受的,必然是真实的,"没有人造体验这回事",只有"有体验"和"没有体验"之分,因此体验是可以虚拟的。

（3）体验媒介的类型

国外对体验媒介类型的研究较多,其中最有影响力的就是伯德·施密特的分类。他将营销人员为了达到体验式营销目标,所用来创造体验的工具称之为体验媒介。体验媒介在体验营销的过程中包括:沟通、视觉与口头的识别、产品呈现、共同建立品牌、空间环境、电子媒体与网站、人员。在伯德·施密特的体验营销理论基础上,布姆斯和比特纳在传统市场营销理论(产品、价格、促销、渠道)营销组合中,增加了三个服务性的"P",即人(People)、过程

(Process)、物质环境（Physical Environment）。体验媒介在建筑学层面的研究主要有库诺夫利用环境属性与活动等来检定游憩体验理论，提出对于户外游憩活动的使用者来说，体验媒介主要有地方、活动和社会环境，其中地方刺激即指由环境及设施刺激获得。国外学者艾利森·比霍综合了室外休闲需求层面的研究成果，提出体验媒介包括环境和活动的观点。

3. 环境心理与环境行为理论

环境—行为研究作为通用术语泛指这一领域的研究与实践，它研究的是环境与人的行为活动之间的相互关联和相互影响。人在具体环境中的各种行为特征，可以较为准确地反映其对所处环境的各种特质的要求，环境—行为研究已逐渐成为当今解决公共空间问题的基础理论之一。

环境—行为在商业街区研究中，杨·盖尔（1992）关于公共空间品质的理论获得广泛认可。"物质条件的改善导致了步行者数量成倍增加；户外逗留的时间相应延长；户外活动的内容也更加丰富。"人和活动的数量不能真正地反映出一个空间的活动水平，因为经验告诉我们，实际的活动和户外空间的生活同样也是一个户外逗留时间长短的问题。要诱发高质量的活动主要从两个方向进行引导：一是保证有更多的人使用公共空间；二是让人停留更长的时间。他的研究中，着重提出以使用者人数、逗留时间及参与的行为类型作为公共空间质量研究的重要标准。杨·盖尔在《交往与空间》中将公共空间中的户外活动划分为三个层次：必要性活动、自发性活动和社会性活动，每一种活动类型对于物质环境的要求都大不相同。

（1）必要性活动

必要性活动是指在日常生活中那些很少受到物质空间环境影响的必要参与的活动，在商业街区的研究中，人们的必要性活动主要包括购物、上班、办事、吃饭等。

（2）自发性活动

自发性活动是指那些需要人们有参与的意愿，对物质空间环境有一定要求，在气候适宜、场所有吸引力的地方才会发生的活动。在商业街区的研究中，主要指散步游玩、娱乐休闲等。

（3）社会性活动

社会性活动是指在公共空间中有赖于他人参与的各种活动，包括儿童游戏、互相打招呼、交谈、各类公共活动，以及最广泛的社会活动——被动式接触，即仅以视听来感受他人。这类活动通常发生在人们逗留、流连于街头巷里时，是人们与他人沟通交流的基础。社会性活动在街道空间中是最难得的活动类型，它也是步行商业街区产生体验式活动和感受的起点。在商业街区的研究中，社会性活动主要包括喝茶聊天、儿童游戏等。

4.4.2　商业街区特色塑造的基础

1. 高度的产业聚集

特色商业街区发展中，产业集聚与城市各区域产业结构、产业发展导向密切相关，主要依托于区域传统优势产业和本地重点新兴产业的发展。

2. 丰富的文化底蕴

特色商业街区的建筑形态、街景风貌、店铺布置、商品展销等要素的特色主要依托于当地的传统历史文化和商业文化。特色商业街区传承着城市的历史文化、商业文化、产业文化、民俗文化，无论是传统历史名街的商业改造还是现代新型特色商业街区的建设，文化作为软实力的象征都应渗透到每一条街区的外部空间之中。

如今，现代城市文化也成为特色商业街区的文化载体之一。将特色商业街区建设与城市形象建设相结合，与城市文化创意产业发展相结合，成为许多城市塑造创意文化街的基础。

3. 多样化的休闲旅游需求

特色商业街区功能越来越多元化，源于当地经济发展之下人们消费观念的转变：由原来的以衣食消费为主的生存型消费向追求生活质量的享受型消费转变，更注重休闲、养生、购物等方面的消费。由此，商贸型特色商业街区开始注重休闲游憩功能的提升，以商贸之外的特殊休闲型需求为主导的特色商业街区也得到发展，如餐饮、休闲、游乐等。

特色商业街区的功能具有明显的多元化特征，除了传统的商业功能外，还涵盖旅游、娱乐、休闲、餐饮、商务、交流、居住等多种功能。不同类型的街区功能侧重各有不同，基于特征影响下的特色机理形成可以概括为：产业集聚基础、文化内涵依托、游憩功能推力。

4.4.3　特色商业街区的主导类型

特色商业街区主要通过经营模式、主导功能、交通限制、规模等级等来进行划分，可分为以下三个大类。

1. 商贸特色型街区

这类街区商品贸易高度聚集并已形成一定经济与社会区域影响的街市空间，休闲设施配套齐全，以购物为其主要功能，可同时满足居民购物与休闲的双重需求，是较为大型或专业化的商品交易市场。这类街区商品集中丰富，选择面广，对一个城市的商业消费发挥着重要的聚合力，其中规模较大的称作中心商务区。如北京王府井大街、杭州湖滨旅游商贸特色街区。

2. 文化特色型街区

这类街区是城市传统历史、地方文化或地域民俗的展示窗口，具有一定文化底蕴、历史积淀，维系着"城市文脉"，突出显示城市文化特色的街市空间。厚重的历史文化底蕴是此类特色街区的个性和品牌，街区不仅是消费场所，也是重要的旅游景点。如杭州清河坊历史文化特色街区、成都宽窄巷子历史文化街区。

3. 产业特色型街区

这类街区聚集某一类型的产业商家，除服务、零售或批发功能外，还具有产业信息发布与产业创新创业、附属旅游等功能,是城市特色产业的展示空间。如杭州四季青服饰特色街区。

4.4.4　商业街区特色塑造的构成要素

城市风貌是由组成城市的各个景观相互促进、相互协调、共同作用所呈现的整体效果。城市风貌作为城市的线性景观的街区环境,是连接体现城市特色的各个部分的纽带,城市的特色由这些组成部分的共同特色决定。一条街区的特色也同样需要组成街区的各个部分共同作用,部分的完善和美观,是整体街区美观的前提。因此,对商业街区特色的塑造要针对构成街区的每一个部分具体分析。

1. 建筑风格

建筑是展现街区特色的重要载体,商业街区的设计必须考虑到街区整体风格的一致性,追求多样化、个性化的同时,不丧失对其整体的把握。例如,"修旧如旧""似曾相识""和而不同"都是从建筑层面把握街区场景塑造的设计手法。因此,通过对不同尺度商业街区内人的视觉感知的研究,设计者应该思考如何使人通过视觉感知街区场景特征,以激发审美体验。通常所选取的创意方式主要有:历史商业街区选择保留部分旧有建筑风格和特色,融入现代创新元素,形成对比效果的建筑外观,既突出历史特征,又带有时尚气息;现代商业街区运用夸张的元素符号,用新技术、新理念、新造型引领商业建筑的前沿;创新商业街区通过绚丽的色彩和独特的质感、纹理,使建筑物具有丰富的形象和强烈的感染力。

现代商业街区建筑风格特色的表达则多种多样,建筑造型可以通过扭曲、夸张、变形、倒置等处理手法,追求梦幻、暧昧、模糊的个性审美效果;建筑表皮或者采用五颜六色的玻璃、砾石及各种装饰,让人仿佛置身环境之中,或者采用不规则齿孔状锌板镶入各种颜色半透明玻璃,达到室内室外相互透视融合的效果。充分运用各种创新手法,让消费者感受别具一格的特色风情,为商业街区带来持续的生命力。

2. 绿化

街道绿化是城市建设的基础设施工程之一,科学合理地设置街道绿化可以调节城市生态环境,提升城市居民的生活质量。研究表明,城市街道绿地对于调节城市环境的温度、湿度、风力、噪声、气体组成与含量、光照强度、大气尘埃、空气离子状况具有明显的生态调节作用。同时,街道绿地还可以调节城市小气候环境,改善城市生态环境,提高城市生活空间的质量。

3. 街道设施

街道设施是指街道上用于室外活动的、开放的、可感知的设施,具体指街区内的公共绿地、道路、广场和休憩空间设施等。

（1）地面设施

道路和地面设施的关系密切,地面设施是道路外在形式的表达,在地面设施的处理上应当充分考虑空间的大小、环境的动静,地面高差和铺装的质感。卢原义信在《街道的美学》一书中将户外为行人的空间大致分为运动空间和停滞空间。

运动空间最主要的特点就是街道断面多呈狭窄的长矩形,人流量大,在运动空间中的地面设施首先要考虑的就是耐磨度和防滑性,在选材上注意考虑材料的颜色和周围环境的协调融合,并且通过铺装纹理形式体现该区域的空间流向感,达到作为导向标识的指向性作用。

停滞空间由于步行速度缓慢、视点较低,人们对于近距离尺度及正常视野内的空间、设施的尺度、色彩、材料等感觉都比较敏感,特别是限定街道空间的主要元素地面,占据了视野中相当大的面积。通过选用不同材质或通过不同色彩将空间区分开的地面铺装设计,在色彩上以暖色调为主,以达到和周边环境更好的融合效果。

（2）信息设施

信息设施在城市环境中扮演着重要角色,其特有的传播方式,起到至关重要的传播媒介和信息媒介作用,它包括广告牌、指示牌、标志等。好的信息设施不仅能够起到传播信息的作用,更能为城市增添气氛。信息设施在设置的过程中需要注重比例、尺度色彩、肌理、材料等纯形态的要素,还要结合位置、空间、视觉等环境要素。

广告的设置和布局可以反映城市的经济社会和文化水平。有序地管理广告空间,使广告的特性为空间环境增色,防止其任意蔓延给城市景观带来的不良影响,确保城市各空间领域的环境特性。广告的具体设计应从外观的色彩、体量、尺度和空间形式上加以考究。

（3）服务设施

电话亭、候车亭、垃圾箱、座椅、栏杆等街头设施是方便市民的街头活动及丰富街道景观的重要元素,被称为"街道家具"。商业街区的这些街头设施布置上要具体考虑到色彩、造型及相互搭配,应当根据所在区域及周边建筑的规划情况统一设计,从城市景观角度对这些设施的设置提出具体要求。根据空间环境的不同,通过天然材质使座椅与环境空间达到更好的融合,并且根据环境的需要变化座椅的造型,通过与周边环境的结合丰富空间,成为放置空间的景观内容。

（4）照明设施

作为公共设施的组成部分,照明设施涵盖的种类繁多,可以分为路灯、广场灯、建筑景观照明灯、喷泉水池灯、霓虹灯等。

4. 景观环境

主题商业街区的特色化塑造可以通过充分运用艺术创新的设计手法将主题元素进行物化融合,再充分运用物质空间的环境要素来表达意识形态上的精神内涵。好的景观设计往往取决于细节,招牌、灯箱、座椅、指示牌、水体等景观小品和城市家具的细节元素运用,这些微小的细节都可以展现城市商业街区的特色,也决定着商业街区的气氛形成,这些元素是商业街区与人接触的界面,是展现品质的细节之处,是街区环境的表现体,也是街区文化品质的传达物。

具有特色的景观环境是以人性化设计为基础的,这就要求空间在满足传统需求的经济使用目的外,还要具有一定的个性和审美。这里的美不单单是那种简单的形式美、形态美,而是要符合街区整体布局,具有艺术性,体现街区文化和品质的灵魂美。绿化、水体、雕塑、小品等任何一个街区元素,都可能会直接改变空间的整体氛围和人们的感受。只有将这些丰富的景观元素有机地整合,合理地配置和规划,才能突显出街区自己的个性和特色。

5. 商业活动

杨·盖尔曾在《交往与空间》艺术中表明建筑室外空间的活动主要分为必要性活动、自发性活动和社会性活动三种,商业街区作为城市主要的室外公共生活空间,三者通常表现为消费者购物、游憩、休息及商家根据顾客需求进行促销、宣传等商业活动和社会活动。这些活动体现在主题商业街区中,主要是政府的公共活动、商家的促销活动及人与人之间的交往活动等,它们共同组成了其特色的空间环境。

作为新一代商业业态的特色商业街区,以巧妙的方式将各种活动融为一体,再赋予一定的主题色彩,充分利用和发挥广场、表演舞台等既有资源,将创新的想法、盈利的需求与消费市场相结合,并进行组装和改造,合力产生新的主题活动来体现其特色之处。

商业街区提供的不仅是一个购物场所,更为人们的社会交往、信息传达和文化传统的表现塑造了一个特色环境。在精心营造的商业空间里,多种商业经营、主题活动、艺术展示和演出结合在一起,不仅丰富了商业空间组织,还可创造出有城市地方特色的行为空间艺术与商业文化。

6. 场所体验

场所精神是指每一个独立的本体都有自己的灵魂,这种灵魂赋予任何场所以生命,它是空间精神层面上的"守护神",与物质空间、主题活动紧密融合在一起,以形成惬意的环境与氛围。特色商业街区本质是城市生活的中心场所,是人们重要的公共空间,其场所精神的实质是一种城市生活方式,是以令人满意的方式满足人们的不同行为需求。个性的场所体验是特色商业街区追求的设计目标,是衡量其品质高低的一个重要指标,是商业文化、地域文化的集中体现,也是其生命力的灵魂。

(1)视觉体验

视觉体验是人们游览主题商业街区空间最直观的感受,场所中的特色建筑、新颖的标志标牌、美丽的自然景观都会给人们留下深刻的印象,人们行走在其中形成自己的认知感和场所感。同时,自然的色彩与人工的色彩也会产生相互作用,自然色使人感到愉悦的感觉,建筑、景观等构筑物在色相和亮度上应尽量协调,在塑造上应重点考虑。对街道色彩的规划我们应该把握这样一条原则:总体色彩遵循城市色彩,局部色彩追求差异。

(2)听觉体验

声音可分为自然之声和人造之声,它是仅次于视觉感受的第二大感知功能,其进一步加强了人们对空间的体验和理解。声音可穿透久远的时间间隔,其具有超越视觉空间的唤醒功能,它的存在也是持久的。举行音乐表演等类似的活动,可增加人们的聚集效果,往往使人们印象更加深刻,特色更加鲜明。

(3)亲身实践体验

人是空间活动的主体,它与空间的接触往往形成最好的效果,创意且具有特色的活动对于主题商业街区空间而言是一笔宝贵的财富,活动的策划者、举办者和参与者都是此次活动的赢家。但是,创意的活动需要有足够的空间和场地,又要符合城市特色的主题,同时应加强管理,送样才能保证不起反作用,不会带来空间拥挤,产生较好的效果。

7. 特色经营

特色的经营理念是从战略的高度、城市的角度和产业的维度进行更新和创造,市场在其中起到举足轻重的作用。特色经营理念需要配合知识化的管理方式才能起到事半功倍的效果,传统的经验式管理并不适合特色商业街区这一新鲜事物,只能起到一定的参考和借鉴,不能以此作为主要的管理方式。而知识化管理可以促进知识共享、鼓励知识创新、实现知识增值,从而提高企业的核心竞争力,与特色商业街区这种一体化开发和管理的新兴产业十分契合。

实施特色的经营理念,可以充分满足人们对生活品质越来越高的需求,因此自然而然地成为特色商业街区软环境建设的主要方向。

4.4.5　商业街区特色形成的政府决策

1. 保持理性的建设政策

在体验经济时代背景下,商业街区的竞争力主要来自商业街区自身的特色。因此,控制商业街区数量,减少街区间特色的重复,维持街区间的平衡,是保持商业街区竞争力的有效办法。政府应该充分发挥其宏观调控的作用,优化商业资源配置,提高商业组织化程度,在城市空间布局上合理规划,克服商业街区建设和发展中的随意性和盲目性。

2. 政府的特事特办

体验经济具有强烈的个性化的特征。因此,在体验经济的背景下,对城市商业街区更新的政府决策、管理也应强调个性化,不能拘泥于成规。例如,对杭州商业旧区更新的有关事项审批中,就实现了政府部门打破常规,特事特办,促进了各商业街区更新工作的顺利展开。同样,对商业街区的管理也强调特色化。

3. 专门组织及政策的保障

对于商业街区的建设和发展,必须坚持"政府引导、协会配合、企业为主、市场运作"的原则。政府充分发挥规划布局、政策支持、建设管理、优化环境、提供服务、督促检查等方面的主导作用;要扩大商业街区建设资金的筹措途径,通过市场化运作,多渠道筹集建设资金,争取各方面的财力支持;组织对商业街区建设给予配合,鼓励国内外有实力的商业地产开发商和商业企业积极参与商业街区建设,为商业街区特色塑造更新提供组织上的保障。

第5章

商业街区的品牌打造

5.1 商业街区品牌打造的现状及重要性

品牌打造是指通过一整套科学的方法,从品牌的基础入手,对品牌的成长、飞跃、管理、扩张、保护等进行流程化、系统化、科学的运作,使之发展成为名牌的过程。商业街区的品牌打造则是对商业街区内所有元素的规划和管理,形成一个统一的品牌和形象。品牌打造对商业街区的建设和发展而言是具有重大意义的。

5.1.1 品牌打造的现状

1. 商业街区品牌打造现状

商业街区是由众多商店、餐饮店、服务店等共同组成,按一定结构比例、规律排列的商业街道,商业街区是城市商业的缩影和精华,是一种多功能、多业态的商业集合体。

20世纪80年代开始,西方发达国家的商业街区已经在交通上开始注重人车分流,在环境上注重创造属于人们的公共空间,在设计上增添了竖向交通网络,在体验上增加了趣味活动场所。随着这种设计浪潮发展至今,现在的西方商业街区不仅仅是人们购物的场所,也是人们公共交往的空间,既承载着商业、餐饮、休闲、娱乐、文化于一体的多功能活动职责,又满足人与人之间交往的需求,是真正的"城市消费者的天堂"。

我国商业街区的大规模建设始于改革开放后经济的迅速发展,街区建设成为促进我国城市发展的有效途径。随着国民经济的迅速发展和人民生活水平的不断提高,商业街区的发展已成为城市建设、规划的重要内容。在转变产业结构、提高城市品位、促进经济发展的需求背景下,商业街区在城市,特别是在大城市中的地位日益显著,成为重要的"城市窗口"和"城市名片",也是发展现代服务业的重要支撑及招商引资、培育新经济增长点的集聚地和重要载体,是城市商业发展、城市风貌和城市综合竞争力的代表。我国比较成功的商业街区主要包括:具有老北京特色的王府井商业步行街、具有西湖风景的杭州湖滨步行街,以及具有浓厚海派风情的上海南京东路,等等。

在消费水平提高和消费趋势逐渐向更高层次演进的背景下,商业街区的建设和发展日益步入了如火如荼的新时期。以往单靠规模、产品、优惠、基础设施等的差异化吸引顾客的策略已收效甚微。因此,商业街区不断寻求更长远、更行之有效的发展战略。如今消费者在购物过程中已不仅仅看重产品和服务的质量、价格和功能等基本属性,他们更加注重品牌消费,追求购物过程中的娱乐性、舒适性、休闲性,以及购物行为所能体现的生活品位、个性特征及身份象征等精神层面的享受。商业街区品牌形象是消费者对其总体的感知,同时也是传达给消费者进行消费决策的重要信息。大量的理论研究和实践均已证明,一个品牌若缺少消费者认可的形象,则此品牌便很容易被消费者所遗忘,难以在消费者心目中形成真正持久的生命力。在购物行为休闲化发展的趋势下,消费者对商业街区品牌的感知结果对于消费者的购买意愿、消费体验和品牌忠诚等均有重大的影响,因而商业街区在发展的过程中也在不断地注重品牌的培育和打造。

2. 存在的主要问题

由于我国的大多数城市的商业街区建设起步较晚,品牌打造的经验不足,各地发展不平衡,商业街区的建设并不是一帆风顺的,出现了较多问题。

(1) 定位不够清晰,同质化现象严重

随着商业街区的快速建设和发展,如今的商业街区面临着同质化、千篇一律的尴尬局面。每一座大中城市都有几条代表城市风貌的商业街区,但行走过很多城市的人往往都会有同一个感受,这些商业街区从规划到设计,都给人一种似曾相识的感觉。许多商业街区没有重视对自身的品牌定位,只是一味地模仿已经取得成功的商业街区的模式,导致消费者逐渐产生了"消费疲惫"。场景的复制使得地方优势和差异逐渐消失,重复的商品品牌使得主题逐渐模糊。商业街建设盲目跟风的做法,无法构建独有的、特别的、差别化的定位。虽然近几年的主题商业街区在一定程度上打破了同质化怪圈,还是存在缺乏明确的品牌定位、没有围绕核心竞争力进行相应的设计和规划等问题。这使得消费者在短暂的新鲜感过后,便不再与商业街区形成消费黏性。

(2) 缺乏品牌管理意识,规划和布局不合理

由于缺乏整体的品牌意识、有效的运作模式和经营思路,许多商业街区无论是在品牌效应、知名度还是在区域辐射力、吸引力上,都无法取得较大的成果。商业街区是顾客购物体验形成的重要场所,其整体的品牌形象是其影响力和吸引力的重要构成部分,良好的品牌形象有利于商业街区人气的聚集和购买量的增长。但是很少有明确的主体来负责商业街区内总体的业态结构设计、功能布局、形象宣传和推广、商业气氛的营造这一系列问题,导致商业街区缺少统一的定位、营销和服务,从而整体的规划和布局难以达成一致,难以在消费者心目中留下深刻的印象。缺乏品牌形象造成商业街区吸引力的下降和顾客的流失,让商业街区丧失竞争力。时下许多商业街、购物区出现"有店无市""有人流无客流"的现象便是直接的结果。

(3) 业态结构不协调,品牌内涵过于单薄

目前商业街区的业态形式仍以购物、餐饮、娱乐三大功能为主,出现明显的"三足鼎立"局面,而休闲、文化、旅游、生态等新型的业态形式较少。业态结构的不协调导致商业街区业态的种类、品牌、层次重复度高,无法满足消费者多方面的需求。相得益彰的业态组合不仅可以促使整个商业街区的功能达到"1+1>2"的效果,同时还可以提升商业街区的整体形象。除了业态结构,商业街区的发展和建设还离不开对于特色或文化等品牌内涵的挖掘。

特色风格及文化性的缺失是现在商业街区开发过程中最常遇见的问题之一。没有独树一帜的风格和丰满的文化底蕴,商业街区难以与竞争对手形成差异化,难以产生高附加值,难以持续吸引消费者并形成品牌忠诚。

（4）品牌体验缺失

体验时代的到来,使得人们休闲娱乐不再满足于静态的观看,而是注重参与性和亲历性,并从中获得愉悦感。休闲文化产品消费并非只是纯粹的物质性产品,同时也包括了"消费同时产生体验"的整个消费过程。品牌体验可以实现品牌与消费者之间面对面的交流,通过消费者的感知在其心目中建立品牌形象。就商业街区来说,休闲消费本身具有体验性,因此其体验性一方面在于购买商品或服务时获得的体验性,如在酒吧街体验红酒消费;另一方面也在于游览街道,感受街区文化时的体验性,如在南京 1912 街区感受民国文化。目前大多数商业街区在开发过程中,没有真正做到从消费者的角度出发,开发出具有体验性,能够让消费者参与其中并获得精神愉悦的产品。

5.1.2　品牌打造的重要性

1. 有利于消费者进行识别

品牌可以帮助消费者辨认出产品的制造商、产地等基本要素,从而区别于同类产品。商业街区的品牌打造与之类似,能让消费者识别出每一条商业街区独特的风格和功能组合,在众多同质化的商业街区中脱颖而出,从而提升商业街区的吸引力和市场占有率等经营优势。

2. 有利于减少消费者购买风险,降低购买成本

消费者在消费过程中可能遇到产品功能、财务、时间等方面的风险,这些风险会导致消费者倾向于选择知名度高、信誉好的品牌。当商业街区形成自己整体的品牌后,消费者往往会认为其购买的风险会降低,从而增加购买意愿。同时品牌可以帮助消费者迅速找到所需要的产品,减少其在搜寻过程中所花费的时间和精力。商业街区品牌的打造能吸引对其有需求的消费者,并慕名前来。

3. 有利于树立个性化的品牌形象

对于商业街区来说,品牌作为一种无形的资产,代表着商业街区的形象,是街区发展的重要方面。品牌有利于塑造商业街区的形象,提高商业街区的知名度,并使消费者、社会媒体等受众对商业街区产生良好的印象,从而为商业街区的发展和品牌延伸打下坚实的基础。品牌就是要通过差异化的定位,在用户心目中树立起自己独特个性的形象。在同质化竞争激烈的商业街区市场,差异化更显其重要性。商业街区要通过细分市场,结合自身的实际情况和优势,找到最适合自己的品牌定位,并通过各种运营和推广手段,在用户心智中建立起自己个性化的形象。这样才能从激烈的同质化竞争中跳出来,更容易被消费者关注并记住。

4. 有利于形成竞争优势

竞争者可以抄袭商业街区的模式和布局,但品牌的个性和形象等却难以模仿。从认知心理学角度来讲,消费者对某种功能利益的联想,通常是与特定的产品品牌相联系的。如果

竞争者品牌生成在该领域具备同等或更高的优势,则会引起消费者的怀疑。对于新进入者来说,如果想在消费者知晓、认同方面获得一席之地,势必需要更多的投入。因此,从这个意义上来说,品牌实际上是商业街区获得竞争优势的一种有力手段。

5. 有利于与消费者建立长期关系

品牌对消费者而言就是一种责任,一种承诺,这是以品牌提供的价值、利益、特征为基础的。对于消费者而言,商业街区品牌就是为他们提供稳定优质的产品和服务的保障,以满足消费者的需求与欲望,消费者则用长期重复的购买和消费者来回报品牌方。

5.1.3 品牌打造的原则和流程

1. 原则

打造商业街区品牌是一项艰巨的工程,必须采用多学科、多角度、多层次的方法,通过商业街区内多部门联合运作,深入研究市场态势和消费者需求,在科学的原则指导下开展。其原则包括以下几个方面。

(1)科学性原则

品牌的打造不是盲目的,只有用科学的方法、程序才可能成功。比如,打造商业街区品牌应注重市场调研,了解消费者,了解品牌树立的对象,并及时反馈。

(2)个性原则

每个品牌,每个商业街区都有其不同的情况、要求,比如商业街区的人员素质、目标消费者、规模实力、社会声誉等不尽相同,品牌的外形、内涵、气质、个性等也不会一样。在这种条件下,就要求品牌打造者能具体问题具体分析,走出适合品牌的、个性化的道路。

(3)全面性原则

品牌打造涉及商业街区、广告公司、媒介、竞争对手、政府、消费者、其他社会公众、商业街区合作者等,打造品牌时应充分考虑到各种关系的涉及者,综合衡量,其中最主要的是商业街区及合作者、媒介、竞争对手、消费者。

(4)持之以恒的原则

品牌的培育绝不是权宜之计,品牌的打造也不是一蹴而就的。商业街区品牌的塑造是一项艰巨而复杂的系统工程,需要商业街区建设各部门长期不懈地努力。为此,品牌打造的工作人员及商业街区经营者必须树立全局观念,从长远考虑,统筹安排,有计划地坚持不懈地进行。

2. 流程

商业街区的品牌打造是个长久的过程,如果方法不当,纵使打造的时间再长,也难以成就知名的商业街区品牌。在借鉴品牌打造的相关理论、商业街区品牌打造的实际情况和经验的基础上,商业街区品牌打造可以采取"四步走"的路径,即品牌定位、品牌建设、品牌传播和品牌价值持续管理。

品牌定位始终是品牌打造的第一步。正所谓"知彼知己,百战不殆",只有足够了解商业街区整体发展趋势、竞争对手的情况及消费者的需求,才能明确商业街区的目标市场和消费群体,以此对商业街区的核心业务和功能、环境和布局等进行规划,从而形成竞争优势。

品牌建设是在明确品牌发展方向的基础上进一步挖掘品牌的差异化价值的过程。打造品牌并不仅仅是提高品牌知名度,更是全方位地、扎实地从品牌基础的各个方面入手。首先,质量与服务永远是品牌建设的核心。其次,可以通过品牌识别、品牌创新、品牌延伸等方式不断地提升商业街区产品和服务所代表的品牌内涵,树立其独特的品牌形象。

品牌传播是品牌打造的关键环节,成功的品牌打造借助于品牌传播。通过品牌传播,不但可以使品牌为广大消费者和社会公众所认知,还有助于品牌成为强势品牌。同时,品牌通过有效传播,还可以实现品牌与目标市场的有效对接,为品牌及产品占领市场、拓展市场奠定宣传基础。商业街区可以根据自身的特色,采取适合的品牌传播手段,从而进一步提高曝光率和知名度,以赢得消费者的关注和认同。

品牌价值持续管理在如今的商业环境中变得尤为重要。过去的品牌,只要完成"购买"程序后便忽视其后的售后环节。消费者用得怎么样,购买后有什么问题等,这些问题并没有得到品牌商的关注。但随着信息传递与沟通的普及性,消费者购买后的体验与售后变得越来越重要。因为品牌被购买后,消费者会去传播,这个传播会直接或间接影响其他消费者的购买决策。商业街区需要考虑通过何种方式来维系与消费者之间的关系,并让消费者形成客户忠诚和向他人推荐的行为。

5.2 商业街区的品牌定位

品牌定位是品牌打造的前提,对商业街区建设和发展起着导航的作用。成功的品牌定位,能够在消费者心中树立鲜明的、独特的品牌个性与形象,为建立品牌竞争优势打下坚实的基础。如若不能有效地对品牌进行定位,必然会使自身淹没在众多产品、服务雷同的商业街区当中。因此品牌定位是商业街区品牌经营成功的关键,是品牌建设的基础,在品牌打造过程中有着不可估量的作用。

5.2.1 品牌定位的内涵

最早提出定位观念的是两位广告人艾·里斯(AL Ries)和杰克·特劳特(Jack Trout)。1969 年,两人在《产业行销杂志》(*Industrial Marketing Magazine*)发表的一篇题为《定位是人们在今日模仿主义市场所玩的竞赛》的文章中首次使用了"定位"一词。他们关于定位的核心思想是,定位不在产品本身,而在消费者的心智。他们指出,定位从产品开始,可以是一件商品、一项服务、一家公司、一个机构,甚至一个人,也可能是你自己。里斯和特劳特认为,定位并不是要对你的产品做什么事,而是要对潜在顾客的心智下功夫,也就是把产品定位在你未来的顾客心中。

随着市场的发展和品牌研究的深入,众多学者对品牌定位进行了新的定义。品牌定位是指"设计公司的产品及形象,从而在目标顾客的印象中占据独特的价值地位"。顾名思义,定位就是在顾客群的心智或者细分市场中找到合适的位置,从而使顾客能以合适的、理想的方式联想起某种产品或者服务。品牌定位就是确定本品牌在顾客印象中的最佳位置(相对于竞争对手在顾客印象中的位置),以实现公司潜在利益的最大化。

商业街区的品牌定位也是如此,需要明确目标市场和消费者,在消费者心目中建立与竞争者的差异点和优势地位,以实现商业街区建设和发展的目标。

5.2.2　品牌定位的意义

1. 提高品牌传播效率

在科特勒的营销管理框架中,营销战略部分的核心内容是STP战略,即市场细分、目标市场选择、市场定位。在确定品牌的定位之前,首先要确定目标市场。有了目标市场,商业街区的管理者才知道向谁传播、传播什么、采用什么方式进行传播。除了目标市场的确定,定位本质上也是对品牌卖点的确定。有了明确的卖点,商业街区的管理者就能很好地把各种传播手段有效地整合在一起。

2. 凸显品牌的差异化

差异化是在同质化时代能够竞争制胜的法宝。为了给商业街区品牌找到一个最有利的定位,管理者需要分析竞争者的诉求点,根据竞争者的空白点来找到本品牌的切入点。所以,一个好的定位需要体现出一个差异化的诉求。有些差异化的诉求是竞争者所没有的,还有些差异化诉求并非品牌所独有,但是竞争者没有说,于是第一个提出的品牌就独享了这一卖点。

3. 为消费者提供明确的购买理由

差异化并不是商业街区品牌竞争成功的充分条件,光是与众不同并不足以让消费者购买,因为消费者需要的是满足他们需求的东西。品牌定位是在消费者心智当中找到一个能打动消费者的位置,从而为消费者提供一个明确的购买理由。

5.2.3　品牌定位的原则

为了保证商业街区品牌传播的成功,品牌定位必须遵从以下几个原则。

1. 心智主导原则

无论是为一个已有产品还是潜在产品定位,商业街区管理者都是在目标消费者的心智当中建立位置。一个已有产品往往不需要做任何改变,就会因为消费者的认知改变而得到完全不同的崭新产品形象。

2. 差异化原则

品牌定位的本质是差异性。如果不能形成差异性,商业街区品牌将无法从竞争品牌当中脱颖而出。在定位过程中,一个很容易走入的误区是紧跟竞争者的步伐,追逐行业发展浪潮。过于雷同的定位会令消费者无所适从,无法突出自身特点。

3. 稳定性原则

除非是原定位不合时宜,否则品牌定位不要随意更改。为了在消费者心智中打上商业街区品牌的烙印,管理者必须持之以恒地将品牌定位传递出去。即使随着时间的推移,品牌的确需要做一些外在的部分调整了,其内涵也仍应该反映原来的品牌定位。

4. 简明性原则

很多商业街区的管理者想当然地认为品牌的卖点越多,吸引力就越大,消费者就越会购买。殊不知,喜欢简单的信息是消费者心智的一大特征。在大量品牌信息充斥消费者脑海的时候,唯有简明清晰的定位才能使品牌脱颖而出。简单明了的品牌定位有助于消费者的接收、记忆和传播。

5.2.4　品牌定位的过程

品牌定位的过程是一个为品牌在消费者心中确定独特位置的过程。结合商业街区品牌打造的需要和特征,其品牌定位过程包括以下几个步骤(图 5-1)。

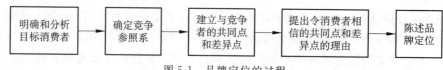

图 5-1　品牌定位的过程

1. 明确和分析目标消费者

根据科特勒的 STP 战略理论,在对品牌进行定位之前,首先必须对商业街区的市场进行细分,然后选择适合本商业街区品牌发展的目标市场。消费品市场细分的基础有地理、人口、心理、行为等,工业品市场细分的基础有产品性质、购买条件、地理因素等。在结束市场细分之后,商业街区需要根据市场的吸引力,以及自身的资源、能力和发展目标来选择其中一个或几个细分市场作为目标市场。

2. 确定竞争参照系

当竞争品牌不多的时候,每个品牌各占据一个细分市场,彼此之间没有冲突,整个市场呈现相安无事的格局。从某种意义上来说,各品牌之间并未形成竞争关系。但现在商业街区市场中聚集了大量竞争品牌,彼此的目标市场之间出现重叠,从而加大了竞争的激烈程度。为了使自己的定位避开激烈的竞争,管理者首先需要分析竞争者目前在消费者头脑中所处的位置,以找到自己品牌定位时的参照系。

一般来说,一个品牌的竞争者应当是同行业的另一个品牌,如可口可乐的竞争者是百事可乐,但实际上,竞争的参照系可以有两种:一种是以产品类别作为参照系,一种是以竞争品牌作为参照系。把产品类别作为参照系是一种比较新的品牌定位思路,其目的通常是希望创造出一个新的产品类别,然后把自己的品牌定位为该品类的代表品牌。

在选择某个产品类别作为竞争参照系的时候,需要考虑以下几个问题。①该产品类别是否存在问题?②该产品类别是否可以分化?如果原有品类存在问题或者可以进一步分化,那么完全可以把原有品类作为参照系,推出新的品类,从而使自己成为新品类的第一品牌。

在决定把哪一些品牌作为竞争品牌的时候,需要考虑以下几个问题。①竞争品牌是否跟本品牌处于同一个价格档次？不是同一个价格档次的品牌没有参照的必要。②竞争品牌是否与本品牌服务于同一个细分市场？不在同一个细分市场的品牌没有参照的必要。

3. 建立与竞争者的共同点和差异点

建立与竞争者的共同点有两个目的：①帮助本品牌跻身于与各大竞争品牌同档次的产品类别之中；②帮助本品牌具备竞争品牌的卖点，而且要更胜一筹。既然竞争品牌为某目标市场确定了一个定位，说明其选择的目标市场规模大、定位有吸引力。所以，模仿竞争者的定位也能获得很好的发展机会。只不过在竞争者的定位点上，本商业街区品牌应强调自己更具竞争力。

光靠建立与竞争者的产品类别共同点，商业街区品牌很难吸引消费者，即使在与竞争者相似的特性上做得更好，有时也未必能使本品牌脱颖而出。因此，商业街区的管理者需要提炼与竞争者之间的差异点，给消费者一个独特的选择理由。通常，消费者选择品牌的理由是基于四个方面的利益：功能性利益、情感性利益、社交性利益和财务性利益。

4. 提出令消费者相信的共同点和差异点的理由

只有一个定位的口号并不能完全征服消费者的心，消费者希望能够了解到品牌为什么具有这样或那样的定位诉求点。这就需要商业街区的管理者提出令消费者相信共同点或差异点的理由。对于功能性定位点，常见的支撑理由包括技术、成分、外观等。对于财务性定位点，支撑理由主要是成本、高效率。对于情感性定位点和社交性定位点，支撑理由并不在于产品本身，而是广告等传播方式中所渲染的一种情境，而品牌以直接或间接的方式嵌入其中，从而使消费者感受到情境当中的意境。

5. 陈述品牌定位

综合以上各个要素，可以提出商业街区品牌定位的表述语句，即"××（商业街区品牌）能够为××（目标顾客）带来××（独特价值），这种价值是××（竞争商业街区品牌）所不具备的，因为它含有××（支持点）。"

5.2.5　成都宽窄巷子的品牌定位

成都市宽窄巷子在保护老成都原真建筑的基础上，形成以旅游、休闲为主，具有鲜明地域特色和浓郁巴蜀文化氛围的复合型文化商业街，并最终打造成具有"老成都底片，新都市客厅"内涵的"天府少城"。

成都宽窄巷子的总体定位是成为最具典范性的成都历史文化商业步行街区、中国首个院落式情景消费体验区，以及成都城市怀旧和深度旅游的人文游憩中心。在有了总体定位后，成都宽窄巷子继续挖掘消费者的需要及商业街区市场的发展现状，接着对其中的三条巷子，分别进行了细分市场和目标市场的选择（表5-1）。宽巷子是针对怀旧休闲群体，窄巷子是针对主题精品消费的目的性消费群体，而井巷子是针对都市年轻人群体。这样一来，不同特征的消费群体都成为成都宽窄巷子的潜在顾客。在明确目标群体的基础上，成都宽窄巷子对三条巷子的功能、业态等都进行了进一步的定位。宽巷子的闲生活、窄巷子的慢生活和井巷子的新生活构成了成都宽窄巷子与其他商业街区的差异点,从而在消费者心目中树立了独特的位置。

表 5-1　成都宽窄巷子的品牌定位

街道	宽 巷 子	窄 巷 子	井 巷 子
功能定位	"闲生活"区 以旅游休闲为主题	"慢生活"区 以品牌商业为主题	"新生活"区 以时尚年轻为主题
业态定位	以精品酒店、私房餐饮、特色民俗餐饮、特色休闲茶馆、特色休闲酒馆、特色客栈、特色企业会所、SPA为主题的情景消费游憩区	打造成以各国西餐、各地品牌餐饮、轻便餐饮、精品饰品、艺术休闲、特色文化主题店为主的精致生活品位区	以酒吧、夜店、甜品店、婚庆、小型特色零售、轻便餐饮、创意时尚为主题的时尚动感娱乐区
目标客群	针对怀旧休闲群体	针对主题精品消费的目的性消费群体	针对都市年轻人群体

5.3　商业街区的品牌建设

品牌定位为品牌塑造定下了主旋律,但它只是基于消费者角度对品牌的主要个性特征加以界定。品牌是一项系统工程,需要对品牌的整体进行规划和建设。品牌建设是指品牌拥有者对品牌进行的规划、设计、管理的行为和努力。品牌建设要以诚信为基础,以产品质量和产品特色为核心,才能获得消费者的信任,从而扩大市场占有率和经济效益。商业街区品牌是带动城市经济的动力,其品牌建设具有重要意义,包括品牌识别、品牌形象、品牌延伸等。

5.3.1　品牌识别

1. 品牌识别的内涵

品牌识别这一概念是美国著名品牌管理专家大卫·艾克(David Aaker)教授在《创造强势品牌》一书中提出的。他认为品牌识别是品牌战略者们希望创造和保持的能引起人们对品牌美好印象的联想物。品牌识别是品牌的一个部分,强调品牌识别具有引发消费者对品牌积极联想的作用。品牌识别包括品牌精髓、品牌核心识别和品牌延伸识别三个方面的内容。品牌精髓一般从几个方面精炼地概括品牌的内涵,提炼品牌精髓往往为品牌识别提供了更多的着眼点。品牌核心识别是对品牌精髓的具体化,具体体现一个品牌的本质,它规定了品牌持续发展和沟通的原则性信息,而且不会随时间的流逝而改变。延伸识别包括除核心识别之外的所有识别要素,它使品牌识别内涵更加丰富,为核心识别增添色彩,让品牌理念更加清晰,让品牌精髓落到实处。

2. 品牌识别的流程

(1) 定义品牌识别

定义品牌识别具体内容是商业街区实施品牌识别系统的起点,如果要品牌识别产生"反映商业街区能组织和希望做些什么、和消费者产生共鸣、能造成与竞争对手的差异"的作用,商业街区就必须确保由品牌识别所体现的品牌形象能实现的利益价值主张是与消费者利益价值主张相一致的。消费者利益价值主张有三种形式,分别为功能性利益价值主张、情感性利益价值主张、自我表现型利益价值主张。通过倾听—了解—获悉的方法确定消费者的利益价值主张,并以此为标准,准确定义商业街区品牌识别的具体内容,然后以这些品牌识别内容为框架构建具体的品牌形象。

（2）建立和消费者的关系

对品牌与消费者建立的"关系"有两种不同的理解:一种是奥美广告所强调的"品牌是消费者和产品之间的关系";一种是艾克在《品牌领导》中描述的,"品牌应该和消费者建立如同人际关系般的联系"。这两种观点的分歧在于"品牌在和消费者建立的关系中应该担当什么样的角色":前者认为品牌是产品和消费者关系的载体;后者则认为品牌是和消费者建立关系的主体。在第一种观点中,建立产品和消费者的关系是为了达到通过提高竞争品牌进入市场的门槛,增加竞争对手获得顾客的成本从而达到减低自身品牌市场风险的目的。这与实施品牌识别系统的目标即获得清晰的品牌形象的目标是不一致的。要建立品牌与消费者之间的关系不应该局限于产品的范畴里,而应该以消费者为中心,以建立起一种"如同人际关系般的联系"。这就要求商业街区赋予品牌人性化的特征,使其品牌能够成为消费者的朋友、老师、顾问等,从而品牌就在消费者日常生活中扮演了某个角色。消费者的利益价值主张在这种人性化的品牌形象上得以体现,商业街区品牌将会获得消费者的认同,使消费者对商业街区品牌产生强烈的归属感,为最终形成品牌忠诚奠定了基础。可以这样说,与消费者关系的建立使商业街区的品牌形象具有人性化的特点,使消费者更能准确把握品牌识别的具体内容,是品牌识别的一种延伸和深化。

（3）品牌形象的传播

完成了定义品牌识别和与消费者建立关系深化品牌形象的步骤后,商业街区的品牌形象还需要得到消费者认知支持,就要进行大规模的品牌形象传播工作。始终保持品牌形象的持久一致是商业街区品牌化工作中的重点和难点。为了保证形象的持久一致,传播的主体商业街区在传播的过程中必须清楚三个最基本的问题:传播的目标受众是谁、传播什么内容和怎样进行传播。消费者利益价值主张统领着商业街区整个传播战略的制定。完成建立和传播品牌形象,商业街区还需在执行层面维持这个品牌形象在消费者眼中的持久一致。达到这个目标的重要条件是"两个一致":品牌所有者必须达到从高层管理者到一线员工对消费者的利益价值主张认识一致,以及所有的市场营销活动实现对消费者利益价值主张的前后一致。

（4）消费者体验

消费者体验过程中的主角是消费者本身,但主导这个过程的则是品牌的所有者。因为消费者体验是否愉悦将很大程度上取决于品牌所有者提供的经历内容是否符合消费者的期望。在消费者的体验过程中,消费者与品牌的每一次接触都将产生一个或者多个接触点。品牌所有者通过这些接触点向消费者传达关于品牌形象的信息,这些信息使消费者能对品牌的具体形象进行感知和联想,加深消费者对品牌形象的印象。经过了消费者体验品牌的过程,品牌的形象才在消费者心中真正建立起来。商业街区品牌所有者需要通过不懈的努力去维持品牌形象在消费者心中的良好和持久一致,使品牌识别成为消费者辨别品牌的有力标准,这样商业街区最终将会获得由战略性的品牌资产带来的具有竞争力的、强大的市场优势。

3. 品牌识别的方式——企业形象识别系统

品牌识别可以通过企业形象识别系统(CIS)来实现。企业形象识别系统包括三个方面:企业的理念识别、行为识别和视觉识别。企业理念是指企业在长期生产经营过程中所形成的企业共同认可和遵守的价值准则和文化观念,以及由企业价值准则和文化观念决定的企业经营方向、经营思想和经营战略目标。企业行为识别是企业理念的行为表现,包括在理念指导下的企业员工对内和对外的各种行为,以及企业的各种生产经营行为。企业视觉识别是企业理念的视觉化,通过企业形象广告、标识、商标、品牌、产品包装、企业内部环境布局和厂容厂貌等媒体及方式向大众表现、传达企业理念。视觉识别的核心目的是通过企业行为识别和企业视觉识别传达企业理念,树立企业形象。

商业街区识别系统的建立可以借鉴企业形象识别系统理论。理念识别设计方面可以涉及商业街区的发展目标、经营定位、商业理念等。如成都宽窄巷子步行街的慢生活、新生活和闲生活,给人们留下一种享受生活带来的美好的感受和印象。行为识别设计方面包括经营守则、员工仪容仪表、着装和行为规范、礼貌用语等。视觉识别设计包括名称、标识、色彩、图案、广告宣传语等。通过这样统一的形象识别,向消费者传达商业街区的经营理念、品牌内涵等,让消费者更熟悉品牌,在了解品牌的过程中对商业街区产生记忆甚至认同感。如上海新天地步行街极具特色的石库门形象,让消费者感受到中西交融的商业氛围,自然而然地联想到老上海的往日风情。

5.3.2 品牌形象

1. 品牌形象的内涵

人们对品牌形象的认识刚开始是着眼于影响品牌形象的各种因素上,如品牌属性、名称、包装、价格、声誉等。品牌形象是消费者对品牌传播过程中所接收到的所有关于品牌的信息进行个人选择与加工之后留存于头脑中的有关该品牌的印象和联想的总和。良好的品牌形象是商业街区在市场竞争中的有力武器,深深地吸引着消费者。

品牌形象内容主要有两方面构成:有形要素和无形要素。品牌形象的有形要素又称品牌的功能性,即与品牌产品或服务相联系的特征。从消费和用户角度讲,品牌的功能性就是品牌产品或服务能满足其功能性需求的能力。例如,洗衣机具有减轻家庭负担的能力;照相机具有留住人们美好的瞬间的能力等。品牌形象的有形要素是最基本的,是生成形象的基础。品牌形象的有形要素把产品或服务提供给消费者的功能性满足与品牌形象紧紧联系起来,使人们一接触品牌,便可以马上将其功能性特征与品牌形象有机结合起来,形成感性的认识。品牌形象的无形要素主要指品牌的独特魅力,是营销者赋予品牌的,并为消费者感知、接受的个性特征。随着社会经济的发展,商品丰富,人们的消费水平、消费需求也不断提高,人们对商品的要求不仅包括了商品本身的功能等有形表现,也把要求转向商品带来的无形感受、精神寄托。品牌形象的无形要素主要反映了人们的情感,显示了人们的身份、地位、心理等个性化要求。

商业街区的品牌形象同样也包括有形和无形两个方面。其中有形要素包括商业街区的产品形象(产品的品质、价格、性能、种类、包装、服务水平等)、环境形象(商业街区的整体环境、设置布局、整洁程度、装饰等)、业绩形象(商业街区的经营规模和盈利水平)、社会形象(商业街区通过非营利的及带有公共关系性质的社会行为塑造良好的品牌形象,以博取社会的认同和好感,包括诚实经营、保护环境、关注公益等)、员工形象(员工的服务态度、行为规范、装束仪表、内在素养等)。无形要素主要是指商业街区品牌能让消费者感受到品牌的与众不同,下意识地与其他品牌区分开来的要素,如独特的文化氛围、情感诉求、个性特征,等等。在已有有形的品牌形象的基础上,通过与消费者的沟通与交流和对社会文化的心理要素的分析,激发人们对某方面的自我感知,如地位、个性、情感的联想,实现消费者对品牌角色和自我认同的协调。

2. 品牌形象的重要性

(1) 好的品牌形象是商业街区有力的竞争武器

一个良好的品牌形象是为广大消费者所认可,并深深植根于消费者脑海里的感知,它能紧紧地抓住消费者的心,培养消费者对商业街区的忠诚度,促使消费者反复光顾商业街区并购买商业街区的产品和服务,使商业街区长期保持强有力的市场竞争优势。

(2) 好的品牌形象能为商业街区赢得长远的经济利益

一个良好的品牌形象,应该是一种鲜明的、与众不同的形象,可以使消费者快速地从众多相似的产品中注意到该产品并产生购买行为,这就能为商业街区赢得一定的市场占有率,从而带来丰厚的利润,为商业街区带来长远的经济利益和更高的附加价值。

(3) 好的品牌形象是企业对社会公众的一种保证

良好的品牌形象意味着商业街区对社会公众的一种保证和承诺,它是高品质或优质服务的体现,能给消费者提供竞争对手所无法媲美的高品质和优质服务,消费者也倾向于选购美誉度高、形象好的产品。同时,当商业街区面临上市、招商引资、经营拓展等重大经营抉择时,优秀的品牌形象将发挥举足轻重的作用。

(4) 品牌形象是商业街区无形资产的重要组成部分

好的品牌形象是商业街区拥有的重要的无形资产,是商业街区节约市场活动费用的有效手段,是增加商业街区收入的核心要素,是市场竞争优势的代表。品牌形象带给消费者的是超过商品本身的满足感,品牌效应形成了消费者对商品的忠诚。因此,商业街区品牌形象的建立,将成为吸引、维持和保留顾客的核心要素,成为培养消费者购物忠诚度的中坚力量。

3. 商业街区品牌形象的树立

(1) 重视品牌定位

由于品牌定位是使商业街区品牌在社会公众心目中占有一个独特的、有价值的位置的行动,也就是勾勒品牌形象,因此可以想象品牌定位对商业街区品牌形象的影响有多大。品牌定位过高、定位过低、定位模糊或定位冲突都会危害商业街区的品牌形象。

(2) 重视产品与服务质量

质量是品牌的基石,所有强势品牌最显著的特征就是质量过硬。商业街区如果能进一步完善质量保证体系,则可以强化品牌形象,形成良好的品牌信誉。

(3) 加强品牌管理

加强品牌管理首先要求商业街区把形象塑造作为发展的战略性问题,像抓产品质量一样来抓品牌形象塑造。这样做,更有利于把品牌形象和经营理念结合起来,或者说把经营理念反映在品牌形象上。其次,要树立商业街区全体员工的品牌意识,使员工共享品牌知识,熟悉品牌识别,理解品牌理念,表达自己对商业街区品牌形象的理解。员工明白了塑造商业街区品牌形象的重要意义,就会产生责任感和使命感,进而形成凝聚力和战斗力。

（4）优化品牌设计

对商业街区的品牌名称、标志等进行设计是突出品牌个性、提高品牌认知度、体现品牌形式美的必由之路和有效途径,是塑造品牌形象必不可少的步骤。不仅要对商业街区品牌识别的各要素进行精心策划与设计,还要使各要素之间协调搭配,形成完整的商业街区品牌识别系统,产生最佳的设计效果。

（5）强调品牌特色

商业街区同质化的现状要求品牌形象的树立要将品牌特色作为重点考虑。商业街区品牌特色可以通过对商业街区所在城市、地区的特色文化和风俗,经济、技术等发展带来的新兴事物和变化等反映出来。与众不同的品牌特色使商业街区在人们的认知中形成独一无二的品牌形象。

（6）关注品牌传播

广泛的传播是品牌建立的坚持基础,是消费者认知品牌的重要手段。商业街区可以运用品牌传播有效地建立品牌知名度,树立良好的品牌形象。

4. 南京夫子庙步行街品牌形象的树立

南京夫子庙步行街的商业业态并不是以旅游纪念品和小吃为主,而是囊括文博展览、体验旅游、文创购物、特色餐饮、休闲娱乐、老字号店铺、主题酒店等多种业态,文化和商业紧密融合在一起。为了形成独特的品牌形象,南京夫子庙在加快建设改造、优化街区环境、全面提升品质、彰显人文特色和创新管理机制方面提出了新的目标和要求。人文特色是夫子庙步行街的优势,它将继续深挖本土特色文化,重塑灯会文化、科举文化、小吃文化,进一步提升文化辨识度。

5.3.3　品牌延伸

1. 品牌延伸的内涵

品牌延伸是利用已经获得成功的品牌的知名度和美誉度,扩大品牌所覆盖的产品集合或延伸产品线,推出新产品,使其尽快进入市场的整个品牌管理过程。品牌延伸是品牌打造的重要方面。据统计,每年进入市场的新产品绝大多数采用的是品牌延伸方式,因此品牌延伸对于商业街区多元化经营,进而做大做强具有非常重要的意义。

2. 品牌延伸的意义

（1）品牌延伸可以帮助商业街区加快新产品的定位,保证商业街区新产品投资决策迅速、准确。尤其是开发与本品牌的产品关联性和互补性较强的新产品时,不需要长期的市场论证和调研,可以通过商业街区品牌下其他产品的需求量、销售量等来预测。如商业街区品牌在经营上取得较大的成绩后,将品牌延伸至美妆、餐饮、服装、饰品等行业,推出与这些行业相关的产品。这些产品和商业街区品牌的定位一致,可以根据商业街区的经营情况来进行投资和发展。

(2)品牌延伸有助于减少商业街区推出新产品的市场风险、降低新产品的市场导入费用。任何新产品推向市场首先必须获得消费者的认识、认同、接受和信任,这一过程就是新产品品牌化。商业街区的品牌延伸可以使新产品一问世就已经品牌化,甚至获得了商业街区品牌赋予的勃勃生机,这可以大大缩短新产品被消费者认知、认同、接受、信任的过程,极为有效地防范新产品的市场风险,并且可以节省数以千计的巨额开支,有效地降低新产品的成本费用。同时品牌延伸使得消费者对商业街区品牌原有产品的高度信任感,有意或无意地传递到延伸的新产品上,促进消费者与延伸的新产品之间建立起信任关系,大大缩短了市场接受时间,降低了广告宣传费用。

(3)品牌延伸有助于商业街区强化品牌效应,丰富品牌形象,增加品牌这一无形资产的经济价值。品牌延伸效应可以使商业街区品牌从原先商业街区的经营向多个领域辐射,如餐饮、服装等,就会使更多的消费者认知、接受、并信任本品牌,强化品牌自身的美誉度、知名度,使商业街区的品牌形象更为丰满,这样一来品牌这一无形资产也就不断增值。

3. 品牌延伸的基本原则

(1)选择具有良好的品牌形象和高品牌附加值水平的品牌进行延伸

进行品牌延伸的目的是将商业街区原有产品的形象转移给延伸产品,原有产品首先必须有东西转移才行,良好的品牌形象和较高的品牌附加值水平是实现形象转移的前提条件。

(2)进行品牌延伸时,应避免损害原品牌的形象

所期望的延伸产品的形象应该与商业街区原有产品的形象保持一致,这样的品牌延伸能够加强原有产品的形象,可以使原有产品更加成功。反过来,如果延伸产品的形象与原有产品不一致甚至相冲突的话,一方面消费者不会接受这种延伸产品,另一方面原有产品的形象也会受到损害。

(3)延伸产品应当与原有产品相匹配

延伸产品与商业街区的原有产品具有某种相关性,具有相似的目标顾客群,相近的技术,类似的产品属性,共享的营销渠道及相似的视觉感应,这些都能够增加延伸产品与原有产品的相匹配程度。它们的相匹配程度越高,形象转移越容易实现。

(4)谨慎地实行纵向的产品延伸

纵向的产品延伸容易引起商业街区原有产品与延伸产品的形象冲突,因而更容易遭受失败。

(5)稳步推进品牌延伸

如果品牌延伸得过快、过宽,就容易造成商业街区资源分散和人财物供给不足,从而影响延伸的效果,同时也给竞争对手留下了较佳的进攻机会。

4. 上海新天地步行街的品牌延伸

回溯至21世纪初,新天地概念首次在上海诞生,旨在挑战当时城市千篇一律的消费体验。保留了上海20世纪初特色的石库门建筑并在商业项目中注入风尚元素,糅合城市文化与现代特色及配套设施为一体,这个旧城区改造的创新项目——上海新天地步行街获得了

巨大的成功,并赢得无数的国际关注和赞赏,不仅成为充满多元魅力的上海新地标,更赢得多项建筑和城市规划大奖。

传承广受赞誉的"新天地"品牌影响力,这一创新的区域发展模式受到全国范围的关注和欢迎。迄今为止,新天地 XINTIANDI 已在上海、武汉、重庆和佛山等多个中国重要的城市,发展出各具特色的活力社区和繁荣兴盛的商业区块。

现在,新天地是一个全新的文化及社交目的地,人们在这里相遇、成长、交汇,不仅可以体验风格创新的餐饮、令人大开眼界的时尚购物,更可以享受从不间断的缤纷文化活动。新天地通过精心编排创意先锋的文化内容和各式社交的交融体验,鼓励人们分享交流观点,共度美好时光,构建社群体系。新天地是一个真正的中国品牌,深烙"中国创造"基因,并始终坚持"中国创艺 Created in China"的理念,积极推动并支持本土创意文化的新生力量。

5.4　商业街区的品牌传播

5.4.1　整合品牌传播

1. 整合品牌传播的定义和原则

整合品牌传播是一个整体性的传播策略,整合了所有传播活动,如公共关系、广告、投资者关系、互动或内部传播,用这样的策略来经营最宝贵的资产——品牌。整合品牌传播源自品牌价值管理,它的核心理念是通过管理品牌的整合传播来实现品牌价值最大化。由此来看,整合品牌传播的概念本质是品牌资产导向的整合营销传播。

在商业街区进行整合品牌传播的过程中,需要遵循以下原则。

(1)整合品牌传播强调品牌接触点传播

消费者对品牌的印象是多渠道、多次接触积累的结果,某一方面的细节做得不到位都有可能影响到消费者对品牌的评价。因此,商业街区要想做好整合品牌传播,首先就要做好足以影响消费者购买决策的"关键性接触点"的管理。

(2)整合品牌传播强调与受众的互动交流性

整合营销传播思想起源于欧美20世纪90年代以消费者为导向的营销思想。1990年,北卡莱罗纳州立大学教授罗伯特·劳特朋(Robert Lauterborn)在《广告时代》杂志上发表文章,提出用4Cs取代传统的4Ps论的观点,其核心思想就是消费者导向。同样,商业街区的整合品牌传播也应当重视与受众的互动交流,在了解到消费者的动态个性化需求后再设计整合的传播计划。

(3)整合品牌传播强调所有传播内容的统一性

不同的传播工具都有其自身特点,比如广告起到告知的作用、促销起到短期刺激的作用等,但对于消费者而言,如果他们接收到不同传播工具的杂乱的品牌信息,他们对于品牌的印象就会模糊。这对于统一的品牌形象的形成是非常不利的。所以商业街区的整合品牌传播要以品牌的核心价值为统帅,对各传播工具的内容进行统一管理,发挥合力,协调作战。

(4)整合品牌传播强调时间序列上的连续性

不仅是同一时期内传播的内容要保持统一,在不同时期内传播的内容也应有一定连续性,因为消费者对品牌的印象是一个积累的结果,不同时期不同内容会相互混淆甚至冲突。

(5) 整合品牌传播从内部传播开始,再到外部传播

尽管整合品牌传播在设计方案的时候是由外(消费者)而内(商业街区本身)的,但在传播的时候却是由内而外的,因为品牌核心价值的传递需要内部员工甚至是中间商的配合执行。因此,品牌首先在商业街区内部传播是非常必要的。将每位员工塑造成"品牌标准人"和"品牌大使"是内部品牌传播的目标,因为他们都可能成为消费者与品牌的接触点,即使不是直接的接触点,也是对接触点有重要影响的人。

2. 整合品牌传播的流程

(1) 明确品牌在商业街区中充当的角色

品牌通常被定义为通过创造顾客忠诚,以确保未来收入的一种顾客关系。越来越多的管理者发现,品牌才是商业街区最宝贵的资产。商业街区整合品牌传播的起始点包括分析品牌所充当和能充当的角色。这需要对商业街区战略的审视,而顾客、雇员和关键股东等因素,都需要考虑进去。

(2) 理解品牌价值的构成要素

正如品牌管理是对生意的管理一样,商业街区的整合品牌传播需要考虑回报,而不只是对传播活动的安排和预算。在规划商业街区的整合品牌传播活动的时候,有必要明确究竟采用哪些指标来对商业街区品牌的业绩进行量化,这样有利于对传播进行目标管理。

(3) 明确谁是品牌信息期望到达的人群

明确品牌的角色之后,至关重要的一步就是要找出商业街区关键的目标受众。目标受众需要分成两个层次:一个是直接受众,即最先接触到品牌信息的人,他们通常也是意见领袖;另一个是间接受众,即受到意见领袖影响的普通大众。关键问题是要明确直接受众的特征和兴趣。

(4) 形成大创意

大创意是指独特的价值诉求。尽管一些平庸的诉求通过媒体轰炸也能产生一定的效果,但大创意能帮助商业街区品牌在降低传播成本的情况下产生更佳的效果。大创意需要符合四个基本标准:符合受众需要、诉求区别于竞争对手、诚实可信、具备能够随着商业街区业务的发展而发展的内在张力。

(5) 明确怎样通过改变认知来获得大创意

大创意在进入受众脑海的时候,可能会碰到一些感知障碍,商业街区管理者需要进行分析和排除。商业街区管理者需要意识到营销传播的核心目标应当是促进消费者品牌认知的形成。

(6) 通过信息传播改变消费者认知

对消费者品牌认知的改变需要通过传播上的努力。然而,传播者可能会碰到两方面的阻碍:一个是消费者固有的认知,一个是竞争者信息的干扰。商业街区想要达到好的品牌传播效果必须要穿透消费者每日因接触过载信息而形成的"防火墙",并改变他们的预设心理。

(7) 理解单个媒介在改变认知态度和维持发展势头中的作用

媒介是传播的具体策略,如广告、公关、互联网络营销等。由于媒介自身的特点及与消费者的接触状况不同,消费者对媒介会产生不同评价,导致媒介对形成消费者品牌认知的作用不同。商业街区管理者可以根据这些特征选择适合自身品牌传播的相关媒介。

（8）确定最佳媒介组合

媒介需要进行组合以达到最优效果，这一方面是因为品牌传播受到有限媒介预算的影响，如果全部用来投放广告预算就会很紧张；另一方面是因为不同的传播媒介都有其利弊，媒介组合有利于弥补弊端。商业街区在确定最佳媒介组合时，可以通过以下两种方式：一在消费者与品牌接触的不同阶段，媒介需要交替使用；二在同一阶段，不同传播媒介也要配合使用。

（9）效果测量

品牌传播者应该建立评估的意识，要相信对整合品牌传播效果的测评是一种投资而非花销。商业街区可以通过定性与定量结合的方法了解信息和媒介的传播效果，将有助于在接下来的几年中优化传播计划，提高传播效率。

（10）从第五步开始，重复整个过程

整合品牌传播是一个持续的过程。在测量完首次效果后，商业街区需返回到整合品牌传播活动的初始，并考虑进一步提升的机会。

3. 整合品牌传播策略的框架

商业街区的整合品牌传播包括内部品牌传播和外部品牌传播（图 5-2）。尽管整合品牌传播是一个消费者导向的概念，从思考的方向上看应该是由外到内（即从消费者到商业街区），但从传播的过程看却应该是由内到外的，传播的对象从商业街区内部员工到外部合作伙伴（如零售商）和消费者。如果员工不能接受和认同品牌的信息，那么他们也不可能以实际行动表现品牌的精髓，并向外部的零售商和消费者传递正确的品牌信息。

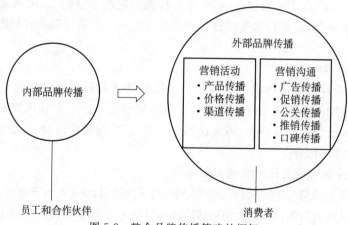

图 5-2　整合品牌传播策略的框架

内部品牌传播是内部营销的一项重要内容，指的是用营销的策略在商业街区内部及合作伙伴之间进行品牌的传播，目的是希望达到对品牌核心价值的一致认同，并在今后的营销工作中遵循品牌的规范。内部品牌传播的途径可以归纳成四个方面：商业街区内部媒体上的品牌传播，商业街区固定场所里的品牌传播，商业街区内部活动中的品牌传播，商业街区员工层面的品牌传播。商业街区内部品牌传播的内容包括品牌理念、品牌知识和品牌技能三个方面。

商业街区外部品牌传播分为营销活动和营销沟通两个方面，其中营销活动包括产品、价格、渠道,营销沟通包括广告、促销、公关、推销、口碑。

4. 福州三坊七巷步行街的整合品牌传播

三坊七巷进行旅游组织整合、旅游产品整合、旅游形象整合、传播手段整合,通过顾客接触点向游客传递一致的信息,最后透过接触点收集来自游客的反馈信息,不断调整传播内容和手段,实现三坊七巷与游客之间的良好互动。

(1) 旅游组织整合

随着现代旅游业的发展,三坊七巷的营销组织必然应由政府、企业和第三方部门等共同参与,协调运作,向消费者传递一致的形象。具体到操作层面,政府需要协调文化资源管理部门、旅游开发发展部门、宣传、交通、规划部门、景区管委会,以及吃、住、购物、娱乐活动提供者的利益关系。各主体需认清自身优势,借助政府的主导作用,整合各自的长处,同心协力研究发现三坊七巷顾客接触点,向顾客传递一致的信息和形象,并注重消费者的反馈,改进整合营销传播的手段。

(2) 旅游产品整合

在旅游产品需求日趋多样化、个性化和层次化的今天,要保持三坊七巷在旅游竞争中的竞争力,就必须甄别三坊七巷的优劣势,提炼出景区产品的特色,打造核心产品,其他辅助产品也应贴近核心产品的特色,向消费者传递一致信息。三坊七巷的鱼骨状街坊格局、明清古建筑是最具特色的文物,这也符合对旅游者调查的结果。因此三坊七巷的核心产品就是古街道、古建筑的文化旅游产品,产品的特色就是具有历史沉淀价值。三坊七巷整合营销的核心是历史沉淀价值这条线,其他的辅助产品、辅助设施都应贯穿在这条主线周围,比如闻名国内的南后街花灯,裱精,寿山石,福州三宝的脱胎漆器、纸伞、角梳等许多福州传统工艺品展馆或零售店。古街道、古建筑风格和历史名人事迹是三坊七巷顾客体验正向最高峰值点,景区需要继续深入挖掘和发扬三坊七巷的历史沉淀价值,同时应注意其他辅助产品、辅助设施,使三坊七巷的旅游产品围绕主线,传递一致信息。

(3) 旅游形象整合

旅游地形象,是人们对旅游地总体的、抽象的、概括的认识和评价,是对旅游地的历史印象、现实感知和未来信念的一种理性综合。旅游目的地具有历史沉淀价值的旅游吸引物是旅游者对旅游地形象进行初始定位的主要依据。旅游者往往根据自己的个性和所拥有的知识经验来对旅游目的地的吸引物进行人文提炼,如提到南京、西安,人们往往会想到历史文化名城,这两座城市的旅游吸引物分别是明孝陵和兵马俑;提到苏州,人们会想到园林等。三坊七巷的旅游吸引物便是具有历史沉淀价值的我国城坊建设历史的活化石——鱼骨状坊巷格局,以及大量保存完好的明清古建筑组成的"明清古建筑博物馆"。三坊七巷的旅游形象整合应以旅游吸引物为重点,营造良好的文化氛围,设计、导入包括理念识别、行为识别、视觉识别等的旅游形象识别系统,向旅游者传递一致的三坊七巷形象。

(4) 传播手段整合

完成对三坊七巷形象的整合之后,需要掌握各种传播手段将整合后的形象用一致的声音传播给消费者,用多种手段传递一致的声音,就需要对传播手段进行整合。基于接触点的整合营销传播则可以将所有的有效接触点作为向消费者传递信息的载体。一些传统的传播手段包括各类杂志报纸宣传、DM 直投广告宣传、电视新闻宣传、电视纪录片宣传、网络社群宣传、影视宣传(如黄健中导演拍摄的 20 集电视连续剧《三坊七巷》很好地展示了三坊七巷的地域人文风情),等等。在利用这些营销传播工具的时候,也需要有所创新。例如,除了充分利用网络营销工具,还可以举办一些具有福州特色的节庆活动,节庆活动也是游客体验的峰值点,应给予重点关注;或者通过举办一些主题展览,如寿山石展等,渗透三坊七巷的旅游形象。另外还应注意其他一些接触点,如服务人员的态度、形象等。服务人员的态度是调查中游客体验的峰值点,游客在实际购物过程中与服务人员的接触会对游客之前对三坊七巷的初始定位进行检验,如果服务人员的形象、态度让游客满意,游客会维持并加强之前对三坊七巷的良好感知;如果服务人员的形象和态度让游客感到失望,则会破坏游客之前感知到的形象。

5.4.2　品牌营销

除了整合品牌传播,商业街在宣传推广的过程中,还可以采用以下几种常见的营销手段。

1. 网络营销

网络营销是以现代营销理论为基础,借助网络、通信和数字媒体技术实现营销目标的商务活动,是科技进步、顾客价值变革、市场竞争等综合因素促成的,是信息化社会的必然产物。搜索引擎营销、病毒式营销、微信、微博等新媒体营销就是网络营销经常使用的方式。

相比传统营销,网络营销具有以下优势:①传播速度快、范围广,不受时间、地域的限制;②交互性和针对性强;③成本低;④简单易操作;⑤使用户从多维感官接收信息。

互联网时代,商业街区通过网络营销可以更快速、更便捷地将品牌信息传递给消费者。商业街区可以成立微信公众号、微博账号、博客、官方网站等,及时向消费者发布关于商业街区吃喝玩乐的资讯,同时还可以通过这些平台与消费者互动和沟通,了解消费者的需求和意见,以此改进商业街的各个方面。

2. 体验营销

体验营销通过看、听、用、参与的手段,充分刺激和调动消费者的感官、情感、思考、行动、关联等感性和理性因素,重新定义、设计的营销方法。体验营销具有以下特征:①顾客参与;②体验需求;③个性特征;④体验营销中的体验活动都有一个体验"主题";⑤体验营销更注重顾客在消费过程中的体验。主要策略有:感官式营销策略、情感式营销策略、思考式营销策略、行动式营销策略和关联式营销策略。

商业街区是一个集购物、娱乐、餐饮、休闲等多种功能于一体,随处充满着丰富体验和适宜开展体验营销的场所。商业街区进行体验营销时,要将焦点放在客户触点的体验需求上,注重对客户提供全方位、有价值的体验。商业街区将各种各样的商业、服务功能和娱乐功能相互融合的最终目标就是让消费者在娱乐的过程中、消费的过程中享受到乐趣,实现"体验式消费"。根据参与模式的不同,可以将体验划分为娱乐体验、审美体验、逃避现实体验和教育体验,等等。消费者在购物过程中,通过浏览商品,以及和具有专业知识的销售人员的交流,可以获得各种最新的商品流行资讯,这是教育体验;在高雅、舒适的商业街区环境中漫步,欣赏各式各样独具特色的商品获得审美上的体验;商业街区提供的各种惊险、刺激的娱乐设施,能使消费者暂时摆脱工作、生活上的压力和烦恼,寻找到新奇的乐趣,这就是体验营销中的逃避现实的体验;另外,商业街区中无所不在的休闲、娱乐设施为消费者在购物之余提供了娱乐体验。

3. 关系营销

关系营销是把营销活动看成是一个品牌与消费者、供应商、分销商、竞争者、政府机构及其他公众发生互动作用的过程,其核心是建立和发展与这些公众的良好关系。关系营销的本质特征包括:双向沟通、合作、双赢、亲密和控制。关系营销的实质是在市场营销中与各关系方建立长期稳定的相互依存的营销关系,以求彼此协调发展,因而商业街区的关系营销必须遵循以下原则。

（1）主动沟通原则

在关系营销中,商业街区应主动与其他关系方接触和联系,相互沟通信息,了解情况,形成制度或以合同形式定期或不定期碰头,相互交流各关系方需求变化情况,主动为关系方服务或解决困难和问题,增强伙伴合作关系。

（2）承诺信任原则

在关系营销中商业街区应与各关系方之间都应形成一系列书面或口头承诺,并通过自己的行为履行诺言,以赢得关系方的信任。承诺的实质是一种自信的表现,履行承诺就是将誓言变成行动,是维护和尊重关系方利益的体现,也是获得关系方信任的关键,是商业街区品牌与关系方保持融洽伙伴关系的基础。

（3）互惠原则

在与关系方交往过程中必须做到相互满足关系方的经济利益,并通过在公平、公正、公开的条件下进行成熟、高质量的产品或价值交换使关系方都能得到实惠。

除此之外,商业街区要做好关系营销,一定要将消费者摆在首位。客户是商业街区存在与发展的基础,是市场竞争的根本所在,客户关系营销是关系营销的核心和归宿。商业街区要树立以客户为中心的观念,根据客户需要开发产品和设施等,为客户提供完善周到的服务,使客户在心里对企业产生认同和归属感,进而达到客户满意。

4. 口碑营销

口碑营销是指商业街区品牌努力使消费者通过其亲朋好友之间的交流将自己的产品信息、品牌传播开来。这种营销方式的特点是成功率高、可信度强,这种以口碑传播为途径的营销方式,称为口碑营销。从营销的实践层面分析,口碑营销是商业街区运用各种有效的手段,引发商业街区的顾客对其产品、服务及整体形象的谈论和交流,并激励顾客向其周边人群进行介绍和推荐的市场营销方式和过程。实施口碑包括以下三个步骤。

（1）鼓动

总会有一批赶潮流的消费者最先体验商业街区品牌下的产品或服务,在感知到产品或服务的可靠性、优越性后,这些消费者会第一时间将其对产品或服务本身的特性、商业街区整体环境、布局和形象的感受告诉亲朋好友,以此引发别人也去关注新开业的商业街区。

（2）价值

如果传递信息的人没有诚意,口碑营销就是无效的,就失去了口碑传播的意义。任何一个希望通过口碑传播来实现品牌提升的商业街区品牌必须设法精心修饰产品,提高健全、高效的服务价值理念以便达到口碑营销的最佳效果。

（3）回报

当消费者通过媒介、口碑获取产品信息并产生购买时,他们希望得到相应的回报,如果商业街区提供的产品或服务让受众的确感到物超所值,进而可以顺利、短期地将产品或服务理念推广到市场,实现低成本获利的目的。

商业街区的口碑营销,首先,保证商业街区为消费者提供的产品和服务的质量。质量是品牌的本质、基础、灵魂,名牌的显著特征就是能提供更高的可感觉的高品质。质量是品牌价值的重要源泉,高质量有利于提升品牌信誉,提高消费者的品牌忠诚度,给商业街区带来稳定的收入,有利于缓解竞争压力和开拓市场。其次,商业街区可以通过社交媒体平台、第三方评论网站等,关注消费者对商业街区的看法和评价,及时改正不足和安抚消费者,使得口碑整体是正面的。商业街区还可以通过与某些担任意见领袖角色的消费者合作,由此通过一传十、十传百的方式将口碑传播开来,并形成好的品牌形象。

5.5　品牌价值的持续管理

想要用户持续购买某个品牌,就要对品牌价值进行持续性管理。将品牌做好一时或许不是难事,但在竞争激烈的当代商业社会,想把品牌做得好又能做得久,绝非易事。商业街区需要对品牌的价值持续发展引起重视,通过不断的努力将其打造为强势的、持续发展的强势品牌。

5.5.1　重视消费者的体验

体验经济时代的来临,市场竞争变得越来越激烈,消费者的消费方式和观念都发生了转变,不断寻求理想生活方式的体验。体验消费已经成为时代的主流,它超越了产品和服务的功能利益,成为满足消费者深层次需求的经济提供物。在这样的背景下,商业街区应以消费者为中心,通过产品和服务,通过创造能使消费者参与、值得消费者回味的活动来传递各种体验价值。

商业街区可以以体验为基础,开发新产品、新活动;强调与顾客的沟通,并触动其内在的情感和情绪;以创造体验吸引消费者,并增加产品的附加价值;以建立品牌、商标、标语及整体形象塑造等方式,取得消费者的认同感。

重视消费者体验可以为商业街区品牌获得以下几点优势。

1. 吸引消费者参与,增强品牌互动

加强消费者在参与商业街区中的体验感的核心是吸引消费者参与,并借助参与产生互动,让消费者真正成为主体。由于人们的主动参与比被动观察学到的东西更多,因此可以让消费者以互动的方式参与刻意设计的事件,从而获得深刻的感受。互动过程实际上就是品牌和消费者之间的学习过程。在品牌体验的过程中,消费者处于主体地位,通过亲身参与,可以强化对品牌的认知。反过来,商业街区也可以通过与消费者的接触深层次、全方位地了

解消费者需求。在这种消费者与品牌的互动过程中,既满足了消费者内心的体验需求,又使消费者与品牌之间产生密切的关系。

2. 向消费者彰显品牌个性

商业街区通过给消费者提供足够的体验,营造一个精神世界、一种生活和文化氛围,向消费者传达品牌个性。这种品牌个性代表着特定的生活方式和价值取向,能够与特定的消费者建立起情感上的沟通和联系。倘若通过体验所传达的品牌个性恰恰能够引起消费者的共鸣,则有助于使消费者心理感知,触动他们的内心世界,从而对品牌产生强烈的偏好,激发购买行为。

3. 传播品牌创意,建立消费理解和尊重

商业街区通过新颖、形象的创意思路,借助丰富多彩、生动有趣的执行手段来演绎品牌的风格,表达品牌主张,达到与消费者沟通的目的。通过体验对消费者进行深入和全方位的了解,使消费者感受到商业街区的尊重、理解和体贴。

4. 提升消费者忠诚

重视消费者的体验不仅与品牌忠诚有直接的相关关系,还通过其他因素间接影响品牌忠诚。商业街区可以通过个性化的产品或服务等增强消费者的体验,营销消费者的品牌忠诚。此外,消费者体验也调节着品牌忠诚的形成机制。一方面,商业街区可以通过广告等方式将品牌资讯有效地传达给消费者,增加消费者外部可获得的品牌资讯,降低消费者的品牌感知风险;另一方面,商业街区还可以通过增强消费者的感官、情感、思考、行动、关联层面的体验,增强消费者内部的品牌感受。这样商业街区能够通过提升消费者体验来提升消费者的品牌忠诚。

5.5.2 品牌创新

1. 品牌创新的内涵

品牌创新是指随着商业街区经营环境的变化和消费者需求的变化,品牌的内涵和表现形式也要不断变化发展。纵观世界知名品牌,特别是一些百年品牌,如可口可乐、杜邦等,其品牌能长盛不衰的原因之一就是不断进行品牌和产品创新。品牌是时代的标签,无论是品牌形式,如名称、标识等,还是品牌的内涵,如品牌的个性、品牌形象等,都是特定客观社会经济环境条件下的特殊产物,并作为一种意志体现。社会的变化、时代的发展要求品牌的内涵和形式不断变化,经营品牌从某种意义上就是从商业、经济和社会文化的角度对这种变化的认识。如果一个品牌缺乏创新,必然会给人以落伍和死气沉沉的感觉,并可能承担其品牌市场份额被其他品牌侵占的风险。因此,品牌创新是商业街区品牌自我发展的必然要求,是克服品牌老化、使品牌生命不断得以延长的唯一途径。

2. 品牌创新的基石

(1) 品牌产品创新:品牌创新的基础

当前,市场经济正以其近乎无所不在的全面渗透力和无所不能的强大驱动力改变着人

们的生活,使人们的生活方式和消费观念发生着变化,产品的需求正在向多样化、个性化和审美化的方向发展。对商业街区品牌来说,进入目标市场、赢得竞争优势,产品和服务是其基本手段。这就要求产品和服务必须具有竞争性,而提供具有竞争力产品和服务的最佳途径是持续的产品创新。通过产品和服务的创新,商业街区不断制造出差别优势。任何品牌创新,若没有产品和服务创新的支持,就会成为无源之水。产品和服务的创新是以市场需求为导向,以满足顾客需求为目的的理性行为。在某种程度上甚至可以说,顾客是产品和服务创新的实际参与者。

（2）品牌技术创新:品牌创新的支撑

在21世纪,消费者对产品的品质要求会有所下降,但与之相辅的是消费者对产品的功能要求会大幅度提高。消费者需要更多地享受使用价值为他们带来的利益和欢乐。一旦使用价值减弱,消费者就极有可能选择一种替代品作为补偿。因此,新技术决定了新产品。如果品牌的技术创新跟不上市场要求,品牌就很难继续获得消费者的认同。

与此同时,技术的落伍将导致品牌竞争优势的丧失。这点在家电产业、信息产业及高科技产业表现得尤为突出。没有技术的创新,就如同人没有新鲜血液一样,品牌就不可能发展壮大,技术创新是品牌的支柱和后盾。新世纪的市场竞争有一个重要特点,就是新加入者往往是靠新技术侵入市场的。可以断言,在21世纪,如果没有新技术优势,任何品牌战略都没有竞争的理由和机会。技术创新是最基本、最有力的主流趋势。

商业街区品牌技术创新主要体现在商业街区产品或服务的展示和销售方式、整体布局、品牌延伸后所涉及的不同领域的产品或服务的生产等。

（3）品牌形象创新:品牌创新的手段

商业街区经营所面临的外部环境每时每刻都发生着急剧的变化,品牌形象必须对外部环境的变化做出积极的回应。当品牌形象无法反映外部环境的变化时,就必须对其进行变革和创新,适时适势而变就是品牌设计规则中最大的不变。

品牌形象创新的精要在于:第一,品牌标志创新,品牌革新的最简捷途径就是对商业街区的品牌标志进行革新;第二,品牌名称创新,过时的品牌名称应当加以改变,以反映品牌已经革新了的形象;第三,广告定位主题句创新。

（4）品牌管理创新:品牌创新的保证

品牌创新是一项包括产品、技术、形象等多种创新在内的复杂的系统工程。而管理创新则被融入这些活动之中,成为品牌创新的绩效基础。创新品牌管理的基本要素如下。

① 实行品牌经理制。品牌经理制是指,品牌经理全面负责商业街区品牌的构思、设计、宣传、保护和品牌资产的经营,从而在组织上保证全面、有效地实施品牌发展战略,实现品牌运营的协调一致。

② 建设共同品牌愿景。对大多数商业街区而言,品牌建设源于品牌成长的愿景。彼得·圣吉(Peter M. Senge)认为,愿景孕育着无限的创造力,愿景能够产生强大的驱动力。在品牌竞争时代,品牌愿景为商业街区提供了品牌建设的目标和理念。品牌愿景至关重要,以至于如果没有共同愿景,品牌建设就会因为缺少创造性而慢慢变得毫无生机。商业街区必须努力消除品牌建设的愿景缺失,管理层必须培育品牌愿景,了解品牌建设的基础和目标;必须善于塑造品牌愿景的整体图像,并贯彻实现品牌愿景。在建立品牌愿景的管理过程中形成愿景的良性互动,将品牌愿景融入商业街区的理念之中,通过理念提升商业街区品牌

愿景的境界。

③ 建设品牌管理团队。一个拥有良好团队精神的商业街区品牌,在市场竞争中必将形成巨大的优势。在商业街区的品牌化经营中,管理团队被认为是最重要的创造性力量的源泉。品牌建设要求以品牌经营战略为导向,建立管理团队,使之成为"战略性工作单位",要在品牌管理团队建设中,导入品牌共同愿景,培育团队精神,把思想、理念、价值观等融入品牌经营战略之中,为品牌管理团队创造良好的微观工作环境,引导他们积极参与商业街区的变革过程。

品牌创新作为商业街区品牌成功的关键,其培育和发展是一个多因素组成的复杂过程,而产品创新、技术创新、形象创新、管理创新则是这一复杂过程中不可缺少的组成部分,为商业街区的品牌创新提供了可能。同时,这几方面因素并不是孤立存在的,只有把它们看成一个有机的整体,协调发展,才能走好品牌创新之路,更好地完成品牌创新的使命。

3. 杭州湖滨步行街的品牌创新

2019 年年初,商务部下发通知,将对全国 11 条步行街进行改造提升试点,培育一批具有国际国内领先水平的高品位步行街。杭州湖滨步行街与北京王府井步行街、上海南京路步行街、南京夫子庙步行街等一起,被纳入首批试点步行街。

对于商业街区而言,在激烈的市场环境下,唯有求变创新,才能抢占流量。在互联网基因异常活跃的浙江,电子商务对实体零售的冲击较大,但发达的互联网同样为传统市场转型升级带来了机遇。新零售的出现是传统零售的变形记,实现了线上线下打通、前端后端融合,通过大数据分析消费者习性,加上新型的营销方式,让消费者在任何时间、任何地点,通过任何方式都能买到想要的商品和享受服务。

杭州湖滨步行街顺应零售创新趋势,从商业业态、街区形态、文化生态着手向"新零售试验区"转型。银泰 in77 以"湖畔精致生活"为理念,A、B、C、D、E 各个区域风格明确,力求打造国际名品、潮人集聚、时尚风向、精致生活和湖畔文旅的全新生活、消费场景。位于延安路的工联大厦,是杭州老牌的传统市场之一,如今借助世界级品牌旗舰店、电竞、视频、沉浸式剧场等新零售业态,成功转型为集购物、休闲、娱乐、餐饮为一体的新型购物中心。杭州解百以"零售"主业为基点,以城市奥莱为主导,搭建新零售新物种平台,打造新年轻家庭生活服务综合体。通过转型,杭州湖滨步行街实现了产品、技术和品牌形象的创新。

以互联网为依托的线上服务、线下体验、现代物流深度融合的新零售模式将成为杭州湖滨步行街改造提升的重要着力点。未来,湖滨步行街的发展目标就是"零售创新的标杆、消费升级的典范、文化融合的样本"。

5.5.3 品牌联合

1. 品牌联合的内涵和类型

品牌联合是指分属不同公司的两个或更多品牌的短期或长期的联系或组合。从直观上看,品牌联合主要表现为在单一的产品或服务中使用了多个品牌名称或标识等。品牌联合是一种重要的品牌资产利用方式,对于发起品牌联合的商业街区来说,实施品牌联合的主要动机是希望借助其他品牌所拥有的品牌资产来影响消费者对本商业街区品牌的态度,进而增加购买意愿,并借以改善本品牌的品牌形象或强化某种品牌特征。

根据品牌联合共同创造价值潜力的高低,由低到高可将其分为以下四种类型。

（1）认知品牌联合

认知品牌联合主要是商业街区通过品牌合作向对方的顾客群展示自己的产品、服务和品牌,扩大商业街区在新目标市场上的影响,提高品牌在新受众中的认知度。这类品牌联合共同创造价值的潜力处于最低层次,主要通过在合作伙伴的客户群中进行宣传,使得合作的双方迅速地提高公众对他们品牌的认知,品牌合作的目标仅仅局限于同受众进行接触并提高其认知度。因此该品牌联合共同创造价值的潜力较低。

（2）价值注释品牌联合

这种品牌联合表现为一方品牌对另一方品牌的价值或定位进行注释,或双方品牌相互注释。价值注释品牌联合的实质是为了实现其品牌价值在顾客心中的联合而进行的合作,而这种品牌价值的联合又是通过顾客的品牌联想来实现的。

（3）成分品牌联合

成分品牌联合是指两个品牌同时出现在一个产品上,其中一个是终端产品的品牌,而另一个则是其所使用的成分或组件产品的品牌。

（4）能力互补品牌联合

能力互补品牌联合是指两个强势品牌在能力上具有互补性。它们的合作并不是各个部分的简单相加,而是集中各自的核心能力和优势来共同生产一个产品或提供一种服务。能力互补品牌联合是最高层次的品牌联合,共同创造价值的潜力最大。它同成分品牌联合的主要区别在于,成分品牌向终端产品提供的是一个可分离的实体成分,而能力互补品牌联合则不仅包含有形的、可分离的实体成分,而且还包含了无形的、不可分离的要素。

2. 品牌联合的优点

（1）联合品牌能够实现优势互补与资源共享

如我们所知,每个品牌都拥有属于自己的营销资源,诸如客户资源、渠道资源、传播资源、市场资源等。在原有的营销环境,每个品牌各行其是,花费高昂的代价缓慢地建立起属于自己的营销资源与平台,这个平台历经艰辛搭建之后,随之出现了平台资源利用不足的问题。

通过品牌联合,最大的利益就是使各种营销资源得到共享。一方面,资源的共建共享可以使商业街区营销资源平台的搭建、维持和发展费用因分摊而得到降低;另一方面,一些新生品牌可以利用资深成熟品牌既有的营销资源,快速搭建起自己的营销资源平台,从而极大地提高商业街区品牌推广的速度和范围。

每个品牌都拥有令人自豪的优势,当然也无一例外都存在令人沮丧的劣势。

市场营销的秘诀,从某种意义上讲就是发挥优势,规避劣势。优势让品牌增辉,劣势令品牌逊色。作为品牌,当然是希望优势越强越好,劣势最好不要存在。当然,这是一种超乎理想的完美状态,几乎不可能实现。借助联合营销,可以有效地实现品牌之间的优势互补,可以在一定的时间、范围内部分地达到这种状态。

（2）联合品牌能够提高品牌资产的价值

商业街区品牌推行联合营销,让自己的产品与合作品牌的产品捆绑在一起,以统一的形式进行销售。如此一来,既能够有效地降低营销成本,又能够提高产品的单位价值。与此同时,自有产品与捆绑产品之间的互补性,也势必让自有产品的价值一瞬间得以大幅上涨。如若此时产品的价格维持不变或是小幅上涨,由于产品价值与产品价格存在的巨大落差,将使产品顺利实现价值增值。从某种意义上讲,价值增值是品牌联合营销的核心,通过价值增值,能够有效地激活消费者的消费欲望,在特定周期内大幅提升产品的销售量。

3. 上海南京路步行街×喜马拉雅

2020 年 5 月 4 日,上海南京路步行街企业联合会与喜马拉雅签署战略合作协议,携手构建 360 度的"有声南京路",融合线上线下消费场景和行为,让中华商业第一街实现购物与文化跨界融合的新兴消费模式,加速在线新经济发展。

喜马拉雅作为上海知名互联网企业、国内最大的音频平台,拥有 6 亿用户、1 000 万主播和亿万音频。被誉为"中华商业第一街"的南京路步行街,聚集了众多国际知名品牌和老字号品牌,2019 年游客数量突破 2 亿人次。此次,双方积极参与上海"五五购物节",抓住新消费跨界融合的契机,结合自身业态特点,共同打造 24 小时在线"有声南京路",为建设国际一流高品位步行街添砖加瓦。

作为上海"五五购物节"新兴消费板块的一个重要项目,南京路步行街企业联合会牵头联动业主及商铺,喜马拉雅提供平台和技术支持,多方联手共建一个"有声南京路"云空间,共创"南京路有声内容故事库",将南京路特有的文化内容、丰富的品牌内涵有声化,展现其多元的商业形态、创新的消费模式。凭借有声化赋能,打造独具特色的"声音名片";利用南京路的公共空间,塑造一条线下"有声南京路"文化长廊,将以线上与线下的有机结合,提供沉浸式的游购体验与服务。一系列首发活动、品牌活动、文化活动等项目通过"有声南京路"落地,全面助力步行街文化商圈的宣传推广,促活商圈的新兴消费、休闲消费、文化消费。

"五五购物节"期间,喜马拉雅在南京路步行街设立"有声南京路"朗读亭和快闪店,开展"五四青年说"公开课及南京路商家文化"寻宝"活动,以声音的传播力和感染力,进一步提升步行街的购物体验,让消费者在购物的过程中既得到实惠又能获取文化知识。

喜马拉雅副总裁屠峥介绍,合作双方将声音和文化相结合,发掘更多的新业态、新模式,打造更具吸引力的消费新场景、新渠道,为消费者提供更加多元和便捷的消费选择,为上海的在线新经济产业发展做出贡献。

合作双方还计划共同打造蕴含南京路文化特色、融入喜马拉雅文化 IP 的"有声书店",使其成为申城的网红新地标,全面推动"有声南京路"文化标杆的建设。喜马拉雅将持续与线下商圈、商户深度对接,通过"线上文化内容种草,线下实体消费"的新模式,与上海其他商圈乃至全国各地的商业部门合作,为实体经济赋能,助力在线新经济发展。

南京路步行街和喜马拉雅的合作是一次非常有趣且有意义的融合创新,是在线消费和实体商业的深度互动,将成为上海商旅文融合发展的一个典型样本,为商业街区的未来发展方向提供了借鉴意义。

5.5.4　培养消费者的品牌忠诚度

品牌忠诚度是指消费者对品牌偏爱的心理反应,反映了对该品牌的信任和依赖程度。消费者在购买决策中,多次表现出对某个品牌有偏向性的(而非随意的)行为反应。它是一种行为过程,也是一种心理(决策和评估)过程。品牌忠诚度的形成不完全是依赖于产品的品质、知名度、品牌联想及传播,它与消费者本身的特性也密切相关,依靠消费者的产品使用经历,提高品牌的忠诚度,对商业街区的生存与发展、扩大市场份额极其重要。

对于商业街区来说,品牌忠诚度的价值主要体现在以下几方面。

1. 降低行销成本,增加利润

忠诚创造的价值是多少? 忠诚、价值、利润之间存在着直接对应的因果关系。营销学中著名的"二八原则",即80％的业绩来自20％的经常惠顾的顾客。寻找新客户对商业街区的重要性不言而喻,但维持一个老客户的成本仅仅为开发一个新客户的七分之一。在微利时代,忠诚营销愈见其价值。许多商业街区把绝大部分的精力放在寻找新客户上,而对于提高已有的客户的满意度与忠诚度却漠不关心。商业街区品牌的目的是创造价值,而不仅仅是赚取利润。为顾客创造价值是每一个成功的商业街区品牌的立业基础。商业街区品牌创造优异的价值有利于培养顾客忠诚观念,反过来顾客忠诚又会转变为商业街区品牌增长利润和更多的价值,商业街区品牌创造价值和忠诚一起构成了商业街区品牌立于不败之地的真正内涵。

2. 易于吸引新顾客

品牌忠诚度高代表着每一个顾客都可以成为品牌活的广告,自然会吸引新客户。根据口碑营销效应:一个满意的顾客会引发8笔潜在的生意;一个不满意的顾客会影响25个人的购买意愿,因此一个满意的、愿意与商业街区品牌建立长期稳定关系的顾客会为商业街区带来相当可观的利润。

3. 提高销售渠道拓展力

拥有高忠诚度的商业街区品牌在与销售渠道成员及入驻商业街区的品牌方等谈判时处于相对主动的地位。经销商当然要销售畅销产品来盈利,品牌忠诚度高的商业街区自然更受欢迎。此外,经销商的自身形象也有赖于其出售的产品来提升。因此,高品牌忠诚度的商业街区在拓展通路时更顺畅,容易获得更为优惠的贸易条款。

4. 面对竞争有较大弹性

营销时代的市场竞争正越来越体现为品牌的竞争。当面对同样的竞争时,品牌忠诚度高的品牌,因为消费者改变的速度慢,所以可以有更多的时间进行品牌延伸和创新,完善传播策略以应对竞争者的进攻。

品牌忠诚联系着品牌价值的创造,商业街区为顾客创造更多的价值,有利于培养顾客的品牌忠诚度,而品牌忠诚又会给商业街区带来利润的增长。以上提到的品牌定位、品牌建设和品牌持续管理的过程,都可以帮助商业街区打造属于自己的品牌,树立良好的品牌形象,培养顾客的忠诚度。

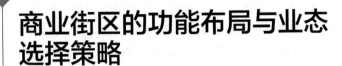

第6章 商业街区的功能布局与业态选择策略

6.1 商业街区的功能

　　世界著名城市史学家刘易斯·芒福德(Lewis Mumford)说:"城市不只是建筑物的集群,它更是密切相关并经常相互影响的各种功能的复合体。"城市的各种功能在空间结构中表现出不同的分布形式。在特定地域空间上,商业功能表现为不同商业业态的组合形式,商业功能结构的综合性和多元化体现区域商业发展的成熟水平,而功能结构合理化的商业街区能够很好地形成稳定的产业凝聚力,并且有效提升城市对区域的外向服务水平。西方城市规划学者提出了著名"豪布斯卡"(HOPSCA),即为"现代化、多功能、综合性商业街区",其中包括酒店(Hotel)、办公楼(Office)、停车场(Parking)、购物空间(Shopping Mall)、集会公共活动和娱乐空间(Convention)、公寓(Apartment)六大组成部分。"豪布斯卡"原则的核心观念为:商业街区不仅仅是一个消费者购物的场所,更是一个集购物、娱乐、餐饮、休闲、居住为一体的城市空间。按照该原则,商业街区应是由众多独立的商店、餐饮店、休闲娱乐场所共同组成的,按照一定比例规律排序的,多功能、多业种、多业态的繁华商业集合体。因此,商业街区主要包括购物功能、餐饮功能、娱乐功能、文化功能、住宿功能、旅游功能等六大功能,而不同的商业业态类型分别代表对应的商业功能,具体如表6-1所示。

表 6-1　商业功能细分

商业街区功能	提供服务内容	经营业种
购物功能	直接销售品类齐全的商品	购物中心、百货商店、超市、专卖店、便利店等
餐饮功能	提供各种酒水、食品	甜品店、各色餐厅、地方小吃等
娱乐功能	提供身心愉悦与休闲的服务	影院、会所、游戏厅、健身房等
文化功能	满足个人文化精神需求	展览厅、文化馆、艺术中心等
住宿功能	提供居住和休息空间	酒店、宾馆、会所等
旅游功能	提供旅行游览服务	旅游咨询中心、特色街区景点、历史遗址等

　　商业街区的功能在于满足消费者购物、餐饮、娱乐、文化、住宿、旅游等多元化的需求。因此,在传统商业街区批发和零售基础功能上,现代商业街区还增加了产业服务、产业创新、文化展示与旅游休闲等高级功能。作为城市资产的重要组成部分,丰富的街区功能在很大

程度上促进了区域经济发展,并且提升了城市生活品质和文化传承价值。它通过向城市社区提供设施和服务,承担了城市的部分职能,能够有效地弥补单体商业组织的缺陷和不足,增强商业街区的综合竞争力。例如,成都宽窄巷子依靠旅游休闲、品牌商业、时尚年轻等主题的功能定位,在保留原始老成都街区生活体验的同时,加入各地品牌餐饮、精品饰品、艺术休闲、特色会所等各样的经营业种,丰富功能业态的同时凸显成都街巷的特色。此外,称为"东京的心脏"的银座大道,是一个以高级商店和繁华街道为核心,并且保留了老东京城市氛围的商业街区。历史悠久的银座大道两旁各类商店鳞次栉比,后街以饭店、小吃店、酒吧为主,颇具特色的日本料理应有尽有,从居酒屋到正宗日本料理、从西餐到各国风味料理,还有十几家咖啡厅和甜品店可供休憩。除此之外还有不少画廊和艺术馆,为街区增添了大量的娱乐和文化功能设施。

　　商业街区商业业态越丰富多样、级别越高,其功能结构就越复杂。商业街区的多元功能与消费者行为有关,消费者在进行商业消费时,也注重精神层面的享乐,如休闲娱乐、餐饮、住宿等,因而现代商业街区不仅仅需要营造传统商业氛围,也需要注重发展能够满足人们多层次消费的商业业态,将各功能设施的比例搭配合理,推动商业街区向多元化功能发展。

6.2　商业街区的功能演化分析

6.2.1　演化趋势

　　在城市化进程中,商业街区建设的"同质化"问题显然已经成为影响城市形象和魅力的问题之一。两千多年前,亚里士多德(Aristotle)认识到人们为了活着,聚集于城市;为了活得更好,而居留于城市。在工业时代,商业街区只是为了保障居民生活便利,而随着时代的发展,商业街区的功能不再局限于单一的商业功能,而是随着社会、经济、文化功能的变化而不断更新和发展,逐渐形成购物、餐饮、娱乐、文化、住宿、旅游等多元化业态容纳共生的生态系统。商业街区作为连接城市肌理的一个重要组成部分,是城市经济、人文、空间的物化反映,其形态演变的内在机制反映了城市发展变动的历史。城市的发展是商业发展的前提和基础,而商业也是城市发展的推进器。因此,商业街区的功能演化受到城市发展的影响,同时也对城市发展起到反作用。

　　随着社会对商业要求的不断提高,城市发展不断给街区发展提出新的要求。当商业街区面临新的发展趋势时,商业街区的内部因素、经营模式和整体规划将被重组和改变,以提供一个多元相容的整体风貌。在该过程中,商业街区的特色内涵由原始单一逐步向休闲娱乐、文化、旅游等多元特色演变,商业街区功能也随之转变。因此,商业街区功能演化是街区特色内涵不断更新的动态过程。成功的商业街区建设有利于增强城市的吸引力、辐射能力与竞争能力,成为城市形象的典型代表。城市经济、文化、社会、旅游、政策等因素都是影响商业街区功能演化的要素。随着商业街区所面临的环境正在发生巨大变化,城市的多极化使得商业街区所面临的竞争环境更为恶劣,同时商业业态的多元化改变了人们传统的消费观念。综合以上变化趋势,商业街区功能转型正在加速进行,其主要表现在以下几个方面。

1. 专业化细分和注重服务成为发展主导

当商业街区出现同质化,即商业业态布局、品牌选择和档次、整体空间规划等因素都类似时,商业街区很难凸显街区特色而持续吸引消费者。竞争力的缺失会导致商业街区逐渐失去消费人群和市场份额。商业街区竞争的日益加剧将形成更多细分市场,而如何专业化细分将始终围绕消费者需求进行,要求经营专业化、品种细分化。街区出现大量受消费者喜爱的专门店和专业店,通过专门化服务、共享服务、售后服务等服务手段,为消费者提供舒适的购物环境和优质服务。商业街区根据项目的特色内涵和细分化进行对应的商业业态打造、街区空间布局的打造、商业品牌的定位等,专业化运营管理消费者购物活动。

2. 体验经济下文化功能逐渐显著

文化是城市的灵魂,也是城市经济发展的一种重要潜力。随着商业街区的日趋成熟,商业街区将文化与经济相互融合,使其相得益彰。商业街区利用各种特色产业聚集、资源优化的内在优势,注入和释放各种文化元素,进而形成独具特色的产业文化表现力和竞争力。商业街区的文化传承了城市独特的特质和形象,为商业街区的品牌建设奠定基础,当商业街区的各个品牌特征被强化时,文化功能表现出多样化和特色化。特别是一些典型的文化体验型商业街区,通常承载了浓厚的城市文化味道,或传承经典文化,或弘扬现代时尚,集商、旅、文一体,能满足城市市民和游客多种消费需求。成都的宽窄巷子、锦里,苏州的观前街,杭州的清河坊,福州的三坊七巷,上海的田子坊、新天地等文化体验型商业街区顺应文化发展需求,构造有别于普通商业街区项目的文化轴线,以独具风格的历史建筑为载体,完美融合文化、商业、旅游等多种元素,打造城市新名片。随着城市文化的繁荣和商业街区文化功能特征的日益强化,商业街区更加追求独特的文化魅力和底蕴,被现代人感知和体验,在一定意义上更好地保护和传承了当地文化。

3. 交通功能弱化,打造慢行交通

商业街区的源起通常在交通发达的路网交汇处,传统商业街区承担了较强的交通功能。但随着城市的建设和商业街区发展需要,出现大量特色商业步行街。关于商业街区交通,各个商业街区积极采取"供需双控"发展策略,通过交通设施的合理供给控制,引导交通需求的发展,形成低水平的供需平衡。开发商在设计街区交通时,应采用以多元化公交为主导,控制低效交通出行的交通发展模式,以倡导慢行交通。在此基础上,在一些历史商业街区内部,还形成了以大中运量为骨架、常规公交为主体、街区特色公交为补充的多层次公交网络,进而限制城区内机动车出行的需求,提高公共交通的出行分担率。虽然交通功能明显弱化,但是凭借便捷高效的综合交通系统,商业街区能够营造良好的慢行环境和空间品质,进而为人们提供更舒适绿色的出行方式。例如,为优化街区环境、完善服务功能,培育消费新增长点,杭州市湖滨步行街依托数字技术打造慢行交通,成为最时尚、最人文、最智慧的"醉杭州"样板。街区交通有效实施线上线下融合工程,将进入湖滨步行街的"网络流量"转化为"消费体量",将新思路、新技术、新渠道融入商业街区交通管理中。

4. 旅游休闲和娱乐功能快速发展

逐渐发展成熟的商业景观和商业文化加强了街区旅游休闲和娱乐功能。城市应把握人口快速增长和消费持续升级的机遇，不断推动商业街区的改造和升级，整合文化、旅游和商业资源，将文商旅融合发展作为商业街区发展新趋势，将街区建设与旅游、文化等相关服务产业的发展有机联系起来，探索"始于商贸，旺于特色，盛于旅游，久于文化"的发展模式成为许多著名商业街区的立足点。发挥商业街区特色的旅游功能，将街区建设为商旅文互动的精品工程，将会给城市带来独具特色的聚集效应、规模效应和品牌效应。商业街区发展应结合城市旅游品牌创建工作，按照打造城市商业景观和旅游目的地的要求，将其建设成为吸引中外游客的重要消费、游憩和购物场所。

6.2.2　影响功能演化的要素

商业街区发展状况存在差异，具体表现为影响其功能演化因素的差异，主要包括社会经济的稳健发展、商业聚集效应的推动、文化产业创新发展要求、城市旅游的快速兴起、消费者需求的大幅度增长、政府政策的大力支持等。

1. 社会经济的稳健发展

随着我国经济社会的快速发展和综合国力的显著增强，城乡居民生活水平显著提高，居民收入持续快速增长，分配差距持续缩小，消费质量明显改善。全国居民的人均可支配收入已从1978年的343元上升到2019年的30 733元，比上年名义增长8.9%，社会经济的快速稳健发展保证了居民的消费能力，使得居民有了更高层次的消费需求。在社会经济相对落后时，城市功能相对单一，居民对于商业街区的要求仅限于满足基本生活需要的购物功能；但当社会经济稳健高速发展时，城市功能日益趋向综合化，金融、贸易、服务、文化、娱乐等功能需求都被放大，这也推动了综合型功能商业街区的产生。

2. 商业聚集效应的推动

商业空间的根本目的是创造商业利益，而商业集聚效应的产出得益于商业街区功能的良性运作。集聚是城市街区的重要形态特征之一，商业集聚从规模经济、范围经济、外部经济及交易成本等多方面增强了单个企业经营者的竞争力，使企业获得了竞争优势。同时，商业街区集聚的集聚经济效应，可以进一步提升商业街区规模和知名度，扩大商业街区规模和市场，加速商业街区功能的演化过程。消费者选择商业街区的核心依据是该街区商业功能的构成和组合，所以商业街区的建设需要通过多种功能的协调共生，形成独具一格的特色，吸引更多的消费者，产生更大的商业利润。

第一，商业集聚所形成的规模经济效应，使得各业种的商家在有限的高地价空间上创造更多利润。从生产者角度看，集聚进一步降低了各商业主体的交通运输费用。同时商业集聚区往往形成了一定的区位品牌效应。商业街区企业通过集聚，集中广告宣传的力度，这既减少了单体企业的广告宣传费用，又借助广告效应形成整体品牌优势和街区商业优势，使单体企业获得稳定乃至不断增长的顾客流。把分散的企业聚集在某个商业区域，无形中扩大了销售规模而节省了交易成本。从消费者角度看,由于商业聚集的街区内提供的产品和服务具有互补性和配套性,可以满足消费者更高层次的需求,节约了消费者搜索成本,增加了消费者对商业街区的信赖与消费黏性。

第二,商业街区集聚空间具有范围经济效应。上、下游商业企业之间的协同合作,有可能存在范围经济的一些相应的特征。一种产品的消费往往带动其上下游产品的消费,而当商业业态越来越丰富时,不同的商业业种能够相互补充而扩大共同的消费市场。在一个功能复合、产品多样的商业街区内部结构中,各商业企业之间具有错综复杂的网络联系,通过商业集聚模式不断增强商业吸引力。

第三,当商业街区内聚集许多业态的企业,并且形成了一定的聚集效应,聚集在同一商业街区的企业可以共同承担基础建设的费用,共同享有软环境优化的收益,享受地方和国家相应的优惠政策。这促使其中某个商业企业能够在整个商业集聚区中的发展建设里享受到更加便捷和优质的交通、通讯、物流等条件,同时还能得到信息、人才、绿化、照明等基础设施的供应,充分并高效利用短缺的经济资源。从本质上来讲,商业街区通过集聚的外部经济效益降低了边际成本,增加了收益。

3. 文化产业创新发展要求

文化是一座城市的灵魂,体现城市的品位、特色和内涵。文化已经逐渐成为城市可持续发展的重要动力,在增强国家竞争力、发展潜力和民族凝聚力方面有重要的作用。文化产业的发展推动着城市商业街区文化功能的发展和完善,主要表现在以下几点。第一,国家政策大力支持文化产业的发展。要通过积极的文化产业建设,丰富人民需要的文化产品。第二,城市商业街区是城市文化延续的场所,特别是历史商业街区,经历了长期的历史发展,拥有深厚的历史底蕴和内涵,是一座城市发展历史的缩影和见证,因此将文化功能纳入商业街区将会带来新机遇、新优势和新动能,有利于提升区域文化产业竞争力、生命力,成为区域经济发展的新增长点。第三,商业街区拥有发展文化产业的开阔空间,以街区独特的建筑为依托,开展各项文化活动,如文化展览、节日庆典、文化产业的保护活动,促进文化产业与地方文化优势融合,对于商业街区集聚人气、促进发展、激发活力具有较明显的优势。

4. 城市旅游的快速兴起

城市旅游是以城市为载体,以众多的旅游者空间行为为内容,依托城市旅游吸引物及其功能性服务设施开展的旅游活动。在"增量规划"的城市发展阶段,城市旅游率迅速提高,成为城市经济发展的巨大推动力。城市不仅是区域的经济、文化、政治中心,也成为旅游活动中心。城市发展不断以促进旅游为目的,开拓旅游空间和地区,推出各类城市旅游项目,以"扩张型"旅游发展理念,打造"大而全"的城市旅游格局。商业街区作为旅游者游览过程中的一个重要区域,成为城市旅游业发展的重点。例如,韩国首尔的明洞大街,从为韩国居民服务的主要购物休闲娱乐街区逐渐发展为旅游形象的宣传窗口,每年吸引 400 万以上的异国游客前去游览。商业街区旅游功能的发展,主要基于消费者旅游和城市旅游发展的需求。随着城市化的进程和消费者需求驱动,中国的旅游城市不断优化城市旅游的发展模式,经历了重视历史人文城市、生态自然城市到创新旅游城市的三个发展阶段。

随着游客旅游需求从观光旅游转向体验旅游,城市旅游呈现从单一走向多元的发展趋势,因此现代旅游应更加注重营造城市文化氛围。中国城市旅游的发展任务从解决旅游区域及产品的短缺转变为如何充分利用旅游资源融合旅游与文化要素,并使之具有独特的城市色彩。城市旅游的空间塑造也开始注重城市个性化体现、特色化发展及城市整体旅游形象的表达,并着重于通过文体、会展等城市旅游项目进行定位及宣传,从而衍生出历史古城、休闲城市、时尚都市等细分旅游城市定位。随着文化消费的升级和创意经济的兴起,游客更需要个性化和多元化的深度体验旅游代替浅层次的游览观光,这就要求商业街区要推进更深层次的文化创新建设,形成提升体验经济下增量转化的新路径,其中包括创新的文旅融合,即将现有的文化资源实现旅游化呈现。通过依托新技术和新市场创造全新的文化IP,街区建设独一无二的城市文化资产和标签,推动商业街区旅游功能的新旧动能转化。

5. 消费者需求的大幅度增长

在拉动经济增长的"三驾马车"中,消费需求是生产的目的,是经济增长的首要动力。消费人群的规模决定了商业街区的发展水平,低等级、辐射范围较小的商业街区往往吸引附近居民人口;高等级、辐射范围较大的商业街区将会吸引全市甚至更大范围的消费者。商业街区功能的空间演化典型趋势之一是以核心商业街为主轴向周边辐射扩散,而规模效应和聚集效应的扩大建立在消费需求的特性匹配程度上。改革开放至今,人均GDP不断攀升,其中城镇与居民人均可支配收入也持续增加,居民生活水平有了明显改善,恩格尔系数降低,国人基本实现了从温饱到小康的转变,交通通信、娱乐服务、教育文化等消费结构比重大幅提升,意味着城市居民在满足衣食住行等基本的消费需求基础上,其他高层次需求也日益增加。

随着可支配收入的增加,城市居民休闲意识的不断增强,街区作为推动休闲产业发展的平台,是城市居民开展休闲活动的重要场所。在消费需求攀升的大背景下,一批集娱乐、健身、美食、购物的新型文化街区不断涌现,休闲娱乐逐渐成为城市文化街区的主流功能,一批原有的文化街区也通过功能转型成为休闲业态集聚的场所。国内很多著名的文化商业街区,如上海南京路、南京夫子庙、北京王府井大街等都成功地将休闲融为了街区的主要功能。显然,休闲产业已经成为这些文化街区众多业态中重要的组成部分。

6. 政府政策的大力支持

根据商务部发布《关于加快我国商业街建设与发展的指导意见》,各地商务部门应加大政策协调扶持力度,对重点培育的商业街区加大资金投入,要求各地要充分利用自身的区域优势、产业优势、历史文化优势和经济优势,打造一批各具特色的商业街区。政策支持是商业街区扩大建设资金的重要支撑,以政府提供的多种筹措渠道为基础,争取各方面的财力支持,发挥购物、娱乐、旅游、商务、文化、休闲等多项功能为一体的商业街区集聚作用。综合型商业街区的建设,应注重把规模、经营、文化、特色、功能等要素进行整合;专业型商业街区的培育,应强调特色化、专营化、规模化。以杭州市为例,针对不同特色商业街区的原有条件对街区采取不同的管控和引导措施,结合街区的建筑风貌特征对业态结构进行调整,近年来其特色街区的知名度和影响力都有大幅上升。

6.3　商业街区业态布局理论

6.3.1　商业业态和空间布局相关理论

1. 零售业态变迁理论

零售业态变迁是指零售业态发展变化的过程,又称为零售业态演变。随着经济的发展和商业的不断繁华,零售业在商业选址、商品组合、服务方式、营业时间与销售模式等方面出现翻天覆地的改变,零售业态也向多元化方向发展。西方理论界基于循环论提出了四大较为经典的理论,分别是零售轮转理论、零售手风琴理论、真空地带理论、零售生命周期理论。

(1) 零售轮转理论

零售轮转理论是零售业态变迁理论的早期假说,最早由马尔克姆·迈克奈尔(Malcolm P. McNair)于 1958 年提出的。任何新兴业态进入市场,都经过适应市场到不断创新逐步占领市场份额的过程,再被更具有竞争力的新业态所取代。如果把零售业态的更新交替比作车轮的旋转,通常都会经历三个阶段,即导入阶段、成熟阶段和衰落阶段。

在第一阶段即导入阶段,新兴零售商会通过低价格、低利润进入市场,再通过渗透策略达到宣传企业和产品的作用,提高零售企业的知名度,并占领一定的市场份额。在第二阶段,随着业态的市场份额逐渐扩大,并且获得越来越多的消费者的信任和支持,吸引越来越多的模仿者进入市场,这迫使初始创新者无法再通过低价策略进行差别定位。在经历相对竞争优势的成熟阶段后,初始创新者随着成本不断地增加,逐渐演变成高成本、高毛利的经营者,于是进入第三阶段。迫于面对市场巨大竞争,零售企业改变原本低价策略,立足于产品和服务创新差异,这导致零售企业面临经营成本增加、投资回收率降低等问题。最终随着新的市场机会出现,原有零售企业被其新一轮新业态零售商所取代,零售车轮又开始新一轮转动。

零售轮转理论被证明符合大多数零售业态的变迁过程,所以具备较强的理论解释作用,但仍存在一定的理论缺陷。例如,便利店的出现就是零售轮假说所无法解释的,因为便利店并不符合零售轮假说中创新型零售业态都是以低价格开始进入市场的条件。

(2) 零售手风琴理论

零售手风琴理论是布兰德(E. Brand)于 1963 年提出来的,1966 年斯坦利·霍兰德(S. C. Hollander)加以发展并命名。这一理论着重从商品组合宽度的扩大与缩小的角度来解释新业态的产生。该理论认为企业业态演变如同手风琴的一张一合,业态变迁按照宽—窄—宽—窄的规律进行循环交替。

零售业态经营的宽度代表商品组合的综合性,宽窄代表商品组合的专业性。该假设首先假设某一时期以经营综合化商品的业态(如杂货店)为主导经营模式,接着就出现了商品组合较窄的新业态(如专业店),其逐步占据较大的市场份额,同时该业态具备了一定的竞争优势。在此之后某一时期又出现了商品组合宽度更大的业态(如百货店),继百货店之后又出现商品组合宽度更窄的业态(如服装专卖店)。这种零售业态的变迁沿着"宽—窄—宽—窄……"的轨迹,以专业化和综合化互为主导、相辅相成的循环模式,仿佛手风琴演奏时一张一合。

该假设从经营宽度角度解释了西方零售业态的变迁过程。但实际上零售业中的综合化和专业化是并存的,该理论对此没有做出较多探讨,同时该理论也没有考虑到消费者对零售业态的偏好问题。

（3）真空地带理论

1966 年丹麦学者尼尔森(O. Nielsen)提出真空地带假说,认为零售业态的变迁不是周期性变化而是螺旋上升的发展过程,消费者对零售商的服务、价格水平存在的偏好选择促使新业态的产生。

真空地带理论首先假设了商品组合、店铺环境、选址、销售方式、服务水平和价格水平等因素决定了所经营的各种业态特性,并且认为服务水平越高,价格水平也越高,两者成正比。紧接着假设三组组合,低等服务与低等价格、中等服务与中等价格和高等服务与高等价值,测试消费者对不同程度的服务与价格组合的偏好分布情况,其中中等服务与中等价格最受消费者欢迎。低等服务和低等价格的零售商为了吸引更多的消费者,将其服务水平和价格水平向第二级靠拢(提高档次),高等服务和高等价格的零售商也为了吸引更多的消费者,将其服务水平和价格水平向第二级靠拢(降低档次),结果导致第一级和第三级的零售业态消失了,产生了真空地带。

真空地带理论从理论上弥补了零售轮转理论认为高级零售业态开始进入市场的理论缺陷,但该理论以消费者偏好分布曲线的存在为前提,而消费者的偏好又受到很多因素的影响,是否存在这样的偏好分布曲线有一定的不确定性。

（4）零售生命周期理论

零售生命周期理论是 1976 年由戴韦森(William Davidson W. R.)、伯茨(Bates A. D.)和巴斯(Bass S. J.)共同提出的理论。该理论应用产品生命周期理论来解释业态从产生到零售的发展过程,指出零售业发展分别要经历进入期、发展期、成熟期和衰落期四个阶段,并指出了零售商在各个阶段所应采取的经营策略。

该理论以美国各零售业态为研究对象,具体分析各个阶段的发展状况。在进入期,新兴业态刚进入市场,以价格低的竞争优势迅速提高市场占有率,但成本大导致亏损情况严重;在发展期,新业态的销售量和利润快速增长,由于市场壁垒较低导致大量的模仿者进入市场而加剧了市场竞争;进入成熟期,依靠产品和服务优势占据了足够的市场份额,但是随着竞争的加剧,利润的逐渐下降,该业态逐渐进入衰落期;在衰落期,随着市场份额的缩减,业态经营者通常会放弃该业态经营,而选择以新的零售业态重新进入市场。

生命周期理论指出零售商应该不断进行行业态革新,从生命发展周期角度对零售业的变迁做出解释,但是也存在一定问题,比如没有明确指出零售业态发展、变迁的决定因素,同时现实中衰退期的业态是否完全退出需要结合实际情况商榷。

2. 商圈理论

商圈理论最早在 20 世纪 30 年代由德国地理学家沃尔特·克里斯泰勒(Walter Christaller)提出。该理论指在一定经济区域内,以中心地为圆心,向四周扩展形成辐射力量,进而形成对消费者具有一定吸引力的特定范围或区域。美国市场营销协会对商圈的定义为"经营某种产品或服务的某类企业的顾客分布的地理区域",因此商圈可以被理解为是由商家的销售辐射力和消费者的购买向心力交互形成的具体区域空间,是指导商业业态布局的重要理论基础。

（1）商圈的层次

在一定经济区域内，商圈根据商业辐射范围分为三级商圈：核心商圈、次级商圈、边缘商圈，具体结构如图 6-1 所示。

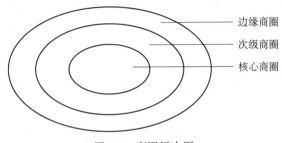

图 6-1　商圈层次图

核心商圈一般是最接近商业集聚区，约占据该经济区域消费者总数 50％～70％的区域范围，通常显示圆形或者椭圆形区域。在核心商圈中由于地理位置的优越性，消费者方便购物和消费，消费者占比率最高，消费者平均购物金额也最高，销售额大概占整个经济区域的 40％～60％。

次级商圈是指位于核心区域外围的邻近商业区，一般占据经济区域 20％的消费者，消费者较为分散，并且由于消费者需要花费一段时间才能抵达商业中心地的区域，便利品对该区域消费者的吸引力大大降低，而选购品更能吸引他们，销售额大概占 20％～30％。

边缘商圈是指位于次级商圈外围的邻近商业区，属于较远的辐射区域。该商圈占据的消费者比率最低，而且非常分散，销售额大概占 10％～20％。

（2）商圈的特征

商圈的特征是由商圈的构造决定。第一，不规则性。由于商圈对消费者吸引力受到多种因素的影响，比如人口在地理上的不均衡分布、消费者购物的心理距离、商区店铺对消费者的吸引力、实际交通状态、商区业态分布等。由于这些因素的影响导致商圈的形状和影响范围不一定是以中心地为圆心的圆形，在地理位置上展现出不规则的空间区域。第二，层次性。商圈大部分由单体零售店或多种规模和业态的商业街区构成，根据消费者占比率而具有明显的层次性。第三，重叠性。商圈与商圈之间没有清晰的界限，随着商圈内业态不断丰富，商区商户不断集聚，商区功能不断完善，在两个相同商业功能的商圈边缘位置可能会发生重叠，消费者有选择任何一家店铺的可能性，由此产生商圈竞争。商圈边缘重叠越多，说明商圈在该区域的目标消费者相似，竞争越发激烈；但如果同业态的商圈具有低饱和度的特点，则商圈之间更多引发良性的竞争。第四，动态性。商圈辐射范围、规模大小、主要功能可能会随着时间的变化而改变。商业区域的零售业态是影响商圈的主要因素，商圈业态越齐全则对应的商圈大小也越大。首先，对于同一商圈内同一业态的店铺而言，提高经营效率吸引更多的消费者来店购物，商圈覆盖范围会进一步扩大。其次，对于商业中心而言，若其商业业态丰富，能够满足消费者更多的需求，则商圈规模会相应扩大。

3. 商业聚集理论

商业集聚是指有较多且相互关联的商业企业在商业空间上的聚集，形成在某一特定区域内商业网点布局密度与专业化发展程度很高的商业经营聚集场所。而商业集聚作为一种特殊的产业集聚，其研究是以产业集聚的研究为基础。产业集聚最早由新古典经济学家阿尔弗雷德·马歇尔（Alfred Marshall）提出，他在《经济学原理》一书中提出"产业区"概念，很好地解释了当时工业集聚成区规模发展的原因。他认为企业集聚的成因主要包括自然资源、政府干预和集聚后的规模经济效益。之后，学者们从产业组织、技术创新、经济地理学等多个领域都对产业集聚的现象进行了深入的研究，提出了产业区位理论、增长极理论、技术创新等理论，形成了比较丰富的研究成果。

从商业集聚的理论定义上来看，最大特征是地理上的集聚，在特定区域内的所有不同业态或同一业态的零售企业相互竞争又相互合作、融合、共同发展。商业集聚具有以下六大特征。一是空间的高集聚性。商业街区规模越大，商店数量越多，业态越齐全，对消费者的吸引力也就越大，也就能吸引更多的店铺入驻，另外空间上接近可以减少产品运输成本和宣传成本，增加客流。二是业态的高模仿性，商业街区内新出现的业态一般盈利能力比较强，从而吸引其他类似的经营者进入，同质店铺会增多，可能导致价格战的发生。三是环境的高共享性，商业街区的店铺共同处于一个相对较小且稳定的地理范围内，店铺共存于相同的经营、社会、文化及消费环境，同时也可能会共享供应商、配送中心、物流商及储藏空间等。四是企业的高同质性，商业街区的店铺之间经营的产品可能存在相同或类似的现象。五是经营的高竞争性，因为消费者对价格极其敏感，所以价格策略往往是新业态进入商业街区常用的竞争手段，其他同类型企业就会跟进。六是高互补性，商业街区内多业态功能互补，协同发展。

商业集聚产生四大效应。第一，消费带动效应。当多种业态在某一区域集聚时，消费者多种消费需求可以在商业空间中一次性解决，则该区域的消费总量将会远超其他区域。第二，节约社会成本效应。生产者可以根据市场信息快速分析销售状况，并且销售规模的扩大节省了交易成本；消费者在同一区域内快速搜索自己所需的产品和服务，节省了搜索时间和成本，实现购物成本最小化，并满足出行购物时的多目标要求。第三，集聚区区位品牌效应。商业集聚区可以形成一定区位品牌效应，以集中宣传的方式，减少宣传费用，并且形成整体品牌优势，有利于实现利润最大化，从而成为一项重要的无形资产。第四，知识外溢效应。商业集聚有利于交易各方交流沟通，有利于其通过彼此模仿、共同学习不断改进提升，维护市场良性运转，促进创新的产生，同时也降低了人才流通的成本。商业集聚理论是进行商业街区空间布局和业态分布研究的理论基础，同时商业街区需要符合消费者需求和意愿的最佳业态组合。

6.3.2　商业业态的概念界定

业态一词源于日本，最早日本安士敏先生认为"业态定义为营业的形态"，它是形态和效能的统一。萧桂森在《连锁经营理论与实践》中指出，业态是指针对特定消费者的特定需求，按照一定的战略目标，有选择地运用商品经营结构、店铺位置、店铺规模、店铺形态、价格政策、销售方式、销售服务等经营手段，提供销售和服务的类型化服务形态。商业业态是商业经营的状态与形式，针对特定的目标市场，满足不同消费需求而形成的经营形态，零售学将商业业态定义为"服务于某一顾客群或某种顾客需求的店铺经营状态"，包括百货购物中心、便利店、专业店、超级市场、大型综合超市、批发市场等批零业态。它既体现了商店的形态与形状，又与细分客源市场相对应。

　　商业业态作为商业街区发展模式的主要载体，是向消费者提供产品和服务的具体形态。消费者的需求通过各类对业态的消费而转化为经济收益，因此商业街区的业态组织需要定位消费人群，调配商业街区资源和组织关键环节，来满足消费者的需求。作为影响消费者选择和消费的主要因素之一，丰富特色的业态组织成为商业街区吸引人流的重要资源。合理的业态结构能够适应消费者的需求变化，从街区传统单一的零售现货交易发展为具有零售、餐饮、娱乐、文化、住宿、旅游等多功能、多业态、多类型的商品、服务提供商。因此，商业街区的运营机构应对街区内的业态、业种进行动态调整，保持合理的业态结构比例。如果缺乏统一的规划和引导，将很难形成商业街区的主业和特色，影响商业街区的长远发展。

6.3.3　商业业态演进研究

1. 业态结构演进

　　业态结构是不同业态关联关系的归纳表述，结构的变化促使业态功能与环境相互作用的改变。因此，对业态结构的分析既是研究商业业态内部构成因素的基本手段，也是认识业态动态发展的有效方法。零售业态结构的研究可以追溯到 20 世纪 50 年代，源于超市作为当时一种现代型业态的迅速兴起。1941 年齐默曼（Zimmerman）对超市的诞生及发展特点进行了描述性分析，认为超市的核心特征在于自助式服务及庞大的规模，并预测这些特征将成为传统零售业态发展转型的方向。其后，零售业态结构的研究逐渐由对微观单业态的研究向宏观零售产业的多业态组合的研究不断深入。约翰·卡斯帕里斯（John Casparis）运用美国 1948 年至 1958 年零售业数据和人口数据对零售业结构与人口进行统计相关分析，得出零售业与区域人口分布和人口构成有密切关系。1966 年克里斯泰勒（Chdstaller）的中心地理论为业态结构的研究奠定了理论基础。1997 年梅辛杰（Messinger）和纳拉辛汗（Narasimhan）研究指出，人均可支配收入的增加将提高超市商品的分类（即细化商品的供给层次），同时他们认为，一站式购物的业态组合能满足消费者日益增长的便利性需求，即节约时间的需求。1999 年吴小丁等学者引入国外零售业态理论，对中国商业快速发展、现代型业态层出不穷的现象进行了分析，并以中国实践来检验这些理论的适用性。刘星原认为，零售业态的演进升级受到一个国家或地区的综合因素的影响，包括经济体制、经济发展水平、市场供求特征、消费者的收入水平和消费水平，零售业态是在"扬弃—异化—趋同—再扬弃—再异化—再趋同"的过程规律中演变与发展的。在此基础上，他进一步分析了中国大型综合超市、各类专业市场、大型百货商场、中小型百货商场的演变规律和趋势。荆林波等认为零售业态的变迁是一个国家和地区社会发展、经济增长和技术变革的必然产物。

2. 空间结构演进

　　零售业空间结构研究可以分为三个阶段。第一阶段是克里斯泰勒（Chritalleor）为代表的以中心地理论为取向的新古典主义学派，他所提出的"中心地理论"是研究商业中心等级体系的理论，即在一个地区内，存在不同等级的中心地，中心地等级越高，数量越少，服务范围越大;而低等级的中心地数量多,服务范围小。1954 年洛施(Losch)认为克里斯泰勒提出的"商品分销及利润集聚完全取决于空间位置"的结论过于刻板,他强调消费者福利最大化并提出"经济地景模型",认为不同层次中心地之间存在互补性,各空间的功能专业化,同一层次中心地的功能未必相同。第二阶段是数量革命引导下的空间分析学派,以贝里(Berry)为代表。贝里应用数量地理的研究方法,对芝加哥大都会地区商业形态区位进行实证研究,提出"都市区商业空间结构模型",将商业空间分为中心型、带状、特殊功能型三种商业区。该模型的主要价值在于将商业空间形态建立起层次结构。第三阶段是以消费者行为、认知研究及社会经济阶层研究为导向的行为学派,以美国学者赖斯顿(Rushton)为代表。1971年他提出"行为—空间模型",认为消费者行为在任何一层次的中心地都会出现成批且多目的的商业形式,进而影响商业空间结构。

6.3.4 商业业态的发展历程

商业业态是随着社会经济条件、技术革新等的发展不断发展的,从原始"日中为市,交易而退"的商业雏形,到有固定交易场所的店铺出现,再后来百货商店、超市等业态的出现,这一过程反映了商业业态的演变历史。具体来说,商业业态的演进历程可以分为六个阶段(图 6-2)。

图 6-2 商业业态的演变历史

1. 杂货店时代

零售业态最开始以小型杂货商店为主,是一种经营商品类别繁多而商品花色品种不多,商品销售价格较低,很少提供服务的实体商店。杂货店一般位于居民区附近,分布也较为分散,商品一般都属日用生活品和急需购买的商品。杂货店以柜台陈列销售为主,以满足便利性需求为第一宗旨。

中国在改革开放以前,商品供给极其短缺,实行计划经济体制。商品流通由国家统一计划分配调拨,商业机构的实质是一个商品的分配系统。杂货店作为零售店最早的形式,在我国主要分为两种:一是以经营日用品为主,兼营烟酒食品的杂货店;二是以经营副食品为主,兼营日用杂货的杂货店。

2. 百货商店兴起

百货商店是指在一个大型店铺内,区分不同的商品部门进行统一管理经营,满足目标消费者对商品多样化选择需求的零售业态。百货商店最早出现在 1852 年,布西哥创立了法国邦·马尔谢百货商店。与小店铺型的零售商业相比,它独具一格,具有几大特点:经营规模大、经营形式综合化、商品种类多、商品明码标价、注重服务、消费者进店自由选择等,它的出现引起了第一次商业业态革命的爆发。作为传统业态的主要代表,百货商店影响深远,并且被推广至全世界,所以它拉开了业态发展的序幕。

百货商店一般规模较大,常有专门的百货建筑,内部装修考究且商品品种丰富,销售额也较高,服务功能拓展性强,比如产品能与消费者近距离展示,举办促销活动能力强等。而且随着现代化经营理念的融入,百货商店餐饮、娱乐功能齐全,购物体验价值提高。另外,现代百货商店也注重自有品牌的建立,服务品质也随之提升,一般选址较好,常建设在城市中心商圈的中心位置,消费者的吸引力强。百货商店通过改变过去分散、单一的零售经营模式,以独特的综合商业零售模式深刻影响了世界各地的零售业发展,甚至在一个时间段内,百货商店模式"统治"世界各国的零售领域。继邦·马尔谢百货商店之后,西方先后出现了春天百货商店、卢浮百货商店和撒马利亚百货商店等著名百货零售品牌。

3. 连锁模式的创新

商业业态的第二次革命是连锁商店的兴起。1859 年,世界上最早的连锁经营商店太平洋和大西洋茶叶公司诞生。起初它只是纽约市一个小型连锁零售茶水和咖啡专卖店,到 1915 年第一次世界大战结束后,该公司拥有 1 600 家专卖店,并开设提供肉类和农产品的专卖店。1936 年,公司采用自助式超市概念,并在 1950 年拥有 4 000 家大型商场。连锁商店的创新性主要体现在运用工厂流水线生产技术和标准化运作管理的方式进行组织扩张,使零售组织由单体向群体发展,这为企业提高了经营效率、降低了成本,同时促进了市场消费。在这样的背景下,零售市场上需要一种能够解决大批量商品分销及分散式集中管理的零售经营形式,连锁经营形式应运而生。

连锁商店是众多小规模的、分散的、经营同类商品和服务的同一品牌的零售店,在总部的组织领导下,采取共同的经营方针、一致的营销行动,实行集中采购和分散销售的有机结合,通过规范化经营实现规模经济效益的联合。连锁商店具有经营理念、企业识别系统(如经营商标)、商品和服务、经营管理四个方面的一致性,在此前提下形成专业管理及集中规划的经营组织网络,利用协同效应,使企业资金周转加快、议价能力加强、物流综合配套,从而取得规模效益,形成较强的市场竞争能力,促进企业的快速发展。连锁商店的出现冲击了传统生产和经营格局,以强劲的渠道权力,在更大范围内配置社会经济资源,加速推动业态现代化进程。

4. 超级市场的诞生

商业业态的第三次革命是超级市场的出现。在 20 世纪 30 年代发生了资本主义大危机,当时美国的全国工业生产总值下降了 46.3%,倒闭的各类企业超过了 13 万家,失业人口超过了 1 200 万,占美国全部就业人数的 25%,全国工人的平均工资下降了 25% 左右。在这种市场环境下,美国广大普通消费者的购买能力大大下降,相比于百货商场出售的高档商品,消费者更为关心日常生活必需的消费品的价格是否便宜,价格成为影响消费者是否购买的首要因素。为了进一步降低运营成本,零售企业开设了商品货架自选的方式来销售价格比较低廉的生活必需品。1930 年 8 月迈克尔·库仑(Michael Cullen)在美国纽约州开设了第一家超级市场——金库仑联合超级市场,它首创了自助式开架陈列商品的销售方式,由消费者自由地选择购物并采取一次性集中结算,并且在商业形式上引入了现代工业和流水线式的生产方式,实现了零售商业的标准化、专业化、集中化与简单化,为零售商业带来了新的活力。

超级市场是许多国家,特别是经济发达国家的主要商业零售组织形式,以"一站式购物"

理论为代表的大型综合超市仍是世界各国超市市场的主流,超级市场业态与连锁经营紧密相结合,采用现代化信息技术管理手段不断发展成为大型或者超大型、跨区域甚至跨国界的连锁经营企业。同时一些超市市场业态也向"生鲜""仓储""会员"等进行细分化发展,出现"仓储式超市""生鲜超市""会员制超市""仓储会员制超市",使超市业态的经营更加专业,特色更加突出。

5. 多业态创生并飞速发展时期

随着第二次大战后的经济复苏,居民收入普遍提高,消费需求开始出现多样化的局面,西方零售企业迅速调整,出现针对不同目标消费者群体的业态形式,其中以购物中心、专卖店、折扣店和仓储式商场最为典型。而我国随着社会主义市场经济体制的改革与建设不断深化与完善,计划经济制度、管理、组织、政策和运行都基本上消解,1995 年之后,我国零售业逐步进入了一个市场调节、自由竞争、市场化的繁荣发展阶段。发达市场经济国家中的购物中心、专卖店、折扣店和仓储商店等在内的新型零售业态和经营模式,不断地被我国零售业引进、学习、模仿和发展,进入了一个"百花齐放"的高速繁荣发展阶段。

购物中心由中心店铺和外围店铺组成。中心店铺是承担主要购物业务的零售商,一般是超市或百货商店,经营商品种类齐全,经营面积较之外围店铺也大得多,是消费者选择购物中心进行购物的主要目标业态。而外围店铺主要经营专业化店铺,规模一般较小,主要满足消费者的多样化需求,普遍采取连锁化形式展开的专卖店和地方商店。中心商店和外围商店共同组成购物中心,常常联合进行大型促销活动,由购物中心管理机构进行统一管理。购物中心将购物、娱乐、餐饮、休闲等功能集合于一身,集合多种不同类型的业态店铺,为消费者服务。为了适应新的消费需求,零售业高度重视新型业态引进和创新,积极引入沉浸式、体验式消费形态,手工制作、怀旧场景、文化艺术、书法绘画等进驻购物中心,增强了消费者身临其境的体验感。

专卖店是专门经营或授权经营某一主要品牌商品为主的业态,满足消费者针对性购物需求。专卖店一般选址于繁华商业区、商店街或百货店、购物中心内,以著名品牌、大众品牌为主,是品牌、形象、文化的展示窗口。专卖店采取定价销售和开架面售的措施,销售体现量小、质优、高毛利的特点。此外,服务一体化创造了稳定而忠诚的消费群体。

折扣店源于 20 世纪 50 年代,是一种以销售自有品牌和周转快的商品为主,限定销售品种,并以有限的经营面积、店铺装修简单、有限的服务和低廉的经营成本,向消费者提供"物有所值"的商品为主要目的的商业业态。由于以"低价"作为其核心竞争力,在大众经济型消费占主导地位的中国市场,其可以最大限度地吸引消费者眼球。折扣店采取的业态策略包括利用工厂积压的剩余产品扩大商品折扣幅度,重视规划商品上架时间,工厂大批量供货,目标客户以消费大众为主,选择偏远郊区实行零库存。

仓储式商场 1968 年起源于荷兰,最具代表性的是 SHV 集团的万客隆,万客隆货仓式批发零售自选商场大多建于城市郊区的城乡结合部,营业面积可达 2 万平方米,并附设大型停车场。仓储式商场又称为仓库商店、货仓式商场、超级购物中心,是一种集商品销售与商品储存于一个空间的零售形式。这种商场规模大、投入少、价格低,大多利用闲置的仓库、厂房运行。商品采取开架式陈列,由消费者自选购物,商品品种多,场内工作人员少,应用现代电脑技术进行管理,即通过商品上的条形码实行快捷收款结算,并且对商品进、销、存采取科学合理的控制。这既方便了人们购物，又极大提高了商场的销售管理水平。仓储式商场秉持"物美价廉、低价低利"的经营方针，采取薄利多销的营销战略，实行科学规范的连锁经营管理，以精选大众化的畅销日用商品销售模式建立与消费者合作的稳定的营销关系。

6. 高科技商业业态革命

随着互联网、大数据、云计算等网络技术的迅猛发展，新产业、新业态、新模式"三新经济"不断涌现，实体商店的角色发生翻天覆地的变化，无店铺业态迅速增长。随着中国零售业的完全放开，以仓储式商场、大卖场、便利店、连锁超市为代表的零售业态不断丰富与完善，实体零售业态的创新日益朝专业化、高级化方向发展，无店铺业态的创新主要体现在短路经济。以淘宝特价为代表的新型 C2M 模型，厂家直销，工厂特价，省去中间商。M2B 的 Costco 模式，M2b 的名创优品模式，C2C 的闲鱼、瓜子二手车模式，S2b 的天猫小店模式，越来越多的新模式出现，链路开始变得越来越短，并且处于交易的各利益方都能获利。零售商面对的不仅仅是消费者，更重要的是面向整条产品供应链，利用新科技，优化、缩短甚至砍掉不再高效的环节，使得产品到用户之间的链路越来越短。

新一轮科技革命和产业变革加速演进，人工智能、大数据、物联网等新技术、新应用、新业态方兴未艾，互联网迎来了更加强劲的发展动能和更加广阔的发展空间。系统技术革命为零售商业的发展注入了新鲜活力，这些技术的应用具有消费快捷、全天候服务、价格低廉、信息透明的特征，扩大了消费者的购物时间和空间范围，精准定位与推荐满足了消费者的个性化购物需求。企业以互联网为依托，通过运用大数据、人工智能等先进技术手段，对商品的生产、流通与销售过程进行升级改造，逐步重塑业态结构与生态圈，对线上服务、线下体验及现代物流进行深度融合，进而逐渐形成零售新模式。

6.3.5　商业业态类型划分

有关业态分类的研究，国内外学者主要集中在零售业领域，随着新业态的衍生和发展，零售业形成了多业态、多层次、开放式、竞争型的新格局。

从相关文献来看，目前国外学者对业态的划分主要依据经营形态（单一店铺、多店铺）、营业形态（有店铺、无店铺）、企业形态（个人、公司、合作）、所有制形式（传统百货店、全国连锁百货店、全线折扣百货店、专业店）、销售方式（面对面销售、自我服务销售）等。国内学者业态划分的主要标准为组织形态、商品组合类型、聚集形态、服务类型等方面。目前关于商业街区的业态分类主要依据我国在 2004 年颁布的《零售业态分类》(GB/T 18106—2004)，国家标准采用广义学派的观点，把零售业态定义为零售业的经营形态。按照结构特点将零售店铺分为有店铺销售和无店铺销售两大类、十七小类，其中前者包括食杂店、便利店、折扣店、超市、大型超市、仓储会员店、百货店、专业店、专卖店、家居建材商店、购物中心、厂家直销中心；后者包括电视购物、邮购、网上商店、自动售货亭、电话购物。该种分类方式主要针对"如何卖"进行分类，得到国内学者的广泛认可。

本研究结合商业街区功能与业态特点，依据《国民经济行业分类与代码》，将商业业态按照功能性质分为零售类、餐饮类、娱乐类、文化类、旅游类、住宿类及生活配套（表 6-2）。

表 6-2　商业业态功能分类表

业态分类	业态细分	经营业种
零售业态	百货商店	经营的商品品种较齐全,经营规模较大的综合零售公司
	超级市场	经营生鲜、食品、日用品等大众化实用品
	便利店	日用小百货
	专卖店	粮油、食品、饮料、烟草、纺织品、服装、配饰、珠宝、玩具、文具、体育用品、图书、艺术品、古玩、家电、五金等
餐饮业态	美食城	包括大部分餐饮品种
	小型餐饮店	中餐、西餐、快餐、小吃
	饮料及冷饮店	茶馆、咖啡馆、酒吧等服务
娱乐业态	室内娱乐场所	影院、网吧、歌舞厅、健身房、KTV、戏院
	室外娱乐场所	游乐园、庆典、演出等
文化业态	—	图书馆、博物馆、美术馆、艺术中心
旅游业态	—	旅游咨询中心、公园、游船
住宿业态	—	宾馆、酒店
生活配套	—	银行、教育、药店、地产代理等

6.4　商业街区的业态布局策略

6.4.1　商业街区业态影响因素

整体来看,商业街区具有明显的集聚发展特征,但不同等级商业街区也呈现不同的业态种类和集聚形态。商业街区业态布局的形态与强度存在差异,在探讨其原因时表现为影响因素的差异,外部因素主要包括房地产业发展、城市区位布局、集聚竞争机制;内部因素包括消费者需求等。其中房地产业的发展是商业街区业态形成的基础,城市区位是商业街区业态形成的驱动力,消费者需求是商业街区多业态形成的方向标,业态集聚竞争机制是商业街区多业态空间形成的内部激励,共同推动商业街区多业态的形成和发展。

1. 房地产业发展

商业街区业态空间的布局与城市房地产业密切相关,因为房地产业的发展带来的是居住空间的扩张和人口的聚集,这为商业街区的发展提供了契机。在住房城乡建设部发布国家标准的《城市居住区规划设计标准》中(表 6-3),对于生活服务设施的配套与居住人口规模给予明确要求。不同市场定位的房地产住宅开发会对商业街区的业态设置和布局模式产生影响,不同居住品质的住户群体因受家庭收入、知识文化程度、生活方式等方面的影响,在商业消费需求和承受力程度方面呈现出阶梯差异。这种消费差异不仅体现用户消费需求差异,同时影响消费市场供给方决策,促使商业街区的经营需求与附近的居民区消费需求相匹配,进而选择提供与之对应的商业类型。因此商业街区业态布局会受到周边住宅小区本身房产开发和居住情况的影响。例如,在高级公寓和别墅区域的商业街区,品牌专卖店、小型中西餐、休闲会所、健身房等业态细分种类的需求会更加显著。

表6-3 城市居住区规划设计标准

城市居住区	人口规模/人	商业网点配置要求
居住街坊	1 000～3 000	设置便利店、书报亭、医药店、餐饮店、生鲜食品店等网点
五分钟生活圈居住区	5 000～12 000	增设综合超市、服务类店铺(美容美发、洗衣、家电钟表及日用品维修、影碟影带出租等)等网点
十分钟生活圈居住区	15 000～25 000	增设中型超市、生鲜食品超市、各类专业店(服装、医药、家电、书店等)、餐饮店
十五分钟生活圈居住区	50 000～100 000	增设社区型综合超市、生鲜食品超市、各类专业店(服装、医药、家电、书店、维修店、家政服务店、洗衣店等)、餐饮、旅店、文体场所
—	100 000 以上	增加设置大型综合类超市等

2. 城市区位布局

从城市空间看,消费者习惯于居住地附近消费活动,再往周围扩散范围,其地理活动空间的范围会对商业街区业态布局产生影响,商业网点密集、商业街区业态多样化意味着消费者可以在就近的商业街区购买到足够所需的产品和服务。

首先,在商业店铺选址模型中,地租的支付能力是决定不同业态店铺选择商业街区区位的主要依据。如图6-3所示的阿隆索竞标地租模型,美国著名的经济地理学阿隆索提出了由于不同的预算约束,首次引进了区位平衡这一新古典主义概念。他认为不同土地使用者对于同一区位的经济评估结果可能存在差异。阿隆索竞标地租模型还合理地解释了商业、工业、住宅、郊区农业等各类用地在城市地域内的组合规律。企业对业态区位选择的结果是城市商业空间结构的一个重要组成部分,城市中各种业态的区位取决于它们所能支付地租的能力,因此各种活动会透过土地供给、土地需求的市场价格变化来竞争各自的最佳区位。这样,对区位较敏感、支付地租能力较强的竞争者(如商业)将获得市中心区的土地使用权,其他活动的土地利用依次外推,从而形成地租和地价随远离市中心距离而逐渐降低,出现一个有特点的围绕最高价值点(市中心区)的同心圆城市土地利用级差模式。根据阿隆索的理论,商业街区中不同商业业态的地租竞价曲线不同,不同业态地租支付能力的差异形成不同的空间分布状态。由于不同区位选址的地租的不同,商业街区的各种业态区位取决于所能支付地租的能力。同等条件下,具有更高的地租支付能力的属于零售、餐饮、娱乐等商业街区业态,将会占据商业街区区位更好的沿街店面。

其次,根据雷利零售引力法则,人口和距离是确定城市商业吸引力的重要考虑因素,因此交通设施的配置也会影响街区业态布局。雷利零售引力法则以牛顿万有引力为核心,城市人口取代物体质量,城市之间的距离取代物体之间的距离,两个城市从其间某一点吸引消费者的能力与两城市的人口成正比,与各城市至该点的距离的平方成反比。随着技术的创新与进步,人们的地理活动范围因交通的发展而得到扩大,地理活动空间的范围不再是局限于街区内部,商业街区的易达性便成为区位的选址因素。而这种可达性便主要受到交通基础设施的影响,交通网络的通达性因而成为形成商业空间的重要条件,同样也是形成商业街区业态分布的重要驱动力。除交通因素以外,鉴于价格特征模型揭示出宜居性是人们居住

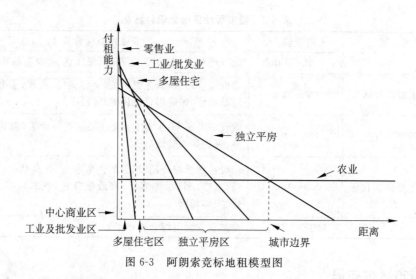

图 6-3 阿朗索竞标地租模型图

选址决策时的重要考量因素,而且房地产企业在住宅开发时也会对其周边配套资源进行具体的考察与规划,教育配套、医疗配套等相关条件也会在一定程度上影响着商业街区业态的空间布局。另外,区位优势明显、配套完善的地段也会带来大量流动人口,使得潜在消费者数量得以增加,促进商业街区业态更加丰富和完善。

最后,商业街区现有的功能和业态布局也会影响商业街区新业态发展的趋势。现有的街区规模和产业种类等都对商业街区的业态布局具有基础性的作用,一方面,在街区的发展中往往会有意或无意地引导形成某种商业业态的集聚分布;另一方面,部分产业布局可能限制另外产业的发展,进而在一定的空间范围内会呈现出以某种业态为主导的分布情况。

3. 集聚竞争机制

从街区区位的驱动力分析可知,商业街区店铺的经营者为了实现利润最大化需要进行区位选择。优质地段的范围是有限的,这将必然吸引大量经营者前来投资,进而形成商业集聚现象。产业集聚、集群的逐步壮大产生规模效益,这有利于商业街区资源被更为有效地利用。随着街区店铺供给量的增多,可供消费者的选择也会有所增加,从而形成一定的商业竞争,并通过改变需求条件影响商业街区店铺的供给分布。商业集聚的竞争包括单一业态网点的空间竞争和多业态网点的复合竞争,不同业态之间不仅具有竞争性,又具有互补性。商业街区多业态的空间集聚,使得商业空间的业态更为综合多样,逐步形成具有餐饮、住宿、购物、休闲娱乐、文化体验等多方面功能设施的商业街区。因此,这种集聚效应在提高商业街区竞争力的同时,也缓解了单一业态的竞争压力,满足了消费者多样化的需求。但需要注意的是,不同业态店铺对于集聚的需求程度存在差异,有的业态适合集聚,如餐饮业;有的业态则相对不适合集聚,一般对于商业街区而言,存在竞争关系的商业店铺应尽量在选址上保持一定距离。随着互联网和手机移动端的快速普及,消费者越来越具有发言权,一些购物网站的口碑、评论数量等,均可以反映出各店铺的竞争力情况,对于人气旺的商业街区经营业种会产生强大的吸引效应,吸引更大范围的消费者前往消费,激烈的竞争环境可以极大地促进商业街区业态空间集聚分布的形成,并激励各商家提供更为优质的商品与服务。

4. 消费者需求

随着人们生活观念和家庭收入的变化,消费需求层次不断提升,消费模式和消费观念也发现了变化,对商业街区的业态种类的需求也产生相应的变化。商业街区所提供的产品和服务作为流通过程的最后一个环节,直接为消费者服务,因此消费者的需求是商业街区业态布局的方向。消费需求的影响作用主要表现为以下三个方面。

(1) 体验式的消费观念。消费者的购物体验需求正在逐渐升级。商业街区空间的环境品质和特色逐渐被人们关注,过去人们往往关注商业空间中涉及的商品与活动,以及建筑与空间的使用功能。而随着消费社会进程的推进,加上购物中心、现代商业步行街、主题乐园等环境优良的大型综合型消费场所的出现,人们逐渐认识到消费空间本身也可以提供愉悦的体验,空间中销售的商品不再是唯一的决定因素,空间的形象与环境的好坏、档次的高低、特色的鲜明与否在很大程度上也决定了是否能吸引更多的消费者。

(2) 一站式的消费模式。现代社会高效、快节奏的生活方式使人们一切从效率出发,高额的交通与时间成本使得消费需求由单一化转向综合化。原本单一功能的商业空间已经不能适应消费者"空间消费"的需求,人们更希望在同一个商业场所,既能买到自己需要的任何商品,又能得到休闲、娱乐、交流等方面的满足。因此,人们倾向于综合性服务的"一站式"消费场所。现代商业步行街区正是这样一种"一站式"消费区域,它的空间组织应与多元化消费模式相契合,动线设计应体现经济有效的原则,将广泛的业种、业态有机地地串联起来,把大规模的主力店与小型专卖店整合一处,为消费提供灵活多样的消费选择,进而发挥出巨大的规模效应和成本优势。

(3) 个性化的消费倾向。在居民购买力大幅提高的今天,人们的消费已经不仅仅局限于单纯物质匮乏感的满足,更多的是寻求心理感知体验、精神需求上的满足。这种需求因人而异,使得现代消费者呈现出个性化的消费倾向。个性化消费倾向具体表现在追求自我完善,提升自己的消费品位,增强自己的消费能力;追求自己的个性,追求与众不同的消费,使自己跟上时代的步伐,满足自己对新事物的好奇心理。在这种消费倾向的影响下,一些个性化的消费项目如数码体验中心、休闲会馆、DIY 体验馆等逐渐被引入商业街区,并逐渐成为吸引消费者的磁极与街区定位的特色。所以,街区型商业网点在不断地发展和分布的形成过程中,逐步承担起购物、休闲、娱乐、游憩等多种复合功能,不仅作为城市居民经济交易的场所,还应成为精神和文化交流的场所。

6.4.2　商业街区业态定位原则

商业街区体量是普通商业建筑的 5~8 倍,可以容纳丰富多样的商业业态,使各个业种相互补充而发挥商业街区的最大优势,吸引更多的客流。具体相同业态功能的商业店铺应分组在同一区域,利用消费者的相似需求集聚消费的优势,带动相近商业业态的发展。商业街区将不同的业态相互组合,形成了集零售、餐饮、娱乐、文化、旅游于一体的商业综合体。顾客不仅能在多功能的商业空间中得到全方位的消费体验,还能获得一站式贴心服务。开发商在进行商业街区业态定位时,要深入了解该街区项目周边环境的特征和优势,同时遵循以下的业态定位原则。

1. 多层次合理分区

根据业态功能、业态档次和租金、营业时间等层面对商业街区的业态进行分区设置。

（1）按照业态功能分区。经营同类产品的商店在空间地域上表现出相互影响的布局。将相同的业态类型布置在一起，不同的业态类型分区布置，能够让每个功能分区以自己的龙头项目为中心，不断向周围辐射，形成商贸集聚效应。例如，将餐饮、服装、电子等细分业种按功能业态进行划分，分街区打造美食一条街、服装一条街、电子一条街等，极大地方便消费者对于同一业态多品牌的了解和对比，帮助消费者有目的地进行购置商品。同时同性质的商业业态集聚氛围能够提升街区整体竞争力，互利共赢。

（2）按照业态档次和租金分区。不同商业业态有特定的客户群体，围绕消费者主体，形成系列相关商业业态的空间布局。根据不同的客源来源划分商业街区，增加同一客源的业种利润，能够有效降低消费者搜寻成本，扩大品牌知名度和商圈服务半径。

（3）按照营业时间分区。不同业态营业时间可能存在差异，餐饮和娱乐等业态可能营业较晚，甚至 24 小时营业，而超市卖场到规定时间就停止营业。因此，可以根据营业时间进行一定的业态时间管理。

2. 结构性关联共生

商业街区具有复合化的特点，运营管理需要加强业态之间的关联性。经济的外部性促进业态之间产生关联效应，即地理空间上邻近的不同经营者会产生相互影响。例如，一家店铺采用一定的营销手段吸引消费者，而影响另一家店铺的外部需求和收益。以结构主导分类，业态关联性主要分为以下三种形式。

（1）庇附型关联。中小商店靠名店、大店的知名度与影响力，吸引消费者、招揽生意，形成商业群落。大型店、旗舰店依靠周边众多的中小型商店，强化特色、繁荣环境。

（2）互补型关联。这是一种业态设施在空间上的接近带来销售与服务的互相促进的关系。其中包括消费连带而形成的业态相互促进和业务协作连带，进而充分发挥同类业态布局的关联性和竞争优势；异业互补，汇总丰富多样的经营品项，兼有购物、娱乐、餐饮等多种设施，涉及多业种、多业态，满足消费者一次性购物。

（3）互斥型关联。这是一种商业业态相关设施造成负面影响的空间位置关系。因此，商业街区业态的选址布局应当极力避免互斥型关联。

商业街区是由不同业态业种聚集形成的，为消费者提供消费体验和场景的区域，因此在业态布局中应该确保商业店铺之间的依存关系所带来的额外利益大于竞争关系所带来的损失利益。依据三种业态结构性关联特点，零售商应在前期对已有商业业态关联充分了解的基础上，再对商业街区的空间集聚、空间关联和竞争关系进行合理调节，发挥商业街区业态布局的合理动态联系的效益。

3. 协调业态客流要求

商业街区为了吸引更多的消费者并且实现人流在商业街区内有序流动，在商业业态布局上需要根据各种业态的客流特征，规划商业街区内各个店铺的位置，使得商业街区业态达到平衡，所有店铺的人流能够达到相对最优值，形成街区空间具有竞争力的最优组合。根据客流量大小划分为以下三类。

（1）核心业态（主力店）。主力店一般指单店面积大于5 000平方米的综合性商业间，它租金贡献率较低，但可吸引并带动大量客流，并丰富购物中心的商业业态和品种。主力店相对经营面积较大，作为商业街区的核心引擎与主要承租商，它必须具有一定的知名度高、品牌号召力强、人流吸引力大与良好信誉等特征，这些因素将会为商业街区带来巨大的价值溢出效益，街区经营业绩的好坏与主力店的表现息息相关。在功能组织中，主力店被称为"磁极"和"锚固点"，不仅可以吸引大量外部客户流，还是拉动和引导内部人流的主要动力，因此主力店的选址会影响其他商业街区业态的选址，商业街区的定位、目标消费者、商品和服务提供的范围及消费者的印象。主力店一般可以分为百货主力店、超市主力店、娱乐主力店、餐饮主力店等。主力店的布局需要注意三个方面。第一，商业街区需要充分考虑主力店与入口的关系。如果主力店设置在街区入口附近，可能会降低街区内部普通店铺的客流量。同时由于主力店有较强的客流吸引力，不需要设置在街区的最佳位置。第二，目前大多街区业态组合流行的设计手法是用外街、中庭、广场等公共空间将主力店串联起来。规模小的精品商铺布置在公共空间周边，主力店之间的客流必须经过精品商铺，这样极大地拉动街区前端商铺的租金收益，并形成放射型或集散型人流。利用主力店的布置为随机性消费尽可能地增加引导人流，是商业街区合理引流，带动最大效益的价值所在。第三，我国目前商业街区的主力店主要为百货店、超市与影城等业种，通常在商业步行街区内分散布置，这样可以弥补由于街区空间系统中整合度较低对业态配置的不利影响，通过在街区空间系统两侧布置此类业态，还可以横向拉动街区空间系统的客流量并使其穿越零售型业态商铺，增强整体空间系统的商业活力。

（2）次级业态（普通商店）。商业街区在安排主力店之后才会考虑次级承租户与普通承租户，以取得最佳效果。业态类型以小型专卖店、餐饮店和服装店为主，对客流量依赖性较强。次级业态在商业街区业态布局中组成群布置在街区两侧，强调布局的关联性与良好商业氛围，促进内部消费者流动，增加次级业态的客流到达率，激发商业消费活动的潜在发生率。次级业态对动线联系的需求主要体现在以下几个方面。第一，消费者需求较大的店铺如服装品牌店、休闲娱乐店等应分布在商业街区不同的位置，并且在周围聚集一批相似业种的商业店铺，形成消费者热衷的小型消费主题。第二，珠宝店、高端奢侈品等附加值较高的店铺应该在通过街区大型主力店的主动线上，最大限度接触客流来扩大销售量。第三，中西快餐、休闲茶饮等可以围绕街区分散布置，满足消费者游览途中的餐饮需求。

（3）其他业态。最后考虑的小型租户，作为商业街区功能的重要补充，不具有引导客流的作用，但主要用于为消费者提供辅助性服务。

案例6-1

成都宽窄巷子——多元化业态分布典范

成都宽窄巷子（图6-4）位于成都市青羊区，长顺上街西，支矶石街南。宽窄巷子是成都遗留下来的较成规模的清朝古街道，与大慈寺、文殊院一起并称为成都三大历史名城保护街区，于20世纪80年代列入《成都历史文化名城保护规划》。成都宽窄巷子是"千年少城"城市格局和百年传统建筑的最后遗存，是北京四合院气韵和老成都居民风味所融合的文化"孤本"。这里既有康熙时期的传统文化，同时又有清末民初的西方文明元素，更有老成都人"逍遥自在,行云流水般,安逸神仙似"的生活态度和生活方式。宽窄巷子历史文化片区保护性改造工程,寻求历史文化保护街区与现代商业成功结合的经营模式,以"成都生活精神"为线索,在保护老成都原真建筑风貌的基础上,形成汇聚街面民俗生活体验、公益博览、高档餐饮、宅院酒店、娱乐休闲、特色策展、情景再现等业态的"院落式情景消费街区"和"成都城市怀旧旅游的人文游憩中心"(图6-4)。

图6-4 成都宽窄巷子现场照片

在总体布局方面,宽窄巷子项目由三条步行街组成,分别为宽巷子、窄巷子和井巷子,中间用通道连通,实现了人气、商气的互动,也显得非常人性化(图6-5)。在宽巷子两端分别设置了东广场和西广场,起到聚集人气、提供促销场地等作用。步行街长约400米,宽巷子宽度以6~7米居多,窄巷子宽度为4米,街巷距离适宜集聚人气。如表6-4所示,为突出不同的商业定位,宽窄巷子合理分区,将宽巷子、窄巷子、井巷子分别定位为"闲生活""慢生活""新生活"。针对不同的目标客群,协调不同业态的客流要求,按照时间序列的层次性,对街区分离的功能单元进行整合,符合消费者的消费流程和消费心理。

扫码看彩图
(图6-4、图6-5)

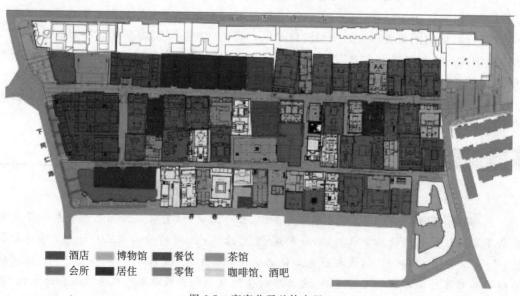

酒店　博物馆　餐饮　茶馆
会所　居住　零售　咖啡馆、酒吧

图6-5 宽窄巷子总体布局

表 6-4　成都宽窄巷子功能与业态定位表

商业街道	宽巷子	窄巷子	井巷子
功能定位	"闲生活"区 旅游休闲主题的情景消费游憩区	"慢生活"区 品牌商业主题的精致生活品位区	"新生活"区 时尚动感主题的娱乐区
业态业种	酒店、私房餐饮、特色民俗餐饮、特色休闲茶馆、特色酒馆、特色客栈等	各国西餐、各地品牌餐饮、精品饰品、艺术休闲、特色文化主题店	酒吧、夜店、甜品店、婚场、小型特色零售、轻便餐饮、创意时尚店
目标客群	怀旧休闲客群	精品消费客群	都市年轻客群

　　宽窄巷子中的三条街巷相贯通,但由于侧重点各不相同,业态也都根据各自的特色布置。宽巷子的定位是旅游休闲,规划定位以街面消费为主,在业态上,宽巷子形成了以精品酒店、私房餐饮、特色民俗餐饮、特色休闲茶馆、特色客栈、特色企业会所、SPA 为主题的情景消费游息区。窄巷子是品牌商业主题定位的精致生活品位区,为消费者提供安静闲适的院落等休息场所和美味的成都美食,业态以酒吧、咖啡厅等休闲娱乐、特色餐饮为主,辅以购物等。井巷子是时尚潮流主题的时尚动感娱乐区,业态以酒吧、购物和餐饮为主。在三种主题把控下,三条巷子的功能配置也略有不同,宽巷子的店面多为没有室内外界限的低端业态,小门面居多,例如露天茶摊,沿街摆设的风味小吃等,还经常会进行一些民俗活动;而窄巷子的店面多是中高档的院落式店面,如酒吧、咖啡馆,还有私密性好的高档餐馆、内设川剧表演的特色川菜馆等;井巷子以现代潮流文化为主,餐饮比例相对较少,大多是创意类精品店及街头绘画等文娱活动。三条巷子结合各自的主题,业态各有特色,形成三种不同的氛围,为消费者提供丰富多样的消费体验(图 6-6)。

图 6-6　成都宽窄巷子现场照片

6.4.3　商业街区业态比例分析

　　在商业街区业态进行组合分布时,合理恰当的业态配比是街区运营成功的关键点。我国现代大部分商业街区都存在"三足鼎立"的业态现状,即购物占 40%,餐饮占 25%,休闲娱乐占 30%;部分研究人员从消费类型进行划分,认为在合理的商业街区业态比例中,专营店占 50%,餐饮占 25%,综合商业占 15%,综合娱乐业占 10%。其中设置包括:百货店、大型超市、大卖场、专业卖店、大型专业店等各种零售业态,以及各式快餐店、小吃店和特色餐馆、电影院、儿童乐园、健身中心等各休闲娱乐设施和服务机构。如图 6-7 所示,以我国较为成功的商业街区上海新天地、北京三里屯、华南 MALL、北京蓝色港湾为例,展示了我国商业街区业态比例的常见形态。王学军等研究人员统计了国内外购物中心业态的配比数据,发现国外购物中心的黄金比例约为零售占 52%,餐饮占 18%,休闲娱乐占 20%,生活服务占

10%;而国内的零售业态比例相对更高,休闲娱乐和服务业态较低,在业态配比上还需要更加成熟。总的来看,目前对商业街区内四大业态的配比已经有了基本的共识,零售类、餐饮类、休闲娱乐类和生活服务类四大业态大约按照 5∶2∶2∶1 的比例来布局,同时结合其区位特征和开发定位进行一定的调整。

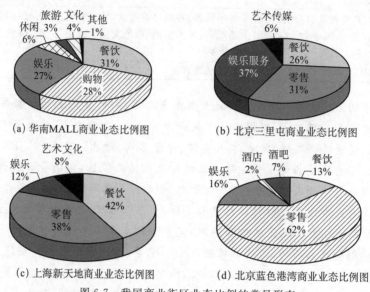

图 6-7　我国商业街区业态比例的常见形态

结合四个样本的比较,零售业态和餐饮业态的比例和发展对商业街区的活力有着密切联系,整体上比例位于 40%～50% 较为合适,并且对餐饮的分布需要进行分布控制。商务和艺术业态应该结合街区文化特征积极培养;娱乐业态方面应凸显街区特色,同时避免过度发展,特别是美容美发等设施;给予休闲类的内容建设一定空间。部分街区伴随旅游业的发展,相关旅游业态会大量涌入,也需要控制旅游业态在街区业态中的占比,避免出现商业氛围过浓、商业内涵较差、业态品质较低等问题。

案例 6-2

上海新天地——历史文化商业街区的标杆

上海新天地位于上海最繁华的商业购物区,属于城市"中心的中心",距淮海中路高档消费商业区 600 米左右,占地面积 52 万平方米,原自然街坊 23 个,紧邻淮海中路商务圈,北至太仓路,西至马当路,南至自忠路,东至西藏南路。上海新天地以独特的石库门建筑为基础改造而成,已成为展现上海历史文化风貌的都市旅游点。这是首次改变石库门原有的居住功能,创新地赋予其商业经营功能,把这片反映了上海历史和文化的老房子改造成集国际水平的餐饮、购物、演艺等功能于一体的时尚、休闲文化娱乐中心(图 6-8)。

新天地分为南里和北里,两者新旧结合,交相辉映。南里以反映时代特征的现代建筑为主,石库门旧建筑为辅。南里是一个以大型购物、娱乐、休闲为主的现代商业街区,其中进驻了各有特色的商户,为各地消费者和游客提供了一个多元化和高品位的休闲娱乐场所。商业业态包括国际影城、剧院、餐厅、家居用品、健身及水疗俱乐部、酒店式服务公寓等。北里以保留石库门旧建筑为主,结合现代化的建筑理念和装潢设计、时尚设计,拥有多家高级消费场所。同时四周

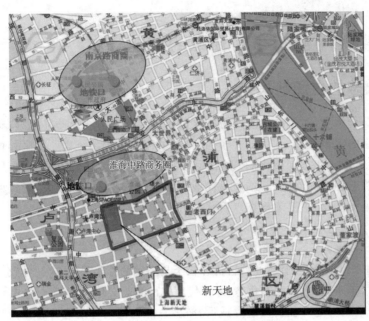

扫码看彩图

（图 6-8）

图 6-8 上海新天地地理位置分布图

邻接精致典雅的名店及餐厅酒吧，充分展现了上海的国际元素与文化特点。北里的商业业态主要为零售/服务、餐饮和艺术休闲娱乐为主。具体业态比例如表 6-5 所示。新天地集餐饮、购物、娱乐休闲、文化于一体，形成多样的商业业态，与邻近成熟商圈形成差异。其业态比例为零售：餐饮：艺术休闲娱乐＝42％：38％：20％，同时用建筑构建出海派文化特色，抓住了符合现代消费的"流行、时尚"的核心文化元素，迎合了市场的需求，成为上海时尚文化的历史地标（图 6-9）。

表 6-5 上海新天地业态分布统计表

项 目		零售/服务	餐 饮	艺术休闲娱乐
北里	业态统计	24 家，主要为工艺品、饰品、家居用品	22 家，其中 11 家为欧美风格	12 家，主要以酒吧、艺术工作室、生活会所等
	业态比例	35％～40％	35％～40％	20％～25％
	建筑面积	1.2 万～1.4 万平方米	1.2 万～1.4 万平方米	0.7 万～0.88 万平方米
南里	业态比例	45％	37％	18％
	建筑面积	1 万平方米	0.82 万平方米	0.4 万平方米

图 6-9 上海新天地现场照片

6.5 商业街区功能与业态布局存在的问题

6.5.1 商业业态的内涵缺失

走在不同城市的商业街区上,时常会发现部分街区除了建筑和地方文化凸显之外,整体差异较少。有人评价北京的南锣鼓巷、南京的夫子庙、杭州的河坊街等传统商业街区相似度较高,由于旅游业的发展出现了业态同质化的现象。不同城市商业业态的种类、品牌、层次重复度高成为商业街区普遍存在的问题,其本质是商业街区功能与业态内涵缺失,导致商业街区出现"千街一面"的消费体验,主要表现在以后几个方面。

1. 业态与地域文化不相适应

国内商业街区开发过于追求商业利润,商铺售价和租金是考虑的首要因素,这就导致业态方面急功近利的出现:为了追求畅销、高利润业态,部分代表城市商业文化的"老字号"、有城市文化内涵的业态被迫迁出。部分老商业街改造完成后,游客只能钻到没有改造的商业街和周边的街巷胡同去寻幽探胜。"历史有根"和"文化有脉"是商业街区发展的奠基石,其中"历史有根"是指要挖掘历史,目前多样化的传统商业活动消失带来传统商业文化的弱化,由于"网红商品""网红店铺"对于消费者来说更有吸引力,传统商品和业态对现代消费需求的不适应性导致了街区业态向旅游业态演变,街区业态也向更易获利和相对低端化的业态演变。"文化有脉"是指要突出彰显文化,文化要与商业街区所在的地域相吻合。例如,在西北的一个缺水城市的商业街区看到海滨浴场的少女雕塑,在国内某个商业街的街口看到巴黎凯旋门的雕塑,会让人感到奇怪,其他区域的特色景观出现在另一处就会显得牵强杂乱。同时,业态的同质化加剧了大量与本地文化不相符的业态进驻现象。例如,非本地文化产品的民族饰品店、其他区域特产零售店、现代连锁店、网红餐饮店等业种大量涌入,导致商业街区内涵缺失,街区环境混乱。

2. 业态与传统风貌不相适应

部分历史商业街区由于业态内涵的缺失而导致街区原本传统风貌被破坏、街区文化形象过于商业化。例如,明清古朴风貌的历史商业街区涌入大量快消型业态,快消业态为了展示商品和追求经济利益而占道经营,这对街巷风貌造成一定的破坏。街区特色业态的店铺通常会通过提供品种多样、品类丰富、地方特色鲜明的商品来展示街区传统风貌,以此来吸引消费者。但快消型业态多位于主街等空间限制条件大、客流量大的地段,它们的密集排布直接影响历史型商业街区的风貌品质,在商业经营的过程中缺乏"原真性"定位原则,给消费者留下了过于商业化而失去本真的街区印象。与传统风貌不相符的商业街区是缺乏历史风貌特色的街区,是难以长久繁荣的。这是国内部分历史商业街区开街初期由于业态定位不准确,加之引入大量快消型业态和一味广告宣传,最终导致逐渐萧条的原因之一。

3. 业态缺乏特色与主题

体验经济强调消费者对商业街区内活动与主题的参与体验,如果商业街区没有融于具有吸引力的景观要素与特色业态,就可能影响消费者的消费体验感与购物兴趣。一个有场所感的商业街区需要形成与消费者具有情感共鸣的特色空间。在业态配置相似的情况下增加趣味性和参与感强的商业项目，能够为商业街区增加 30% 到 50% 的经济收益。然而在对国内商业街区的调研中，存在一些商业街区没有很好利用自身优势营造特色与良好氛围的现象。例如，一些历史街区改造的商业街区，没有明确的业态定位，原有街巷中极具地域特色与魅力的建筑形式与特色环境被破坏，取而代之的是千篇一律的仿古商业内街或仿欧式门面，毫无特色与美感可言。这些商业街区定位模糊，缺乏对地域市场的分析和调研，将商业项目模式化，业态组织建设得和街区的主题营造格格不入。它们缺乏和同类产品，特别是同地段的同类产品的差异化，进而针对目标消费者未形成有效的差异和多样的体验，缺乏竞争力与持续发展的动力。

6.5.2　业态空间布局不合理

商业功能与业态设施布置不当会给商业街区带来客流布局失衡和业态效率低下的问题，部分商业街区在业态空间布局方面模式单一且业态规模缺乏层次性，业态的总体分布表现出以零售、餐饮等"快消型"业态集聚于主要流线、节点的特征，这对商业街区的文化氛围、游览体验产生一定负面影响。同时，由于业态定位缺乏特色导致街区缺乏大型主力业态的极化拉动等问题，商业街区的客流沿动线分布不均匀。这将严重影响商业街区内各个店铺的客流到达量，处于商业街区动线死角的店铺客流将会明显不足。而以北京蓝色港湾国际商区为例的商业街区，由于主力店铺在空间布局的不合理性而影响街区空间效率。虽然街区客流沿动线分布相对均衡，但主力店铺的位置靠近客流来向，造成"堡垒效应"，截流了约30%的客流，导致街区位置处于内部的店铺客流减弱，影响了商业街区整体功能的综合关联。

6.5.3　业态结构比例不合理

合理的业态结构比例是突出商圈特色和建设规划商业街区的关键点。就目前商业街区来看，许多街区业态布局杂乱，缺乏明确定位和统一规划，各街区都同时肩负着旅游、休闲、娱乐、消费等多重功能，未能进行差异化的功能定位，整体业态结构不合理，各种业态比重失衡，具体表现为服装、鞋帽、百货等零售业比重过大，餐饮服务、文化娱乐业相对不足。按照国际通行的中心商业区结构和业态分布规律，零售业占 30%～35%，餐饮业占 20%～25%，休闲、娱乐、酒店、服务等占 30%～40%。随着消费观念的改变，人们的消费不再满足于购物需求，同时开始关注商业步行街的休闲氛围和历史文化气息。业态结构比例不合理将不利于商业街区综合效益的发挥，也无法及时适应现代人的多样化消费需求。因此，针对同一条商业街上普遍出现的"以百货业为主、性质大量雷同商店为辅"的商业结构问题，只有实行集购物、餐饮、娱乐、休闲、文化等多功能为一体的多元化业态经营策略，才能有效解决问题，并且充分满足消费者游览购物、消遣休憩及品味都市文化等不同层次的消费需求。

6.5.4　业态缺乏规划和管控

商业街区的改造建设投入相对较大，往往会受到区域商业发展预期、商业街区投资商的投入产出预期等因素的影响。很多运营公司在开发时对后期业态调整的规划不够重视，业态管控长期规划不够完善，进而导致一些商业街区在面临经营不善时频繁调整业态、更换经营团队,甚至更换门庭。商业街区的业态管理会面临一些不确定的变化因素,商业街区业态从规划到实施,街区周边的商住人群、城市的收入水平、其他商业街区的业态发展状况都会动态影响商业街区的业态布局,商业街区的经营模式和经营者水平在新的商业环境中需要不断学习和创新,不断寻求商业街区在市场的认同度。伴随新的业态和潮流的发展,商业街区的业态发展迎来新的契机和挑战。例如,伴随着城市旅游业的发展,出现了旅游与商业相结合的旅游特色商业街区。针对此类商业街区,如果运营公司对整体街区特色把握和业态规划不足,可能会出现旅游特色街区"特色"不"特"、旅游文化流于形式等的问题。业态相似度高,街区风格与其他街区相近,这不仅会对游客造成视觉疲劳,导致满意度下降,同时影响商业街区品牌形象和经济收益。

6.6　合理布置商业街区功能业态的对策建议

6.6.1　规划先行,科学定位

1. 根据"供给面调查"分析商圈

商业街区项目确定选址后,要对其商圈进行充分分析:根据商业地产项目所辐射的商圈范围的业态普查结果,选出商业机能较强的商业业态大力扶持,并兼顾涵盖各种类型的业态共生发展。具体来说,在商圈项目确定选址后,需要对其商圈进行充分的分析。商圈一般分为核心商圈(基本性商圈)、次级商圈(经常性商圈)和边缘商圈(旅游性商圈),在确定商业街区规模定位和主题后,以恰当距离为半径对商圈内的业态进行判断,衡量业态价值之后确定商业街区涵盖的业态,并结合市场消费需求等因素,对围绕主题的商业业态进行供需调查。商业街区不断增强商圈辐射能力,在满足核心商圈的基础上,力求完善次级商圈和边缘商圈,从而扩大商圈辐射半径。

2. 根据"需求面调查"规划业态组合

在充分分析商业街区项目所辐射的商圈消费用户的特性、消费习性和消费潜力后,商业街区应选择集客能力强且具有较强市场竞争力的业态组合。商业街区的服务主体是消费者,因此其功能与业态布置要遵循消费者的消费需求,并随着消费者消费模式的转变而不断更新。商圈群体的心理与行为需求决定商业街区业态类型组合。因此,开发商在进行商业街区业态规划时,首先要进行需求面调查,明确主体消费者的消费层次和消费需求,针对主要的消费人群,带动附属消费人群。按照需求选择业态,包括满足基本生活需求的"实体商品"和满足消费者精神需求的"虚体商品",才能有的放矢地带来最佳街区商业效益。多业态组合满足消费者"一站式需求",将文化、展览、旅游等业态融入主题商业街区中,不但为本地居民节假日休闲提供宜人享乐之处,也给外地游客创造一个新的城市名片。

3. 商业功能复合与业态比例配置

商业街区开发需要注重"复合"。第一,注重街区商业功能的混合排布或商业业态的混合配置。例如"购物—饮食—游乐—休闲"或"购物—住宿—办公—娱乐"等四位一体式的功能项目混合,按街区性质选择不同配比形成集群效应。合理规划业态比例是街区发展的关键点,业态比例具体配比可以根据"供给面调查"和"需求面调查"计算分析得到。具体为供给面商圈各业态营业额的比例,与需求面消费者最常去的业态的消费比例,再加上消费者最希望增加的业态消费金额的比例,三项比例平均之后,得出商业街区业态发展规划及面积配比比例的参考数值。第二,注重不同层次消费者的消费需求,提供消费活动与非消费活动结合的多样化街区功能。第三,注重不同时段的消费需求,提供全时段街区功能。

6.6.2 布局动线,关联互动

商业街区业态空间系统的关联性很大程度决定街区内人流的流向与流动频率。这种功能与行为的互动表现为商业街区动线设计提供了基本的空间逻辑性,通过动线对街区客流进行衔接与疏导,并按照街区设计者的意愿将不同业态均衡地分配到各个独立营业子空间中。多样化的商业、娱乐、文化、旅游等业态按照恰当的混合度与密度,形成关联共生与极化带动,成为吸引消费者的主要动力。开发商在设计街区动线时,应把动线渗透到街道空间每一个角落,根据业态在经营规模、经营商品及目标客流等方面的不同特征,综合运用庇护型关联、互补性关联、互斥型关联等关联手段,拉动生成相关业态之间的动线。商业汲取动线设计需要结合街区场地条件、功能主题与理念,寻求业态空间布局结构平衡性,使商业街区关联互动、和谐共生,进而营造街区经济活力。

6.6.3 挖掘内涵,突出特色

消费市场需求具有多元化、个性化、差异化的特征,街区业态经营要推行错位经营、特色经营和个性化经营,以彰显商业街区的个性、风格和特色。街区开发商需要借助不同街区的商业资源、文化资源、信息资源、客流资源、区位优势、人气、设施资源、辐射能力等资源对街区进行建设和改造,以打造商业街区独特的品牌形象。

1. 根据区域位置设置主题业态

为了避免千店一面的审美疲劳,商业街区在主题街区化的道路上已经大大加快了探索速度。拥有独特风格、多业态融合、蕴含内涵的主题街区成为商业街区构建差异化的创新"标配"之一。随着消费者需求从简单的物质需求过渡到身心、精神需求层面,商业街区亟须提供有吸引力和认同感的空间场所,设置街区的主题业态,将不同特色商业业态与主题场景和故事进行融合,能够多维度为消费者提供立体体验,从而带动整体商业流量。另外,商业街区可以利用互联网平台,大胆创新,促进街区增加曝光机会。从创造第一眼的视觉冲击感吸引消费者进入,到依靠故事、场景激发消费者的共鸣、强化印象,再到通过文创、餐饮、娱乐等体验业态延长消费者停留时间、提升消费可能,并利用消费者自发的社交功能,实现街区品牌的口碑传播。

2. 挖掘传统内涵,突出特色

深入挖掘文化内涵和突出特色,是发展传统商业街区的灵魂。商业街区需要充分挖掘历史文化内涵,展示传统习俗和本地特色,形成丰富多彩、各具特色、富含品位的街区业态。

将历史、民族、生态等特色元素融入街区业态布局,依托商业街区的现实基础,发挥各条街区的商业特色、产业特色、地方特色和文化特色等方面的优势,从而强化商业街区独特性和差异性的塑造。特别是历史型商业街区,要与城市其他旅游景点区分开,在传承弘扬本地文化底蕴的同时还要适应现代人的消费需求,业态布局的设置要尽可能突出地方特色,体现文化氛围。保护和培育街区的历史文化,深入挖掘"老字号"企业、百年老店和传统文化符号,重点引入知名老店和传统业态。老字号、"本土味"的名特产品承载历史文化内涵,经过多年的积累有稳定的消费客流,具有本土特色的民俗风情,搭配一些传统的民俗特色活动,能够有效吸引街区客流。

3. 引进知名品牌,打造精品

坚持提品质与接地气相融合,以消费前瞻性的视角立足精品街区建设。国际性知名品牌能在一定程度上代表国际性的消费潮流,促进本地消费者生活质量和消费品质的提升。商业街区开发商在特色精品街的目标定位下,应该加大招商力度,积极推进全球知名品牌引进,精选品牌组合,优化业态布局,这样能够有效提升商业街区档次和品位。

6.6.4　政府引导,市场运作

坚持"政府主导、企业主体、市场调节、居民参与、分步实施"的模式,充分发挥地方政府在业态布局、政策支持、督促检查等方面的主导作用。政府和商业街区的商户自治组织在业态布局中也发挥着一定的作用。针对商业街区商家,可以实行自治组织:一方面,通过召开商业论坛、交流等方式对业主或经营户进行业态辅导;另一方面,通过邀请媒体或专业机构参与调研分析、发表观点,以影响业态决策。针对政府主导管理:一方面政府发挥鼓励和招商作用,包括鼓励开发商采用现代的经营手段和信息化方法对街区业态进行创新建设,出台税收返还、租金补贴、装修补贴等手段扶持相应业态,通过产权购买或置换获得一定商业空间进行业态招商;另一方面,政府在商业街区中发挥规范和监督作用,包括出台针对商业街业态的规范性文件,规定前置审批、业态准入条件等。对商业街区的开发经营单位适当规定业态限制,监督和引导商业街区的经营者统筹规划,合理设置各种业态的比例,并设置一定比例的满足公共服务功能的非营利业态。如果出现商业街区开发过度现象,发生超过经营合同规定扶持业态的比例或经营面积等行为,违反约定即政府可以要求补偿地价款或收取违约金,从而政府可以更加规范开发商的业态建设过程。

第7章

商业街区的商户管理策略

有人说，一粒麦子有三种命运：一是磨成面，被人们消费掉，实现其自身价值；二是作为种子，播种后结出新的麦粒，创造出新的价值；三是由于保管不善，发霉变质，丧失其价值。这就是说，麦子管理好了，就会为人类创造出价值；管理不好，就会失去其价值甚至会带来负价值。商户也是这样，商户有其双重性：企业管理得好，商户忠诚于企业并为企业做出卓越贡献；管理不好，自身经营失败并对企业造成损失。如何做好商户管理，如何培养能够给企业带来价值的好商户，是本章所要讨论的问题。因此，本章将主要从商业街区的招商策略、商户形象管理策略、商户经营管理策略、商户激励策略四个方面展开。

引例

由南京城建集团投资建设、南京城建街区商业管理有限公司负责运营管理的熙南里金陵历史文化风尚街区，是依托国家重点文物保护单位——南京现存面积最大、保存最完整的清代私人住宅甘熙故居——为文化核心，辅之以精致高端的文化艺术、中华老字号、风尚餐饮及各类专属服务等商业业态，倾心打造的具有独特金陵历史文化风貌的城市风尚商业街区。

熙南里文化街区于 2008 年 3 月建成，并于同年 9 月 28 日正式开街。整个街区 L 形设计精妙，做到古色古香与现代都市生活的完美融合，传承金陵文化，缔造风尚生活。

以甘熙故居为文脉传承的载体，以"金陵历史文化风尚街区"为功能定位，熙南里文化街区不断引进适合项目整体定位的各类商业业态。开街伊始，包括宝庆银楼、绿柳居、小苏州、桃园村、李顺昌、张小泉、吴良材等一批中华老字号的王品台塑牛排、阿英煲、江宴楼等多家精品餐饮名店，以及艳阳天雨花茶、石道轩、乱针绣、珮文斋等多家极具南京地方特色的文化类商户竞相入驻街区。自去年以来，街区又成功引进了南京云锦、木玉轩老红木、春满堂、国香馆、多殿样艺术品展示中心等多家具有很高文化品位与文化内涵的文化类商户。众多知名商户的进驻，将改变城南区域休闲文化产业的格局，为古都金陵增添一个集体验文化与消费娱乐于一体的休闲新去处，同时其散发出的强大影响力，将使之成为全国人民认识南京、了解南京、读懂南京的媒介，成为南京又一张独具文化魅力的城市新名片。

7.1 商业街区的招商策略

招商策略是实现商业街区盈利的重要步骤,也是实现商业街区理想业态组合的真正执行者。与其他商业经营活动不同,招商工作不能是被动地接受客户购买商铺,还要对入驻商家的信誉、经营管理、商品质量、公司经营状况等方面的内容进行考察。在本节将主要讲述招商的重要性与选拔商户的原则、招商的具体流程,以及招商过程中常见误区与克服措施。

7.1.1 招商的重要性与意义

1. 招商的定义

所谓招商即招揽商户,是指发包方将自己的服务、产品面向一定范围进行发布,以招募商户共同发展。作为城市商业的缩影,商业街区是一种多功能、多业种、多业态的商业集合体。商业街区的招商就是指根据商业项目业态的需要寻找合适的品牌入驻,包括寻找客户源、约见客户、拜访客户、与客户谈判(包括物业条件和商务条款)直至最后签约。通俗地讲,招商工作的关键是从众多商店、餐饮店、服务店里选择招募优质商户,成为商业街区长久发展的中流砥柱。

2. 招商的重要性与意义

招商是商业街区运作的关键性环节,确定好街区功能定位与业态需求之后,对入驻商户的选择就显得尤其重要。首先,入驻商户的选择关系到营销渠道战略的成败及商业街区整体发展战略的成败。如果选择的标准不当或考察不实,会影响到开发商的投资回报,严重时还会带来灾难性后果。其次,入驻商户的选择是一个争夺市场资源的过程,如果引入信誉好、实力强的商户,不但可以增强整个街区的知名度与影响力,而且可以扩大市场占有率并遏制竞争对手对市场的侵占速度。另外,从以上论述中不难看出,商业街区商户的选择与调整有一个时效问题,即当某一商户出现经营问题需要退出时,已经给公司造成了损失,起码损失掉了应有的市场份额和获得此份额的时间。而且调整本身也是一个复杂且难以操作的过程,需要从头斟酌评估与选择。

7.1.2 招商对象的选拔原则

招商对象的选择需要结合商业街区的功能定位、业态需求、文化内涵,并考虑入驻商户的销售能力、品牌市场知名度、信用和财务状况、发展前景、运作管理的规范性等方面。例如,命名为"国际商业街"或者是代表城市形象的高档次商业街,一般会选择引进国内外有影响、有实力的商业机构作为经营管理的合作对象。招商的重点对象为实力强的大规模商业机构、营销经验丰富的地区代理商、知名企业、知名品牌等。

1. 功能定位

选择招商对象,首先要明确商业街区的功能定位,即商业街区应该具有的商业经营的主要脉络和指导思想。例如,以"中档品牌,大众服务"为经营方针的西单商场,经过二十年的经营,形成了一套完整的"平民消费"模式的管理理念。调查显示,在这里消费的北京市本地人占消费总量的 74%,而境外人士占了 26%。与西单商场不同的是定位于"为欧洲人服务"的北京秀水服装一条街,它的管理委员会根据其特殊的定位制定了一整套有特色的服务条款,成为北京专业性商业街中经久不衰的特色商业街。调查显示,在秀水街交易的客户中,87%来自东欧,11%来自中东,2%来自世界各地。

2. 业态需求

商圈里业态越丰富,商圈经济也就越成熟,各业态根据商圈的特点,可以做到资源共享、优势互补。同理,在商业街区这样一个完整的生态系统内,各业态也应该相互补充、协调发展,这样才能凝聚各业态的闪光点以强化和凸显商业街区的整体定位。因此,选择引入的商户必须符合业态发展的需求,同时注意不同类商户的合理搭配组合。例如,北京西单,仅靠庄胜崇光百货和时代广场两个明星店铺,不能支撑一条街的整体开发;又如,北京东直门内餐饮一条街,是由 223 家不同风味、不同流派、不同规模的餐饮店,在 1 500 米的地段内有序排列组合而成,这些都不是一个店所能完成的。

3. 文化内涵

文化内涵又称为商业街区的社会主题,即商业街区所承载的社会责任和应具有的非购物功能。商业街区作为一个城市的中心地带,是城市的"代言人",它承载的不仅仅是商业功能,还有展示城市个性特色的功能。商业街区是城市形象的代表,消费者或游客参观商业街区,即可知城市之容、之貌、之风、之魂。因此在建设、改造商业街区过程中,最忌讳的就是对文化的漠视,对城市历史的否定。要做到尊重文化就必须了解商业街区区域所具备的明显或含蓄的消费文化,这就要求招商策划人员融入当地生活,在生活中体会其与众不同的特色。法国的香榭丽舍大街就是一个典型案例。它着眼于法国浓厚的艺术气息及浪漫氛围,将商业空间与博物馆、宫殿,以及各式各样的艺术展览交织在一起,让商业行为蜕变为一场文化的狂欢。多种多样的文艺活动与嘉年华绵延不绝,街边还有随处可见的休憩空间供人放松。消费者在这里所得到的精神愉悦远远超出了街区本身提供的物质价值,从而使整条街的商业价值得到提升,在世界范围内得到了消费者的青睐。

4. 销售能力

销售能力是衡量商户实力最重要的尺度,硬指标是年营业额和利润率。任何一个行业都有一个公认的平均利润率。如果商户的利润率高于行业平均利润率而营业额并不大,这说明商户具有较好的客户资源和成本控制能力。如果商户的利润率低于行业平均利润率但营业额较大,这说明其经营理念以薄利多销为主,这适用于销售低端产品的商户,但需以足够大的市场发展空间为前提,否则会面临亏损的风险。营业额小且利润低于行业平均水平的商户应属淘汰之列,而营业额大、利润率也高于行业平均水平的商户在某些情况下未必是商业街区的最佳选择。因为此类商户讨价还价的能力较强,在营销体系中占据比较主动的地位。他们有时可能单方面终止合作,会造成整个商业街区的巨大损失。

5. 市场知名度

知名品牌商户的进驻能够有效提升商业街区整体的品位,吸引消费人流和提供稳定的租金收入,越多知名品牌商户进驻,街区的形象越佳。许多商业街区虽没有正式营业,但因为有许多为人们喜爱的品牌商户入驻,迅速建立起知名度,可谓未开先红。例如,深圳市百老汇投资发展有限公司在招商时实施品牌总动员战略,将荟萃中外品牌厂家、代理商、经销商和行业机构、中外风味餐厅、特色餐吧等全部收入囊中,优先选择引进龙头商户入驻,力求迅速聚集人气。

6. 信用和财务状况

商户的信用和财务状况对于整个商业街区的运营管理影响很大。商户财务状况良好、信用等级高,银行等债权机构愿意向商户提供信用贷款,商户更容易获得债务资金,因而具有较强的能力应对经营风险。相反,如果商户财务状况欠佳,信用等级不高,债权人投资风险大,当商户出现经营问题需要筹集资金时,会有很大的难度。

7. 发展前景

除了考虑一些知名品牌商户的引入,品牌的发展前景也是非常重要的衡量指标。一些小众品牌或自创品牌虽然现阶段市场知名度比较低,但是具有很大的市场发展潜力。有些商业街区通过引入发展前景良好的特殊项目丰富商业街区的功能,塑造项目的独特性。例如,品牌在本区域独家经营的优先引进,拥有特色经营项目的商业机构的优先引进。某商业街曾引进心理诊所、企业家沙龙、刺绣、宠物托管、老公寄存处等特色服务机构。

8. 运作管理

商业街区要想在激烈的竞争环境中生存,唯一的途径便是不断发展创新,而商户们能否跟上街区的发展步伐,其经营理念和管理能力是关键。如果商户小富即安、不思进取,则要坚决予以淘汰。但积极进取、胸怀大志的商户如果管理能力跟不上,商业街区的管理部门可以给予一定的帮助,通过培训与引导,鼓励商户品牌的壮大。所以,选择积极进取的商户是招商工作成功的关键。除了商户的经营态度之外,日常经营中始终坚持如一的运作管理也非常重要。都市里离浪漫最近的地方——锦里,坐落于成都的锦里古街,是都市休闲族的精神驿站,是体验时尚族的魅力街区。在那里,你可以享受川西原汁原味的特色美食。但近年来,锦里古街在经营过程中也暴露出一些问题:较多游客反映小吃、冷饮等价格高但服务水准低,无法保证经营的可持续性。因此,游客们经常产生只逛不消费的情况,长期以来无法保证商户利润。

另外,需要注意的是,招商工作是一个双向选择的过程。微观主体定位与商业经营者的实际对接是招商工作的核心环节。有些商业街区的开发商往往陷于主观臆断,认为应该有什么样的企业进场经营,主观地把招商对象锁定在这些企业身上,结果往往碰得灰头灰脸,不得不重新定位,进行二次招商,浪费了时机。实际上,目标企业是强势谈判对象,在品牌积累过程中形成了自己一套个性的经营模式和物业评判方法,在各地的扩展受到企业发展战略、年度计划、区域经营的影响,对进驻环境有严格要求,想招引它们进场经营非常困难。因此,我们建议开发商多做调研,把目标企业的条件摸清楚。如果自己的"兵棋推演"并不适合某类商业经营者,就完全没有必要耗费精力与它们谈判。目前国内实力商业经营企业(如沃尔玛、家乐福、华联、万佳、星巴克、肯德基、麦当劳)都有自己的选址和经营规范,同时有自己的市场拓展规划。例如,家乐福大卖场在选址上要求非常严格。家乐福的法文意思就是"十字路口",其选址的标准首先考虑交通(私家车、公交车、地铁、轻轨)便利区;两条马路交叉口,其一为主干道,支持足够的市场区域和市场容量。其次,考虑人口集中区域,辐射的商圈内人口密度大。第三,停车位配备充足,例如在北京每个卖场至少需要600多个车位。家乐福对建筑物的要求更为严格,它要求建筑占地面积在15 000平方米以上(合22.5亩),最多不过两层,总建筑面积20 000~40 000平方米,转租租户由家乐福负责管理,建筑长宽比例为10：7或10：6。试想,在城市的十字交叉路口,容积率2左右,造价是非常高的,符合条件的项目凤毛麟角。

因此,确定招商的具体企业时,不仅要符合商业经营者的硬件需要,还要符合商业经营者的拓展计划。总之,开发商和商业经营者的对接是一个非常系统的问题。

7.1.3 招商流程及注意事项

招商工作作为商业街区运营的重要部分,从一开始就举足轻重,而招商的成功离不开详细完整的流程保障。

1. 商业街区招商基本流程

(1) 调查城市商业现状、发展趋势。
(2) 确定市场机会点、初拟业态组合。
(3) 初拟业态种类的区位及楼层分布。
(4) 初拟项目规划方案。
(5) 市场租金、招商条件、销售价格分析、拟定主力店及客户名单。
(6) 财务试算和项目整体财务评估、各主力店及目标商户初步访谈。
(7) 筛选主力店,并进行详谈。
(8) 确立项目规划设计方案商业管理模式。
(9) 与售楼、物管协调统一租金、返租回报水平、管理费和日后商业管理模式。
(10) 租金、管理费、宣传基金的研谈拟定。
(11) 拟定各商户区位及其具体面积、绘制各店家基本间隔规模、绘制招商平面图、必要的专业规划设计介入。
(12) 拟定相关契约或意向书文本。
(13) 制作宣传品及开发计划书。
(14) 拟定招商工作小组人员架构。
(15) 拟定工作进度计划。
(16) 展开全面招商作业。
(17) 租赁签约、协调进场安排及装修。
(18) 业户进场跟进管理至开幕。

（19）运营后的业户维护及补缺性招商。

2. 招商工作过程中的操作要点

（1）市场调查

市场调查是招商工作的第一步。首要任务是对目标市场的调查，这主要包括对项目周边的交通人流、居民收入、消费习惯和消费层次等；另一个调查的方向是周边商铺目前的经营业态、经营状况、租金水平、经营面积等。这两方面调查非常重要，它决定着项目的发展和前程。

（2）项目分析

项目分析包括项目产品本身的分析，例如，项目的物业形式分析（街铺、商业群楼、综合市场、商业街、社区商业等），物业产品分析（铺面或铺位、开间、进深、楼层），市场分析（租金、租期、优惠办法）。这部分要考虑的是项目适合引进什么样的商户，将来要做成什么样的商业物业，如何才能制定合适的招商政策等。

（3）商业定位

在对项目进行商业定位时，要充分考虑到项目所在区域的消费习惯、经济发展水平等因素，以此来决定经营的产品类型是中档、高档还是更精细一些的东西，只有定位准确，才能在招商过程中找准目标，才能有的放矢地制订招商计划，避免做许多无用之功。

（4）业态组合

餐饮类、百货类、电子类、服装类等经营业态如何组合排列，需要管理者对项目进行业态组合和布局划分。业态布局划分之后，再根据这个布局划分来进行招商。

（5）招商方式

招商方式主要有：①通过广告媒体宣传，这是目前采用较多的方式，看到广告后的客户会来电来访，通过他们对项目的了解又间接影响其他客户；②人员推广，包括向外派发海报，海报的内容会更广泛、更详细、更吸引人；③直接上门拜访。

通过以上几种招商方式告诉客户这个商业街区的地理位置、经营模式等，并且需要想尽一切办法让客户到现场来交流，这是非常关键的一步，因为有时候电话沟通不如实地考察留下的印象深刻，且容易忘记。当客户来了以后，招商者需尽可能将这个项目解释清楚，以求通过这个客户推荐引来更多的客户资源，如浙江、温州、福建一带都是通过一个客户带一个客户入场。

（6）商业物业管理

商业街区要做旺，市场环境非常重要，开发商必须有配套的、规范的市场管理体系和措施，如水电配套、物业管理、形象统一宣传等，这样才能保证商户的正常经营，并且在洽谈的时候会给商户安全感和信心。

7.1.4 招商工作中常见的误区

1. 盲目定位，不切合实际

为了在销售推广中宣传项目的价值，开发商往往对项目的定位人为拔高，即导致商铺的价格定得比较高，而理智的做法是根据周围的消费群体及居民的收入来决定如何定位。定位过高或过低都会和周围的消费环境不协调,定位过低会损害开发商的利益,而定位过高则会造成商户今后的经营成本过高,不敢问津。

2. 招商期望值过高

期望值过高的表现首先体现在租金上。街区管理方在确定租金价格的时候首先考虑的不应是自己的利润,应该先考虑商户,只有商户生存了,整个街区才能生存。街区管理方要通过商铺核算出商户在这里经营每个月能产生的营业额,甚至每个月商户的毛利可能是多少,这样才能核算出他们的租金成本,而这个成本还是不计算物业管理费、水电费等在内的,开发商的租金成本只有比这个价格还要低一些的时候商户的利润才可能凸显。

商业街区要发展,必须经过培育期,这个培育期有长有短,开发商要根据周边的情况来定。如果商业街区位置便利,它的培育期相应就会短一些;如果这个街区的位置比较边缘化,那么它的培育期可能就要稍微长些。因此在招租的时候,前期往往价格比较低,因为开发商必须先让客户进来,把街区做旺以后,才可能持续下去,租金才可以慢慢地提升,以后每半年或1年有一个递增,这样的话商户从心理上比较容易接受,而如果一开始租金太高,往往就形成商户不想进来的这种局面。开发商最终应该考虑的是商业街区整体的经营效益、商业氛围和购物环境,不能只简单地计算所谓的利润,而应留给经营者更多的空间。因为只有多为经营者着想,才能赢得更多的投资者。

3. 过分强调市场环境的影响

日益激烈的竞争使得很多街区开发商感慨市场难做,导致在招商的时候招商人员过分强调受市场环境的影响,而不能正确、客观地分析自己的优势和劣势,制定有效的招商策略。然而,困难中往往蕴藏着机遇。很多大型商户要进入发展中的城市,它们的到来会带来很多机遇,会让开发商在这个区域中更完善和强大,从而更有实力去竞争,最后站稳脚跟。

4. 缺乏持续经营的商业管理观念

很多开发商认为商户进来了就万事大吉了,这是一个很大的误区。其实商户进来只是商业街区开始的第一步,如何持续地经营才是最关键的问题。开发商招来了商户,还要注意协助商户经营,商户生存得越久,商业街区就越旺,以后招商就越容易,升值也就越快,不然商户做了一段时间后纷纷流失,再招商就非常困难了。

7.1.5 招商策略与技巧

1. 常用的招商策略

(1) 核心主力店先行策略

主力店一般是指对整体项目的带动作用比较大的商铺。主力店相对来说所占面积比较大,次主力店相对来说所占面积比较小。主力店作为商业街区的核心引擎与主要承租商,其重要性已被商业街区开发商和运营商所熟知。主力店知名度高、品牌效应高、信誉好、强大的集客能力等特点为商业街区带来巨大的价值溢出效益。次主力店会使街区商业更丰富,租金压力也会少很多。因此,招商工作应该根据核心主力店先行,次主力店随后的原则,考虑项目的整体定位,选择适合的主力店,然后安排次主力店、一般店铺。统筹处理好位置布局、楼层安排问题(面积大小、出入口设置),做好租金与收益测算,然后有序招商。例如,波托菲诺商业街全部只租不售,长期经营,同时对于商业街进行合理规划,定向招租;水岸商业街前期以低租金引入丹桂轩、舞鹤,奠定街区商业高档形象。丹桂轩在高端客户中具有很高的声誉,是商界名流聚会、交流的常选地,因其经营良好,目前已经扩大规模、承租部分会所面积。

（2）放水养鱼的策略

这种策略也可以理解为"先做人气,再做生意"的原则。因为商业街区的经营具有长期性的特点,采用合理租金与优质服务的方法,将整个街区做热,而后根据运营的状态,适当稳步地调整租金。有些开发商将部分集中商业(大面积)保留产权,不对外销售,引入主力店经营,待经营成熟后再视情况处理,此时可以对外销售,也可以继续保留产权,将收租作为长期收益。此策略一方面可以向商户展示开发商共进退及营运项目的决心,从而坚定商户的信心;另一方面,待经营成熟之后,商户可以获得更大的销售价值。例如,万达商业街区通过优先引进知名大客户,促进商铺销售。这种模式的优点是卖未来,通过主力店增强客户信心,但要注意此种模式将销售的成败主要系于主力店的招商,项目的销售风险过于集中。另外,主力店的招商周期一般较长,建议商业街区在回款时间紧迫时谨慎考虑这种模式。

（3）组合招商策略

许多商业街区面临单铺面积过大的问题,超出了很多业态对经营的需求,因此必须采用组合招商策略,即将大面积商铺定位为同类业态的小型专业卖场,引入多家商户共同经营,以此规避商铺面积过大的弊端。例如,时尚莱迪商业街区就将面积大的店铺分割为众多小面积的商铺,对外招租,统一商管。这种模式具有招商阻力较小、容易吸引众多商户、聚集消费人气的优点,但资金回笼较慢,需要根据项目目标及开发模式,组织或聘请专业的商业管理团队进行管理督导。

（4）特殊商户优惠策略

"以点带面,特色经营"是商业街区,特别是大型综合性商业街区的经营特点。特殊商户是指具有较高文化、艺术、科技含量的经营单位,对它们给予优惠政策,邀请其入场,能够起到增强文化氛围、活跃街区气氛的作用。例如,深圳华侨城商业中心就专门邀请三百砚斋,展示中国的砚文化。当然特殊商户的经营范围要与购物中心的经营主题与品牌形象相吻合。

2. 常见的招商技巧

（1）给予招商人员丰厚佣金,保持人员数量充足稳定

招商的难度远大于销售:在销售工作中,投资方大多不懂商业运营,只是追求投资回报。所以,只要销售员明确告之单价、面积、商铺位置,以及区域大概租金,合同就可以签订了。但是就招商工作而言,选址的人都很熟悉区域租金和租赁的商业条款,租赁合同中对租金、物业费、空调费、取暖费、停车费、消防手续、装修手续、广告位、免租期、付款方式等都会有明

确约定,而且大一些的商铺不是选址员能确定的,一般要报给地区经理、地区总经理,甚至商业总部总经理,其要亲自察看区位、房型,以及合同条件,然后才会确定。甚至这些高级职位的人,可能会亲自参与谈判。这时,开发商的招商专员相对商户选址人员来说,不如对方专业。这个谈判过程长,难度高,有时只要一个条件谈不拢,如电力供应、结构形式、物业服务内容有争议,整个项目就谈不成。所以在市场上招商人员很难招,而销售人员很好找,就是这个道理。解决方法是对招商人员,在工资和佣金上要有所侧重。

不仅如此,很多项目对于销售人员实行"末位淘汰制"。但对于招商人员,由于谈判周期长、难度高、专业性强,所以要求人员相对稳定,讲究"跟踪",不是一蹴而就的急于求成。项目招商人员一般按业态分工,人员数量应该两至三倍于销售人员,考核周期要加长,考核标准也要针对招商技能、专业性及责任心三方面。

(2)招商要善于借助专业招商机构

对于商业地产商来说,有没有好的招商运营团队,能不能保证品牌商户的进驻至关重要,再好的商铺也经受不住漫长市场培育期的等待,而后期经营不善,更是直接影响商业地产的整体形象。在招商过程中,开发商手中掌握的商户资源是有限的,而一些专业招商机构,则掌握着大量的商户资源,更重要的是,它们对商户的选址要求很熟悉,它们对谈判会起到重要的推进作用。通过实际经验,对品牌商户或大面积的商铺招商,中介往往能起到决定性作用。实际工作中,可以在招商部门中专门设置代理行(中介)管理组,负责与之鉴定合作合同,以及与其所带领的商户的谈判对接,这样往往起到"借船出海"的重要作用。

例如,天津新城吾悦广场商业购物中心及主题商业街享受的是新城控股集团,亚洲最专业顶尖的商管团队全程运作,实行统一招商管理、统一经营布局、统一形象管理、统一运营规范、统一营销策划、统一客服保障、统一物业管理,确保天津新城吾悦广场未来持续火爆经营,为业主创造财富增值机遇。目前,新城控股已在全国57城布局70座吾悦广场,形成一支具备商业规划、招商统筹、营运策划及营销推广的优势和整合能力的上千人的商业运营专业团队。新城吾悦商管团队已与众多世界500强企业和国内一流的品牌商户建立了战略合作关系,规模已超6 000家,一座新城吾悦广场的进驻城市,即伴随着约60%的品牌入驻该区域,通过强大的品牌号召力,直接有效拉动客流量上涨。

(3)了解商业街区经营定位规划和招商工作计划

招商人员开展工作前,首先应了解商业街区的商品经营定位特点与各楼层、各区域的品牌和品类的分布规划。商业街区经营定位一般通过对街区的观察获得,例如,该商业街区以经营什么商品为主,什么为辅;经营档次如何,是高档、中高档,还是中档;在经营品牌的分布上有什么特色或与其他街区相区别的地方;一般引进商品的价格线和商品线有什么标准,等等。招商前,一般会形成分布规划的街区平面图,理解平面图要求,按要求引进品牌,是招商人员应关注的地方。一般在平面图上,可能会标注某区域主要引进的品牌名称和替代品牌名称,招商人员可以按此要求选择潜在合作商户。

不论是新场开业还是老场调整,都会形成时间和工作量分配的招商工作计划,由于工作计划是依据与其他职能配合进行的工作安排,因此招商人员应严格按计划开展品牌引进工作。一些里程碑式的计划要求,例如,至何时以前,商户进场比率达多少多少;何时以前完成招商工作和完成商户进场装修,等等,如果不能在规定时间内完成上述工作,将影响其他相关职能的工作进展,因此招商人员应特别关注此类计划信息,做好相关工作。

（4）谨慎寻找潜在合作商户

寻找可能合作的商户是建立在对商业街区和供应商市场全面了解的基础上开展的工作,在无法确定引进什么品牌进驻商业街区的情况下,就必须了解供应商市场,进行全面的市场调查工作。一般而言,具有竞争特性的同类街区或商场是获得这类信息的重要途径。在了解本商业街区规划的基础上,选择适合街区风格,并与竞争对手形成形态差异的商户。一般这样的潜在商户要选择多个,确定哪个是主攻,哪个是替代。一经确定潜在合作商户,就可以对其展开调查与初步接触。调查主要是看该商户是否具备与商场合作的条件,需要了解的信息有:品牌发展趋势、目标消费群、经营特色,以及商户的渠道角色。例如,是厂商、经销商还是代理商,综合经营实力如何,资金、铺货和人员是否能够保证,等等。通过调查判断,如果在这些方面都与商业街区的要求接近或一致,则考虑接洽对方业务人员,进一步了解情况,并向其传递招商信息。

（5）谈判与签约

与潜在合作商户进行了初步接触后,应寻找对方可以就合作事宜起决定作用的业务人员进行详细商谈,商谈内容包括:进驻的位置、铺面的大小、经营的商品品类、承担的费用,以及合作条件,如保底抽成的额度、结算形式等合作细节,必要时还要和商户业务人员进行谈判。谈判应选择可以决策或能够确保沟通顺畅的业务人员进行,否则容易出现悬而未决的分歧,影响合作洽谈事宜的进展。如果因为各种客观条件无法谈拢合作事宜,招商人员也应保持与其的友好联系,以便在以后条件合适时再合作。通过谈判,就合作事宜达成一致认识,招商人员应使商户了解入驻街区装修和经营的规则,填制合作合同进行申报,如有分歧则继续磋商解决。

（6）协助商户办理入驻手续

合同申报完成,商户与商业街区的合作正式生效。招商人员应协助商户办理进场的相关手续,包括缴交费用、进场装修、运送货架货品等,由于商户进场设柜将面临和多个商业街区职能部门打交道的局面,作为与商户沟通时间最久,彼此相对熟悉的招商人员,应该在商户有需求的时候给予帮助,就进场事宜协调各方关系,确保商户按时、按规定进场装修、上货和营业。

（7）跟进商户在街区的经营状况

商户们开始营业,招商人员应抽出时间来了解其经营情况,与之前的预测进行分析比较,发现经营情况不尽如人意,应配合店内营运职能和商户查找原因,分析不足,积极考虑改善现状,提升经营业绩。一般情况下,商户经营不理想的问题多为位置不好、促销不力、商品缺乏竞争力、销售人员水平低下及装修和陈列等方面出现问题,可分析直接原因,针对性地进行改善工作。另外,如果商户经营情况超出预期,招商人员也应认真分析其中的原因,汲取判断商户经营水平的参考信息,应用到日后对商户的甄选和评估工作之中。

专栏 7-1

以下以宽窄巷子为例说明多元文化的招商计划。见表 7-1。

表7-1 成都宽窄巷子招商概况

类型	店铺	特色	类型	店铺	特色
中餐	宽巷子2号"正旗府"	混搭粤、湘、川菜的商务宴请	酒吧	窄巷子13号"品德"	喝着最古老的啤酒,吃着巴伐利亚烤肉,欣赏德国汽车模型
	宽巷子3号"宽巷子3号"	文化西施飘着淡淡的墨香		窄巷子21号"点醉"	体验式的红酒窖
	宽巷子4号"宽坐"	特色胡杨菌汤锅		窄巷子29号"柔软时光"	在成都老街喝丽江光阴
	宽巷子18号"香积厨1999"	江湖名小吃汇集		窄巷子31号"九拍乐府"	四合院里的中式酒吧
	宽巷子19号"养云轩"	养生海鲜汤锅和私房菜		窄巷子32号"白夜"	文化名人天堂
	宽巷子20号"天趣满汉楼"	满汉全席的盛典		窄巷子"胡里"	年轻人追梦的地方
	窄巷子38号"上席"	经典川菜		井巷子8号"景至"	汉唐繁锦、古老川剧、变脸在现代酒吧的延续
西餐及特殊餐饮	宽巷子6号"听香"	为优雅女士和为女士而来的绅士设计		井巷子12号"磨坊"	用爵士音符柔软耳朵
	宽巷子16号"花间"	经典川菜	会所	宽巷子25号"子非"	量身定制的菜品保证精神与物质共享
	宽巷子26号"木鱼"	新派法餐融合东南亚菜系特色		窄巷子2号"三块砖"	川、粤、杭帮菜系的融合
	宽巷子33号"滴意"	原汁原味的法国大餐		窄巷子12号"My Gym"	情趣菜、特色菜、养生菜
	窄巷子4号"尽膳"	法式铁板烧贵族式进餐程序	住宿	宽巷子26号"龙堂"	国际性青年旅社
	窄巷子17号"悠格拉斯"	革命大院里的西餐		宽巷子8号"原真生活体验馆"	体验成都市井生活
	窄巷子20号"My Noodle"	港式兰州拉面	博物馆	宽巷子8号"原真生活体验馆" 宽巷子21号"摩力师"	体验成都市井生活户外用品
	窄巷子30号"瓦尔登"	美国剔骨牛排和法国鹅肝混搭风	零售	宽巷子40号"谭木匠""翠玉阁"	特色饰品
	窄巷子33号"琉璃会"	咖啡西餐与极致艺术的碰撞		窄巷子27号"黛堡嘉莱巧克力"	皇室御用巧克力
	井巷子6号"味典小吃城"	典藏成都的百味小吃		窄巷子40号"莲上莲"	印度、尼泊尔彩色宝石
	井巷子16号"荷欢"	纯正印度风味菜		井巷子16号"蜀江锦院"	蜀绣
茶	宽巷子1号"一饮天下"	品茶欣赏四川民间艺术		井巷子20号"古今屋语"	旅游纪念品
	宽巷子17号"可居"	品味行云流水般的人生态度		小洋楼旁"熊猫屋""凤求凰"	旅游纪念品
	宽巷子23号"陆福茶艺"	茶道与乌木沉默力量相映			
	窄巷子8号"里外院"	建筑、设计、艺术品展演			

成都的宽窄巷子商业街区选择植入以文化为基石的商业元素,进驻商户大都具有鲜明的文化特色,做到了商业性与文化特色的有机结合。宽窄巷子根据商业定位制定出多元化的招商计划,首先考虑宽窄巷子的中西元素,国外和外资企业著名品牌占整个招商项目的10%;再依据古今元素,确定传统与现代产品各占一半,本地与外地产品各占一半。宽窄巷子的区域定位是将中餐、茶馆、民俗展示等中国传统商户放在宽巷子;将西餐、简餐、地方特色餐饮、咖啡等现代生活商户放在窄巷子;将酒吧、夜店、成都特色小吃的商户放在井巷子。宽窄巷子由此形成了"成都城市怀旧和深度旅游的人文休憩中心"的总体商业布局。

专栏 7-2

商业街物业管理策略

商业街区的物业管理大体上分为租户入住管理、水电费管理、保安管理、消防管理、清洁绿化管理、房屋及共用设备设施管理、档案管理等方面,下面将一一详述。

1. 租户入住管理

在办理租户入住手续时,为租户提供方便、快捷、及时、周到的服务,对于塑造管理公司的形象,给租户留下良好的第一印象,具有重要作用。

在租户领房前要将所有资料准备齐全,精心布置租户入住现场,为租户办理领房手续提供一条龙服务;陪同租户验房,办理领房手续时,发现的房屋质量问题经租户确认后,填入租户验收交接表,对验房交接中发现的房屋质量问题,要及时与租户约定时间,及时解决。管理措施包括:①制定租户领房程序;②策划租户入住现场布置方案;③按照租户领房程序,安排工作流程;④热情接待,百问不厌,虚心听取租户意见;⑤按规定办理租户入住手续。

2. 水电管理

长久以来,水电费回收一直是物业公司的难题,由于供电局只按照总表抄表收费,物业不得不垫付电费,再去向商铺收费,由于商户众多,因此催费难,效率低。随着物联网和通信技术的发展,商铺物业预付费管理系统开始流行,通过安装不同类型的智能电表,就可以及时掌握和控制用户的用电,让商户先缴费后用电。

目前在商业综合体领域使用较多的是华立能云远程预付费系统,该系统由华立科技股份有限公司研发。相对于传统的后付费系统,预付费系统秉承先付费后用电的理念,让物业公司提前收取电费以减轻财务压力,无须物业垫水电费,防止商铺跑路产生财务坏账,也减少了抄表、送账单等人工成本,同时也方便了商户查询用电信息,帮助商户养成主动缴费习惯。

3. 保安管理

在商业街区管理中,应当运用现有的科学技术手段与管理手段,依靠各种先进设备、工具和人的主观能动性,维护商业街区物业和租户的安全,这是一项很重要的工作。管理上可采取站岗执勤与巡逻执勤相结合的方式,协助公安机关维护商业街区公共秩序,防止和制止任何危及或影响物业、租户安全的行为;在技术上可应用安全报警监控系统、电子巡更系统,对商业街区内的治安情况实施24小时监控,确保商业街区安全;日常工作中,要强化保安人员的内务管理,开展系统化军事素质培训,提高保安人员的思想素质和业务技能,要求服装统一,佩证上岗,言语文明,举止得当。

4. 消防管理

消防管理是物业管理的重中之重,要根据消防法规的要求,并结合实际,切切实实地做好消防安全工作,确保租户的生命财产安全。首先,制定并落实消防管理制度和消防安全责任制,做到责任落实,器材落实,检查落实;其次,建立义务消防队,要定期进行消防检查,做好消防器材、设备的检查保养,积极开展防火安全宣传教育;最后,发生火灾,要及时组织补救并迅速向有关部门报警。

5. 清洁绿化

清洁绿化作为物业管理的重头戏,是商业街区内不可缺少的部分,关系到整个商业街区的形象,也是测定环境质量的一个重要指标。物业公司要建立绿化保洁制度,狠抓落实,加强绿化保洁人员的思想教育和业务培训,以"三查"形式对绿化保洁工作进行经常性监督检查("三查"是指保洁公司清洁督查巡查、管理员巡查、管理部经理抽查)。

6. 房屋、设施设备管理

房屋,特别是共用设施设备的管理,直接影响到商业街区的形象、租户的使用效果和物业的使用年限,其重要性是不言而喻的。装修期间按商业街区装修管理规定操作,重点管理防火材料的使用、电气线路接口的处理和隐蔽管线的施工;商业街区开张后,重点进行公共部位墙面、地面和外墙立面的管理,发现破损要及时维修;商业街区内的公共水电设备设施应经常进行检查,发现损坏要及时维修。水泵房、中央空调机房、锅炉房每天巡查两次;电梯机房设备每周保养一次(半年保养和一年保养按规定进行);消防栓系统、喷淋和烟感报警系统、消防器材等消防设施设备按相关维护方案检查养护;供配电房设备每天巡查一次,每周检查一次;消监控系统设备按相关维护方案检查养护;电话机房、综合布线柜和电话接线箱每天巡查一次;租户自用水电设施的维修,应按规定填写《有偿服务联系单》,确保维修及时率与合格率。

7. 财务管理

财务管理是物业管理中重要的内容之一,财务管理目标要求在改善财务状况的条件下,不断扩大财务成果,提高企业经济效益。要加强现金收支管理,搞好财务核算,财务收支状况每年公布一次,认真审核报销票据,严格控制费用报销,及时掌握财务收支状况,做好财务分析。

8. 档案管理方案

物业公司要制定档案管理制度,并严格执行,按照档案管理要求,分门别类,编目造册,方便查阅,利于管理。

 **专栏 7-3**

蓝光香槟广场的招商经营策划

在春熙路向东大街的尽头蓝光大厦之巅以战略的高度可以看到:城市改造的加快和以春熙路为核心的春熙路商圈与以天府广场为核心的盐市口商圈竞争加剧,新商业格局的演义正在进行。以天府广场改造为契机在盐市口商圈将新增近30万平方米的商业建筑,大型精品百货商业群将兴起;地铁修建、天府广场的改造为盐市口商圈的人流物流组织创造了前所未有的条件,盐市口商圈欲争第一商圈霸主之位。

春熙路已经历了大的改造,存量土地有限,传统项目逐渐没落,在后发优势上难以与盐市口商圈相比,由此"春熙路"开始突围,在红星路步行街改造完成后,春熙路悄然打开了向东、向北延伸的触角。在红星路以东,东大街以北的"蓝光·香槟广场"担负着这场"新商业格局演义"的重要角色。

项目定位:引领"后春熙时代",打造新东大街商业旗舰。

项目功能定位:一层的步行街区式独立商铺,二、三层休闲小广场为中心的独立式商铺。

战略定位:春熙路精品购物的延续,青年路服装批发的补缺,"后春熙时代"的领跑者。

经营业态定位:都市精华商业购物中心,以精品服饰零售,代理商展示、新品发布为主,兼营高档化妆品、皮具、饰品类,等等,拒绝低档产品及大路货等与项目形象不相符的经营业态。

宣传推广案名:"粤港名城"。

目标客户群定位:中国广东、中国香港、欧美品牌服饰西南代理商;春熙路步行街的精品名店客户;泰华、万紫、金开等流行精品服装代理商;盐市口商圈零售客户等。

招商策略如下。

(1) 优秀的经营管理方案打动客户:"双时段经营、鱼和熊掌皆得"经营方案,此方案将提高商户的经营时间和商铺业主的收益,并创造两个购物消费高峰。

(2) 优惠招商,以点带面,重点招募主力商户和商圈影响力较大的商户,带动散户经营;与商户共同宣传策划,共同造势,先做人气,再做生意。

(3) 强化项目规划与区位后发优势,以及良好的交通物流组织优势。

7.2　商户形象管理策略

形象这一概念,原本是对人的形状外貌特征的概括描述,近年来被广泛应用于对企业和区域的总体评价,即通常说的企业形象和区域形象,城市商业街区形象是区域形象的重要组成部分。城市商业街区是指城市中相对独立的、以商品和服务经营为主要特征的功能性路街和片区。所谓"商业街区形象",并不是简单的视觉形象或"外观",而是指外界对商业街区形象主体的全面评价,是一个形象主体区别于另一个形象主体的主要特征的集合。而街区的形象是由各个商户拼凑而成的整体性产物,所以每个商户都应当做好形象管理。

商户形象是给予消费者的第一认识与感受,主要体现在店面的装修形象、环境卫生形象与产品、服务、人员形象。商户形象作为综合的外在体现,在现在的市场竞争中具有重大的意义。优质的商户形象可以使消费者产生良好印象,消费者在干净舒适的环境中更容易达成购买意向,促进销售。本节主要从装修风格管理、环境卫生管理、产品形象管理、品牌形象管理,人员形象管理五个方面谈谈如何塑造良好的商户形象。

7.2.1　装修风格管理

装修风格也称设计风格,是房屋装修的整体特点。装修从风格上分类,可分为现代简约风格、后现代风格、田园风格、朴素风格、中式风格、新中式风格、新古典风格、日式风格等。店面的装修风格是商户们想要提供的产品和服务风格的展现，是商业街区想要向消费者传递的经营理念的载体。统一的店铺整体风格有利于提升街区的整体形象，提高店铺的集客力，使消费者无论是否得到有形的产品，均能感受到无形的服务。

装修时应当注意：店面内外装修设计要有特色、风格与产品相匹配；店外门头、喷绘、各类粘贴画、海报，店内的灯箱、柜台、展架、POP海报、各类饰品、点缀性装饰性物品等干净整洁；店面外观墙字体要明亮、铺贴要美观、色彩要搭配；店面的LED电子屏上的广告要严格按照店面的品牌形象进行制作，要合乎比例、色彩要吻合；外橱窗（或店面玻璃墙）、大门要明亮、整洁，视野要良好；广告展位要干净、完整牢固。

有些商业街区鼓励各具特色的商户装修风格，力求给予消费者的丰富多样的体验。有的商业街区希望对外输出一致的风格，因此在装修材料的选择、颜色的搭配等方面会有统一的规划设计且商户们不能随意更改。例如，法雅VILLAGE商业街区要求商户柜位装修必须按照商业街区规定进行，门头、门脸、外摆等必须严格按照商业街区的装修规范执行（如有特殊需要，填写申请单，批准后方可执行）。

7.2.2 环境卫生管理

环境卫生管理是商业街区管理方最基本的管理职能，特别是像一些强调生态的商业街区、综合步行街、文化步行街等，环境清洁与卫生管理工作起着举足轻重的作用。主要的管理内容包括：商业街区内部道路清洁、公共区域管理、公共区域的摆设和植物管理、商业物业的日常清洁、促销宣传材料发放管理、垃圾清理、环卫设施维护、公园广场等游乐设施清洁管理、自然河道及人工河道的水质维护。例如，山东省潍坊市墨熙鼓巷文化商业街区管理处要求每个商户店外要保持整洁，无堆放杂物，店外物件（如堆头、拱门、太阳伞、条幅等）摆放要整齐合理、符合街区规定，并且每月向商户收取每平方米0.8元的垃圾清理费。

7.2.3 产品形象管理

产品形象是为实现商户的总体形象目标的细化，是以产品设计为核心而展开的系统形象设计。把产品作为载体，使产品的功能、结构、形态、色彩、材质、人机界面，以及依附在产品上的标志、图形、文字等，能客观、准确地传达商业街区的精神及理念设计。商户对产品设计、开发、研究的观念、原理、功能、结构、构造、技术、材料、造型、加工工艺、生产设备、包装、装潢、运输、展示、营销手段、产品的推广、广告策略等进行一系列统一策划、统一设计，形成统一的感官形象，也是产品内在的品质形象与产品外在的视觉形象和社会形象形成统一性的结果。

产品的视觉形象是人们对形象认知部分，通过视觉、触觉、味觉等感官能直接了解到产品形象，诸如产品外观、色彩、材质等，属于产品形象的初级阶段层次。这要求街区的商户注意产品的材质、色彩搭配，同时注意店内产品陈列摆放。有些商户会选择喷洒室内香水或香薰制品，这有利于烘托氛围，让消费者更加享受消费环境。

产品的品质形象是形象的核心层次，是通过产品本身质量体现的，人们通过对产品的使用，对产品的功能、性能质量，以及在消费过程中所得到的优质服务，形成对产品形象一致性的体验。这要求商业街区每个商户都要提供优质的产品与服务。劣质的产品质量,糟糕的服务体验,不仅仅危害商户自身的销售,对于整个商业街区的声誉也有很大的影响。

产品的社会形象是产品的视觉形象、产品的品质形象从物质方面综合提升为精神层面,是物质形象外化的结果,最具有生命力。产品的社会形象向公众传达出商业街区的经营理念与企业精神,是三个层次中最具延展性与感染力的部分。这要求从商业街区管理方到每个商户都要为产品做有效的宣传与营销,提升产品在消费者心中的形象。

7.2.4　品牌形象管理

品牌形象是指企业或其某个品牌在市场上、在社会公众心中所表现出的个性特征,它体现了公众,特别是消费者对品牌的评价与认知。品牌形象与品牌不可分割,形象是品牌表现出来的特征,反映了品牌的实力与本质。品牌形象包括品名、包装、图案广告设计等。形象是品牌的根基,所以商户必须十分重视品牌形象管理。因此,商业街区的商户们需要充分了解消费者的需求,设身处地为消费者考虑,提取品牌基因,塑造品牌的核心竞争力。另外,商业街区会对商户品牌经营的范围及数量作出规定。例如,商业街区的管理制度上会写明:商户必须严格按合同约定的品牌经营,所上货品必须与合同所签订的品牌相符,商户不得将合同约定以外的品牌拿进商业街区销售,同时所提供商品不得有假冒伪劣及私自更换商标的商品。

7.2.5　人员形象管理

员工是生产经营活动的主体,是商户形象的直接塑造者。员工形象是指商户中全部员工的整体形象,它包括管理者的形象和员工的形象。管理者的形象是指商户管理者集体,尤其是管理者的知识、能力、魄力、品质、风格及经营业绩给本企业员工、品牌同行和社会公众留下的印象。员工形象是指全体员工的服务态度、职业道德、行为规范、精神风貌、文化水准、作业技能、内在素养和装束仪表等给外界的整体形象。品牌是员工的集合体,因此,员工的言行必将影响到品牌的形象,管理者形象好,可以增强品牌的向心力和社会公众对品牌的信任度;员工形象好,可以增强品牌的凝聚力和竞争力,为品牌长期稳定发展打下牢固的基础。因此,商业街区管理者需要重视人员形象管理,可以从仪容仪表、精神面貌、礼仪规范、服务行为等方面对员工做出规范。

1. 仪容仪表要端正

街区服务人员在上班前一定要修饰自己的仪容仪表,可以选择街区统一规定的服装。穿着统一的服装不仅可以让消费者一眼就辨别出来,更是一种规范礼仪的体现。也可以根据街区风格,不同商铺选择能够凸显店面特色的员工服饰。例如,锦里古街餐厅里所有的一切都洋溢着浓厚的古典韵味,服务人员身上的汉代服装更让人感觉恍如隔世,别有一番风味。但要注意服装的整洁,不能有脱线现象。服务人员应化淡妆上班,整体感觉要大方自然、美观整洁。

2. 行为举止要得体

街区服务人员要做到站有站相、坐有坐相。站立时身姿要挺拔,坐姿要端正,精神饱满,面露微笑。服务员在街区店铺内站立、走动、取物、收款等举止动作,都要表现出文明礼貌,训练有素。帮消费者挑选商品时动作要干净利落,收款时唱收唱付。工作时间不得东游西逛,打闹嬉笑,扎堆聊天。

3. 语言要文明礼貌

在服务过程中,要掌握运用规范化的服务用语,礼貌用语的基本特点是:简练、明确、完整、得体。服务人员应有较好的语言修养,经常使用文明礼貌语。最基本的文明礼貌语是"您好""请""谢谢""劳驾""不必客气""很抱歉""请原谅""没关系""欢迎您下次再来""再见"等。服务人员要掌握柜台礼貌用语,除了要提高自身的素质以外,还要学会揣摩顾客的心理,有针对性地对不同客人采用得体的礼貌用语,并且要勤加练习,做到对答如流、简洁清晰。

4. 态度要热情周到

消费者来到商铺时,服务人员要做到主动热情、耐心周到。当消费者提出问题时,要耐心解答,不要出现厌烦心理。服务人员不能以貌取人,对待消费者应不分年龄、性别、职业、国籍,一律热情接待,这是基本的职业道德。服务礼仪中常规的服务人际距离如下。

(1)直接服务距离。服务人员为消费者直接提供服务时,根据具体情况确定与服务对象的距离,一般以 0.5~1.5 米之间为宜。

(2)展示距离。服务人员在为消费者展示商品、进行操作示范时,服务人际距离以 1 米至 3 米为宜。

(3)引导距离。服务人员为消费者引导带路,比如前往收银台结账时,一般行进在消费者左前方1.5米左右最为合适。

(4)待命距离。服务人员在消费者没有要求提供服务时,应与对方自觉保持3米以上的距离,但要在消费者的视线之内,以便消费者有需要的时候及时进行服务。

7.3　商户经营管理策略

商户经营管理是商业街区营销体系的重要组成部分,是企业重要资产之一。高效适合的商户经营管理策略不仅可以帮助商户们获得更高的销售额,还可以帮助整个街区形成可持续发展的经营模式,以及竞争对手难以模仿的优势。

7.3.1　商户与商户经营管理

1. 概念

商户是指有实体经营场所的商家。商户们是商业街区运营的衣食父母,对整个商业街区的发展壮大起到关键性支撑作用。商户经营管理作为营销体系的重要组成部分,其实质就是如何有效地运营商户这项资产,对它进行开发、维护、运用并使其增值。

2. 对商户地位与特性的认识

(1)真正尊重商户:围绕商户开展工作是商户管理的基石。没有这个前提,就不能有效地管理商户,尊重商户是起码的商业道德。

(2)长久合作:在商户管理上,一定要有长远眼光,而不能只考虑一时一事的利益。因为商户稳定是商业街区稳定经营发展的前提,良好的商户群体秩序对于商业街区的运营政策的连贯性和市场维护都是必不可少的。实际的工作也证明,稳定的商户结构给商业街区带来的收益远大于经常变动的商户群。商户的每一次变动都意味着风险和费用。因此,在商户入驻时就应从长远角度考虑,做出慎重选择。

(3)日常性工作:商户管理需要常抓不懈,搞突击是没有任何效果的。商户管理是商业街区整体管理的一个重要组成部分,因而不可放松,应设专人或专业机构负责,并进行考核。

(4)确保商户的利益:一些商业街区采取"商户是上帝"的管理宗旨,然后小心翼翼地去伺候"上帝",不敢提出合理的要求,对一些屡屡违规的商户也不敢提出批评意见。这种认识是造成企业无法对商户进行有效管理的重要原因。其实,对于商业街区管理方与入驻客商而言,消费者是双方共同的上帝,应当共同努力使消费者满意并积极地购买商户们的产品。

7.3.2 商户经营管理的内容

1. 利益管理

商业街区必须让商户赚到钱。利益是维系二者之间的纽带,如果商户在商业街区中不能赚钱或者赚的钱太少,商户会选择离开,精心构造的运营策略就会土崩瓦解。因此,商业街区相关机构要想管理好商户,首先要保证商户获得利润。虽然许多商业街区认识到了这一点,但不是所有街区都能做到。这主要取决于整个商业街区的市场开发与管理能力,以及管理人员的运营思想。为商户创造一个畅销的局面和一个良好的交易秩序,是让商户赚钱所必不可少的条件。

2. 支援和辅导商户

商业街区不仅要给商户"鱼",更要让商户掌握"钓鱼"的方法;不仅要让商户赚到钱,而且要教会商户赚钱的方法。商业街区要支持和辅导商户的发展,商户的经营管理水平提高了,销售能力提高了,商业街区对消费者、对社会的感召力也就会随之而上升。

3. 情感管理

感情关系是商户管理的重要手段。感情关系可以弥补利益的不足之处。许多街区管委会将与商户建立良好的感情关系写进制度要求中,这强调了情感管理的重要性。经营在一定程度上就是经营人心,街区管理者要用情感这根红线,紧紧地将商户们联结在一起。街区管理机构应该做到:理解商户的需求,尊重商户的经营自由,关心商户的日常经营,帮助商户们解决问题。营造良好的感情氛围,有利于提升商户们的忠诚度,使商户们与街区形成合力,共创街区辉煌。

4. 合同管理

(1)建立规章制度:要求所有的入驻商户都签署进场合同,没有制度的约束,就很难落实到实际工作中去。同时规定合同的签署流程,确保合同的严肃性、科学性、堵塞漏洞。

（2）建立标准、规范的合同文本。

（3）专人管理：合同必须有专人保管，一方面便于保守商业秘密，另一方面便于使用。由专人分门类建立档案，集中保管，才能保证合同的严肃性、完整性。

7.3.3 商户的定位与管理策略

1. 经营能力

商户的实质工作是卖货，因而经营能力的强弱标志着其销售能力的大小，也直接影响着未来销售业绩的好坏，衡量商户经营能力的大小有几个指标。

（1）经营手段的灵活性：好的商户往往具有经营头脑，组织管理有章法，而不是盲目跟风。

（2）分销能力的大小：主要是看其有多少下家，市场覆盖面有多大，与下家的合作关系是否良好等。经销能力强的商户能将商品分销到区域市场的每个角落。

（3）资金是否雄厚：是衡量商户实力的一个硬指标。

（4）手中畅销品牌的多少：好的商户往往有多个畅销品牌的经营权。

（5）仓储和车辆、人员的多少：这也是衡量商户实力的一个硬指标，尤其是今后销售工作向细的方向、扎实的方向发展，这个指标就更为重要。

（6）解决售后问题的能力：好的商户对售后服务都很重视，而且自身都拥有完善的售后服务体系，大部分售后服务可以自行消化，不会因售后问题闹到商场管理部门。

2. 商户的分类

（1）经营能力差，信用差的商户。
（2）经营能力强，但信用差的商户。
（3）经营能力差，但信用好的商户。
（4）经营能力强、信用也好的商户。

3. 商户评价与管理对策

为了确保商业街区的整体利益，街区管理部门就要定期对商户进行评价。对经营成功的商户进行奖励；对有潜力的商户提出目标和要求，进行帮助；对不符合企业要求的商户，坚决淘汰。

过去许多商业街区对于商户的评价标准是单一的，以租金到位率为唯一标准。现在越来越多的商业街区管理部门要通过多种指标对商户进行评价，其目的是引导商户成为一个好商户。一个卖场销售专家提出商业街区可以从商户的品牌开发能力、销售管理水平、销售网络、促销能力、售后服务、展位水平、营业员水平、与本街区关系等方面对商户进行评价。

当然，商业街区管理者应该根据自己的情况确定商户评价标准。对商户作出评价后，街区应采取的对策是：重点与优质商户进行交往，并扩大摊位或提供好的位置。如果商业街区把大量的人力、资金、时间、精力用在帮助表现不好的商户上，就永远无法提高整个街区的销售业绩，街区对此可采取的对策是积极开发能取代该商户的新商户。商业街区要对商户的情况具体分析。

（1）信用好但经营能力弱的商户。这类商户主要有两种。一类是，他们的经营意识与经营能力严重不足，是典型的坐商，只凭老招牌与固定的客户做生意。这些商户虽然不能够促进业务的发展，但足以稳定经营，对于商业街区管理方而言，这也很具吸引力。虽然这类商户的租金收取不成问题，但他们难以跟上商业街区发展壮大的脚步。商业街区管理者应对此类商户采取帮助、扶持、关怀的态度。商业街区管理人员应该深入商户，想其所想，急其所急，应多听听盈利较差的商户的意见，在不影响公司整体运营的基础上，尽可能地为他们多做些工作。不能因为商业街区有大量的储备商户而对他们采取放弃的态度，这样会使现有商户产生不安全感。另一类是新晋的商户，他们的经营状况一般，但有发展潜力，是可以培养的明日之星。商业街区就要去辅导、扶持商户的发展，与商户共同成长。

（2）经营能力强但信用差的商户。这些商户常常会成为商业街区最危险的敌人。此类商户"挟品牌以令企业"，他们以自己拥有的品牌和销售额为资本向商业街区讲条件、提要求。如果街区不能满足他们的愿望，他们就还商业街区以"颜色"——退租或是长期拖欠租金，最后拍拍屁股走人。因为其他商业街区或者商场已经毕恭毕敬地等在门口邀请他们入驻。虽然他们可能在较短时间内使业务急剧增长，而且这些商户经营思想新颖、开发能力强，但是街区管理者要注意，这些商户的基础较弱，信用条件差，租金收取要预留足够的时间。如果对这类商户稍有疏忽，他们就会给商业街区造成很大的损失。如果商业街区入驻的商户中这类商户有较大的比重，那么企业的销售和市场可以说十分危险。

（3）经营能力和信用都好的商户。这是最受商业街区欢迎的商户，提升整个商业街区运营质量的重点就是增加这类商户。商业街区必须思考：自己拥有多少这样的商户？是否比竞争对手多？因为拥有这类商户可以获得以下的好处：销售优秀品牌的产品；增强商业街区的吸引力；支付租金干脆；自我推广意识强；吸引更多的消费者前来购物；会提供各种有用的信息。

（4）销售能力与信誉都不好的商户。这些商户是没有价值的商户，商业街区管理部门应对这种商户该出手时就出手，该淘汰就淘汰。没有对差的商户的淘汰，就不能培养出一批好商户。

商户经营管理目的就是多多培育优质商户。商业街区通过对商户的培养、辅导和支持，以确保商户与企业共同成长、共同进步，企业有责任努力使商户与企业共同发展，建立长期的业务伙伴关系。

7.4　商户激励策略

7.4.1　与激励相关的理论

1. 马斯洛需要层次理论

马斯洛需要层次理论把人类的需要按由低到高分为生理需要、安全需要、社交需要、尊重需要和自我实现需要五类。该理论认为，只有低层次的需要得到部分满足以后，高层次的需要才有可能成为行为的重要决定因素。生理需要、安全需要、社交需要属于低级的需要，这些需要通过外部条件使人得到满足，尊重需要、自我实现的需要是高级的需要，它们是从内部使人得到满足的。高层次的需要比低层次需要更有价值，人的需要结构是动态的、发展变化的。

　　商户同职工一样,是组成商业街区的个体。因此,可以通过销售额的多少给予商户分阶梯的经济奖励,或者组织评选优秀商户等荣誉,满足职工的更高层次的需要来调动其积极性,给予商户更稳定持久的激励力量。

2. 赫兹伯格双因素理论

　　该理论是美国心理学家弗雷德里克·赫茨伯格在进行大样本调查的基础上于 1959 年以后提出的,该理论又称为激励因素—保健因素理论。其要点是:使职工不满的因素与使职工感到满意的因素是不一样的。赫兹伯格认为职工非常不满意的原因,大都属于工作环境或工作关系方面的,如公司的政策、行政管理、职工与上级之间的关系、工资、工作安全、工作环境等。他发现上述条件如果达不到职工可接受的最低水平时,就会引发职工的不满情绪。但是,具备了这些条件并不能使职工感到激励。赫兹伯格把这些没有激励作用的外界因素称为"保健因素"。他还认为,能够使职工感到非常满意等因素,大都属于工作内容和工作本身方面的,如工作的成就感、工作成绩得到上司的认可、工作本身具有挑战性等。这些因素的改善,能够激发职工的热情和积极性。

　　商业街区管理者需要做好市场基础管理工作,完善市场设施设备;应当提供完备的导示系统、照明设施,干净整洁的商户入驻环境,并做好后期维护工作;学会解决矛盾冲突,应对随时发生的各类突发事件,并对发生的问题提供有效的解决方法,从而增强管理员现场处理突发事件的能力、处理问题的一致性。

3. 洛克和休斯的目标设置理论

　　该理论概括起来,主要有三个因素:目标难度、目标的明确性、目标的可接受性。目标应该具有较高难度,那种轻而易举就能实现的目标缺乏挑战性,不能调动起人的奋发精神,因而激励作用不大。当然,高不可攀的目标也会使人望而生畏,从而失去激励作用。目标应明确、具体,否则对人的激励作用不大。而能够观察和测量的具体目标,可以使人明确奋斗方向,认识到自己的差距,这样才能有较好的激励作用。只有当职工接受了组织目标,并与个人目标协调起来时,把实现目标看成自己的事情,目标才能发挥应有的激励功能。因此,商业街区管理方应当鼓励商户设置有较高难度,但又不超出承受能力的销售目标。同时做好团队概念建设,让每个商户把建设优质的商业街区作为共同使命。

4. 亚当斯的公平理论

　　公平理论又称社会比较理论,该理论侧重于研究工资报酬分配的合理性、公平性及其对职工生产积极性的影响。当一个人做出了成绩并取得了报酬以后,他不仅关心自己的所得报酬的绝对量,而且关心自己所得报酬的相对量。因此,他要进行种种比较来确定自己所获报酬是否合理,比较的结果将直接影响今后工作的积极性。一种比较称为横向比较,即他要将自己获得的"报偿"(包括金钱、工作安排及获得的赏识等)与自己的"投入"(包括教育程度、所作努力、用于工作的时间、精力和其他无形损耗等)的比值与组织内其他人作社会比较,只有相等时他才认为公平。除了横向比较之外,人们也经常做纵向比较,即把自己目前投入的努力与目前所获得报偿的比值,同自己过去投入的努力与过去所获报偿的比值进行比较,只有相等时他才认为公平。因此,在管理商户时应制定公平合理的绩效评价措施,严格按照制度办事;当商户之间发生纠纷时,及时公正地解决问题;在处理事务时奖罚分明,不徇私情。

7.4.2　商户激励管理体系设计原则

(1) 战略导向原则:激励体系以街区整体战略执行或棘手问题的处理为目标,不仅仅局限于营业额的增加。投入的成本要求看到切实的财务产出或管理改善。

(2) 联合出击原则:商户业绩提升是一套"组合拳",激励政策是重要的"一拳",但激励政策一般需要配套其他措施或作为其他措施的保障。

(3) 简约有效原则:要节省企业有限的资源,识别核心激励点,在关键环节发力,不能到处撒网,面面俱到。同时重视主力商户的激励,选择有针对性的激励策略。

(4) 循序渐进原则:激励体系的设计要充分考虑商业街区目前运行的现状,包括经营目标体系、绩效指标与数据基础、街区文化氛围等因素,不能一蹴而就。

7.4.3　商户绩效评价方式

1. 关键绩效指标法

关键绩效指标法(KPI)是通过对工作绩效特征的分析,提炼出最能代表绩效的若干关键性指标体系,并以此为基础进行绩效考核的模式。KPI必须是衡量商户经营成果的关键性指标,其目的是建立一种机制,让商户们将经营目标落实在日常经营活动之中,以不断增强商业街区的核心竞争力和持续取得高效益。KPI不仅能够把目标分解到部门及员工的日常工作当中来,也能够使商业街区管理部门集中有限的资源完成企业的目标。但是这种方法只追求结果,忽略了过程;没有关注重点指标之外的其他指标,致使重点指标的完成受到影响。

2. 目标管理法

几十年来,始于管理大师彼得·德鲁克的目标管理模式被广泛地应用于商户绩效评价中。目标管理法是根据被考核人完成工作目标的情况来进行考核的一种绩效考核方式。在开始工作之前,考核人和被考核人应该对需要完成的工作内容、时间期限、考核的标准达成一致。在时间期限结束时,考核人根据被考核人的工作状况及原先制定的考核标准来进行考核。目标管理法的好处在于能调动商户们的主动性,自由度比较大,但是对于街区管理方和商户素质要求比较高,适用于周期长、挑战性大,而且不好量化的工作。

3. 平衡计分卡

平衡计分卡(The Balance Score-Card,BSC)是从财务、顾客、内部业务过程、学习与成长四个方面来衡量绩效。平衡计分法一方面考核商户的产出(上期的结果),另一方面考核商户未来成长的潜力(下期的预测);再从消费者角度和从业务内部角度两方面考核商户的运营状况参数,充分把商业街区总体的长期战略与商户的短期行动联系起来,把远景目标转化为一套系统的绩效考核指标。它的缺点在于执行平衡计分卡这种测评方式的条件门槛较高,需要街区管理方将经营目标层层分解,并搭配与之相配套的财务、信息等制度。另外,修订的难度也很大,一旦经营环境发生激烈变化,原来的战略及与之适应的评价指标可能会丧失有效性,从而需要花费大量精力和时间修订。

4. 360度反馈

360度反馈(360°Feedback)也称全视角反馈,是被考核人的上级、同级、下级和服务的客户对他进行评价,通过评论知晓各方面的意见、清楚自己的长处和短处,来达到提高自己的目的。通过评估反馈,商户们可以获得多层面的人员对自己产品服务、经营绩效的评估意见,较全面客观地了解有关经营的信息,以作为制定销售绩效、改进产品服务的参考。它的缺点是不同的反馈渠道得到的反馈结果可能差异很大,同类产品互为竞争对手的商户可能不会给予真实的意见反馈。

5. 末位淘汰制

末位淘汰制是指工作单位根据本单位的总体目标和具体目标,结合各个岗位的实际情况,设定一定的考核指标体系,以此指标体系为标准对员工进行考核,根据考核的结果对得分靠后的员工进行淘汰的绩效管理制度。一方面末尾淘汰制有积极的作用,营造商户间激烈的竞争环境,从客观上推动了商户们的销售积极性,给予了商户一定的压力,克服了人浮于事的弊端,进而提高商户的工作效率和商业街区的整体效益。另一方面,末位淘汰制是一种典型的强势管理,如果商户们之间竞争过于残酷,硬性的推行末位淘汰制可能令商户们过度关注竞争的结果,忽视品牌长远的发展。

6. 等级评估法

根据工作分析,将被考核岗位的工作内容划分为相互独立的几个模块,在每个模块中用明确的语言描述完成该模块工作需要达到的工作标准。同时,将标准分为几个等级选项,如"优、良、合格、不合格"等,考核人根据被考核人的实际工作表现,对每个模块的完成情况进行评估。总成绩便是被考核人的考核成绩。这种商户绩效评价方式的优点在于简便易行、适应性强,可以避免趋中、严格或宽松的误差,而且评估成本很低。但结果主要根据评价人员的主观感受,带有一定的主观性和随意性。在商户提出异议的情况下,街区管理部门很难为自己的结论提供强有力的证据,从而就造成了对商户提供反馈和指导的效果不佳,以及在奖金分配等提供依据方面作用有限。

7.4.4 商户经营激励策略

根据业绩达成率返还部分当月租金,根据消费者需求、品牌特性、发展模式等对商户进行分层制定专属激励策略,服务商户做好市场基础管理工作等。

1. 租金减免策略

作为投资回报,租金的高低直接决定商业街区收益的多少。而对于租房做生意的商户而言,租金是成本的一部分,是利润分析的重要因素。因此,租金减免可以作为激励商户的一种物质手段,可以根据商户当月业绩达成率返还部分当月租金作为奖励。以龙岩万宝商业街区为例,街区管理方与商户商定每月具体的业绩指标之后,确定具体的返还比例如下:业绩达成率 100% 及以上的给予月租金返还 50%;业绩达成率 90%～99% 的给予月租金返还 40%;业绩达成率 80%～89% 的给予月租金返还 30%;业绩达成率 70%～79% 的给予月租金返还 20%;业绩达成率 60%～69% 的给予月租金返还 10%;业绩达成率 50% 及以下的不享受租金返还。商业街区管理方在次月 10 日按商户当月业绩的达成比例情况返还商户相应的租金金额,但一切以商户按照合同约定按时交纳租金及物业费等费用为前提。

在特殊情况下,租金减免不仅仅是物质激励的一种有效手段,更是精神激励的一种温暖表现。中隐于市是合肥市曙光北路上的一家特色商业文化街区,作为合肥小有名气的网红打卡地,街区内有多家酒吧、餐吧及餐饮店。以往春节是中隐于市的消费旺季,商户每天都开门营业。受新冠病毒疫情的影响,今年春节期间街区暂停营业,运营公司也在 1 月 27 日发布了通知,宣布减免 6 天的物业费与租金。之后,为了更好地做好疫情防控工作,中隐于市公司决定,将减免期扩大为 16 天,减免租金及物业费用金额达 80 万元左右。此外,由该公司运营的曙光南路上另一家街区——小隐于野的商户,也同样可以减免租金,两处街区减免租金和物业费总额约 130 万元左右。

2. 税收优惠策略

该策略是指商业街区对商户们给予鼓励和照顾的一种特殊规定。比如,免除其应缴的全部或部分税款,或者按照其缴纳税款的一定比例给予返还等,从而减轻其税收负担。作为物质激励手段的一种,税收优惠策略在招商工作中运用广泛。以某一主营服装类商业街区为例,招商政策中明确指出:对于新引进且安置在服装市场、布匹市场三层楼门市房指定区域的经营商户,自开业当月起免收 6 个月的国税、地税及工商部门的税费。对于新引进且安置在小商品城指定区域的经营商户自开业当月起免收 3 个月的国税、地税及工商部门的税费。该部分税费由街区代缴,享受优惠政策的商户应与新引进商户的商铺位置、租赁人及数量一致。常州南大街商业街区也有类似的规定,为降低入驻商户的经营成本,街区管理方承诺协调工商、税务部门,给予该商业街区商户以集贸市场的优惠政策,同时在工商管理费的收取上适当减免,从而起到吸引新商户入驻,扶持激励老商户的作用。

3. 股权激励策略

该策略也称期权激励,是商业街区为了激励和留住优质商户推行的一种长期激励机制,是目前比较常用的激励商户的方法之一。股权激励主要是通过附条件给予商户们部分股东权益,使其具有主人翁意识,从而与企业形成利益共同体,促进商业街区与商户们共同成长,从而帮助企业实现稳定发展的长期目标。河南省封丘县温州商业街布谷鞋城就将股权分配给商户,这如同给商户们吞下了一颗定心丸,给予了商户们极大的经营动力。

4. 榜样激励策略

该策略是指商业街区管理方选择在销售经营中表现突出或是依法诚信经营的商户,加以肯定和表扬,并鼓励其他商户向优秀商户学习,从而激发所有商户们的积极性。榜样的力量是无穷的,树立榜样可以给予其他商户们一个赶超的目标,使商户们有努力的方向。运用榜样激励法,首先要确定榜样商户,对优秀商户的成绩广为宣传,然后给予使人羡慕的奖酬。这些奖酬中当然包括物质奖励,但更重要的是无形的受人尊敬的奖励和待遇,这样才能提高榜样的效价,使其他商户们学习榜样的动力增加。商业街区中经常会出现评选优秀商户的活动,例如在每月末的几天评出本月的优秀商户,每季的最后一个月的 25 日至 30 日评出本季的优秀商户,每年最后一个月的 25 日至 30 日评出本年的优秀商户。评选小组根据日检、抽检、综合考评等各项指标以开会评选的办法进行评定。通常以经营业绩,是否按时缴纳租金、管理费、水电费,是否积极配合街区管理,以及质量及售后服务、守法经营、文明卫生、顾客评价等标准进行评选。

5. 信任激励策略

信任激励法是指让商户参与商业街区的决策和各级管理工作中去,增强沟通与协调,使商户们感受到街区对于自己的信任,激发商户们的主人翁意识,产生强烈的责任感。

6. 服务激励策略

街区管理部门可以为商户们提供的服务包含统一的商户结算、统一的营销服务、统一的信息系统支持服务、统一的培训服务、统一的卖场布置指导服务、统一的行政事务管理服务、统一的物业管理服务等。统一的服务不但要体现在思想上和招商的合约中,更要体现在后期商户的管理中,通过做好基础服务鼓励商户销售经营。

(1)树立服务意识,为街区内商户提供优质的服务,帮助商户促销引流,鼓励商户们积极参与经营;营造市场氛围,提升市场人气。例如,设置直达街区的班车,并在车身醒目位置宣传街区内的入驻品牌。有广场的商业街区,可以利用广场进行一些聚集人气的活动,如美食节、车展、服装节,等等。举办大型街区活动,对聚旺人气、提高知名度、打造街区品牌起到十分重要的作用。以杭州市文三路电子信息街区为例,街区管委会携手颐高、百脑汇等十大IT 商贸巨头,举办杭州市文三路电子信息街区特色风采展示活动,先后成功举办了中国国际电脑节、杭州电子竞技节等、中国国际动漫节、西湖区数字娱乐产业商会成立仪式、休闲购物节等活动,并通过政策平台、信息技术平台、孵化器平台、著名商标品牌培育平台的构筑,加大了宣传力度,营造了街区 IT 市场浓厚的科技和商贸氛围,进一步扩大了品牌效应,提升了街区的知名度。同时帮助商户减少广告宣传费用,使商户获得稳定乃至不断增长的顾客流量及整体的商誉。

(2)商业街区管理部门加强与政府部门之间的配合,鼓励商户积极响应政府的政策与措施,为街区内商户的发展创造良好的监管与服务环境,从而营造公平竞争的市场环境,真正实现对街区发展的引导。

(3)建立商户经营数据库,及时了解商业街区内部商户的信息与经营状况,了解商户们的真实需求,掌握街区内部商户的变动情况,及时处理商户提出的问题,对于不能处理或不是自己管理权限的问题也要尽力给予商户们帮助。

(4)街区管理部门应与商户们深入互动,积极引导商户通过各种经济活动或非经济活动扩充自己的关系网络;注意协调解决商户之间的矛盾冲突,为商户们营造舒心的经营环境;加强商户之间的联系,使街区中经营者形成合力。虽然街区内同类产品商户间难免存在竞争,但是适度的交流与合作可以帮助商户相互学习,从而提升整个街区的竞争力。

（5）注意完善街区内电梯、导视系统、卫生间、照明等设备设施，做好街区道路标志和街景美化、环保、环境整治、交通、停车等街区公共服务项目的统筹协调工作，真正为街区商户的经营提供便利。

专栏 7-4

无锡市湖滨商业街十周年侧记

在无锡的食圈中，有一个非常重要的街区，那便是湖滨商业街。从 2008 年到 2018 年，十年，见证了一个街区如何乘风破浪，扬帆起航；十年，湖滨商业街愈加生动鲜活。

在湖滨商业街西面的广场上，一面大理石墙引得行人纷纷驻足，墙上刻的是"商圣范蠡"的故事，从先贤身上汲取灵感，围绕"历史有根，文化有脉、商业有魂、经营有道、品牌有名"的经营理念，湖滨商业街区以其独特的魅力吸引食客，获评无锡首条"中国特色商业街"，实现了地区餐饮消费的转型升级。

街区管理部门积极倡导商户们诚信经营，为消费者提供高质量的产品与服务。街区以"诚善经营、放心消费"为宗旨，重点餐饮单位明厨亮灶，先后创得省级标准化示范街区、省级"正版正货"优质示范街区、江苏价格诚信单位等各级荣誉 70 余项。去年街区积极对接国家全域旅游示范区建设，深入贯彻滨湖区委"三大提升"总目标，成为外地游客和市民心中休闲、餐饮、娱乐、住宿的首选地之一，成为无锡城市文化一张靓丽的名片。

不长不短的 1 500 米，从零星几个店铺发展到拥有 300 多家国内外休闲娱乐餐饮品牌。目前，街区汇聚了星巴克、夏联福记、渝派富豪等知名餐饮品牌，还有桔子水晶酒店、柏曼酒店等精选酒店和欧尚超市、盛世铭豪、恩威酒吧等休闲业态。在这里，早上吃馄饨早茶，中午和晚上享各国各地美食，夜宵更是有龙虾、烧烤、打边炉，新晋网红美食也陆续入驻。

自开街以来，街区每年举办"啤酒狂欢节"，已在无锡及周边地区形成了较大知名度。一年一度的"厨王争霸赛"，旨在让商户间形成良性竞争氛围。十年间湖滨商业街从冷冷清清门可罗雀的小路变身成为现在年营销 15 亿元，日均人流量 3.5 万人次的锡城南片第一街。

十年变迁，承载的不只是记忆，更是一代人的青春烙印。有从恋爱约饭到生子摆宴都选择在湖滨商业街的小夫妻，有天天一碗早面坚持了 10 年的老无锡，有从厨房帮工晋升为餐厅总厨的大师傅，有依赖湖滨商业街为主要取餐地的外卖小哥……

十年精彩，面向的是更加广阔的未来。在"最美湖湾新城"的一隅，湖滨商业街是一颗冉冉升起的明星，而未来，它正准备迎接更多挑战、绽放出更加璀璨的光芒。

案例 7-1

北川巴拿恰商业步行街的管理

巴拿恰商业步行街坐落于北川新县城城市空间中轴线上，紧邻安昌河，占据着城市地图上的中心区域。巴拿恰商业街是北川新县城的十大标志性建筑之一，是新北川县城的门户，同时也是新北川的城市名片。

1. 巴拿恰商业步行街管理现状

商业街的成功三分在建设，七分在管理，可见其核心是管理的体制。北川巴拿恰商业步行街实行的是物业管理的方式,通过一家绵阳本地的物业管理公司,向商业街内商户收取一定的管理费用来保证公司的基本运行,并通过和北川文化旅游投资公司相互配合来保证商业街的正常经营。

在商业街的业态上,巴拿恰商业步行街在前期招租中就已经明确了招租的类型:特色零售、时尚零售、餐饮、休闲娱乐和服务行业。在商业街实际运营管理过程中,政府对于羌族特色的项目和商户给予了减免税收的扶持政策,这对于巴拿恰商业步行街的文化塑造有一定的帮助。在铺面类型占比上,特色零售类型店铺在数量上占比27%,但其面积占比仅8%,而对于巴拿恰这样的少数民族地区商业街来说,特色零售类正是突出的民族特色,是区别于普通商业街的重要手段。在问卷调查过程中。59.7%的人认为商业街业态丰富,能满足人们各种需求。根据实地的调研观察,巴拿恰商业步行街上的商铺存在雷同、重复面积高的问题,特别是土特产类特色商店,绝大多数为商品种类覆盖面积广的超市类型,在这类商店中的体验类似且缺少差异化。而有少部分店铺会现场展示特色产品的生产过程与传统工艺,这种商铺的存在有利于提升游客在商业街游览过程中的精神享受。

巴拿恰商业步行街商户经营存在一个不均衡的状况,平时人气较低、人流量较小,而每逢节假日如清明、国庆等假期时,游客人数又会突然上升,平时闲置的商铺椅位不能承担高峰时的经营需求,这导致商户在假日期间自作主张采取了临时占道经营的方式,尤其是餐饮类商户直接将餐桌摆到了主街正中。这种做法既是对北川羌城5A级旅游景区形象的损害,也让人们对餐厅的卫生状况产生了担忧。除此之外,部分商户还存在乱搭乱建和擅自改变原有设计建筑形态的行为,而巴拿恰商业步行街的原生羌风建筑是其羌文化的最直接体现,对建筑形式的破坏损坏了这种文化的传承。

在园林景观和公共设施的管理维护方面,巴拿恰商业步行街种植了色彩丰富的植物,种类繁多,实地调研时在商业街浏览的过程中能够处处见绿,但由于种植年份较短的原因,树木植株较小,与商业街的街道宽度与建筑高度有不符。在巴拿恰商业步行街的各个广场还设置了水景,丰富了商业街景观体验,同时也有吸引人驻留的作用。但随着时间推移,商业街中的部分水景、绿化被人为改造为商业活动场所。除了自然景观之外,巴拿恰商业步行街还有图腾、宗教祭祀等文化景观小品,强化了游客对于羌族文化的认知。在游览巴拿恰商业步行街的过程中,能够方便地找到座椅和卫生间,提升了游客的生理感受,商业街的座椅均设置在绿化周边,给人们提供了较为私密和舒适的空间。卫生间在主街上有清晰的标识和指向。在商业街中间的禹王广场处,设置了几处下沉式空间,给人们提供了休憩、驻留的空间。

在安全管理上,"5·12"汶川特大地震的恢复重建过程中对新建建筑的防震要求也提高到了一个新的高度,这也为后来《建筑抗震设计规范》的编制提供了参考。巴拿恰商业步行街处于新北川的核心位置,其在建筑设计过程中就进行了防震的考量。此外,在巴拿恰商业步行街周边还设立了多个紧急避难场所和固定避难场所,在商业街中便能看到明显标识,便于在灾害发生时及时有序地进行组织疏散。

2. 巴拿恰商业街发展可行策略探究

(1) 前期建立统一完善的管理体制

管理对于商业街成功与否十分关键,巴拿恰商业步行街现在采用的物业管理制度比较新,有探索的意义。在管理上,商业街中存在一些纠纷与矛盾,究其根源是建设时间上的局促性致使其没有一个统一完善的管理制度，而现阶段物业管理公司与政府部门之间的配合较弱，对商户的约束力和管理并不到位。物业、公众应该更积极地参与到前期的商业街规划中，从而避免规划时考虑得不充分，提高预见性。同样位于四川的宽窄巷子商业街在开街前期就制定了各项管理措施，其中宽窄巷子对于立面的控制尤为严格。因为宽窄巷子定位于体现休闲文化，若是任由商户破坏原有建筑立面，也将破坏商业街整体氛围。

（2）租金价格差异化

巴拿恰商业步行街上店铺现有业态重复率高，尤其是售卖土特产的店铺更是千篇一律，弱化了游客在商业街中的文化体验。在文化塑造上，商业街可以以补贴的方式引入不同的传统工艺品，并以制作过程与方法的形式展现在游客面前，有助于提升对人群的吸引。例如，成都锦里街区在收取租金时不按照固有面积来计算，而是考虑经营项目差异化制定的不同价格，而对于传统手工业采取保护手段低价出售，这也使得锦里较好地保存了一些传统技艺，并在商业街区中得以体现，也为其吸引了众多的游客。

（3）分段分街区定位

现有巴拿恰商业步行街给游客的感受较为分散，再加上副街部分商户入驻率低，游客到达性差。基于此，可以采取分段分街区定位的手段改善这一情况。例如，集中将餐饮业布置在西区北面副街，一来可以靠餐饮的必要性带动副街人气，二来可以使同样提供餐饮业的商铺聚集在一起，增强竞争，以服务和品质寻求市场认同。

（4）经营空间的弹性管理

在节假日中，商业街人流量突增，部分商户乱搭乱建，甚至占用主街中心部分进行经营活动。这种做法严重损害了游客在商业街中的游览体验，从管理上应该严格禁止对主街步行通道及公共空间的占用。但在实际走访中也发现了商铺的面宽较小，不符合南方地区开门做生意的习惯，而适当地让经营向外蔓延也有利于提升商业街的参与性和生动性。因此，在经营空间的管理上可以考虑弹性的手段，分时段允许商户在限定范围内摆摊至商铺门口。

（5）商业街区的文化塑造

商业街的文化塑造是其脱颖而出的重要手段，特别是巴拿恰处于少数民族地区，更应该体现其羌族文化特色。除了建筑上的羌族风貌外，还应该在文化"软件"上下功夫，加强对民族特色商业的扶持，突出每家店面的差异性，给予商户一定的自主设计商铺景观的权利。而商业街应该融合发展，打造"巴拿恰"文化品牌。

资料来源：明钰童.对北川巴拿恰商业街运营管理的评析与策略探究[J].现代商业，2015(11).

第8章

商业街区的氛围营造策略

8.1 商业街区氛围的内涵与相关理论

8.1.1 商业街区氛围的内涵

"氛围"看不见、摸不着,是环境给人的总印象,体现各空间之间的不同个性特色,能被人感知并影响人的行为活动。然而,学术界对氛围的内涵还没统一。现代营销学之父菲利普·科特勒将氛围定义为"为创造某特定购买者情绪,而对空间做的有意识的设计"。瑞士建筑师彼得·卒姆托提出了"建筑氛围"的理论。他认为建筑的品质体现在建筑能够打动它的居住者与参观者的时候。正如人们对陌生人的判断来源于第一印象,在人们走进建筑、看到房间之后很短的时间内就能对建筑产生一种直观的感受,这便是建筑的氛围。

以往一些学者对氛围进行研究发现,良好的氛围可以延长消费者停留时间并与其他消费者互动,增加销售,提高消费者对产品或服务的感知质量,促进消费者满意,树立企业形象等。由此可知,良好氛围的营造有利于商业街区的长远发展。本书中的"氛围"指消费者在商业街区环境中感知到的并能够对自身产生生理或心理方面的情感反应的环境要素的有意识的控制和设计。下面讨论一些与容易与氛围混淆的词汇,如意境、场所、人气等,它们或意义接近,或相互统一,或相互联系。

1. 氛围与意境的关系

意境是情与景的真实、自然地结合,产生意境必须具备一定条件,氛围的设计与之相似但也有不同。首先,意境是属于审美体验的范畴,需要欣赏者具备一定的审美修养,才足以洞察艺术作品的真情实意。而相对来说,氛围不需要主体深厚的审美修养,只需基于日常的生活体验和知觉本能就能感受到,是直观的、本能的反应。其次,意境给人的感受往往是正面的、愉悦的,它不是来自生活中的实际利益,也不是纯理性的判断,而是一种充实丰富的高度享受。而氛围给人的感受多样,甚至可能在不同的场所呈现截然相反的状态。

2. 氛围与场所的关系

场所,即有行为发生的地方,氛围的设计离不开场所。诺伯格·舒尔茨在他的《场所精神——迈向建筑现象学》阐释道:"场所是由具有物质的本质、形态、质感及色彩的具体的各种事物所组成的一个整体。它不仅包括了物质实体,还包括了不可见的却对人起作用的诸多因素,如氛围、活动、声、光、电,等等,主要用于区别纯粹的物质空间与精神空间,这反映了空间与场所的一种关系。"所以,氛围是场所的情感表达,场所是氛围的前提,研究商业街区步行空间的氛围离不开对场所理论的研究。

3. 氛围与人气的关系

人气是商业街区形成良好商业氛围的主要条件,空荡荡的商业街区就算有光鲜亮丽的商品也难以产生强烈的商业氛围。但是人气的好坏并不能衡量商业街区的总体氛围,有时拥挤的人流反而会令人产生不适,影响街区氛围质量。

4. 氛围与环境的关系

人对环境所感知的东西不仅仅是实在的空间界面,而且包括这些实体以外的某种气氛、意境和风格;气氛是环境给人的总印象,它与诗的意境相仿佛,是具有不同性格的东西。设计师采用所有的设计语言,如色彩、材料、光影、温度、气味等,给予环境中的人以刺激,引发人的联想,而联想的目标就是根据该场所的特色及其与周围建筑物所营构的氛围,给观者留下的印象。这种通过特意的设计与管理所创造出来的环境给人的总印象即是氛围。

8.1.2　氛围构成要素的理论基础

1. 行为动力与需求理论

(1) 拓扑心理学理论——心理场论和行为动力学说

格式塔心理学诞生于 1912 年,兴起于德国,是现代西方心理学主要流派之一,后来在美国广泛传播和发展。格式塔是德文 Gestalt 的音译,即中文"完形"之意,英文往往译成 form 或 shapes。格式塔心理学认为,人对城市形体环境的体验认知具有整体的"完形"效应,是经由对若干个别空间场所、各种知觉元素体验的叠加结果。人的知觉心理是无法割断的,而这种知觉心理不仅取决于作为生物体的人,而且还取决于作为文化载体的人。

德裔美国心理学家库尔特·勒温(Kurt Lewin,1890—1947),借鉴物理学场论,把行为看成是人及其环境的一个"场",此思想被称为"场论"。他与他的同事们应用"生活空间""自由运动的空间"和"力场"(即群体对个人发出的压力)等术语来从事一系列有关对变化的抵制和领导对群体的影响方面的研究。勒温的"场论"强调内在需要和周围环境的相互作用对人的心理、行为的影响。人的内在需求未得到满足,便使内部的"场"产生张力,周围的环境可起加速或延缓的作用;其中内部"场"的张力是决定性的因素。"场论"推出了著名的行为公式:$B=F(PE)$。式中,B 代表行为,P 代表个人,E 代表环境,F 为函数。人的行为心理感知就是个人与环境相互作用的结果。

勒温的行为动力学说,其核心思想是需求是行为的动力。他认为人们为了满足自我需求而引发活动,并且将人的需求分为两种,第一种是客观的生理需求,比如感觉劳累的人寻求休息,感觉炎热的人寻找阴凉等;第二种是准需求,指在心理环境中对心理事件起实际影响的需求,比如选好了镜头需要拍照。此外,还有紧张、诱发力和向量移动等行为动力,相似地阐述为在心理环境的事实被感知之后,凡是不符合本人的需求和愿望的,甚至是对人有损害的,人们会产生紧张,会背离这个事物;而凡是满足人的需求与愿望的,人们解除紧张,会趋向于这个事物。

在商业街区当中,个体和可影响个体的心理环境共同作用,影响个体行为的表现,而个体的行为又是受到需求动力的驱动,通过观察街区中人们的行为类型,并分析相应的需求,有助于理解那些影响个体的心理环境,即对氛围起作用的因素。

（2）需求理论

根据马斯洛需求层级关系,人的需求可分为五个不同层次:生理需求、安全的需求、归属与爱的需求、尊重的需求、自我实现的需求。这种逐步演进的关系是从物质需求向精神需求演进的过程,当前一层次的需求得到满足的同时,人们开始思考寻求达成下一级需求的条件。对消费者的需求分析应具有代表性和普遍性,总结商业街区中的主要需求有:生理和安全等基本的需求;放松身心的需求;购物、文化或娱乐体验的需求;与场景互动的需求。

（3）认知心理学

消费者对商业街区的氛围感受涉及人对环境的感觉、联想、情绪和理解等过程。认知心理学正是研究人的心理活动是从认识过程到情感过程,最后上升到意志过程的顺序。

认识过程是人通过感觉获得对外界的印象,并在此基础上通过一系列的心理活动,比如记忆、想象、思考等获得理性认识的过程;情感过程是人们在认识客观事物时采取什么态度的过程,比如喜欢、厌恶、恐惧和紧张等;意志过程是人在自己的活动中设置一定的目标,按计划不断克服内部和外部困难并力求实现目标的心理过程。

在商业街区中,消费者首先通过视觉、听觉、嗅觉、触觉等感觉器官获取外界环境的信息,再通过人脑的信息整合、加工过程,形成对街区环境的初步认识;在此基础上判断环境是否有序、是否安全、是否便利等,形成亲近或逃避、吸引或排斥的本能性情感反应,再综合消费者的各种知觉感受,如符号元素、活动形式、历史文化等的昭显形成对街区环境的高层次情感反应,如愉悦、亲切和质朴等;最后经过前两个过程,消费者形成有目的、自主的参与街区环境和满足自身需求的行为活动。

2. 环境—行为关系理论

（1）唤醒理论

唤醒指在刺激作用下通过脑干的网状结构提高大脑皮层的兴奋性,同时加强肌肉的紧张状态。唤醒水平的变化在行为上表现为活动水平和情绪的变化,如温度、噪声和拥挤等愉快或不愉快的刺激物,都能提高唤醒程度,这些正面或负面的情绪还会随着唤醒水平的提高而加强。此外,如果存在某些因素的干扰或约束,即人对环境失去控制感时,也会产生不愉快的情绪,对人的身心造成损害。

（2）适应水平理论

每一个人对外界的刺激都形成了自己所习惯的适中刺激,过多和过少的刺激都会令人产生不愉快。首先,人类处理信息的能力和注意力有限,当输入的信息量超过个人的处理能力时,就会发生信息超载,这种作用时间越长,就越耗费人的注意力,使人长期处于过度唤醒状态;其次,当环境给人单调、乏味的感觉时,将导致人们的刺激不足。商业街区涉及的刺激因素较多,比如人群活动、商业活动、视觉刺激、听觉刺激等,合理界定环境刺激水平,避免刺激过载和不足的发生有利于积极情绪的产生。

（3）行为场景理论

特定的空间及其中按一定规则分布的要素共同构成的物质环境,支持着特定的行为模式,为需要它的人群提供了从事某些活动的场所。场所与其中人们的共同行为共同构成了整体的行为场景。商业街区也是这样一个行为场景,其中的建筑、街巷、文化符号等,以及特定的使用人群和行为模式共同组成了这一城市独特的场所。假使改变了商业街区某些生态特征、活动模式或是物质特征,商业街区的场所特征将彻底转变,影响消费者对街区氛围的判断。

（4）S-O-R 模型

刺激—有机体—反应模型为研究外部环境因素对于消费者的行为提供理论基础,被广泛应用于商业空间环境对消费者行为影响的研究中。该模型认为当消费者遇到某种刺激(stimulus)后,消费者的内部状态(organization)将随之发生变化,最终导致其行为(response)的产生。

S-O-R 模型研究表明行为心理与环境氛围是相互作用的辩证关系。对人类行为心理进行研究,可以为商业街区设计提供一个符合主体要求的客观依据。舒适的街区环境激发闲逛的消费者的购买欲望;特征鲜明的空间氛围给消费者留下难忘的印象而屡屡光顾,环境对行为心理活动产生了推动作用,而行为心理活动又促进了环境氛围的形成。

8.2   商业街区的主题与氛围类型

当今消费者心理行为特征呈现出更强的个性消费意识和购物体验意识,由单一的购物行为,向欣赏、社交、美食、娱乐等多元消费方式发展;购物活动逐渐成为多层次、有计划、舒适的一种开放式的社会活动。商业街区通过确定空间主题,营造主题情境,烘托主题氛围,进行氛围的营造,满足多元群体的需求。国内外对主题及氛围类型划分还未统一,但都可以通过材料、色彩、光影、声音、活动等多种元素进行情境表达。根据国内外相关著名案例的商业街区考察和商业街区的商业空间的功能特点,将商业街区主题分为三类:商业购物主题、休闲娱乐主题和文化艺术主题,相应地形成了商业购物氛围、休闲娱乐氛围和文化艺术氛围。

8.2.1   商业购物主题与氛围

购物是人的基本社会活动,当人们的生活富裕之后,购物已经不仅只是为了满足简单的物质消费,更是一种精神消费。人们不仅需要购买到生活用品,更希望于购物中享受到生活的乐趣。商业街区邀请有影响力的品牌作为后盾,加入流行时尚元素或者高科技主题,在辐射效应下推出新的附属产品,在物理空间范围内把这些产品形成一个整体,在建筑功能形式上的布局和路径的设计以消费终端为目的,室内的环境空间营造以品牌风格为主题,细节上彰显品牌的文化,营造商业购物氛围,引发追求时尚与潮流的消费群体的共鸣。以商业购物为主题的商业街区由入驻品牌的知名度、数量及时尚风格等元素构成,通过现代化的建筑设计、展现街区设计理念、举办品牌主题活动等途径进行烘托,主要关注的是消费者物质与精神上的双重需求;同时,良好的商业氛围有利于商业空间积聚人气、延滞人的停留时间、刺激大众消费、为商家赢得利润。

　　位于上海长宁区的尚嘉中心的顶级品牌零售店,是 LVMH 路威(酩轩集团)旗下所有奢侈品的集成店,并吸引其他品牌的入驻,被沪上人士冠以"LV 大厦"的雅号。大楼的设计概念源自日本著名设计大师青木淳,灵感来源于"裙摆",外立面设计将建筑物流线外形从上而下,顺着天窗带到裙房之上,宛如一位身穿白色晚礼服的优雅贵妇,散发着华贵的格调,充分彰显了尚嘉中心的商业购物主题(图 8-1)。

图 8-1　上海长宁尚嘉中心

　　北京世贸天阶定位为集美食、娱乐、艺术、时尚信息为一体以满足视觉、听觉、嗅觉、味觉、触觉的全感官体验的商业街区。世贸天阶最为震撼的部分是它中心商业廊道上空的电子天幕——亚洲首座、全球第三大规模的电子梦幻天幕,250 米长,30 米宽,总耗资 2.5 亿元,由好莱坞舞台大师(曾获奥斯卡奖与四次艾美奖)杰瑞米·雷尔顿负责设计。杰瑞米·雷尔顿说:"这样大胆的商业构想,让我直观地看到了来自亚洲的经济光辉,这样富于时代意义的规划,对于设计师而言,足以激发出无限的创作热情。"这座天幕为整条商业街带来了富于梦幻色彩和时尚品位的声光组合,很多国内外旅客到北京旅游,都已将这儿加入必赏景观之一。世贸天阶的巨型天幕,利用高科技展现时尚的吸引力与品牌的魅力,让这个仅百米长的广场变成了京城炙手可热的旅游景点。世贸天阶还成为各种时尚信息发布的平台,举行多场品牌活动:中国联通举行的 iPhone 手机进入中国大陆市场的首销仪式、迎奥运文化广场启动仪式暨大型公益晚会、可口可乐畅爽"开"新年倒数活动、阿提哈德航空展、蔡依林新专辑《大丈夫》天幕首播等时尚活动都在世贸天阶开展。当消费者置身于世贸天阶梦幻的环境,参与到各类品牌活动中时,感受到浓厚的商业购物氛围(图 8-2)。

图 8-2　北京世贸天阶

8.2.2　休闲娱乐主题与氛围

休闲娱乐商业是指在一定商圈范围内形成的满足国内外旅游者在城市旅游过程中及当地居民在闲暇时间休闲娱乐消费需求的各类商业的集合,其构成包括商业购物、休闲参观、餐饮服务、咖啡酒吧、影视娱乐及文化、运动体验等商业设施。休闲商业的发展催生了休闲娱乐主题商业街区,满足了消费者多重复合性需求,让消费者体验休闲娱乐的氛围。休闲娱乐主题的商业街区由业态分布、休闲娱乐设施等元素构成,通过店铺陈列各式五彩缤纷的产品、游乐场内欢快的音乐和游客的尖叫声等营造轻松的氛围。良好的休闲娱乐氛围能够令消费者放松和快乐,并激发消费者参与休闲娱乐活动的热情。同时,良好的休闲娱乐氛围能吸引大量人流,产生更多的消费,为商家带来更多的利润。

位于日本阪急的西宫花园购物中心被称为"市民客厅",由 7 家主力店和 268 家专卖精品店组成,它以"环境调和的生活"为主题,创造了一个由生活元素调和为主题的购物中心。西宫花园购物中心内部空间环境的营造彰显了生活的情调(客厅般的氛围、家居般的花园、家居小品、景观绿植等),其品牌和店面的构成,尤其是业态的分配与组合除了中国购物中心注重的餐饮娱乐要素外,其大型书店、美术馆等非购物型文化设施的次主力店化更彰显了消费层次的升级和非目的性,公共空间的生活气息和开放空间的设计契合了生活场景的再现。屋顶花园舞台精彩更迭的节目,是传统生活方式的延续与发展,名副其实的生活性主题给当地市民带来了丰富的情感体验和回忆(图 8-3)。

加拿大西埃德蒙顿购物中心(West Edmonton Mall)是北美最大的主题商场,整个购物中心被玻璃屋顶覆盖,内部设施一应俱全,可谓"玻璃苍穹下的城市"。主要功能有酒店、银河游乐世界、室内水上乐园、海洋世界水族馆、冰宫、迷你高尔夫球场、台球保龄球中心、皇家赌场、滑雪练习场、宠物动物园等,是一个休闲娱乐主题的购物中心。商场共有 60 个出口,全方位引导游客,方便进出的同时利于疏散。购物中心一共设置了 8 家主力店,分布在商场的外延位置,中间部分由交通干道联系起来,比如世界最好的娱乐产品零售,加拿大最大亚洲产品超市 T&Tsupermarket,等等。消费者顾客置身于西埃德蒙顿时,感受到环境设施的鲜艳设计带来的视觉冲击,配上周围消费者的尖叫与欢笑,会让人暂时忘记烦恼,选择融入其中(图 8-4)。

图 8-3 日本阪急西宫花园购物中心

图 8-4 加拿大西埃德蒙顿购物中心

8.2.3 文化艺术主题与氛围

文化艺术能够使街区演绎事件、产生活动、活跃气氛、充满生机。文化艺术主题的商业街区承载着历史文化、地域文化、时尚文化等,融入艺术创意并结合媒体、音乐、摄影、工业设计、出版、时尚、流行音乐、建筑等为街区主题增加了新的元素,营造文化艺术氛围,满足消费者精神文化需求。以文化艺术类主题定位的商业空间针对喜欢了解历史文化、感受艺术气息、接受新奇事物的目标人群,艺术类主题的商业空间不限于依托某个特定的具有历史文化内涵的区域、艺术设计和艺术品牌,入口、流线的牵引,业态的分布及定位都是针对这一特定目标人群精心设计,强调文化艺术感。

上海外滩沿线的益丰外滩源的定位类似外滩 18 号和外滩 6 号的商业空间,它保留原有文艺复兴建筑整体风格并进行改造,利用与整体协调的清水红墙,搭配巴洛克式券窗和水晶等细节设计,当消费者步入益丰外滩源时宛如置身于博物馆。

益丰外滩源位于北京东路外滩和圆明园路之间,其前身——益丰洋行大楼是 1911 年由英商九生洋行设计。建筑为五层砖木结构,清水红砖墙,属于文艺复兴风格。建筑东西长度为 124 米,为当时上海单体建筑之最,建筑底部为半圆券门窗,二、三层为弧形券窗,顶层为平券窗,一到三层窗券饰琐石,西北角入口和东北角入口穹顶装饰为巴洛克式(图 8-5)。

图 8-5　上海益丰外滩源

益丰外滩源按照"整新如旧"的原则进行修复,由于保护建筑(公寓)转变成商业建筑功能转型的考虑,建筑内部的空间被重新划分。为了让益丰外滩源的结构更加合理,设计师在后方以极小的间距建设了一栋同样高度、风格一致的清水红墙的新楼。将南立面变成建筑的"内墙",打通内部空间,新楼的墙面和旧楼的通道采用透明玻璃材质,这样就造就了楼中楼的视觉感受。

益丰外滩源修复工作经过用心处理后,凯里森建筑事务所完成了具有"博物馆"主题的商业街区,有一个豪华的中庭,让每个品牌视觉开阔,一目了然。中庭部分从吊顶的巨大水晶灯,到每一个细节的装饰,都做到了用心设计。"在这里逗留的时间越长,越会感觉到它历史和文化的味道。"益丰外滩源的经营方如是形容。招商和业态布局都体现出这是几十年甚至百年历史的有故事的品牌。在这里购物,可以更好地了解这些有历史和文化沉淀的品牌故事价值,因此更像是在逛博物馆。

图 8-6　上海淮海路 K11

位于上海淮海路的 K11 购物艺术中心以"艺术、人文、自然"为主题,通过陈列多幅艺术作品、利用自然元素烘托文化氛围。精选国内外知名当代艺术家 17 组作品,分别放置在商场各处供公众欣赏。达明安赫斯特是当今英国艺术作品成交价最贵的当代艺术家,在购物中心二层,人们可以看到这位当代英国艺术先锋的作品《悲惨的战争》;负一层有刘建华的雕塑作品《痕迹》;国内著名雕塑家隋建国的工作室为上海 K11 定制了 4 只镂空切割金属《蝴蝶》,展示着空间的变化,与整体氛围相得益彰(图 8-6)。

开创购物成为一种快乐体验,K11 着力打造了一个多元化的艺术互动平台,在 K11 随处可以享受到自然环保的建筑空间,走进中庭,映入眼帘的是一个 33 米 9 层楼高的人造瀑布"飞流直霄"。在中庭广场,除了有瀑布、阳光顶外,还有大面积绿叶成茵荫的垂直绿化墙,一年四季都郁郁葱葱;3 楼的都市农庄一角,K11 将流行游戏"开心农场"实体化,把 300 平方米空间打造成室内生态互动体验种植区,养起了小猪,采用多种高科技种植技术模拟蔬菜的室外生长环境,种植了奶油生菜、菠菜等,并专门辟出了体验种植区,让来到 K11 的所有消费者零距离接近自然,体验种植的乐趣(图 8-7)。

图 8-7　K11 的开心农场

8.3　商业街区氛围营造的原则

商业街气氛营造的原则,主要包含三个方面:人性化原则、文脉传承原则和有机统一原则。

8.3.1　人性化原则

"人性化"设计主要是通过对空间尺度、设计形式、功能配套、购物流线等多方面的推敲，注入"人性化"元素，赋予商业空间"人性化"的品格，使其具有情感和生命。设计的人性化是对人的心理需求、生理需求和精神追求的尊重和满足，是设计中的人文关怀，是对人性的尊重，是以有形的物质形态去反映和承载无形的精神情感，营造让消费者感到舒适、愉悦的环境氛围，体现出更多的人文关怀。商业空间设计的人性化表达主要通过以下几个方面。

（1）通过对空间要素（如空间尺度、材料、色彩、装饰、灯光等）的人性化塑造，使消费者在购物过程中感受到轻松、愉快和人文关怀，有利于吸引更多的人流，激发消费者的情感体验和购物欲望。

（2）通过对空间功能的开发和完善，满足消费者的多样化需求。人性化设计应从建筑的软环境入手，完善各种配套设施（如为购物消费提供各种休息和休闲设施、为儿童及老人提供的特殊服务设施、为弱势群体提供的无障碍设施等），实现设计的人性化表达。

（3）通过对空间环境的塑造（如提高景观设计的品质，确定特色的主题、融入景观构成要素，将绿化、水体、雕塑等元素与室内空间巧妙地融合在一起等），满足消费者亲切温馨的情感需求，打造人性化的高质量环境品质。

（4）人性化的流线是商业街区的活力源泉，通过对内部流线的人性化组织及空间序列的有机编排，可以将内部空间有机联系起来，提高街区建筑的凝聚力和趣味性。

8.3.2　文脉传承原则

任何一个民族、一个国家、一个地区，都具有不同于其他民族、国家或地区的文化传统，这是历史和时间沉淀下来的宝藏，是最深沉的文化底蕴。作为一种文化现象，文化传统在其世代相传中，显示规律和相对稳定性，具有延续地方传统文化与凝聚社群共同意识，以及领域感、认同感等功能。因此，在商业街区氛围设计中，注重地区的文化传承，有助于在群体中达成认同和共鸣。特殊的地理位置和历史背景在一定程度上限定了环境的个性和氛围营造。

商业街区作为城市商业空间的一部分，代表着非语言的文化符号，其空间形式中也包含着一定的意义或象征，同样对人们的行为与个性产生着潜移默化的影响。所以，商业街区的氛围设计也应反映所在城市的文化特质，文化特质包括文化符号和文化观念两个方面。

商业街区的情感文脉设计要从传统主流文化、地方区域亚文化出发，通过广泛缜密的文化调查分析，来提炼区域亚文化的特色和精髓，然后加以整理和提炼，形成个性化的商业文化氛围，再通过有效持续的传播沟通，最终达成认同和共鸣。设计师在进行具体设计时，则需要从人文、材料和使用者的特点因素出发，运用抽象、寓意、神似等手法，创造出有个性的作品，以取得与地方人文环境的融洽。

宽窄巷子以成都生活为线索，在维持成都原始空间格局的基础上，建立了集民俗生活体验、中西方餐饮、院落式酒店、文化娱乐、旅游休闲等多样业态的城市历史文化题材商业街区，院落式体验消费街区及城市怀旧旅游文化街区，是老成都的底片与新都市的客厅。宽窄巷子利用三条巷道的不同意义诠释出不一样的商业主题定位（图8-8）。宽巷子主打旅游及休闲，客户定位为城市怀旧旅游休闲客，沿街消费占大部分，业态以高端酒店、特色餐饮、特色客栈、休闲茶吧、企业会所为主,打造情景消费游憩区;窄巷子主打品牌商业,客户定位为追求品牌的目的性消费者,大多消费者逛完宽巷子后走进窄巷子,其休闲院落成为游客休憩及品尝美味的好地方,业态主要有酒吧、咖啡厅等娱乐休闲及品牌餐饮,加上部分购物,形成了一定品味的生活休闲区;井巷子主打符合现代都市年轻人的业态,是以酒吧、夜店、甜品店及特色零售等为主的现代时尚娱乐区。整体的业态构成考虑了消费者的心理习惯,宽巷子的中式餐饮与茶馆,窄巷子的中西餐饮与咖啡,井巷子的时尚酒吧与夜店,这样的业态布局展现了时间的序列,像宽窄巷子这样以旅游品牌为主的商业街区,游逛业态与过夜游、半日游的时间节点需要契合,才能使街区的商业价值最大化,即消费者上午可以在宽巷子中体味老成都的真实生活,下午到窄巷子中品味星巴克的午后时光,夜幕之后到井巷子中体验成都的时尚夜色(图 8-9)。

图 8-8　成都宽窄巷子

图 8-9　窄巷子中的星巴克

8.3.3 有机统一原则

有机统一原则意味着在营造商业街区氛围时，应根据商业街区定位或主题来组织设计素材和整体构思，考虑相关元素的协调与统一，做到统一而不单调，复合而不零碎；既包括公共空间、商业购物空间、休闲娱乐空间和文化艺术空间的协调，也包括组成商业街区的各要素相互协调，共同烘托，体现独特情调。在空间氛围营造上，设计师可以采取造型、色彩、尺度、材质等建筑语言来强化空间主题。例如，位于韩国首尔的 bbong-cha 咖啡馆室内空间，设计师把从桑叶中提炼的设计元素作为其特有的概念，使树叶的形状多样化并且重复展示墙上和地上不同类型的图案。恰当地使用树木的米色、白色和灰色，塑造出镇静而充满活力的空间氛围，让消费者在日常生活中轻松地享受自然主义的愉悦。同时，咖啡馆外部材料使用和内部一样的树木的颜色，大胆地在建筑物正面运用对角线，根据颜色安排显示出心理上的变化，聚焦人们的注意力（图 8-10）。

图 8-10 韩国首尔的 bbong-cha 咖啡馆室内空间

奥地利的 Atrio 是地处奥地利、斯洛文尼亚、意大利三国交界处的购物中心，建筑师通过红、蓝、绿三种国家颜色分别贯穿循环于建筑的内外部空间，营造不同主题空间，蕴含不同的寓意。红色代表了奥地利，建筑师通过赋予其红色的外立面皮肤，调动人们欢快的情绪。尤其是在夜晚，红色主题的建筑结合外立面那些特殊的光效设计，都会给这个地区的人们带来无限的快乐。蓝色代表斯洛文尼亚，它控制了整个广场的中心区域和高塔部分，蓝色的高塔隐喻了阿尔卑斯山的山脊。绿色代表意大利，代表建筑的绿植设计。对于购物中心所处的盆地地形和大范围的降雨量，建筑师必须将这些雨水进行合理的收集再利用，同时在景观植被的设计中融合这些要素。在色彩设计的开始阶段，建筑师就强调了与自然形态的结合，使色彩不但呼应主题，而且与自然中的颜色和谐统一（图 8-11）。

图 8-11 奥地利的 Atrio 购物中心

8.4 营造商业街区氛围的商业活动遴选

根据格式塔心理学的原理,空间环境的情感体验是由各种知觉活动组成的整体感受,并不等同于相关知觉的简单叠加。因此,商业空间的氛围设计要打动消费者,必须运用多种变量,调动消费者的整体感知觉系统。

8.4.1 空间环境设计

1. 材料运用

商业街区中,材料能够铺垫烘托场所氛围。材料作为人们艺术审美对象而存在,是支撑商业街区氛围设计实现的物质基础,并成为人类物质文化形式的一个重要类别。商业街区对材料具有一定限制性,如防火性,在符合商业街区空间内容与形式要求下选择材料,综合考虑商业街区的环境、气氛、功能、空间及经济效益、美观实用、防火要求等因素,充分发挥每种材料的特性,物尽其用。在设计中应注重利用材料的典型特征进行对比,同时也要利用材料的其他特性的相似性取得协调,其组合方式可分为相似性组合和对比性组合。相似性组合能取得稳定、统一、协调、安静的效果,对比性组合能取得丰富、活跃、开朗、有趣的效果。

材料具有不同的质地和质感,灵活地选择、组织各种材料能营造出不同的感觉和氛围。例如,亚克力色彩丰富,每种颜色都会让消费者有不同的感受,但材料本身的透光性给人感觉活泼、轻松。玻璃的透光性能够给店面设计带来硬朗、简洁现代的设计感,同时消费者的心理感受是清爽、档次高。许多材料表面还会形成独特的肌理,如石纹、木纹等,能引发各种联想,从而在人们的心理上形成异样的感觉。在设计中,巧妙地运用材料的肌理对比往往会产生意想不到的效果。例如,砖块与铁艺结合的橱窗,砖块的粗糙感和不规则的肌理与肌理光滑、坚硬的铁艺形成对比,相映成趣,构成趣味化和个性的空间氛围(图 8-12)。

图 8-12 大连金地艺境商业街打造北美褐石风情商业街

2. 环境设施与街区特色匹配

环境设施是整个商业街区中不可缺少的元素,它是街区空间品质特色化的重要体现。作为商业空间的重要组成部分,环境设施可以通过自身独特的个性来传达意境,在满足功能需求的前提下选择合适的位置进行布置,可以使空间更加丰富,提高室内外空间质量,它与其他空间要素共同构成场所的特质,展示商业街区的特色风貌。

环境设施的设计讲求和整体区域统一协调的呼应,应当通过它们的设计衬托出整体的氛围,给予人们最近距离的亲切感受。首先,环境设施成为整体氛围的有机组成部分,参与构成景观环境,起到传承文化脉络和承载场所地域特征的作用。环境设施的设计可以从商业街区主题的来源入手,例如,可以将地方风格、特色材料、本地惯用色彩等统一的元素加入到环境设施中,使整个场所具有整体性。成都宽窄巷子就是如此,整个街区的垃圾桶、指示牌、路灯等都从地域文化中选用了统一的元素,并以现代的设计方式为载体以表达成都历史文化的传承。北京 798 街区是以艺术文化为主题的工业遗产改造街区,它的环境设施就特别有艺术感染力:草地里废弃的机床、生锈的铁门、斑驳的电线杆和如麻的电线和现代艺术装置结合在一起,充满了文化张力(图 8-13)。

其次,环境设施的设计需要遵循和把握环境空间的结构和秩序,可以起到限定场所范围,引导行人流线从而起到组织人的行为活动的作用。在获得整体性的前提下,环境设施设计还需要做到灵活与独特,通过环境设施富有生机的表情而使整个休闲商业街区充满情趣。环境设施因其无处不在的亲近性,环境小品、标识牌等都是设计中活跃氛围的有利元素。成都宽窄巷子中,最活泼可爱的环境小品莫过于店面门口的镇宅石狮子了。作为成都市三大历史文化保护区之一的宽窄巷子中囊括了 45 个清末民初风格的四合院落,自然少不了中国传统老宅院门前必备的石狮子。但是留意观察的游客会发现,每个小狮子的表情姿势都是不同的,或威猛或怒目或撒娇,或弓背或踮脚或倒立,在保持统一的同时又具有灵活性,给整个街区平添了一份温暖的雅趣。

图 8-13　北京 798 街区

3. 休息设施

休息设施包括桌、凳、座椅等基本的休息设施,也包括一些潜在的、可供消费者小坐休息的设施,如台阶、栏杆等。座椅是影响街区氛围的重要因素,在商业步行街区中,消费者往往对休息设施的需求量非常大,只要在合适的位置布置座椅,通常能吸引大量人群的停留,有利于街区活力的提升。

休息设施的布置很灵活,既可以结合景观小品设置,也可以结合绿化设置,总之需要见缝插针,以满足不同情况的休息需要。同时,为满足消费者"安全的观赏"需求,休闲商业街区中休息设施的设置应当在私密性和公共性之间寻找一个平衡点。消费者既希望能够有活动的自由性,自己的言行不受外界的干扰,又希望能够接受外界环境的信息。因此在座椅布置的时候,要保证使用者的视线与周围环境保持联系却不应四面暴露,做到私密性和公共性之间相协调。在设计时,利用露台或者景观环境设置休息设施都不失为好的选择。座位在分布均衡的同时,应当相对地集中组合,采用便于人们进行交流的方式,这样才能促使更多活动的发生(图 8-14)。

4. 景观绿化

绿化元素多的环境往往能激发各种散步、休憩或者放松交谈等自发性和社会性活动,外部环境中的活力因此而体现出高质量。绿化元素除了具有一定的观赏作用外,也有利于净化空气、降低噪声、调节小气候,使得人们获得生理和心理的舒适度,对外部环境中的活动发生和延续具有促进作用。绿化元素包括绿化植物与绿化设施,绿化植物主要有乔木、灌木、藤木、草本和地被植物,绿化设施包括花池、花台、花盒、种植坑和花架等。

绿化植物是休息或者穿行的消费者的重要的视觉吸引物,因此应注意对其形态、种类进行精心的设计,才能产生令人舒适的视觉享受。同时,绿化元素可以被用来形成过渡空间的

图 8-14　北京 798 街区内的休闲区

柔性边界,增加空间的层次。在商业街区中的植物选择上,应该选用能够产生颜色、质感和高度变化的植物,以产生丰富的视觉刺激,令人心情愉悦;高大浓密的树木可以为消费者形成一个聚集的空间;成片的草皮则有助于游憩和娱乐活动的展开。

对于不同空间可以用不同的手法,例如,利用绿化结合座椅、新颖的标志物、个性的小品设施等,形成有趣味的空间,也要利用植物来创造不同的场所氛围,根据不同要求配置自然状态的树丛或者列成几何阵列的树阵。文化艺术主题休闲商业街区多借用传统的造园手法,模仿自然形式,获得丰富的视觉效果,比如成都锦里、上海朱家角古镇等(图 8-15)。商业购物街区往往用简洁、干净的景观设计配合整体的时尚前卫的氛围(图 8-16)。

图 8-15　成都锦里的绿色植物

上海汉中路 101 地块是为苏河湾商务区服务的商业、娱乐用房,它以"钻石肌理"和"穿梭于建筑的绿色走廊"为设计理念,在 60m 限高的前提下,对建筑体块做出动态调整,

图 8-16 上海朱家角古镇的自然植物

丰富城市空间界面。设计最大的特点在于引入城市绿带,塑造高品质的城市活动空间。建筑内部的绿色通廊如彩虹般萦绕建筑,从建筑一层主入口一直延伸到屋顶,为市民活动提供一个社会交往、休闲的城市客厅和立体花园。项目一至三层为商业,商业业态开发可根据要求划分,城市绿带与商业空间的交叉融合营造出和谐惬意的空间环境,令人体验深刻。

　　人类有着天生的亲水性,水体景观也是营造具有特色体验的商业环境的重要手段。水景的设置可以增添灵动感,也能够利用其流动效果创造动态空间,水景能变化多种形象,可做水幕、溪流河道及各种形态的喷泉,从而很好地强化各种场所氛围。深圳欢乐海岸的蜿蜒水道使游人可以乘船在街区内漫游,北京三里屯 Village 的矩阵喷泉更是成为孩子们的水上乐园(图 8-17)。

图 8-17 北京三里屯 Village 的矩阵喷泉

5. 户外广告

商业街区的户外广告是街道的美学表情。实践证明,消费者对商业广告的观赏都是在极短的时间内完成的。这种瞬间感受,是审美客体给予主体刺激所引起的情感反应,是主体在想象的过程中丰富了客体形象,并在其心中留下对客体的鲜明感受和强烈印象。因此,商业展示要在最短的时间内要传达出最大的信息量。在广告设计中,要注意具备易视、易记和动人等特点,同时做到视觉上的层次性和周边环境的适应性。

同时为了解决广告无规则设置而产生的杂乱感,可行的方法是将广告建筑化,即在街道两侧建筑外立面的设计中就将广告形态、灯光、色彩等作为建筑元素加以考虑,根据所处建筑的立面特点,选择相应的广告形态和尺度。裙房广告设施应与建筑物外墙面平行,并不得超出建筑物屋顶四周墙面,并鼓励使用电子广告屏等建筑化的广告设施。这些手段能够减少街道中由于广告脱离开建筑设置所产生的混乱景象,同时在广告位置固定的情况下,通过定期更换广告内容和形式,也可以给建筑外立面带来有序而丰富的变化。并且由于借助建筑的体量,给予消费者以强烈的视觉冲击,尤其在夜间体验到浓郁的商业环境氛围。

精心设计并充分利用户外广告能够打造商业街区的商业亮点,增加街道的生动性,完善商业氛围。例如,美国巴尔的摩内港区的休闲商业街 Power Plant Live(简称 PPL),距离有名的海港及旅游景点有两街之隔,商业发展曾经由于地理位置不佳而不景气。直到 1999 年,为打造商业亮点,新任开发商 Cordish 公司聘请专业广告公司——Brown&Craig 公司来做户外广告的设置与规划,利用户外广告营造商业亮点。巴尔的摩户外广告设置方法:①使用巨型动态瀑布效果的霓虹灯,追求强烈的视觉效果;②在店招牌匾的设计和制作上别具一格。

巴尔的摩主管市区建设的部门鼓励广告公司采用高品质的三维立体元素设计,广告牌和店面招牌具有强烈的视觉冲击力。与此同时,店面招牌并不突兀,招牌边沿与建筑物之间的分界线并不明显,仿佛与建筑物融为一体。此外,巴尔的摩主管市区建设的部门严格控制户外广告牌的密度、亮度、颜色、设置地点、媒体形式等,连动态霓虹也是经过开发商各种努力仅准许 Brown&Craig 独家公司使用的。在用户外广告打造商业亮点的模式成功之后,巴尔的摩政府规定不再增加商业中心广告牌的数量,只允许现有广告牌的买卖和出租。于是,几年来,市里再也没有立过新的广告牌。这种有规划性的改革与控制是城市面貌和谐典雅的先决条件(图 8-18)。

图 8-18　美国巴尔的摩内港区休闲商业街

除了打造商业亮点之外，好的户外广告设计还能够配合商业街区的主题来强化场所的特色。例如，日本京都的古风商业街清水坂，花花绿绿的招幌、灯笼、匾额、旗杆都是富有东方色彩的户外广告，具有强烈的民族气息。精致的做工，和谐的颜色，使得具有浓烈市井气的招牌同时具有时尚色彩。

8.4.2　情境气氛营造

1. 色彩协调

色彩是环境中重要的视觉元素，无论是人工景观还是自然景观，都在向我们传达着各种各样的色彩信息。商业街区使用合理的色彩，不仅能吸引消费者的注意，唤起消费者的兴趣，刺激消费者的购买欲望，还能使消费者获得愉悦和美感，获得精神享受。商业街区整体颜色对消费者有心理的影响，是通过色彩对消费者产生的心理感受而实现的。消费者对色彩的要求是适度的。色彩的冷暖度、明亮度、协调度都会影响人们的消费心理。

如果暖色过多，会造成刺眼不舒服的感觉，甚至在情绪上感到焦躁不安，影响商业街区的氛围；如果颜色过冷，会使消费者心理过于平静而影响购物欲望，则导致整个商业气氛不够隆重。掌握商业街区的色彩对消费心理上产生的冷暖感受，应根据不同商品类型和针对的不同类型的消费者而进行有效的设计，冷暖色穿插进行设计，店面的色彩设计根据经营项目而决定（表8-1）。

表 8-1　商业空间色相应用与情感认同

色相		应 用 位 置	
暖色	红	室内外墙面，不宜大面积使用	温暖、热闹、亲近，形成近空间，具有扩张感
	橙	常用于局部装饰、细部色彩、活跃气氛	
	黄	常以主色大面积用于室内外空间，多用浅黄系	
冷色	蓝	常用于室内墙面、顶棚、有色玻璃，最适用于交通和餐饮空间，营造恬静氛围	清凉、安静、远离，形成退空间
中性色	绿	常用于室内墙面、有色玻璃、细部色彩	平和、稳定、爽快，平静而自然，很好地融入环境
	紫	常用于室内墙面、顶棚、细部色彩	
	白	适用于商业空间各个部位	
	灰	常用于室外和铺垫，或超市的墙面	
	黑	在高档商店中偶尔使用，无吊顶	

色彩的明度不同会令人产生不同的体积感和空间感，明度高的色彩看起来有膨胀感，比如明亮的白色店面看起来比实际的大，明度低的色彩看起来有收缩感，颜色深则给人有狭小的感觉。商业街区饰以强烈的饱和暖色能够引起墙面向前膨胀的感觉，产生空间缩小的错觉；反之，饰以冷色系中的色彩设计墙面则有后退的感觉，引起空间扩大的错觉。

处理色彩问题的关键在于把握好色彩的协调和对比关系。在商业街区中，各种造型的对比色如果搭配不得当，会引起色彩炫目的感觉，并且会因为色彩的强烈饱和而造成视觉疲劳，色彩的对比意味着色相、明度和饱和度之间的疏远，过多的对比使人感到刺激、跳跃、不安、眼花缭乱。因此，对比颜色量的大小要适度才能起到协调的视觉效果，大面积的强烈对比色彩使用要慎重。但是要避免类同的色彩使用而导致平淡肤浅，缺少深浅、色相、冷暖、轻重的对比没有感染力。

2. 光影融合

在商业空间设计中,利用光影效果可以充分展现空间层次的韵律,能起到渲染主题、烘托气氛的作用。商业街区的光影环境,一方面可以展示并照明空间的商品,另一方面营造了舒适的商业环境,获得消费者的心理认同,增加消费的欲望。阳光不仅能够为万物带来光明和养分,还能给环境带来奇妙的光影变化,并赋予建筑等以生动的韵律。建筑在光线下、黑暗中或者阴影里会呈现不同的色调,橱窗中的商品沐浴在阳光下璀璨夺目,仿佛舞台上的演员被打上了聚光灯般焕发出了自信与生命力;建筑的线脚与构件由于光的照射,在墙壁和地面投射下影子,瞬间使整个建筑立体起来而又充满了动感。"光"和"影"美妙的融合让场景变得鲜活有趣,也使消费者在街区中感受到了温暖。

商业空间、公共空间照明方式通常分为一般、局部和混合照明三个组成部分,处理好它们之间的相互关系,是能够营造良好照明环境的基础。另外,选择合理的照明方式,也对改善照明质量、提高经济效益、表现艺术效果和节约能源均有非常重要的作用,选择合理的照明设计及装置能营造出不同的情境环境。

夜晚良好的照明设计也能够丰富空间层次,提升环境质量。设计师既可以采用如周边照明的方式界定空间的界限,也可以利用照明来引导空间,让消费者在不同的空间游走之时视觉和心理感受能够自然地过渡。设计师还可以运用光线明度及颜色的变化来划分空间(图 8-19)。

图 8-19　上海朱家角古镇夜景

3. 声音烘托

声音是传递消息的渠道,是情感沟通的重要元素,与人的情绪产生互动关系。声音的来源分为自然声音和人工音响,在商业街区的氛围设计研究中,主要探讨人工音响所带来的烘托商业氛围的作用。背景音乐、歌舞表演、音乐喷泉都是烘托氛围可采取的一些现代技术手段,其中氛围音乐是使用最广泛的一种方法,属于深层心理学所说的无意识领域。

用音乐来促进销售,是一种古老的经商艺术。在营业环境中播放适度的背景音乐,比如一些轻松柔和、优美动听的乐曲能抑制噪音并创造欢愉、轻松悠闲的浪漫气氛,使环境更舒适,调节消费者的情绪,控制和影响消费者的购买行为,使消费者产生一种舒适的心情,放慢消费者通行的节奏,吸引消费者的注意力。

当然,并不是任何音乐都能唤起消费者的购买欲望,一些不合时宜的音乐会使消费者心情烦乱、注意力分散、产生反感。背景音乐的选择一定要结合商业街区的特点和消费者特征,以形成一定的风格,同时还要注意音量高低,既不能影响消费者用普通声音说话,又不能被公共区域的噪音淹没。

4. 触觉体验

触觉体验能给消费者带来真实而细腻的感受,主要从环境温度和材料质地两方面体现。

（1）环境温度

温度是表示物体冷热程度的物理量,舒适温度是指人体感受舒适的环境温度。环境温度是否适宜直接影响人们的舒适感。人体的舒适温度为18～25℃。心理学家研究发现,商业空间环境温度和消费者的购买欲之间存在着一定的联系。一般来说,25℃时人体感觉最舒适,购物欲最强。太冷或者太热都不利于激发消费者的购买欲。然而不同的商业空间对温度的要求也不一样,如羽绒服的专卖店,偏低的环境温度有利于刺激消费者的购买欲；餐饮空间的环境温度也会偏低,因为消费者在用餐过程中将产生大量热量,较低的环境温度能够让消费者感觉更加舒适,从而增强食欲。经调查研究,专卖店的最适合的温度为22℃,这个温度的成交率最高。

（2）材料质地

通过触摸,我们可以感受到材料的不同质地,有的坚硬粗糙,有的丝滑柔软,有的光滑冰冷。人体的触觉对材料的光滑度和软硬度十分敏感,人们的手通过与材料表面的接触,可以感受到材料表面的肌理,并清晰地分辨出材料的粗糙或者细腻、坚硬或者柔软。

在商业街区中,与人体接触最多的材料就是地面。脚成为感受材料的重要媒介,消费者在购物过程中行走的过程,就是脚不断地感受和体验地面材质的过程。坚硬的金属、光滑的大理石、弹性的木地板、柔软的织物都传递着不用的触觉体验。例如,弹性的木地板和柔软的织物能够让消费者的精神更加放松,通常被用于休闲空间营造出亲切的气氛；而坚硬的金属和光滑的大理石则被用于购物空间,让消费者更加理性和认真。除地面外,休闲座椅、栏杆扶手、门把手等都会与消费者发生直接的接触。因此,对于消费者能够接触到的区域,材料的选择除了考虑实用性和美观之外,还必须考虑消费者的触觉感受,带给消费者具有舒适感的触觉体验。例如,休闲座椅和栏杆扶手的材料可选择木材、混凝土、大理石等,不同的材料带来不同的触觉体验。木材的温暖、平滑、舒适能够给消费者带来接近自然的亲切感；混凝土的粗犷、结实、天然带给消费者无拘无束的自由感；钢材和玻璃的坚实、光滑、冰冷使消费者感受到冷酷的距离感。

（3）气味记忆

据研究表明,嗅觉给人们带来的记忆是保存最久的,一种气味有可能唤起深藏于人们记忆深处的某些情感。因此利用独特的气味来增强空间的主题效果,会让感受者留下不可磨灭的愉悦记忆。商业街区中的气味对消费者的影响一般都是积极向上的。例如,以女性化妆品为主的商业购物主题的大型商场楼层都利用香水调动消费者的嗅觉刺激,营造高级、典雅的氛围。

(4) 丰富活动的体验

消费者是商业空间中最重要、最活跃的元素,消费者之间的互动,以及消费者与空间、环境之间的互动是活跃空间的重要内容。尤其是在消费者参与的活动场所,活动往往比娱乐设施、景观系统本身更具有吸引力,能给消费者带来兴奋感和期望值。

如今,成功的商业街区往往通过提供高质量的各种文化性活动、创造愉悦的气氛以吸引城市居民和旅游者的前往。

总结起来,在现代商业步行街区中可以组织的大众文化活动如下。

① 组织街市。在商业街区不定期地举办主题集市,进行创意商品、慈善义卖等具有文化性和非营利性活动(图 8-20)。

图 8-20　德国圣诞集市

② 组织音乐会。许多音乐家和爱好者需要一个具有足够的人流同时又是廉价的公共场所来展示他们的音乐才华,在商业街区可以通过在适当的时候组织音乐会以进行各种音乐活动,这样可以满足提供表演场所和增加街区的文化氛围的双重功能。

③ 街头表演。在街头搭建临时舞台,允许各种业余和职业的表演艺术家进行他们的才艺表演,可以吸引人们驻足观看(图 8-21)。

④ 组织展销活动。展销活动具有临时性和多变性,能够为商业街区带来足够的吸引力,是值得提倡的活动。这类活动的开展利用了商业街区本身的人气,一方面对城市文化进行宣传,开阔了视野,丰富了文化生活;另一方面也吸引了消费者的注意,对商业活动起到促进作用。常见的展销活动包括时装表演、新潮商品展示、车展等具有消费文化特色的商业性展览和花展、老式汽车站、城市传统文化展等文化普及宣传性质的展览。

⑤ 鼓励儿童活动。通过适应儿童活动特点的街区设施和空间设计,鼓励儿童把街区作为他们的游乐场,他们将通过适合他们的活动经历城市生活。从小在心中积淀下对商业街区的良好回忆,有助于在儿童成人后乃至一生中,频繁地光顾街区,这是消费活力和社会交

图 8-21 街头艺术

往活力所必需的。同时儿童在商业街区中长期停留，也会吸引与他们同行的成人，具有提高街区活力的即时效应。

⑥ 提供年轻人活动机会。商业街区可以通过举办年轻人喜爱的时尚表演和特别的活动，例如流行电子产品的展示、著名运动明星和演艺明星的签售会等，甚至可以在街区中每隔一段时间组织几场集体婚礼，有效地吸引年轻人，并使其积极地参与到商业街区中的其他社会活动中。

⑦ 组织节日纪念活动。除了商业活动和日常活动之外，具有活力的现代商业街区还应举办节日纪念活动。例如，光谷步行街每年都在圣诞节、春节、中秋节期间组织大量相应的文化节日活动（图 8-22）。

图 8-22 巴黎唐人街组织春节舞龙活动

8.5 商业街区氛围营造的流程

商业街区的设计核心是主题营造，通过主题定位、风格打造、业态引进、功能布局、景观环境及空间场所营造等方面，营造主题性的街区氛围，使街区内部空间有机整合起来。赋予主题的空间可以营造出独特的空间意境,加深消费者的购物体验,为消费者留下深刻的感受和永久的记忆,增强商业建筑的识别性。

8.5.1 明确项目的定位与主题

商业街区的主题性是其重要特征,它依据对市场需求的敏锐观察和主题化概念的支撑,吸引众多的消费者,带来巨大的商业利益。营造一个成功的商业街区,首先要做到的就是创造一个主题体验的氛围,在主题的确立下再进行各种细节的营造和配合。但如何确立商业街区的主题需要从宏观市场到微观市场做全面的调研与分析,了解经济发展的市场需求,了解建筑所处的地域环境和人文环境的特点,同时还要具有对时代文明的高度敏感和对旧有文化的创新意识,才有可能形成一个准确而完善的主题概念,从而使休闲商业街区发挥其巨大的商业潜能。

1. 根据宏观环境把握商业街区定位

商业街区的主题是衍生于整个城市环境的。多元、丰富的城市环境要素构成了具有特色、美感、整体的城市空间,优越的自然环境,独特的地域文化,快速发展的经济体系,不同阶段的政策变化,匹配的商业环境都直接或间接地影响着城市休闲商业街区的主题,不同的城市情况和项目需求在进行宏观条件分析时有着不同的侧重点。商业街区从选址开始便要针对具体的商区个体进行综合分析。商业街区与购物中心这类"无地域性空间"不同,它是一种需要气候的商业形式,需要和城市周边要发生关联。

(1)城市投资环境的影响

城市的投资环境是指城市可以提供的城市资源和基础设施,它决定了一个商圈的辐射范围,一个商业街区可具备的有利优势,以及一个项目的目标群体定位;城市的资源和特征直接影响了新建商业街区主题的倾向。例如,拉斯维加斯以"赌城"和"娱乐城"而著称,是美国最有魔力的城市,坐落在该城市的商业街区,在主题的选取上,都或多或少地具有休闲娱乐倾向(图 8-23)。

(2)城市经济环境的影响

每一个城市经济的发展速度是不尽相同的,有快慢之分,不同的经济效益和发展形势最直接的表现因素就是城市人均收入和支出,直接决定了居民消费水平的高低,从而影响了商圈或一个商业街区的开发规模,自然而然,商业街区主题方向的定位也要与规模相适应。以北京三里屯为例,独特的资源优势、文化定位及规模形式是北京城市空间特色之一,同样规模的街区放在一个发展较慢的中小城市就会不合时宜。

(3)城市政策环境的影响

时代发展的迅速,是城市政策环境不断更新的根本,不同时期的政策背景直接决定了商业街区的风格和特色。城市政策的科学度和执行度也可以避免在一定时间和范围内建设同类型的商业街区,以此可以保证商业街区建设中主题的多元化和创新化。

(4)城市商业环境的影响

城市商业环境是商业形成和发展的主要影响根源,它的格局形态、环境质量、空间特征

图 8-23 美国拉斯维加斯

及其反映出来的城市文化素质,是人们评价一座城市主要的参照物。每座城市都有属于自己的商业氛围、地域特色和消费观念,全方位满足城市使用者。只有创造满足消费需求的城市商业环境,与此相适应的商业街区才能有立足之地,这也是休闲商业街区"主题"定位要遵守的规则和理念。例如,上海新天地位于上海,作为中国最有活力的城市,上海是国际经济、金融、贸易中心之一,也是重要的交通枢纽。从经济环境上考虑,上海不乏国际大都市中的高消费人士。在商业环境方面,上海又是著名的不夜城。上海新天地是老上海石库门聚集地,海派文化浓郁,加之附近有中共一大旧址,使得该地区有着浓厚的新旧交融气氛。此外,新天地紧邻淮海南路等高消费商圈,因此上海新天地的定位就是老上海海派文化与时尚文化交融的休闲商业街区,目标群体是中国新兴中产阶级、外籍商务人士及游客(图 8-24)。对城市环境进行分析之后才能准确把握商业街区主题定位,为整个商业形态的发展确立目标。

2. 根据微观环境确定场所主题

在进行微观市场调研分析时,策划者应充分了解所在街区的地理位置、周边环境、居民的生活习惯、消费习惯及目标客户群体等各个方面,及时地发现环境所提供的优势和限制,然后结合设计者最初的预想,寻求与消费者最佳的契合点,不断地协调,使消费者在消费过程中有更舒适的心情。

(1)依托周边环境

商业街区并不是独立存在的,它是城市系统的重要组成部分,与城市资源紧密相融合,整合项目周边的优势资源,依托优越的环境条件,自然而然成为"主题"定位的重要选择之

图 8-24　上海新天地

一。北京 798 艺术区的氛围基调就由场地环境决定的。它位于北京市朝阳区大山子地区，是原国营 798 厂等电子工业的厂区所在地，在 20 世纪 50 年代由苏联援建、东德负责设计建造。由于原有厂房属近代老式工业建筑，建筑主体结构坚固而精美，空间高大利于分割做夹层，既实用又美观，非常适合艺术创作，加之当时的租金特别低廉，仅仅是一天几毛钱，所以此场地更加适合清贫的艺术家，渐渐由几个人的工作室成为国内最具国际影响力的艺术区（图 8-25）。

图 8-25　北京 798 艺术区

（2）满足顾客需求

从市场营销的角度来看，满足市场的需求是对自身的开发对象做出一个明确的规定，这个规定主要是针对目标客户群而设立的。一个成功的商业街区在创造主题时，需要充分地考虑消费者的年龄、性别、地域，同时还要考虑其消费心理的相关特征，比如态度、价值观、个性及日常生活方式等，然后根据其特点及需求，进行市场细分，得出一个具体的评估标准，选择一个具有开发潜力的目标市场，以此确定目标"主题"。

3. 合理选址

合理区位是任何商业设施都要考虑的重要的条件。新建商业街区的区位选择要考虑与居民区的距离、交通设施环境、周边商业竞争环境,还要考虑历史的变迁等因素。在利用选址实现商业价值最大化方面,中国香港的商业街区的选址要求值得借鉴(表 8-2)。

表 8-2　中国香港购物中心选址原则

原　　则	说　　明
最短时间原则	购物中心应当位于人流集散最便捷的区位,因为随着交通改善,消费者的活动范围大大增加,所以距离已经不是决定消费者行为的主要因素,而是要更多地考虑购物过程所花费的行车时间
区位易达原则	购物中心应分布于交通便捷、易达性好的位置,易达性取决于交通工具和道路状况
聚集原则	商业活动具有集聚效应,集中布置能够相互促进,以提高整体吸引力,而城市人流、物流和城市社会经济活动的焦点常常成为优先选择的地点
接近购买力原则	购物中心要接近人口稠密区,又要接近高收入或高消费人口分布区

中国香港的商业街区在开发建设之前,都会有十分精确的商圈策划。作为全世界的购物天堂,中国香港的商业街区都会遵守一个基本商圈原则:20 分钟商圈内的客源要做 80% 的生意。这一原则被称为"二八原则"。中国香港商业街区并不相信太远的边缘商圈能带来巨大的客源,所以在客源半径上,扩大了 20 分钟核心商圈的作用,而将 30 分钟次要商圈及 1 个小时的边缘商圈的期望值降低。

（1）接近消费者分布的中心

一般城市的发展不是"摊大饼"式的四面展开,由于发展顺序的缘由,城市居民的分布也必然会有一定的重心。因此商业街区在选址时,应当考虑到服务对象群体步行路程的距离,使之与周边居民集中区的距离尽量相等,或尽量接近公共交通枢纽的地带建设,以提高服务半径,吸引更多消费者。

（2）依托传统商业街区

传统民居、老工业聚集区等地段,是城市生活中最具人气的地段,或是区域发展的发动机,在城市发展的历史中扮演过非常重要的角色。因此,这些历史地段承载着非常浓厚的城市历史文化,更具有成为未来区域复兴孵化器的潜质,这些因素为休闲商业街区的改造建设提供了良好的环境条件。无论是当地居民还是外地游客,都对自身所处区域历史文脉的探寻有着天然的动力,既想要探寻有历史感的生活氛围和文化传承,又想要探寻城市历史街区、建筑空间的特色。以保留的传统街道建筑空间为线索,复原城市历史的生活风貌,以此来完成对区域传统文化的挖掘和继承。

以南锣鼓巷为例,南锣鼓巷是北京市重要旧城保护区,是我国唯一保存完整的元代胡同院落肌理的传统民居。南锣鼓巷凭借较好的元代里坊格局和明清名人府邸,以及丰富的历史故事,建造了文化创意商业街区,其中帽儿胡同、雨儿胡同、矛盾故居都是历史文化的展现。游客对南锣鼓巷的游览不仅是因为有文化创意店铺的存在,最主要的是了解和感受古老北京的历史故事,以及胡同文化和商业文化的融合氛围。南锣鼓巷的历史文化气息成为吸引游客的焦点,这就促使南锣鼓巷商业快速发展,同时商业的发展又为文化策略实施提供物质平台,二者相互作用(图 8-26)。

图 8-26　北京南锣鼓巷

4. 交通组织便利通畅

商业街区因其是成片式的,决定了其必定对周边产生比较大的影响。特别是由历史街区改造的商业街区往往在城中心的旧城区,与大片居住区连接紧密,容易造成拥挤堵塞;窄街巷和密路网的传统街道特征不适于现代公共交通的发展,存在着运行效率低的问题;机动车道与步行街的相互穿越,使得单行道路不能形成有效环路;如果要使得商业街区中的体验能顺畅地实现,拥有良好的体验氛围,使进入其间的消费者和本身居住此地的人们均受到良性的影响,就必须重视商业街区与城市关系的交错搭接。

由于商业街区内部功能多样要求而人群复杂,因此内外交通流线的组织是对商业街区很关键的问题,既要同时考虑到人流和车流的可达性,又要为街区创造安全悠闲的购物氛围。商业街区交通组织的讨论主要包括车流组织、人流组织和停车组织三个部分。

（1）车流组织

车行系统主要是要保持与城市道路网的连接,增强街区的可达性。在当今的汽车时代,只有车流可达性高,才能既使消费者易达,又使街区的商店方便解决后勤问题。城市步行商业街区不太成功的实例是美国密歇根州的卡拉马祖市。1959 年 8 月 19 日,美国第一个步行商业街在这个城市的南贝狄克街,使卡拉马祖市成为全美国关注的焦点。卡拉马祖市的这条步行商业街后来又进行了扩充和改造,主要构思是围绕城市中心建立环状街道系统,一系列步行商业街、新的停车场、翻新的商店和办公楼排列在中心。尽管做了如此巨大的努力,但最终还是没阻止卡拉马祖市的郊区化。批评者抱怨这里缺乏方便的停车,消费者在坏天气中得不到庇护,犯罪率高,缺乏商业的多样性等。笔者认为这是因为步行商业街从线状形态扩展到面状形态后,造成了车流可达性低的缺陷,车行消费者难以到达商业区中心,中心部位的商店也难以解决好后勤服务等问题。

美国的一项研究表明,城市中心的步行商业街经历了二十年后,许多又变回到原来人车混流的交通街道。数条 20 世纪 70 年代早期建成并禁止机动车通行的城市中心步行街已经被取消并被有机动车通行的街道替代。研究将这种现象的原因归纳为车辆交通对于市中心零售业的健康发展极其重要,步行商业街和公共空间的价值取决于它们和人的活动模式之间的联系。

为此,需要合理规划车辆流线,加强与周围地区的关联。与此同时,还可以适当交通分流,将机动交通疏导至街区外围城市主干道及干道,通过拓宽原有道路形成通畅的外围环路,或者开辟辅助性通道以加大疏散路网密度,增加与城市道路水平及竖直方向的交口连接,等等。

商业街区的交通要考虑到购物人流的可达性,应该合理分配购物消费者车流和后勤服务车流的路线,注意尽量避免人流、车流交叉干扰。因为在人车混流的情况下,消费者想要来回穿梭于道路两侧的商店购物是非常不便的。为不干扰商业街区的环境,一般都在商业街区靠近城市道路的地方设置供服务车流专用的服务道路和货物卸载场地。

（2）人流组织

人行交通系统组织的舒适畅通是建立有效的场所氛围的必要前提。休闲商业街区的人流组织应和城市的其他步行系统相连,形成与城市衔接的步行网络,为消费者的交往与活动发挥更为积极的作用。同时,它也要和车行系统进行有效的联系,构筑自身完善便利的交通系统。比如成都宽窄巷子,首先,停车库的主要出入口在井巷子出入口旁边,井巷子紧靠居民区,它的出入口不属于街区的主要人流出入口,因此车流不会对街区的人流组织产生过多干扰。其次,在窄巷子中部小广场旁边设置了一个出入地下车库的电梯,右边是连通井巷子的小巷,这样区域内的人流就可以有效和车流系统衔接。

（3）停车组织

停车是区域交通组织中很重要的静态交通组织部分。好的停车场设计对于整个商业街区都有着极其重要的意义。对于停车场的选址,不仅要求有足够的面积,还要考虑驾车者在停放汽车之后能够便捷地进入街区,提高街区有效的可达性。日本在 20 世纪 70 年代投资开发建设新宿商业中心区时,在前期项目开工时就将停车场列入重点开发项目中。而在东京的银座,不但将大部分的企业及公司内部停车场公共化,还建有专门用于停车的停车楼。美国圣安那市第 17 街步行商业街,商业设施建筑面积 60 万平方米,却建有可停放 4 000 辆汽车的停车场,12 个非机动车停车场,可停放 5 750 辆自行车,还有 5 个出租车停车场和 60 个三轮车停车场。如此规模的停车场所与日均 50 万人次的客流量相比,尚不能完全满足停车需求,可见公众对于停车场地的需求度。

为了满足停车数量要求,商业街区的停车组织可以以地下停车为主,车库出入口和城市路网衔接,方便车辆进出而不干扰商业区内的活动。周边辅助以一部分地面停车位,满足临时停车的需求。成都宽窄巷子就设置了地下车库以满足停车需求。地下车库的出入口设置在宽窄巷子的后方井巷子两端区域,把对街区的干扰降到最低。在街区中心窄巷子的节点上有通向地下车库的直达电梯,和左右的宽巷子、井巷子连接形成街区网络。如果街区地势有高差,停车组织最好结合场地地形设计。例如,重庆天地的地形是有高差的,商业主楼的负一层设置停车库,车库出入口与另一侧地面标高相同,而人流也可以在同一标高上直接进入商业街区活动,使停车和人流车流的衔接更加顺畅,并且创造出多样而丰富的空间。

对于车位供给的考虑,应当在满足适合商业街区规模的停车位的基础上加以限制。例如,香港特别行政区政府推行停车产业化,对停车场的运营提供减少税收政策,而对其管理采用制度限制。

① 大力发展公共交通并兴建停车换乘设施,提升各地区乘坐公共交通的便捷度。

② 保持低水平的停车设施供需平衡,繁忙地区限制提供停车设施。

③ 大力发展地下车库和机械停车库。

④ 限制和规定路面停车。在考虑车位供给时,香港地区的限制性措施是有借鉴意义的。优先考虑为消费者提供短时车位,限制办公人员全天性停车。例如,鼓励拼车并给予车位奖励,鼓励乘坐公共交通,加大中心区外围的停车场的利用率,从而节约城市中心区的土地资源。

8.5.2 商业街区主题氛围的表达

根据格式塔心理学的原理,空间环境的情感体验是由各种知觉活动组成的整体感受,并不等同于相关知觉的简单叠加。因此,商业空间的氛围设计要打动消费者,必须运用多种变量,调动消费者的整体感知觉系统。消费者对同一空间的氛围感知因素包括三个方面。一是主题功能。商业街区中围绕某一服务类型的消费性功能子系统,主要包含商业购物功能、休闲娱乐功能和文化艺术功能。二是主题符号。即表达主题氛围相关内涵的视觉性形式要素,通常包含建筑形式、空间装饰、公共艺术、自然景观等多种空间要素。三是主题事件。即在相应主题空间中的人的行为活动。

1. 商业购物氛围的综合表达

(1) 商业氛围的功能表达

本文的商业购物空间主要指零售空间,当零售功能在作为场所营造的主要元素时,往往会成为商业街区成功的关键。一方面,它占据了商业街区中的主要公共空间,定义了大部分场所的特性;另一方面,它也是最难开发的功能空间。几乎所有的商业街区都包含零售功能,它们在商业街区中的作用,从为商业街区主要功能提供服务和便利,到有机连接商业街区与城市空间,乃至作为商业街区中重要元素提供各种货物和服务的购物中心,应有尽有。商业街区中零售功能是商业购物氛围形成的基础,零售功能的业态模式主要包括:主力百货店、品牌专卖店、步行街等。

(2) 商业氛围的符号表达

商业橱窗、招牌和霓光灯等商业广告是商业氛围表达的重要符号元素,周全的设计会增添、活跃空间的商业气氛。芦原义信在《街道的美学》中提出街道的第一次轮廓线和第二次轮廓线的概念。经过广泛的研究,他发现如果第二次轮廓线将第一次轮廓线遮盖了,那么建筑整体外观会给人失稳与不安的感觉,这种情况在自然形成的街道中出现得比较多;而如果第二次轮廓线是从属于第一次轮廓线的,那么街道就会呈现出一种美感来。因而商业广告应该被视作建筑的一部分加以设计,对于街区的内街、建筑立面、百货店等商业空间,商业广告的设计风格和尺度都要有严格的控制。

(3) 商业氛围的事件表达

库哈斯在《哈佛设计学院购物指南》指出:"购物活动里融入了各种事件成分,而且各种事件最终也都汇合成购物活动。"商业氛围中的事件主要指大众购物活动,但不能仅仅局限于此;能否吸引大众消费者的光顾是商业街区营运成功与否的核心评价指标。事件是感受和营造空间氛围的重要方式;那么良好商业氛围的营造,不应仅包含单纯的购物行为;因为当代的消费者除了对物质消费的追求,还对精神消费有着强烈渴望。

正如相关学者所言:"对消费商品的人来说,成为经济市场的'中介人',不但消费物质产品,同时也消费精神、意义、思想、欲望、观念,以及品牌与符号。萨特认为,当人们消费商品时,他们不光使用对象,同时也买进了一个观念,并对这个观念进行特殊的处理。"为了营造良好的商业氛围,笔者研究认为,类似工艺制造体验、商品文化体验、休憩与艺术体验等一些重要潜在精神需求必须得到重视。

2. 休闲娱乐氛围的综合表达

商业街区对休闲娱乐活动的承载主要体现在消费性的主体休闲娱乐功能和公共空间中的一些非消费性的休闲娱乐设施。

1) 休闲娱乐氛围的功能表达

休闲娱乐功能在我国商业街区的业态比例,已经从次要功能渐居主要功能位置,成为商业街区积聚人气的关键;商业街区中,通常可以融入休闲娱乐功能,包含影院、溜冰场、KTV、电玩室、儿童乐园、水族馆、高空攀岩、运动健身俱乐部等;商业街区中休闲娱乐功能的设置,需要考虑到不同年龄、不同消费阶层等多种休闲娱乐设施的组合搭配,以涵盖更多的服务对象,增强空间的包容性。

以 Mallof America 为例,其娱乐及休闲设施的比例特别高,包括一个设于零售设施旁投资达 7 000 万美元,占地 7 公顷的史努比主题公园。此外,还有一个 120 万吨的水族馆,一个两层高、18 洞的小型高尔夫球场,以及一些传统的商业娱乐设施,如 14 块屏幕的电影院。同时,商场刻意突出强烈的休闲娱乐主题装修风格,配以与娱乐设施有关的一些零售店在街区内经营,通过不同零售物业的混合发展,以达到吸引消费者的目的(图 8-27)。下面介绍几种常见的休闲娱乐功能空间配置。

图 8-27　Mallof America 的娱乐设施

（1）影院：面对强烈的市场需求，电影院已逐渐成为商业街区休闲娱乐功能的重要组成部分，它与购物、餐饮、办公等形成了一个完整的商业配套，成为一种重要的休闲娱乐方式。电影院不仅为整个商业街区积聚人气、提高留客时间、有效拉动关联消费及同向人群的关键，同时其自身的空间也成为街区营造休闲娱乐氛围的关键。

（2）运动健身俱乐部：伴随着过去几十年减肥瘦身热潮和紧张快节奏的现代工作而兴起的休闲功能。

（3）溜冰场：如同其他的休闲娱乐功能一样，能够丰富商业街区内涵，吸引年轻的主力消费人群，一年四季都可以为街区带来活力，并且能够在公共空间提供一个视线中心，以带动整个区域的氛围。

2）休闲娱乐氛围的符号表达

休闲娱乐氛围的符号表达包括自然要素、公共艺术、休息座椅、明快的色彩等，它们不同于大的功能体，其应用限制性较小，既可主导大空间的氛围，也可以在小尺度上融入空间的各个角落，让空间显得温馨和亲切，是休闲娱乐氛围营造的重要组成部分。

3）休闲娱乐氛围的事件表达

休闲娱乐氛围的事件表达即消费者的休闲娱乐行为活动，主要体现在围绕休闲娱乐空间环境与消费者的行为互动。休闲娱乐行为活动是营造和感受休闲娱乐氛围的核心方式。

（1）休闲娱乐性场所的多样性与包容性：休闲娱乐性氛围的营造，要尽量实现休闲娱乐性场所的多样性；多样性实际上也是空间包容性的前提。例如，消费性的和非消费性的、偏宁静的和偏动态的、儿童的和老年人的等，除面对的主力人群外，其他各类层次的非主力人群也应该给予照顾。休闲娱乐性场所的多样化与包容性，有利于积聚人气。

（2）休闲娱乐性场所的开放性：休闲娱乐性场所在商业街区中，应该尽量与公共空间或其他商业性餐饮、零售空间结合起来考虑，空间上的融合可以让它们互相支持，有助于彼此对人气的吸引。

4）重点商业空间休闲娱乐渗透

（1）公共空间的休闲娱乐渗透

公共空间是休闲娱乐氛围体现的重要载体，公共休闲娱乐对其渗透，是休闲娱乐氛围形成的主要方法之一。

① 节点性的公共空间：室内中庭、下沉广场、屋顶花园、城市广场等，是具有驻留性的场所，消费者可以在其中停留下来进行休闲娱乐活动。在节点性公共空间渗透休闲娱乐要素，通常注意如下几个方面。

a. 在休闲娱乐功能上，可以让公共空间与休闲娱乐功能设施适当结合，如日本 HEP 中的摩天轮、大阪欢乐之门的过山车、重庆北城天街的攀岩设施等（图 8-28）。

b. 在休闲娱乐符号上，要注意自然要素的应用，如植物、水、天然石材等。人天生有向往自然的倾向，自然要素的应用能够放松人的心情，缓解疲劳与紧张。

② 线性公共空间：如步行街、不同功能连接体、主力店中的过道等，消费者的行为以步行为主体；其休闲娱乐要素渗透主要有以下几个要点。

a. 这部分空间一般属于辅助性空间，以通过为主，不宜考虑大量的休息设施，避免滞留人群造成拥堵；其休闲娱乐要素渗透，主要强调与自然要素的结合，可以在空间中造景，也可以借景应视具体情况而定，避免空间的单调乏味。

图 8-28　日本 HEP 的摩天轮

　　b. 步行街需要被重点关注,根据其具体的宽度与长度采取有针对性的措施;通常在比较窄或较短的街道上,主要以自然要素和少量休闲设施为主,而在比较宽大或比较长的街道中,除了符号性要素外,也需要考虑一定的休闲娱乐功能空间。

　　(2) 商业购物空间的休闲娱乐渗透

　　商业购物空间的休闲娱乐渗透就是要充分考虑消费者购物消费时容易疲劳乏味等心理状态,通过休闲娱乐设施来达到使消费者轻松愉快购物的目的。商业购物空间是消费者进行商业买卖和商家产生利润的主要场所,同时也是商业街区中休闲娱乐氛围整体形成的重要组成部分。在主力百货店、品牌专卖店、餐饮店等中,实现商业购物空间的休闲娱乐渗透的措施通常有如下两个方面。

　　① 休息娱乐设施:商业购物空间休息座椅、视听体验、儿童娱乐等一些设施,通常购物空间中的休息娱乐设施一般较为简单,免费提供给消费者使用,这些元素的存在令空间更为温馨和人性化;常见的比如像肯德基、麦当劳,对当前百货店具有较大示范意义,其在就餐空间中设置了舒适的座椅和儿童娱乐设施,同时还不时播放一些优美的音乐,令消费者滞留其中身心愉悦而轻松。

　　② 自然绿化要素:在设计中运用自然绿化要素,例如,天然材质、水体、植物,甚至仿生式的空间形态,都能令空间达到一种返璞归真的效果。这种注重自然品格的空间设计手法,一方面在很大程度上满足了消费者回归自然的心理要求;另一方面,自然绿化要素所特有的生态性,是营造休闲氛围极好的空间元素。

3. 文化艺术氛围的综合表达

　　文化艺术氛围在商业街区商业空间中具体通过以下三个方面综合表达。

　　(1) 文化艺术氛围的功能表达

　　文化艺术功能内容包括艺术表演设施、博物馆、宗教设施,以及与文化艺术相关的特色商业空间,比如南京的花雨石、景德镇的瓷器、苏州的苏绣等。文化艺术功能的融入是形成文化艺术氛围的重要方式,也是实现街区空间特色和城市性的重要体现。以深圳华侨城为例,何香凝美术馆、华夏艺术中心、华侨城大剧场、LOFT 产业园等不断为区域注入新鲜文化元素,在提升区域的精神内涵、带动周边打造 RBD 的同时,形成了独特的创意文化产业。在布置上,文化艺术功能空间一般与主体公共空间相连接,可以更充分地服务公众;多样化的文化艺术功能空间根据对空间的需求情况,既可以考虑独立文化艺术功能区,也可以与其他商业空间混合穿插布置。下面就比较典型的三类文化艺术功能做详细介绍。

① 艺术表演设施:能够为商业街区创造积极的形象,能够在夜间和周末吸引大量客流,比如中国香港朗豪坊、拉斯维加斯的恺撒广场、南京水游城等。它们在关键时间段为商业街区创造活力和兴奋点。同时,它们也是独具个性的场所氛围营造者。它们通常与商业街区的公共开放空间相结合,定时进行不同主题的文化艺术表演,因而在运营阶段也需要一定的投资量。例如,南京水游城与社会文艺团体形成了很好的合作关系,每天都会定时安排不同的文艺表演。室外的街头表演艺术在现今城市中也开始流行了起来,商业街区可以考虑一定的群众舞台,不仅相对于开发商自我组织运营成本要低得多,而且它们同样能够为整个城市建筑街区增添活力和价值,并吸引大量的人流。

② 博物馆与宗教设施:增强商业街区文化艺术氛围的重要方面,同时也是商业街区城市公益性的重要方面;目前国内商业街区中极少见到实例,但国外的街区中引入博物馆与宗教设施的例子为数不少。

博物馆往往能够在白天,尤其是节假日吸引人流。它在商业街区中往往不处于主要地位,通常小型博物馆和主题博物馆在商业街区中比较常见。例如,日本滨松 ACT 城,就包含了一座乐器博物馆和研修交流中心,展出世界各民族不同时代的乐器近 2 000 件,配合展览还设有占乐器演奏表演室、研究室和可供普通市民参加的音乐练习室、活动室等,为附近居民提供了一处有关音乐活动的场所(图 8-29)。宗教设施同样也只会在少数情况下出现在街区中。这类设施往往是在商业街区的开发过程中,在原有场地被保留下来,随着街区的开发而进行了更新和改造,并融入商业街区中。类似于博物馆,宗教设施也会在特殊的时间段为商业街区吸引大量的人流。例如,澳大利亚墨尔本中心,为适应当地文化需求,建筑师黑川纪章在中庭中保留了一座本土的清真寺,成为墨尔本中心特色鲜明的空间。

图 8-29　日本滨松 ACT 城的乐器博物馆

（2）文化艺术氛围的符号表达

具有文化艺术内涵的符号范围广阔,包含公共艺术及其他一切具有文化艺术内涵的符号,主要包括绘画、音乐、摄影与雕塑等公共艺术。符号表达能够在很小的尺度下融入整个商业街区的空间中。例如,雕塑和绘画能够被用来强化公共区域和门厅的意象,小型的舞台可被用在零售区域或其他公共开放空间以提供娱乐性。这些设施因为能营造令人愉快的氛围而获得商业街区的投资预算支持。

有些著名的艺术品还能成为吸引人流的因素,例如德国柏林欧洲中(Europa Center)内的机械钟"飞逝的时间",是德国统一后巴黎送给柏林的礼物,它通过水流来准确报时的过程吸引了无数游人驻足观看,并成为欧洲中心的重要标志。下面将就公共艺术范畴内的典型常见要素详细介绍。

① 城市雕塑:有其独特的艺术性格,是城市公共空间中一种主要的艺术形式,关乎着一个城市的对外形象。以城市雕塑艺术的名义,在尊重城市历史、城市个性的前提下,深入挖掘城市人文资源并使之以艺术化的形式呈现,或在此基础上举行相关的艺术大展、大赛,成为城市雕塑艺术参与城市形象塑造的有效方式。大型的城市雕塑艺术对塑造商业街区形象和声望有很大影响,国外的许多商业街区都投入了相当可观的资金以文化艺术手段,进行商业街区公共空间塑造,和其他文化艺术设施一道形成氛围合力,给人以独特的体验(图 8-30)。

图 8-30　城市雕塑

② 城市音乐:在商业街区中,把音乐和大众媒介技术结合正是表现商业空间文化艺术氛围的有效方式,在零售空间、餐饮空间、文化艺术空间及公共空间中都可以广泛应用。目前国内城市空间中通过城市音乐文化来创造文化艺术氛围还普遍缺乏重视,尤其是对传统音乐和艺术音乐;但在新近发展的商业街区中受时代文化技术潮流影响有了一些涉足。以苏州圆融时代广场为例,圆融天幕与音响每晚都会在固定的时间播放音乐动画,以吸引消费者。

③ 装饰绘画:现代空间设计的重要元素,起着其他装饰不可替代的功能和作用。装饰绘画作为视觉艺术,具有丰富的情感属性;色彩通常是绘画的重要语言,有着情感性很强的表现特征;而画面的意境,更能激发消费者的神奇思绪。例如,重庆洪崖洞建筑外墙面大量的反映传统生活方式的壁画、德国 Oberhausen 购物中心内部悬挂的巨幅装饰画,都对空间的文化艺术氛围起到了较大的活跃作用。

(3) 文化艺术氛围的事件表达

文化艺术氛围的事件表达,即消费者的文化艺术行为活动或观赏或参与,主要体现在文化艺术空间环境与消费者的行为互动。文化艺术事件是营造和感受文化艺术氛围的关键，就事件角度而言主要有以下两点需要强调。

① 文化艺术场所的多样性和包容性：在商业街区的空间设计中，不仅要考虑盈利性的文化艺术功能，还要考虑公共开放空间中非营利性的文化艺术要素，这样就能在一定程度上实现空间的包容性，让城市不同层次的人群都能感受到文化艺术魅力。

② 街头艺人与自发性活动空间：街头艺人一般指在街头的公共场所为公众表演拿手绝活的艺人，包括一些音乐家、画家、行为艺术家等。街头艺人在当今中国城市已经非常普遍。在商业街区中，如果能考虑在公共开放空间中为街头艺人提供一些公共平台，则能够很自然地营造良好的文化艺术氛围，并且不需要很高的运作成本。

（4）公共空间的文化艺术渗透

公共空间也是公共艺术的重要载体，文化艺术对其渗透，是文化艺术氛围形成的重要方法之一。

① 节点性的公共空间：即室内中庭、下沉广场、屋顶花园、城市广场等，是具有驻留性的场所，消费者可以在其中停留下来进行休闲娱乐活动。在节点性公共空间渗透文化艺术要素，通常需要注意如下几个方面。

其一，在文化艺术功能上，可以设置文化艺术表演设施，比如公共剧场、舞台等；也可以和博物馆、宗教设施等结合起来。

其二，在文化艺术符号上，要重视公共艺术和建筑空间装饰的应用，比如雕塑、绘画、音乐、空间造型、界面装修等，可以结合城市历史文化成为空间中重要的文化艺术要素。

其三，在城市空间环境上，也可通过建立与原有文化艺术空间的联系，达到对自身空间气质的提升。

② 线性的公共空间：即如步行街、不同功能连接体、主力店中的过道等，消费者的行为以步行为主体；其文化艺术渗透主要有以下几个要点。

其一，这部分空间一般属于辅助性空间，因而在文化艺术氛围体现上一般较为平实，主要考虑与重点空间相协调统一。

其二，其文化艺术渗透主要以符号形式为表现，比如艺术化的构图、壁画、摄影等，文化艺术符号的表现形式多样而灵活；在实际运用中通常结合空间的四个界面综合考虑。

其三，步行街需要被重点关注，要根据其具体的宽度与长度采取有针对性的措施；通常在比较窄或较短的街道上，主要以符号表现为主；而在比较宽大或比较长的街道中，除了符号要素外，我们也需要考虑一定的文化艺术功能空间。

（5）商业购物空间的文化艺术渗透

商业购物空间的文化艺术渗透，能够避免商业环境个性的千篇一律。但需要结合商业品牌的个性与理念，与整体的空间氛围相协调。商业购物空间的文化艺术渗透可以调和商业氛围与文化艺术氛围之间的矛盾，既满足了商家的展示需求，又满足了消费者的艺术化审美需求。商业购物空间的文化艺术渗透需要重视以下三方面。

① 橱窗广告："一个主题鲜明、风格独特、装饰美观、色调和谐的橱窗，能产生丰富的视觉效果；它不仅是一种重要的广告形式，也是商业街区空间与形态的重要的造型元素。"正如前面章节所言，在购物空间中，橱窗通常是购物空间与公共开放空间很重要的一个界面，并且形式自由灵活；只要巧妙地借用一些艺术化的手法，通常会得到出其不意的效果。

② 装修与展示设计：购物空间装修与展示设计往往构成一个整体空间。在设计中，材料、色彩、形式等需要统一考虑；装修与展示设计要告别以前单纯的货物堆砌和钱物交换的概念，以消费者感受为视角，融文化艺术于其中；富有文化艺术感的装修与展示设计既能达到令消费者赏心悦目并获得独特美的感受，又可以传达商业品牌内涵和经营理念，不但能达到商业展示的基本目标，更是把展示上升到一种激发消费者产生购买或一探究竟的欲望。

③ 文化艺术类的特色商业空间的融入：在商业街区中，文化艺术类的特色商业空间是反映城市地域文化艺术特点一种极好的方式；不同地区都可以挖掘出其富有特色的文化艺术遗产并实现商业化，比如四川地区的蜀绣作品、川剧服饰等，江南地区的苏绣等。还有金石字画、文物古董等，都可以一定程度上增强整个商业街区空间文化艺术氛围的感染力与内涵。

第9章

商业街区的运营管理模式

尽管不同类型商业街区的商业功能和服务定位是不同的,但所有商业街区的运营活动都是周而复始、循环反复的,因此对商业街区的运营管理模式进行研究十分有必要。对其进行简化、优化和统一,将好的运营管理模式加以推广,不仅可行,而且很必要。同时对于促进商业街区的发展,提升运营管理水平具有重要作用和深远意义。运营管理提供的是增值服务,通过有效的管理来提高商业街区的服务效率和知名度,并与消费者的利益密切相关。从整体的角度去规划和设计运营管理活动,通过建立科学完善的商业运营机制和管理制度,不仅能使各项活动能合理、规范、有序地开展,还能够引领和推动商业街区繁荣发展。

运营管理通常广泛使用在生产领域,把生产过程中的计划、组织、实施和控制及所有相关活动统称为运营管理。运营管理在提高产品质量、数量和控制成本等方面取得了非凡成就。随着时代的发展,运营管理的范围在不断创新和突破,现代运营管理所涵盖的范围和领域越来越宽广,并从生产领域扩大到非生产领域。只要有管理需求,运营管理的原理和方法都可以得到应用,也都适用。将运营管理理论运用到对城市商业街区的管理,即对城市商业街区领域中日常管理事务和管理活动进行策划、组织、实施和控制。管理的目的是实现商业街区的最佳、最有效的运营,实现商业街区的持续稳定与繁荣。

9.1 运营机构

现实中的各类商业街区,其建筑风格及其所入驻的商户、企业、社会机构或组织,它们虽各有不同,但对公共设施、公共环境、公共交通、公共卫生等都存在着共同的管理需求。营造和维护一个良好的商业环境是公众的期望,符合大众的共同利益。因此,有必要在商业街区建立起一个管理机构,通过实施一系列的运营管理措施,调动起商业街区内各方积极性,广泛参与、共同承担和实施对商业街区内公共事务的管理,共同推进城市商业街区的建设和繁荣。

9.1.1 设置商业街区运营管理机构的必要性

面对商业街区的快速发展,商业街区业态的丰富,消费能级和消费环境不断提升,政府商业管理机构在协调和约束企业公共行为方面显现出能力不足、执法难度大、政府管理力量分散,各自为政、商户配合和参与度低等现象时有发生。而建立商业市场的公平竞争环境、维护买卖双方合法权利,提供优质服务等一系列活动,是城市商业街区运营管理的主要目标和内容,建立或成立专门的城市商业街区运营管理机构是十分必要的。

城市商业街区的形成原因复杂多样,既有历史形成的,也有人为搭建或改建而成的,商业街区的产权、开发权、经营权所属也不统一。因此,如果没有一个专门的机构,就很难对商业街区实施统一的运营管理。商业街区需要有一个健全的组织,对商业街区的运营进行整体策划、组织和管理,促进商业街区各部门、各单位、各商家协调、均衡发展,共同获利。尤其是对那些新建和改扩建的商业街区,更需要从一开始就借助规范的运营管理,快速步入正常运转的轨道,快速盈利,赢得市场的认可。

9.1.2 利益相关者分析

在对商业街区进行管理时,在管理的不同方面需要不同的利益相关者承担。利益相关者是能够对商业街区的决策和盈利状况产生重要影响的集体和个人,可以将其分为两个部分,一部分是能够直接影响商业街区决策的主体,例如商业街区的股东、投资者等;另一部分是因企业的各种决策变动受到影响的单位或个人,例如政府、民众等。商业街区在日常管理中,要考虑到利益相关者的影响,分析每个利益相关者的发展目标,处理他们之间的矛盾,这个过程就是所谓的利益相关者管理。从利益相关者管理的角度出发,在商业街区的管理中要统筹全局,追求整体的发展,而不是仅仅满足某一方的要求。商业街区在做出相关决策时,一定要综合考虑,权衡各方的利益,尽量满足他们的要求,从而推动商业街区的发展。

工商、环保、卫生等作为政府的组成部分,主要对商业街区进行行政管理。商会等经济组织或团体主要负责商业街区的经济管理。需要注意的是,如果商业街区正在建造中,一些建筑设施没有全部完成,还需要街道管理处、环境建管处和政府等多方的配合,所以在运营管理中一定要顾全大局,加强对商业街区的管理控制,协调各方面的利益关系。商业街区需要管理的方面众多,不仅仅体现在"利益"这一个方面。

我们以商业街区的运营管理为例,进行分析。商业街区管理十分复杂,涉及的利益相关者太多,所以在管理方面也存在困难。简单来说,商业街区在服务消费者的同时又需要获得物质利益,做到精神与物质的统一,达到建造商业街区的最初目的。各个利益相关者要达到的目标不同:建设部门主要是对商业街区的建造实施管理与控制,促使商业街区的顺利完工;执法部门要严格监管商业街区的各项经济活动,使其在法律范围内进行;店铺卖家希望在商业街区能够卖出更多的商品,获得更多的经济利益;商会站在卖家的立场上维护他们的利益;房屋的业主只求能够让自己的店面更值钱,带来更多的盈利;消费者更想要以低价格来获取优质的商品和服务;社区监管部门更愿意商业街区能够达到整个社区的要求,配合他们的工作。

经过上述对各利益相关者所要达到目标的分析,发现他们的利益需求主要体现在三个方面。

(1) 权利驱动:行政管理部门主要希望可以有效地管理商业街区,行使其拥有的权利。

(2) 经济利益驱动:店家、业主都希望自己的东西更值钱,以获取更大的收益,而消费者则希望以更低的价格来获取优质的商品和服务。

(3) 社会效益的驱动：社区和消费者都希望增加商品或提供劳务从而促进社会发展。

各利益群体之间有相互协作也有矛盾冲突，不同商业街区利益相关群体在商业街区发展过程中各自的地位和作用不一样，有着不同的利益诉求，它们是相互制约影响、紧密联系的整体。为调节各群体之间的利益平衡，使商业街区得以持续发展，选择合理的运营和管理模式十分关键。

9.1.3　政府统筹管理

政府需要代表公众利益，明确自身职能。在商业街区更新发展过程中，政府需要负责公共部分及基础设施的整治、建设和管理，统筹协调各群体之间的利益平衡。抽调制管委会、专门性管委会、属地制管理是目前政府协调调控下的三个主要商业街区管理模式。抽调制管委会，可以解释为从政府各机关部门抽调人员合署办公，成员涉及政府的环卫、综合执法、质检、工商、商贸等众多部门，组成管委会或管理办公室，进行综合管理；专门性管委会，是由属地政府专门设立商业街区管委会或管理办公室，属地政府各职能部门负责协调服务，通过联席会议等制度实现对商业街区的管理；属地制管理，即受上级政府部门委托属地街道或相关职能部门实施具体管理，管理内容包括基础设施、物业维护、整体宣传、品牌建设等。上述三种模式，管理经费采取收支分开的策略，商业街区管理单位将开发项目及其他收入上缴财政，商业街区每年必要支出由财政统筹预算后下拨。

这种管理方法的优点在于可以更方便、更直接地对街区形成管控，但缺点在于管理范围不广，并且行政部门缺乏管理商业街区的经验。政府统筹管理明确了职责和权力，强化完善了管理能力，增加了街区的秩序稳定性。而商业街区未来的发展方向，取决于政府的考核指标设定是否得当。考核指标的设定代表政府的重视程度，这也是工作经费的重要保障。然而政府对于商业街区的考核方向常常取决于领导的决策团队能力，每一届政府都有不同的思路，决策不一定就符合商业街区的发展规律，这在一定程度上会对商业街区的发展方向带来不稳定性，这也是政府机制难以达到的效果。

案例 9-1

北京王府井商业街（政府统筹管理）

王府井商业街是具有百年悠久历史的著名商业区，在北京享有"金街"的美誉，客流量约60万人/日，节假日超过120万人。但王府井步行商业街真正的辉煌是在改革开放以后。改革开放后，王府井商业街在市政府统一规划和协调下，有计划地进行大规模建设和改造，逐步成为一个现代化的商业中心街区。

20世纪90年代北三环、长安街沿线，燕莎友谊商城等十多个建筑规模在上万平方米的大型百货商场陆续出现，新兴商业载体分散了王府井地区的客流。相比之下，传统王府井商业街区的业态功能比较单一，以满足购物需求为主的业态很多，而餐饮娱乐、文化展示、综合服务类业态明显偏低，经营范围较窄，经营理念固化。除此之外，运营商的专业素质良莠不齐，街区内商户发展水平不均衡，服务水平管理差异较大，难以满足消费者的购物需求。

为了针对性地解决上述问题，20世纪90年代北京市政府成立了王府井地区建设管理办公室，开始对其进行改造，以期从城市规划、开发建设、运营管理等多管齐下，实现对王府井大街的综合治理。该办公室隶属于北京市市政府,是由财政拨款的事业单位,经地方政府授权行使一定的行政职能,负责项目立项、开发建设、政策制定、规划改造、项目推动、协调管理等。

王府井商业街区在政府进行改造后,也面临着许多管理上的问题。为了王府井商业街的发展,1992年,北京市政府成立了王府井商业街区开发建设办公室,统一协调这一地区的商业设施改造、规划建设和招商引资工作。1997年,北京市政府又对王府井进行了街景改造、市政设施改造和软件建设。除了对街区进行了环境再造,在管理和服务上,北京市政府的决策也很明确,形成了以王府井开发建设办公室为主,王府井工商所、派出所、交通队、城管分队和王府井市容所齐抓共管的综合管理模式,保证了王府井大街环境整洁、设施完好、经营和治安有序。在整个王府井商业街区改造和管理、发展期间,北京市政府和王府井商业街区开发建设办公室对于王府井商业街区的发展目标和任务一直明确且没有改变过,即按照国际一流商业街区的标准搞好硬件建设;建立一套与国际一流商业街区相适应的、全新的、科学的管理模式;在对外宣传上要实行整体宣传,统一设计宣传方案;确立商业街区在全国及世界的地位;王府井地区的改造由该办公室全权负责,并提供资金支持。按照"统一规划、统一领导、统一管理"的原则,该办公室在建设发展阶段增加了治安管理、商业管理、城市管理等综合管理职能。政府统筹管理明确了职责和权力,强化完善了管理能力,增加了商业街区的秩序稳定性。

随着调整改造,王府井商业街的经营结构也随之改变。调整后的经营业态着重引入国际品牌,并对同种业态类型商户进行市场定位及层次划分;通过增添餐饮、旅游、休闲娱乐、文化体育、医疗健康等商业品种,完善和优化商业网点配置与基础配套设施;经调整,王府井商业街更关注消费者的消费体验,通过打造安逸舒适的人文氛围和艺术气息,给消费者提供更具文化内涵的精神娱乐服务;在商业价值上,以王府井历史文化为主题进行概念式营销,在商业环境、综合服务、管理水平、公共配套等方面实施品牌化战略整体推广提高竞争力。

9.1.4 投资主体商业经营

投资主体商业经营指商业街区的开发主体成立商管或物业公司,对街区内商户收取一定经营管理和物业费用,对商业街区的具体事务进行协调和日常管理,包括市容环境、公共设施、治安交通秩序、公共物业等方面。在"各司其职"的规定原则下,政府各部门依法履行各自职责。

在这种模式下,公务服务外包的概念体现在为了精简机构、节省成本,政府将一部分公共服务职能交给市场,择优选择商业管理或物业公司去运作,进行专业化管理。但是,这种方式也会带来由于政企分割引起的财务冲突、物业公司与政府的责任界定不明确等不利影响。

案例 9-2

成都宽窄巷子(投资主体商业化运营管理)

作为成都市三大历史文化保护区之一的宽窄巷子,是由宽、窄和井三条巷子之间的老城街道及建筑组群构成。2003年,为了再现老成都的历史文化风貌,宽窄巷子动工改造。在成都市政府的组织下,成立少城建设管理有限责任公司;在青羊区政府的组织下,组建宽窄巷子拆迁小组;由属地街道办事处负责配合动员居民搬迁工作。改造过程中,集结了文化、历史、艺术、建筑等领域的专家学者,组成了"宽窄巷子历史文化保护区专家委员会",用以指导街区的历史文化保护工作。如图9-1所示。

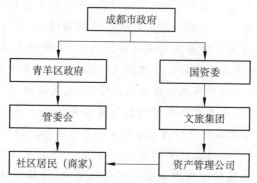

图9-1　宽窄巷子的运营与管理

如今的宽窄巷子院落文化共分为三个主题。宽巷子可以使游客体验到城市的"闲",以旅游休闲业态著称,代表了最成都、最市井的城市民间文化。宽巷子里精品酒店、私房餐饮、民俗餐饮、休闲茶馆、客栈会所云集。窄巷子以"慢"闻名,多为主题独特的品牌商业。窄巷子则代表了老成都的慢生活,为游客展示的是院落文化,精致的城市生活品位由西餐咖啡、艺术休闲、健康生活、特色文化主题店构成。井巷子是时尚年轻的"新"潮流地,这条巷子的定位是成都的新面貌。相较于宽巷子的老城韵味,井巷子呈现一幅"现代成都"的画面,以开放、多元、动感的消费空间扬名。井巷子多以咖啡、餐饮、酒吧、甜品店、创意时尚、小型特色零售等时尚动感主题业态为主。

从商业运营和政府管理角度看,隶属于成都市国资委的成都文化旅游发展集团有限责任公司(文旅集团)拥有街域的所有权,负责开发整个宽窄巷子及旅游产业的商业化运作。文旅集团成立资产运营管理公司,具体负责宽窄巷子的经营与管理。在青羊区政府牵头下,属地各职能部门设立了宽窄巷子历史文化保护区管理委员会,对街区进行综合执法与公共管理。这种所有权、管理权和经营权分属不同的利益主体下的"三权分立"商业化运作模式,调动了各方改造和经营的积极性,有效推进了宽窄巷子项目的发展能级,既解决了规划、投资、产权、管理等问题对宽窄巷子经营运作的制约,又可以利用现代企业制度保证商业街区未来的可持续发展。

案例 9-3

武汉江汉路步行街(物业管理)

江汉路位于汉口中心地带,东南起沿江大道,贯通中山大道、京汉大道,西北至解放大道,全长1 600米。宽度为10至25米,是武汉著名的百年商业老街。

根据2000年9月19日武汉市政府颁布的第121号令《武汉市江汉路步行街地区综合

管理暂行规定》,江汉路步行街归武汉市政府管理。市城市管理局下属的江汉路步行街地区管理办公室主要职责是协调各部门的工作,并抓好步行街路面保洁、绿化、亮化等工作,拥有执法、协管人员、保洁等五支队伍,共计100余人。按照市政府121号令的要求,管理办公室成立了步行街物业管理委员会,制定实施《步行街地区物业管理暂行办法》,与沿街商户签订物业管理委托合同,以市场经济手段提供有偿服务。

9.1.5 行业协会、自治组织

目前,随着体制机制改革的推进,负责对整个流通过程进行管理和协调的政府商业行政管理部门正逐步改变管理方式,逐步退出对商业街区的直接管理,转而按市场规律,借助经济杠杆、法律法规和经济参数等方式来管理商业街区,进而形成良好的商业街区管理环境、管理机制。以行业协会、商会形式出现的组织机构正在政府商业行政管理部门与商业企业之间发挥桥梁作用,对商业企业进行管理和协调。行业协会、商会是市场经济发展到一定阶段的产物,是自发形成的组织形式,也代表着市场经济的成熟,具有明显的现代性、民间性、类聚性、互助互益性和非营利性等特点。在市场经济体制下,民间行业组织肩负着培育社会力量、完善社会结构、构建社会管理机制的历史使命。

健全的市场体系及市场运行机制离不开行业组织,它是政府、企业、市场之间联系的纽带和桥梁。行业协会是行业发展的设计者,经济运行的协调者,行业利益的维护者,行业企业的服务者,既是企业走向市场的向导,也是企业权益和社会经济秩序的维护者。正因为有了行业协会这一中间环节,政府商业管理部门才有可能提高管理层次,不与企业直接打交道,从直接管理向间接管理过渡。行业协会可以补充政府商业管理的不足,有利于加强行业管理,有利于实现政府的间接管理商业,尤其是对那些存在部门分割、地块分割的地区,行业协会在进行协调和行业服务等多方面有更现实的意义。

商会作为维护商家共同利益而联合设立的自治性组织,其自律性功能包含着自治性和自愿性两方面内容,客观上为商会的自我管理、自我约束、自我协调和自我发展提供了保证。商会通过制定内部规则、章程,规范运营方式和行为,协调成员之间、成员与社会之间的关系,实现自律功能,可避免行业内部冲突及无序竞争。政府也利用商会的服务机制,解决自身不便于干预的具体事务。因此,调动行业协会、商会、民间组织的力量,共同开展城市商业街区的日常运营管理事务,可发挥事半功倍的作用。

成立街区商户自治组织,比如商户协会、商户联盟、业主委员会等,以多方管理融合的方式对商业街区进行管理,适用于对产权较为复杂的商业街区。面对各商户在街区发展中遇到的自身问题,商户自治组织能更有针对性地开展治理管理与互助服务;为了确保对公共区域开展完善的日常维护管理,采取社会招投标的形式来选择最适宜商业街区的组织单位,必须确保其专业化和规范化程度,并形成良性的市场淘汰机制;政府部门可以起到补充的作用,负责街区整体的品牌战略和协调公共治理。商家自治组织、专业的物业管理公司及政府三方共同作为,实现产权人、经销商、管理单位及其他利益相关者的协同作用,在专业性的支撑下,既充分调动了商户的自主性,又能将街区内的各种资源加以整合,从而达到科学管理商业街区的最终目的。

案例 9-4

巴黎香榭丽舍大街（自治组织）

香榭丽舍大街全长 1 800 米，最宽处约 120 米。东段主要是自然景观，静谧、安宁的草坪分布于两边；西段是高级商业街区，世界顶级的服装店、香水店都聚集在这里。

20 世纪初，香榭丽舍大街上云集着巴黎著名的电影院和旅馆，直到 20 世纪 60 年代，这片寸土寸金的土地在商业化的快速发展的影响下，辉煌的时代一去不复返，世界名店逐步没落，取而代之的是一间间小型餐饮零售店。80 年代城市化进程加快后，大道逐渐演变成机动车占压行人空间，交通堵塞、停车混乱，商业扩充、广告标语杂乱，人群嘈杂、购物环境恶劣。

著名奢侈品品牌路易·威登进驻后，为了改变这一现象，重塑香榭丽舍大街的辉煌历史，发起成立了"捍卫香榭丽舍委员会"，后来更名为"香榭丽舍委员会"，旨在"捍卫世界上最美丽的散步大街的声誉"。由大街上的商户和居民代表组成的委员会总共约有 400 人，其组成人员全部都是志愿性质，负责监督入驻商户的商业活动，同时也帮助新商户进驻、调整其经营定位以使其符合大街的整体形象。委员会依靠会员费维持正常运转，能够保持独立立场，并提出一些出于公共利益的意见和建议。

为了配合委员会的工作，巴黎市政府相应制定了一系列非常严格的管理办法，法规明确规定违规停车；随意拓展消费场所、张贴广告；破坏环境及公共设施及其他违反条约规定的行为，均会受到严重处罚，甚至会追究相应法律责任。

该委员会在香榭丽舍大街的规划建设与有序发展中起到了不可磨灭的基础性作用，正因为此，香榭丽舍大街至今仍然保持着其独特的迷人魅力与优雅古典的历史风貌。香榭丽舍大街发展至今，已经拥有三百多年的历史文脉，积累了众多的景观效应和人文内涵，因此被法国人骄傲地称为"世界上最美丽的散步大道"。

案例 9-5

伦敦牛津街（自治组织）

牛津街是英国主要的消费场所，长 1.25 英里，全世界 300 多家大型商场云集于此，每年到此观光购物的世界各地客流量约有 3 000 万人次。在这里除了观光老牌百货店、享受高标准的服务之外，店铺的建筑特色是吸引客流的一道独特风景。据不完全统计，每年到这里参观购物的国外客流量约 1 000 万人次，其对牛津街消费贡献占全部消费的五分之一左右。作为伦敦的消费中心，牛津街以其强大的消费向心力作用为城市提供了一条重要的交通干线，50 辆公共汽车路线、4 个地铁枢纽与 5 条交通国道错位相连，源源不断地为其输送强大的购买主力，进一步确保了牛津街公共交通网络的核心地理位置。

科学的发展规划和有序的管理机制是牛津街成功的主要原因。20 世纪初，通过街区内商户的自治合作，成立了"牛津街商会"，负责对整个街区进行协调服务。不仅如此，外来品牌想要进驻商业街区也需要商会的批准许可。另外，牛津街的行业规范、商业标准等规章制度也由商会负责制定。不同于一般消费场所，该街区的整体营销与品牌宣传成为牛津街商会的核心职责。在这种管理模式下,牛津街的公共设施维护与保养、经营环境的优化与改善、惩治违规交易和不正当竞争行为等也因商会的存在而变得愈加规范与完善。牛津街商会参考现代公司的治理模式实行董事会制,首先由街区内各成员选举出董事会,再从董事会中推举出执行主席,每五年换届一次。商会密切配合伦敦政府的工作,不仅对街区的改造与建设提供大量的实质性可行建议,每当在牛津街规划建设和提升改造时,还会大力提供资金支持。

政府将公共服务外包给专业的公司,对牛津街进行规划改造,量身打造适合该街区的发展方案。改造基于原有历史风貌,相应扩大和改善了牛津街的交通环境,优化了公共配置,提升了消费环境的人性化程度。在整改方案制定初期,商会开展充分讨论,除了提供实用意见,商会还会分摊大量重建资金。在改善经营环境、提升公共服务方面,牛津街上的商户每年都将投入数千万英镑的资金。

案例 9-6

体现三种运营机构的商业街——上海田子坊

田子坊本是上海的一条小弄堂,20世纪90年代末在上海市政府和卢湾区政府(2011年,上海市黄浦区、卢湾区两区建制撤销,设立新的黄浦区,原卢湾辖区目前已调整至黄浦区)的主持下,把原有的旧厂房和民宅通过租赁、转让、置换逐步改造成画廊、设计室、摄影室、陶艺馆、美术馆等,陈逸飞、尔冬强等知名艺术家也被吸引至此,法、英、美等18个国家或地区的创意企业也相继入驻田子坊。因其以时尚消费、特色餐饮、视觉艺术、工艺美术等产业为主要特色闻名,所以成为上海乃至全国最具规模和特色的创意街区。

究其发展模式创新的全过程,从组织管理、公用服务、政策法规等角度可见端倪。首先,通过区政府有关部门及负责人组成的田子坊工作联席会议、区政府下设的田子坊管理委员会、街区自律组织商家协会和区政府相关部门牵头组建的田子坊物业管理机构四大系统提供有力的支持管理,在此基础上提供产业引导、"居改非"新政、强化软硬件、打造"和谐社区"。但是商住两用使田子坊邻里矛盾此起彼伏。区政府认为,社区和谐是决定田子坊进一步发展的关键所在。基于此,政府实施了"居民和谐共处示范点"工程,通过房屋保护性修缮、装修公共灶间、安装消防喷淋设施等改善居住质量,并辅以定期对居民和商户的走访制度,旨在最大限度地缓解商、住矛盾,争取居民对田子坊发展模式的理解与支持。田子坊的管理借助规划、市场、产业、安全、物业等几大方面的制度和法规的基础优势,打造了"共建、共享、共治"的发展理念。传承文化创意产业、历史文脉传承、旧区软改造融合发展的思路,将老上海石库门历史风貌的文化价值发扬光大,使之成为集聚文化创意产业、展示坊里风貌、品味海派文化的高地。

值得一提的是,田子坊的特殊之处在于商用和居住同处共存,其改造成功与否的关键在于街区内的居住性房屋能否"居改非"。在上海市政府有关部门支持下,区房地局向上级递交了《关于卢湾区田子坊地区转租实行审批制的申请报告》(沪卢房地〔2008〕20号),请示能否将田子坊作为允许房屋临时改变居住性质进审批的试点,上海市房地局作了同意批复,这一举措对田子坊功能的拓展和改造模式具有里程碑式的意义。

9.2 运营的业务内容及流程

任何事物要发展必须有一个严密的计划,商业街区的发展也不例外。运营计划指的是商业街区在最初成立时对其发展所设定的一个计划,这个计划一定要有明确的目标,并且达到这个目标要有计划,这是商业街区发展的关键部分,只有规划做好了,商业街区才能正常运营。计划是有预见性和可改性的,在城市商圈发展中,运营计划要根据以往的经验预测发展过程中所出现的现象,并且有计划地来应对困难。运营计划也不是一成不变的,因为有很多不能预测的因素会出现,所以运营计划也可以根据实际的情况进行改动。一般的运营计划是维持在半年到三年左右,也有的时间较短,只有几个月;也有时间更长的,这就要根据实际情况进行有计划的规划。

9.2.1 运营流程规划

商业街区的规划运营是一项综合性系统工程,其实施的有效性依赖于合理的工作流程,必须在保证与实际相符的基础上进行开发设计,其流程一般包括如下方面。

1. 实际考察

规划运营前的实际考察是规划运营的基础,实际考察的内容包括地理环境考察、人口分布考察、消费者需求考察等。具体考察形式要按照自身的实际情况进行选择,实际考察要保证考察数据的真实性和实用性,为商业街区的规划运营提供参考基础。

2. 制定商业街区的规划运营方案

在实际考察的基础上,掌握实地的地理环境、消费者需求,制定商业街区的规划运营方案。规划运营方案要根据不同的追求目标进行制定,本着经济合理的原则,提供几套备选方案。

3. 规划运营方案的评选

依据经济性、实用性等基础,将商业街区的规划运营方案进行比选,从多个运营指标出发进行合理的评估,选出最优方案。

4. 方案的改进

对选定的方案存在的不足进行再规划,经过反复审核和修改后,确定商业街区规划运营方案。

5. 规划运营方案的实施

依据确定的规划运营方案进行施工运营。商业街区的规划运营流程图如图 9-2 所示,商业街区的规划运营流程是一个综合系统流程,规划运营方案的改进需要不断地循环以实现规划运营方案的最优化,保证商业街区运营的可持续发展。

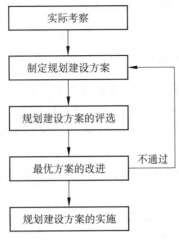

图 9-2　运营规划流程

简而言之,商业运营是整个商业体量的运作和经营管理,运营的基本特点是标准、细致、效率、协作、创新。细致性是指运营的很多工作是非常烦琐细致的小事,而且非常重要,并且这些工作又必须立即处理。标准性是指运营的流程与规范要严格执行,不论谁来做,在哪里完成,都要执行运营标准。效率性是指运营工作要高效率,一方面运营工作不是分割的,任何一个环节出了问题都会影响其他环节,甚至严重时会导致恶性循环;另一方面运营具有很强的时间性,如果错过最佳时间,则无以补救。协作性是指团队的作业,运营工作需要各个部门、全体员工共同参与,只有所有员工都能有意识地自觉工作,运营的良好水准才能长久维持。创新性是指运营的最终目标是营造一个不断变化、吸引人的购物气氛,创造良好的销售业绩。标准化、规范化的管理是衡量运营是否有效运转的重要指标。

9.2.2　运营规划考量要素

商业街区的规划设计多种多样,由于其地理环境和建设目标的不同,商业街区的规划设计方案也就千差万别,但出发点都是"因地制宜"。商业街区的特色就是自身所处的地理环境,这是商业街区自身的优势,在对其进行规划设计时应该保证发挥自身的这一大优势,从而实现其独一无二的地位。

1. 受众群体

商业街区的首要目的是盈利,在这个基础上来满足消费者的生活、文化、心理上的需求。从商业街区的发展很容易看出,最初的商业街区的目的是满足消费者在物质方面的需求,但是随着消费者对精神层次方面的认识越来越多,商业街区就不只是满足消费者的物质需求,还应该考量到消费者在精神方面的需求,这是社会发展的必然趋势。在商业街区中要包括消费零售、娱乐休闲、饮食等,是满足消费者的物质需求;在商业街区中新出现的一些娱乐休闲项目,例如电影、滑冰等,是满足消费者的精神需求。商业街区的布局不应该只考虑商业街区面积的利用率,更应该考虑对各个项目进行分层,使得购物区域与娱乐区域分来,一般购物区域在低楼层,娱乐区域在高楼层。商业街区规划也要考虑到景观,景观应该使消费者感到舒适,不应该有压迫感及紧张感。商业街区规划还要关注人文,关注消费者,消费者的需求就是商业街区的追求,所以在做商业街区规划时一定要做问卷调查,来了解消费者的真正需求。

2. 多层次文化及多样性需求

商业街区主要是满足消费者的需求,在做规划时应该全面考虑地理位置、交通、景观特点、消费者、品牌入驻等方面。地理位置对于商业街区的规划很重要,有一个好的地理位置才能吸引更多消费者。交通也非常重要,商业街区的规划要保证道路畅通,街区交通四通八达。消费者直接受商业街区地理位置影响,并且在做商业街区规划时要考虑消费者的年龄分层,在商业街区中既要有儿童娱乐设施,也要有老人的休息区域。消费者又影响着品牌的入驻,消费者决定着消费层次,在一个商业街区中一定要包含高消费、中消费及低消费等不同的消费结构。入驻的品牌还要考虑到消费者的身份,包括学生、白领、公务员、企业高管等,应该满足不同消费者的风格需求。

9.2.3 运营规划基础

运营规划一般具有预见性,要预见在企业发展中遇到的各种状况并且按照运营计划去解决。运营规划是一项系统工作,需要通过实地考察,收集资料统计分析,参照相关文件标准最后形成书面规划书。运营规划要做到切实的执行,项目运营规划书就如同项目建设运营的核心指挥官,项目的运营策略或手段要严格按照前期运营规划书执行,但同时运营规划书也需要根据实际情况的变化进行相应的优化调整,以期达到项目运营规划目标。运营规划需要做到以下几点工作。

一是明确项目运营策略的实际操作措施,也就是执行运营规划战略的具体途径;二是严格按照项目运营规划目标进行资源分配,保证项目资源分配最优化,提升资源运用效率;三是制订项目运营检验计划,做好运营规划执行的监督工作,保证项目建设运营的全部工作内容都是按照运营规划开展,保证规划目标的实现。

运营规划制定前,需要保证实际情况的明确认识。运营规划一旦制定好,就要严格遵守。运营规划一般具有预见性,这个预见性也是根据企业的当下情况与以往的经验相结合而得出的。运营规划纲要包括:人力的分配、资金的消耗及分配、区域的分配等。制定运营规划还要认识企业现有的状况,从当下做规划,从小目标入手,由小目标促进大目标的实现,进而实现运营规划有序的执行。

9.2.4 运营规划原则

商业街区的运营规划的主旨是以人为本、因地制宜,不同的商业街区有其自身的运营目标,例如,旅游景点商业街区,其运营目标就是将本地的自然景观进行保护运营,提供给消费者科学合理的游览方式,商业街区的规划运营基本遵循以下原则。

1. 自然环境为主体原则

大部分商业街区的运营是为消费者提供一个与自然环境接触的文化场所,商业街区的运营规划必须在自然环境保护运营的主体上,进行其他设施的规划配置。

2. 经济合理原则

商业街区的运营规划要实现商业街区的可持续发展，就要走节约型、合理型的规划路线，杜绝铺张浪费，避免耗费巨资运营一些实用性不强的项目。

3. 以消费者需求为目标的原则

商业街区的服务对象就是消费者，满足消费者的需求是商业街区运营规划的目标，实现消费者需求的满足才能保证商业街区的繁荣，保证商业街区的正常运营、长久发展。商业街区的运营规划在保证以上原则的基础上还应该考虑工程技术的可行性和运营材料的环保性等内容，总体的运营规划目标就是实现商业街区的可持续发展。

9.2.5　统一运营

运营管理是商业街区运营的核心，是商业街区收益和物业价值提升的源泉。现代商业街区管理运营的精髓就是要把松散的经营单位和多样的消费形态，统一到一个经营主体和信息平台上。不能统一运营管理的商业街区项目，会逐渐从"商业管理"蜕变成"物业管理"，直至最终完全丧失自己的商业核心竞争力。

统一运营一般包含四个方面的内容：统一招商管理、统一营销、统一服务监督和统一物管。其中"统一招商管理"又是后面三个统一工作的基础和起源。这项工作的成败得失不仅决定了发展商前期的规划是否成功，而且决定着后期商业房地产项目商业运营的管理能否成功。

1. 统一招商管理

统一招商管理要求进行招商的品牌审核管理和完善的租约管理。

品牌审核管理是指招商对象需经品牌审核后才能进入。审核内容包括对厂商和产品的审核，必须具备有效的营业执照、生产许可证、注册商标登记证、产品合格委托书（适用于批发代理商）、品牌代理委托书（适用于专卖代理商）、税务登记证、法人授权委托书等。

租约管理包括约定租金、租期、支付方式、物业管理费用的收取等，还有其他比较关键的租约条款管理，例如：

（1）承租户的经营业态受商业街区统一规划的限制，如果发生重大变化，必须经业主委员会的认可（业主委员会成立之前，经开发商认可）；

（2）营业时间的确定；

（3）为商业街区促销承担的义务；

（4）承租人对停车场的使用，确定是有偿还是无偿，有无限制；

（5）投保范围事宜。

2. 统一营销管理

统一营销管理有助于维护和提高经营者的共同利益。由于目前商业竞争激烈，打折降价的促销竞争手段比较流行。管理公司应该为商业街区策划好一年内的营销计划，所谓"大节大过,小节小过,无节造节过",组织策划相关的促销活动,所发生的费用应预先与业主沟通预算,经业主同意后,对实际发生的费用按照承租户销售额的一定比例进行分摊。

3. 统一服务监督

统一服务监督有助于经营者之间的协调和合作。商业街区必须设立由发展商领导,商业专家组成的管理委员会,指导、协调、服务、监督承租户的经营活动,保证商业街区的高效运转。常见的方式如下。

- 指导项目:培训售货员、卖场布置指导、促销活动安排。
- 协调项目:协调经营者之间的紧张关系,增进经营者之间合作。
- 服务项目:行政事务管理。
- 监督项目:维护社区商业的纪律、信誉,协助工商、税务、卫生、消防等部门的管理。

4. 统一物业管理

统一物业管理有助于建筑空间的维护和保养。商业街区的物业管理内容包括:养护建筑、维护设备、保证水电气热正常供应,公用面积的保洁、保安防盗、车辆管理、绿化养护、意外事故处理等。

9.2.6 整体招商定位

商业街区开发成功与否的关键,就是要有最合适的营销策划方案,所以在商业街区开发前,为保证出售或招租率,必须对当地消费能力、消费习惯、消费人群,以及地块周边商业环境、交通环境,甚至包括地域商业情况进行详尽的调研、数据分析,拿出整体商业定位,确定商铺租售价格,作为商业街区开发的主要依据。

1. 地域考察

制定好的运营方案,首先要对商业街区所在城市所处经济圈内的相关资料进行收集。

(1) 对项目所在城市地理位置周边大环境要有了解,包括城市面积;与周边城市,特别是大型城市的距离;周边城市的消费能力;项目所在城市在与周边城市所组成的经济圈中的地位;项目所在城市铁路、陆路、水路、航空方面的交通状况,有必要对每日各交通方式进出的人流量进行摸底。

(2) 对所在城市的整体现有及未来规划进行研究,摸清所在城市对主次城区、商贸区、工业区、政治区的划分;对所在城市现有商贸区各类商业的经营状况进行走访;对所在城市商业总体政策、优惠政策、各类商业所占比重进行调查。

(3) 对准备开发项目周边的银行、大型酒店、住宅区、人群集散地等与准备开发项目之间的距离,周边已建或待建的地下、地面交通的出入口、等候区、停车场等可产生消费人群的商业相关资料进行收集。

2. 商业调查

对商业街区所在城市的相关商业资料进行收集。

（1）对项目所在城市常住人口数量、流动人口数量、当地旅游业的繁荣程度,旅游所进出的人流数量进行调查;对项目所在地近年来和预计未来城市人均 GDP,当地城乡人均收入、可支配收入、消费能力,第三产业比重,零售业繁荣程度,零售业总额进行数据收集。

（2）对商业街区所在城市的历史商业状况,特别是老字号或特色商业的经营状况进行调查;对所在城市人群的消费习惯和消费类型,所在城市商家的经营类别、划分,进行摸底。

（3）对商业街区所在城市所处区域的规划情况,待开发项目周边大型或小型商业的分布和密度、商业的经营类别和状况、周边交通状况、周边人流量进行数据统计。

3. 意向规划

把调查资料进行汇总、分析,制定准备整体商业意向性规划。

（1）根据搜集的资料,分析待开发商业街区项目的区位优势与劣势,结合当地的建设、商业等政策、法律、法规,对整个项目准备经营的商业类别进行定位,对准备开发的商业街区项目的租售比例进行划分,对各商业类别所占经营比例进行规划。

（2）针对商业街区的经营初步方案,与建筑设计方案进行对接;对整个商业街区出入设计的位置、大小等方案进行优化,并且模拟商业布置,以有利于商业销售或招租为目的,对建筑设计初稿中人流引导、商铺面积、商铺方位、交通设置等方案进行调整;对建筑设计中需要进行特殊处理的部分,如餐饮的排烟排油等,提出要求。

（3）根据初步商业方案,与一些品牌厂商进行意向性接触,对有较强意向性的厂商进一步接触、沟通,对这些厂商提出进驻本案的要求和意见并进行记录整理,进一步对准备开发的商业街区的商业规划方案和建筑设计方案进行优化。

9.3 服务质量标准

随着社会的发展、生产的进步和生活水平的提高,居民的购买力和消费力有了大幅提高,进而促进了城市商业街区的繁荣发展。商业街区的数量急剧增长,并且每年新增的商业街区面积以超过 10% 的速度还在不断增加。同时,商业街区中暴露出的问题也越来越突出,尤其是后期的运营管理已经成为制约商业街区发展的瓶颈。现阶段,新建、改(扩)建的商业街区,多由房地产商和零售商承担,相对住房开发建设来讲,由于商业街区运营管理经验积累不够等多种原因,导致商业街区在数量攀升的情况下,出现商业街区"死铺"和商铺空置增多的现象,暴露出了商业街区盲目建设、规模扩大和管理缺失等诸多问题,阻碍了商业街区的进一步发展。制定商业街区服务与质量的标准,借助标准化的原理和方法,提升商业街区的运营管理水平,对盘活商业街区现有资源,促进商业街区的健康发展、填补商业街区管理上的空白、优化商业结构、改善购物环境和提高居民生活质量都具有十分重要的意义。

服务标准化是在世界服务业快速发展、国际服务贸易日益加深的背景下提出来的。为消除贸易壁垒,世界贸易组织成员于 1994 年通过签署了《服务贸易总协定》,提出服务质量作为服务贸易的基础,其服务产品的质量、市场准入的资格条件必须规范。针对服务质量规范化要求,国际标准化组织做出了积极响应,提出用技术标准来规范服务质量,从而促进服务贸易的顺利开展。此外,还成立了与服务相关的技术委员会和项目委员会,切实推动国际服务标准化工作。近年来,国际标准化组织更是不断加大服务标准制定的力度,这些标准主要集中于金融服务、旅游服务、投诉处理、国际展览管理服务、心理服务、教育服务,以及满足消费者、残疾人、老年人的特殊需要等方面。而美国、英国、德国等发达国家在服务标准化工作方面也积极领先于世界。例如,美国目前的服务标准主要集中在安全、卫生、健康、环境等方面,英国的服务标准主要集中于金融保险服务领域、娱乐旅游领域、工业服务领域及消费者服务领域等,德国的服务标准则覆盖了金融服务、运输服务、旅游服务、邮政服务、清洁服务及殡葬服务等诸多方面。

2013年《城市商业街区服务质量规范》国家标准的制定,对促进商业街区的规模化、集约化、品牌化发展,落实"十二五"规划纲要、推动商贸流通业的发展转型具有重要的意义。商业街区建设的快速发展,导致了商业街区服务不到位方面的问题。例如,由于导向标志不规范、便民服务设施缺乏等给消费者带来诸多不便,个别商贩摆摊设点影响了商业街区的整体形象,商户与商业街区发生纠纷时得不到及时调解等,这些均不同程度地影响了商业街区的提档升级。坚持以人为本的服务理念,为入驻商场、商户提供优质服务,为消费者提供优美消费和休憩环境,是商业街区管理机构的重要职责和任务。《城市商业街区服务质量规范》从信息服务、入驻企业服务、经营秩序维护服务、环境维护服务等四方面规定了商业街区应提供的服务及要求。

(1)信息服务包括提供商业街区消费导引、活动公告、交通指南等信息,提供现场、电话、网络等咨询渠道。

(2)入驻企业服务是商业街区为入驻商场、商户办理经营手续提供便利,协助相关部门为入驻商场、商户提供工商、质监、物价等知识培训,并为商场牌匾和橱窗设置、广告布置等提供指导服务。

(3)经营秩序维护服务,一方面包括商业街区管理机构引导商场、商户共同制定并履行商业经营管理公约,营造公平透明竞争环境,并处理好商场、商户、消费者之间的纠纷和投诉;另一方面指商业街区管理机构协助相关主管部门做好管理和服务工作。例如,协助公安部门做好大型室外商业活动的申报和管理,协助工商部门做好户外广告设置、商品促销、广告宣传的管理服务;协助物价部门做好商业街区内价格的管理服务工作;协助质监部门做好商品标准、质量、计量和条码等方面的管理和服务工作。

(4)环境维护服务是指协调配合公安、交通、市容市政等主管部门分别做好商业街区内治安秩序、环境卫生、市政设施、园林绿化等日常管理工作。

关于服务与质量标准,近年来,国家和各地区也陆续制定了其他服务与质量标准,如《休闲主体功能区服务质量规范》(GB/T 34409—2017)、山东省地方标准《旅游休闲购物街区质量评定》(DB37/T 1243—2017)、浙江省地方标准《特色商业街区(区)管理与服务规范》(DB33/T 2098—2018)、江苏省地方标准《南京湖南路商业街区服务与管理规范》(DB32/T 834—2013)、上海市地方标准《主要商业街区(城)服务规范》(DB31/T 290—2004)等,本书将从服务环境标准、服务规范和安全标准对服务与质量标准进行阐述。

9.3.1 服务环境标准

在商业街区的商业环境中,消费者的主观感受集中体现在对空间环境的满意度上,商业街区齐全的公共基础服务设施是为了满足消费者的基本生理需求,而规划设计经营性服务设施的出现及丰富多彩的商业艺术活动,是为了满足消费者逐渐多样化生活的需求,这一切都强调了消费者的地位。亲切的服务设施营造出来的高度情感化的人际交往和现代化的购物环境,是受到消费者青睐的原因。

在今天,营造一个人文环境和规范的服务环境对于商业街区的发展是至关重要的。因为消费者早已不把单纯消费当作进商业街区的唯一目的。一边购物,一边享受现代都市文明,已成为当今消费者一个新的生活方式和主要的休闲活动。在很多情况下甚至出现反客为主的情况,即走进商业街区不是为了购物,而是到商业街区看看都市风采,在街区漫步,获得视觉的充分享受。这就是目前商家普遍抱怨的"看的人多,买的人少"的现象。但经营者切不可以为营造优美的服务环境而吃亏,更不能因此而不去继续开拓新的环境空间。因为时至今日,良好的人文服务环境已成为塑造企业形象、吸引消费者的一种营销策略。

根据《服务业组织标准化工作指南》(GB/T 2421.2—2009),在对服务环境进行制定时,应当包括但不限于以下几点。

(1) 落实国家法律法规和标准要求应采取的管理措施。

(2) 环境质量、监测方法、环境保护措施等。

(3) 经营和管理活动中废气、废水、废渣和有毒有害物质等的限量和处理标准。

(4) 环境目标、实施、运行和持续改进的管理要求。

(5) 服务提供所需的温度、湿度、光线、空气质量、卫生、噪声、清洁度、场地面积等基本条件。

(6) 服务业组织场所日常环境管理标准。

案例 9-7

特色商业街区(区)管理与服务规范

《特色商业街区(区)管理与服务规范》(DB33/T 2098—2018)中有关服务环境标准的制定如下。

4　环境要求

4.1　选址要求

4.1.1　选址符合本城市和地区的城市规划和商业网点规划要求。

4.1.2　交通便利,辐射范围广。

4.1.3　形态可多样化。

4.1.4　明确"四至"界限,不宜过长,长度300~3 000米为宜,主通道宽度一般不小于4米,也不宜过宽。

4.1.5　根据邻近道路可负担该区域流量情况,可设置步行街或半步行街。

4.2　街(区)内环境要求

4.2.1　道路地面坚固、平整、清洁、防滑。

4.2.2　商业设施、建筑符合 JGJ 48 的要求。

4.2.3　建筑风格、景观设计、户外广告、公共设施设置应与商业街区(区)环境的总体特色和风貌相协调。

4.2.4　环境整洁、卫生,绿化的种植及养护符合当地绿化规划设计和要求。

4.2.5　配备必要的休闲设施。

4.2.6　各种标识设置齐全,符合 GB/T 10001.1 的规定。标识系统宜国际化。

4.3　设备设施要求

4.3.1　有良好的照明、给水排水等设施,消防设施符合国家相关要求。

4.3.2　设有公厕,保持卫生清洁,满足街(区)人流量的需要。

4.3.3　有垃圾桶和垃圾收集、清运设施,实行垃圾分类回收,备有简易处理设施。

4.3.4　设立无障碍设施。

a. 在有台阶的道路上下口处设置坡道。

b. 人行道、人行横道、地下通道等道路设置盲道。

c. 人行天桥和地下通道设有轮椅坡道或安全电梯,坡道两侧安装扶手。

4.3.5　夜景灯光符合街景规划,与商业街区(区)的总体环境、格调相协调,同时符合当地有关节能的要求。

4.3.6　店外所有凸出招牌、广告、标志均安全牢固并保证功能良好。商店门窗、牌匾、招牌、橱窗、广告、标志、店外照明和临街外墙的装修与商业街区(区)总体风格保持协调。

7.3　公共环境管理

7.3.1　加强公共设施维护和保养,做好街(区)内雕塑、座椅、休憩亭、宣传橱窗、花坛等日常管理维护工作。

7.3.2　对街(区)内景观灯、商店外立面灯、橱窗灯和广告灯箱实行统一管理,确保对灯光系统的有效控制。

7.3.3　规范街(区)内商家的营销活动,完善申报、备案工作流程和制度,制止扰乱公共秩序、破坏公共设施、乱搭乱建等行为发生。

7.3.4　建立完善的环境卫生责任制和保洁制度,做好公共厕所、垃圾箱的维护和清洁,抓好商铺门前三包责任制,制止随地吐痰、便溺,随意倾倒垃圾和废弃物的不文明行为。

7.3.5　做好环境保护,“三废”处理符合有关规定。街(区)禁止燃放烟花爆竹。

7.3.6　协助交管部门做好街(区)内的交通管理,保障街(区)交通有序。街(区)内机动车、非机动车停放有序。

9.3.2　服务规范

商业街区服务规范化是科学管理商业街区的重要基础,是保证商业街区的服务工作有秩序地进行的重要措施,同时也是提高商业服务水平的重要手段和推进商业街区管理现代化的重要步骤。讨论研究商业服务规范化的问题,具有十分重大的现实意义。

所谓商业街区服务规范化,就是指在商业街区中,根据文明经商、优质服务的要求,以制定和贯彻服务规范为主要内容的全部活动过程,实现商业街区服务工作的统一化、高效化和规范化。它具有如下三个基本特征。

(1)商业街区服务规范化包含制定、贯彻和修订服务规范的整个活动过程,这个过程不是一蹴而就,也不是一成不变,而是要经过不断研究,多次反复,不断完善,不断提高和不断发展的过程。

（2）商业街区服务规范化的核心是服务规范。它既是商业街区高效优质服务的行动准则，也是衡量街区服务优劣的尺度，而且实行商业街区服务规范化的目的和作用，也是通过制定和贯彻具体的服务规范来体现的。所以说服务规范化不能脱离制定、落实和完善服务规范，这是服务规范化的主要内容，或者说是服务规范化的核心。如果离开这个核心，服务规范化就无从谈起了。

（3）商业街区服务规范化的关键是贯彻落实。制定服务规范只是走向服务规范化的开端，而不是服务规范化的实现和终结。如果不把服务规范落到实处，再好的服务规范也只能是一纸空文，达不到应有的效果。所以说落实服务规范是个关键环节。

商业街区服务，首先得有服务对象，这个对象就是消费者。商业街区要为消费者做好服务，除了有一大批业务技术熟练、全心全意为消费者服务的工作人员外，还必须有为消费者服务的必要条件、设施、项目和物资。只有这样才能招来消费者，吸引消费者，商业街区才能兴旺发达。服务规范应当包括但不限于以下内容。

① 服务环境。如对商业街区商家的牌匾和橱窗、服务场所、柜台设置、商品陈列、营业人员的仪表等方面的要求。

② 服务功能。如经营范围、经营品种、营业时间、服务方式、售货方法、服务项目等。

③ 服务设施。如对收款设备、计量设备、保管设备、冷藏设备、运输设备、检验设备、加工包装设备等必要的服务设施方面的要求。

④ 服务道德。如要牢固树立"顾客至上、信誉第一"的观念，处处为消费者着想，热心为消费者服务；认真执行商业政策，讲究商业信誉，买卖公平，货真价实，诚实无欺等。

⑤ 服务态度。如对营业服务人员的语言、表情、动作方面的要求。

⑥ 服务技术。如对拿、放、展示、称、包扎、修理商品技术及计算机技术等要求。

根据《服务业组织标准化工作指南》（GB/T 2421.2—2009），服务业组织为满足顾客需求，根据服务项目的环节、类别等属性而规定的特性要求，特性要求是定量的或定性的。服务规范应从功能性、安全性、时间性、舒适性、经济性、文明性六个方面对服务应达到的水平和要求进行规范。根据一般服务流程可收集、制定以下服务规范：

① 接待、受理服务要求；

② 服务组织 、实施要求；

③ 服务验收与结算要求；

④ 售后服务要求。

案例 9-8

南京湖南路商业街区服务与管理规范

《南京湖南路商业街区服务与管理规范》（DB32/T 834—2013）有关服务规范的制定如下。

5　服务规范

5.1　管委会

5.1.1　工作职责

负责组织、协调、管理商业街区的社会治安、安全生产经营、防范火情、环境整治、经济秩序整顿、文化活动管理、公共设施管理等方面的日常管理工作,协调各行政部门的相互衔接和工作有序进行。

5.1.2 应维护市场经营秩序,负责接受、处理投诉,处理、协调纠纷。

5.1.3 应服务与管理、监督与评价经营户的经营行为,并帮促经营户持续改进。

5.2 经营者

5.2.1 按照相关法律法规的要求,遵纪守法,合法经营。

5.2.2 应接受管委会的统一管理,服从管委会的有关管理规定。

5.2.3 应文明经商,诚信经营。

5.2.4 经营者的价格行为应至少符合以下要求:

——应按照政府价格主管部门的规定明码标价,注明商品的品名、产地、规格、等级、计价单位、价格或者服务的项目、收费标准等有关情况;

——明码标价,应做到价签价目齐全、标价内容真实明确、字迹清晰、货签对位、标示醒目;

——不得利用虚假的或者使人误解的标价内容及标价方式进行价格欺诈;

——价格变动及时调整。

5.3 服务人员

5.3.1 基本要求

5.3.1.1 服务人员应遵纪守法,恪守职业道德;应遵守社会公德、尽职敬业;应具有良好的沟通能力。

5.3.1.2 各岗位服务人员应符合本行业从业人员职业资格准入要求,应具备与其所从事岗位相适应的有效资质,专业技术操作人员应取得有效职业资格证书。

5.3.1.3 各岗位服务人员应熟悉本行业的相关法律、法规。熟悉本岗位商品、服务的基本知识。

5.3.1.4 从事食品行业服务、公共场所服务的人员应具备健康合格证。

5.3.2 仪容仪表

5.3.2.1 服务人员应保持个人卫生,注意仪容仪表。按照要求着装,佩戴工号牌。食品制作人员宜佩戴统一的口罩、工作帽等。

5.3.2.2 服务人员应精神饱满、主动待客;仪表端庄,言行有度,举止文明,符合礼仪规范。

5.3.3 服务语言

5.3.3.1 应使用普通话,注意语言文明,使用敬语谦语,不使用忌语。

5.3.3.2 根据不同的业务类型,应使用本行业规定的服务/专业用语。

5.4 服务行为

5.4.1 售前服务

5.4.1.1 应在显要位置设置导购服务台或导购指示系统或网络导购信息系统等。

5.4.1.2 服务人员应熟悉相关服务设施的使用方法,并保持其整洁。

5.4.1.3 服务人员应负责所属区域的清洁卫生。

5.4.1.4 服务人员应熟悉本岗位的服务项目、服务内容以及服务流程。

5.4.1.5 服务人员应了解各类服务项目的名称及价格。

5.4.2　售中服务

5.4.2.1　当顾客进入服务区域时,应热情接待顾客,倾听顾客提出的要求,对关键部分要进行说明,了解顾客消费需求。积极为顾客介绍所需服务项目的主要内容、特点等,回答顾客的问题要简明扼要、信息准确。应记录不能即时回答的问题,以便改进。

5.4.2.2　当顾客完成服务项目的选择时,服务人员应对服务项目的种类及价格进行重复、核实,并按照规定的服务流程和相关要求为顾客提供相应的服务。因各种因素不能提供的服务项目,应向顾客解释原因,争取顾客的理解。

5.4.2.3　为顾客提供服务时,每个服务环节应及时和顾客进行沟通,以便准确把握顾客需求。不允许发生影响服务质量的行为。不允许出现不文雅的举止,不得对顾客评头论足,不诱购、不劝购。无故不得擅自离岗。

5.4.2.4　服务结束时,应收集顾客对本次服务的评价信息,并征集顾客对服务的改进意见。遇到顾客投诉时,应听取投诉内容,向顾客道歉,提出解决问题的方案,任何情况下不得和顾客争吵。投诉内容及处理结果应记录在案。

5.4.3　售后服务

5.4.3.1　对商品承诺开展送货、安装、维修服务的,应做好预约登记,按约定时间、地点上门服务;承诺不满意退换货服务的,按附录要求进行。

5.4.3.2　凡出售假冒伪劣商品、不合格商品,一经查实无条件退换,并按《中华人民共和国消费者权益保护法》《中华人民共和国产品质量法》有关规定赔付。

5.4.3.3　对实行"三包"的商品应按国家相关规定进行。

9.3.3　安全标准

商业街区安全标准化指商业街区在运营管理过程中,依照国家法律法规、行业规程、技术规范、企业规章制度等,建立适合自身特点的,能够满足自身发展需要的,保障自身安全生产的技术规范。实施安全标准化,是商业街区进入市场、立足社会、保证生存发展的必要条件,也是政府安全监管监察、依法行政的重要条件之一。安全标准化无论是在行政管理上,还是在组织结构上,就是要通过建立落实安全生产责任制,落实安全生产主体责任,制定安全管理制度和安全操作规程,提高全员安全意识,进行危险防范和危险源辨识,进行风险等级评价,实现风险等级管理,排查治理风险隐患和危险源,建立风险预防机制,规范服务行为,使商业街区的运营管理各个环节符合国家有关安全生产法律法规和标准规范要求,使人、物、法处于良好的生产运行状态,并得以持续改进,在行进中加强,加强中发展,于发展中逐步完善商业街区安全生产规范化建设。

商业街区安全事故多发的原因之一就是安全责任落实不到位,管理秩序混乱。责任不清,落实不明,基础工作薄弱,就容易出现违章指挥、违规经营现象。开展安全标准化就是要加强商业街区安全生产管理体制基础工作,建立严密、完整、有秩的安全管理体系和规章制度,完善生产技术规程,使安全生产工作经常化、制度化、规范化、法治化、标准化。开展安全标准化是强调以风险管理为核心,危险辨识为基础,强调事故是可以预防的理念,只要建立健全安全生产岗位责任制、层层落实好安全生产主体责任并按标准执行,杜绝违章指挥和违章作业,就能保障广大人民群众的生命和财产安全。

2004 年国务院颁布的《关于进一步加强安全生产工作的决定》(国发〔2004〕2 号)指出：“开展安全质量标准化活动,制定和颁布重点行业、领域安全生产技术规范和安全生产工作质量标准,在全国所有工矿、商贸、交通运输、建筑施工等企业普遍开展安全标准化活动。企业生产流程各环节、各岗位要建立严格的安全生产质量责任制。生产经营活动和行为必须符合安全生产有关法律法规和安全生产技术规范的要求,做到规范化和标准化。”从国家对实施安全标准化的坚决态度和决心可以看出,国家、政府有决心和信心对企业安全生产进行整顿,杜绝特大事故,遏制重大事故,减少一般事故,保护广大群众生命和财产安全。实施安全标准化是杜绝特大事故,遏制重大事故,减少一般事故,防范事故发生的最有效的办法之一,因为安全标准化把企业生产过程中安全三要素“人、机、环境”都做了规范,使企业生产经营的全员、全过程、全方位都有了明确的制度约束,方方面面有法可依、有章可循、有标准对比,对安全生产起到有力的推进作用。

根据《服务业组织标准化工作指南》(GB/T 2421.2—2009),在对安全标准进行制定时,以保护消费者的生命和财产安全为目的的收集和制定应当包括但不限于以下几点。

(1) 安全目标的设定与管理标准。

(2) 安全标志、报警信号、危险因素分类等安全标准。

(3) 突发事件分类标准,应对预案、上报程序、检查与处置程序标准;识别风险、评估风险、控制风险的管理标准;安全管理、安全防护等管理标准;安全人员配备及安全培训标准。

(4) 设施、设备安全标准,如电器、压力容器、锅炉、电梯等特种设备使用安全标准,无障碍基础设施标准。

(5) 各类风险控制与应急的工作预案和处理程序。

(6) 安全监测技术与评价、控制技术标准,如食物中毒、火灾、医疗事故等监测、评价与防范规范;落实国家法律法规和标准要求应采取的管理措施;需要消费者注意的风险控制及应急技术要求;预防、补救和纠正措施标准。

(7) 安全与应急信息沟通形式、流程及其管理的标准。

案例 9-9

南京湖南路商业街区服务与管理规范

《南京湖南路商业街区服务与管理规范》(DB32/T 834—2013)有关安全标准的制定如下。

4.3 安全要求

4.3.1 安全管理

4.3.1.1 管委会应建立安全管理制度,负责组织安全管理监督检查,组建安全管理小组,其成员可由以下人员组成：

——管委会工作人员;

——政府职能部门工作人员;

——社区工作人员;

——各经营户代表等。

4.3.1.2 安全管理小组成员应定期、定时对商业街区进行安全巡查,及时发现、排除安全隐患,及时处理安全事件。应制定安全应急预案,遇突发事件应采取相应的应急措施。

4.3.1.3 管委会应定期开展安全宣传活动,定期对安全管理小组人员进行培训。

4.3.1.4 经营户应落实国家、省、市级及湖南路管委会关于经营安全管理的各项要求。

4.3.2 公共安全

健全公共安全管理机制,将应急管理工作规范化、标准化;宜在安全高发区安装监控设备;加大宣传力度,增强群众的安全意识,提高群众应急能力和自救能力。

4.3.3 消防安全

4.3.3.1 管委会应建立义务消防组织,并成立流动消防器材监管站。

4.3.3.2 管委会和经营户应配合消防部门对商业街区和经营场所实施消防管理,制定消防管理规范,落实消防安全责任。

4.3.3.3 至少应按《中华人民共和国消防法》的要求配备各种消防设施、器具和火警监控系统,并严格实施管理,并按照 GB 2894、GB 13495、GB 16179 的要求张贴安全、消防标志。

4.3.3.4 定期对配置的消防设施和器具实施维护保养,确保消防通道的畅通,确保火警监控系统时时处于可靠、稳定的工作状态。

4.3.3.5 公共场所内及各类仓库内禁止吸烟,明确重点防火区域、安全疏散通道及路线。

4.3.3.6 定期排查厨房安全隐患,并制定相应的预防措施和应急预案。

4.3.3.7 化学危险品的贮存应符合 GB 15603 的要求。

4.3.3.8 定期对所有工作人员、服务人员进行消防安全教育和安全知识培训及消防演练。

4.3.4 特种设备、电器安全

4.3.4.1 特种设备安装、使用、维护至少应执行以下条款:

——电梯安装应符合 GB 7588 的要求,电梯安全应符合江苏省电梯安全监督管理办法(征求意见稿);

——自动扶梯安装应符合 GB 16899 的要求;

——电梯、锅炉、压力管道等特种设备的使用应符合国务院令第 549 号的规定。

4.3.4.2 商业街区内所有电器安装、使用、维修应执行 GB 8877 的要求。

4.3.4.3 空气调节器、冷凝器等设备安装应符合 GB 17790 的规定和商业街区有关规定。电热水器安装应符合 GB 20429 的要求。

4.3.5 食品安全

4.3.5.1 食品生产、经销、餐饮等单位至少应执行《中华人民共和国食品安全法》、国务院令第 503 号规定;执行国家工商行政管理总局令第 43 号、第 44 号的规定;执行卫生部令第 71 号的规定。

4.3.5.2 各食品加工/经营单位应制定食品安全管理的各项制度和食品安全应急预案,明确本单位食品安全管理员,负责对本单位员工进行教育培训。

4.3.5.3 饮用水应符合 GB 5749 的要求,食品添加剂应符合 GB 2760 的规定。

4.3.5.4 各食品加工/经营单位应制定食品原料采购管理、运输管理及食品加工、贮存、上柜销售等规范,且各个环节应符合相应的食品安全要求。

4.3.5.5 餐厅及加工操作间应时时保持清洁,并定期定时消毒。餐饮器具使用前应洗净、消毒、保洁。按照国食药监食〔2011〕395号进行操作。

4.3.5.6 如遇食品安全事故应及时汇报食品监管部门,并采取相应的应急预案。

4.3.6 保健食品、化妆品安全

4.3.6.1 至少应执行《中华人民共和国食品安全法》、国务院令第557号、卫生部令第3号、国务院令第503号的规定。

4.3.6.2 保健食品经营企业至少应执行国家食品药品监督管理总局〔2012〕67号的要求;化妆品经营企业至少应执行国食药监保化〔2012〕9号的要求,规范经营行为。保健食品、化妆品经营企业不得违反索证索票和台账管理有关规定。

4.3.6.3 保健食品、化妆品经营企业不得从事以下经营行为:

——经营未获生产许可企业生产的保健食品、化妆品;

——经营未取得批准文号的保健食品及特殊用途化妆品;

——经营套号冒号的保健食品、化妆品;

——经营未经批准或备案的进口保健食品、进口化妆品;

——经营标签、说明书上虚假夸大宣传,或注有适应症、宣传疗效和医疗术语的保健食品、化妆品;

——经营未经进货查验的保健食品、化妆品;

——经营超过保质期的保健食品、化妆品。

4.3.7 药品、医疗器械安全

4.3.7.1 至少应执行《中华人民共和国药品管理法》、国务院令第360号、国务院令第276号、卫生部令第90号、江苏省第十届人民代表大会常务委员会公告第144号及苏食药监市〔2008〕259号的规定。

4.3.7.2 药品经营企业须按卫生部令第90号要求进行管理。

4.3.8 信息安全

4.3.8.1 信息安全的管理与要求应按GB/T 20269、GB/T 20270、GB/T 20271、GB/T 22081的规定执行。电子商务信息安全、金融机构信息安全等应按照行业相关规定执行。

4.3.8.2 商户不得通过任何渠道非法透露客户/顾客信息,不得随意摆放、丢弃客户信息。过期的客户/顾客信息应及时销毁。

案例 9-10

江苏南京湖南路商业街通过服务标准化成就商业传奇

"吃饭被宰、买衣被坑"对消费者而言都是说不出的苦,可是在古城南京最繁华的商业街湖南路却有着别样的感受。

10年前,湖南路还是一条名不见经传的小路。10年后,全长1 100米,路宽30米,全街有各类商店321家,其中名牌、精品店、专卖店占83%以上。

2005年,湖南路商业圈全年社会消费品零售总额达71.11亿元,2006年达80多亿元。湖南路商业街所在区域的湖南路街道税收达8亿多元,约占全区总税收的1/3;商业门面房年租金由每平方米最高 3 000 元涨到近 2 万元;日均人流量达 20 万人次,节假日达 40 万人次以上;1998 年被命名为全国示范街以来,接待各类参观者 1 100 多批次,达 7.9 万余人次。

10 年创建,湖南路上演了令全国同行为之惊叹的传奇故事。

湖南路商业街 1997 年就被中宣部公布为全国创建文明城市活动的示范点,1998 年被命名为"百城万店无假货"活动示范街。

早在 2004 年,南京市质量技监局提出制定省级地方标准,鼓楼分局联合湖南路、山西路地区管委会联合成立了标准起草小组,最终在 2005 年 8 月 1 日起正式发布《南京市湖南路商业街区服务规范》(以下简称《规范》),服务规范第一次用标准的形式,成为湖南路商业街区消费满意放心的标杆,为湖南路商业街区管理和服务质量提高发挥引导作用。

众所周知,服务标准化是标准化工作发展的重点,也是服务业现代化的重要标志。推动服务业发展的关键在于不断提高服务业的规范化程度,这样才能取得经济效益和社会效益双赢。

标准只有在实施中才能发挥作用和效益。区政府专门成立了由质监、卫生、消防、物价等部门组成的贯彻标准小组,重点落实规范的各项内容,培养商家的自律行为,进而将服务标准转化为生产力和竞争力。《规范》的贯彻成了湖南路创建和发展的一个新的起点和奇迹。

湖南路管委会主任苏有林表示,在湖南路,我们有网上投诉受理,有"天天 3·15"流动投诉车在街上巡逻,有固定的湖南路示范街投诉服务中心。这三位一体的服务体系,在切实保护消费者利益的同时,有效地约束了商家的经营行为,实现了湖南路的有序竞争。

江苏省地方标准《南京市湖南路商业街区服务规范》为湖南路全国文明示范街的繁荣与发展,提供了坚实的法规保证。用法规来保证湖南路的信誉和商家自觉维护湖南路的信誉形成了合力,成就了今天的湖南路。

9.4 服务投诉和评估

9.4.1 服务投诉

党的十八大以来,我国国民经济迅速增长,居民收入水平不断上升,消费需求呈现多样化趋势。商业街区是集购物、餐饮美食、休闲娱乐、旅游观光、文化性消费等多种功能于一体的现代化大众消费区域,是城市的社会活动中心。但是我国大多数商业街区的购物功能相当充足,但休闲等文化性消费服务严重欠缺。而商业街区寸土寸金让商业地产开发商很难放弃部分商业利益,商业街区作为社会活动中心的功能还远未实现。有些商业街区小贩云集、乱摆乱卖现象突出,也给商业街区带来治安隐患。此外,缓解交通拥挤的目的尚未达到。一些商业街区由于规划不当,使商业街区周围的街道超负荷运转,造成了很大的交通混乱。此外,商业街区还会出现违章建筑、噪声扰民、店大欺客、食品质量问题等。因此,建立完善的投诉服务管理机制对商业街区的运营管理十分重要。

消费者投诉是提供的商品质量或服务不满,以书面或口头方式提出异议、抗议、索赔和处理请求的行为。消费者投诉的某些方式也可以给商业街区带来负面效应,比如消费者直接转向竞争者,会造成客源的损失。最差的情景是消费者倾向于向亲友诉说其不满的经历,以便宣泄不满的情绪,或者倾向于广泛散布负面口碑和在舆论上抱怨,那么就会对商业街区的声誉造成很大影响。

商业街区应当承认和保护消费者享有投诉权利、获得赔偿权力和对提供的产品进行监督的权利,对投诉的处理应遵循国家法律、法规、标准及行业规定。公平、公正、公开、合理是商业街区在处理消费者投诉时的首要原则,正确的投诉处理有利于树立组织的形象,提高消费者对交付使用的产品质量满意程度,减少投诉的发生。

投诉处理的基本要素如下。

(1)机构设置:具有一定规模的商业街区应设置投诉处理机构,不适宜单独设立机构的商业街区,最高管理者应直接负责或指派专人负责投诉处理工作。

(2)职责:商业街区在建立和完善质量体系时,应强调投诉处理职责的重要性,建立投诉处理的规章制度和投诉处理程序,并制定有关的标准,明确从事投诉处理工作各级人员的职责。

在投诉处理工作中最重要的资源是人。人员的职业道德、业务水平及经验,能否取得投诉者的信任,将直接影响到商业街区的形象(表9-1)。

表 9-1 投诉处理

项　　目	内　　容
人员选择	商业街区应选择具有一定工作经验的人员从事投诉处理工作,工作人员应具备以下素质: ① 掌握国家有关法律法规和标准; ② 掌握本组织制定的投诉处理的规章制度; ③ 熟悉本行业投诉处理的惯例; ④ 熟悉所经营的产品方面的知识; ⑤ 具有一定的公共关系知识; ⑥ 具有良好的职业道德和沟通协调能力
人员培训	商业街区应对从事投诉处理的工作人员进行的培训,培训主要内容应是投诉处理职责方面的教育,应特别重视对新上岗人员和工作任务变化了的人员的资格培训,以及对长期从事投诉处理工作人员的知识更新教育
人员激励	为了充分发挥投诉处理工作对促进商业街区建立和完善质量体系,提高产品质量,树立商业街区良好形象的作用,商业街区应认真倾听投诉处理工作人员的意见和建议,建立对他们的激励机制,对在投诉处理工作中持续做出成绩和有突出贡献的人员予以表扬和奖励

在处理投诉时,应当遵循以下原则。

(1)以诚相待原则。处理投诉的目的是获得消费者的理解和再度信任,如果消费者认为投诉处理是没有诚意的敷衍,他们不仅不会再来商业街区消费,还可能对外宣传商业街区的服务不周,从而对商业街区造成负面影响。

(2)迅速处理原则。时间拖得越久越会激发投诉者的愤怒,同时也会使他们的想法变得顽固而不易解决。因此,迅速处理原则是商业街区可以得到原谅的基础。

(3)欢迎原则。商业街区是欢迎消费者反映不满的。在商业街区与消费者的关系中,消费者总是有道理的,但不是说所有的消费者总是正确。认为消费者总是有理的,可以让消费者感受到商业街区是与自己站在一边,从而消除消费者内心情感上的对立和隔阂,促使消费者在洽谈中采取合作的态度,共同探讨解决面临的问题(表9-2)。

表 9-2　投诉处理的程序

项　　目	投诉处理的程序
投诉处理的依据	投诉处理的依据包括：国家有关法律法规；有关产品质量方面的国家标准、行业标准、企业标准；本组织投诉处理的规章制度、办法（如产品退、换货制度，赔偿办法等）；供需双方签订的合同或协议；本组织对社会公开的质量承诺；同行业的惯例
受理的范围	① 属于本商业街区经营的产品质量问题的投诉； ② 由不可抗力的因素所造成的产品质量投诉除外； ③ 可不予受理的其他投诉除外，如超出规定时限的投诉不予受理
受理的投诉方式	来访、来函、来电、其他
受理	受理投诉是处理投诉的开端，为保障投诉处理的正常进行，组织应热情、友好地接待投诉者，理解投诉者的情绪，不要与投诉者辩解和争论。 ① 登记 商业街区应编制关于受理投诉的登记表，登记表由投诉者填写。投诉的登记内容可包括：被投诉的产品名称；被投诉的店铺名称以及负责人或接待人的姓名、性别、年龄、职务等；投诉者的详细通信地址、住址、电话、传真、邮政编码；投诉者的姓名、性别、年龄、民族、国籍、文化程度、职业、宗教信仰；投诉的事由或事情经过（包括发生时间）；投诉者出具的实物证据及资料；解决方式（由投诉者写明解决问题的具体要求）；处理结果；组织对登记的内容负有保密责任，对于投诉者不愿提供的与个人隐私有关的登记内容，商业街区应予尊重、理解。 ② 调查 商业街区应对较大宗或复杂的投诉，应进行调查核实，收集必要的资料，以便分清责任，给投诉者以圆满的答复
处理	对投诉的处理直接关系到商业街区的形象和保护消费者的利益，是投诉处理程序的重要环节。对受理的投诉应及时着手处理，并征求投诉者的意见。 ① 投诉处理的时限 投诉的处理，应实行限时管理，对投诉处理进度的规定，应包括以下方面：从受理到获得满意答复的全过程时间；对能够当场解决的问题应立即解决，对在规定时间内能够解决的问题应尽早解决；对在规定时间内难以处理的投诉（如因鉴定、检测、收集资料等其他原因耽误的时间）应向投诉者说明原因，并确定解决的时间。 ② 研究处理意见 组织应根据调查结果和处理依据，研究合理的处理意见，并选择合适的处理方式。处理方式不仅限于现金和物质上的赔偿，还应包括提供技术上的指导和精神上的安慰，尽可能满足投诉者的合理要求。 处理方式可包括：赔偿、修理、更换、退货、替代、补偿（如误工费、路程费）、提供技术上的指导、道歉、赠送礼品、纪念品。 ③ 协商处理结果 商业街区应主动与投诉者联系，说明调查情况，协商处理意见。对较复杂的投诉，应向投诉者展示全部调查资料，并给出书面的处理决定，内容包括调查核实过程、事实与证据、处理依据、处理意见等，应尽量避免争议
解决争议的途径	商业街区在进行投诉处理时，应尽量避免产生争议。商业街区应制定出解决争议的措施，减少投诉者到行政部门申诉。如果因处理结果产生争议时，可采取以下解决途径：双方进一步协商和解；商业及可申请第三方进行调解；协商和解、调解不成商业街区可建议消费者向消费者保护组织或行政管理部门申诉解决；消费者与商业街区通过协商不能解决的争议，双方应达成协议，向国家仲裁机构提出仲裁申请；消费者可向人民法院起诉。采取协商和解是解决争议的最佳选择

9.4.2　服务质量评估

服务质量是商业街区运营管理的核心之一,是商业街区竞争的重要手段。在经济快速增长的今天,提高服务质量对于改善消费者关系、维持市场份额具有十分重要的意义。美国哈佛大学商学院的专家在有关服务利润链的研究中发现,较高的服务质量可以导致较高的收益增长和利润率。质量与企业获利性之间的关系如下。①从生产角度看,高质量可以减少返工成本,而导致高利润。②从对现有消费者的影响看,高质量导致现有消费者高满意度,这样可以提高服务效率、降低成本;同时,满意的现有消费者继续使用和消费企业的服务,企业可以保持高的市场份额和收益;而且满意的现有消费者会为企业带来好的口碑,为企业免费宣传和推荐,吸引新的顾客,增加企业的销售额。③高质量吸引竞争者的消费者,产生高的市场份额和收益。由于与成本、利润率、消费者满意度、消费者保留率和积极的口碑之间存在明显的关系,因此,服务质量是财务业绩的重要驱动力。

在商业街区快速发展的同时,因服务质量引起的投诉问题也在不断上升。2019 年 8 月8 日,苏州郭巷街道阳光天地商业街区发生爆炸,现场有两人受伤。虽然表面看来,商业街区发生爆炸的直接原因是煤气罐,但如果提前制定完善的突发事件紧急预案,做好秩序维持,事件或许就不会发生。即使事发,商业街区员工若能够立刻依据预案进行积极有效的处理,人员伤亡或许能够减少到最低。近些年来,商业街区因质量问题、员工态度、等待时间等问题所收到的投诉越来越多。根据全国消协组织受理投诉情况统计,2018 年上半年全国消协组织共受理消费者投诉 354 588 件,其中售后服务问题占 28.5%,质量问题占 24.6%,合同问题占 20.5%,虚假宣传问题占 8.9%,价格问题占 4.0%,假冒问题占 3.3%,安全问题占 3.3%,人格尊严占 1.2%,计量问题占 0.6%,其他问题占 5.1%。2018 年上半年,生活、社会服务类投诉共 44 787 件,同比增长 53.9%,位居服务类投诉首位。生活、社会服务类投诉主要集中体现在预付式消费较多的娱乐健身、美容美发、餐饮住宿、修理服务等服务行业。基于此背景下,构建出适合于商业街区的服务质量评价指标体系是十分有必要的。

开展服务质量评估应遵循什么原则?关于这个问题,国内外尚无明确系统的研究和讨论。通过对服务特性(服务质量评估实际上也是一种服务)和服务质量的研究,本书认为,为科学有效地进行服务质量评估,需遵循以下几个原则。

(1) 过程评价与结果评价相结合原则。服务的无形性、不可分离性及消费者参与的特点,使消费者满意不仅取决于消费者对服务结果(技术性质量)的评价,也取决于消费者对服务过程(功能性质量)的评价。因此,服务质量评估应将过程评价和结果评价结合起来,全面揭示影响消费者满意的服务质量问题。

(2) 事前评价与事后评价相结合原则。服务质量的形成取决于期望和体验的对比,所以把事前评价(期望)和事后评价(消费体验)结合起来,才能正确反映消费者满意的形成过程,找到提高服务质量的线索。

(3) 定性评价与定量评价相结合原则。评价定量化有助于提高评价的科学性和可比性,但是服务与服务质量的特点决定了服务质量评估不可能完全量化。而且有些消费者满意信息也无法用定量指标来反映。因此,必须把定量指标和定性指标结合起来,才能全面反映服务质量方面的信息。

（4）横向比较与纵向比较相结合原则。服务质量评估要起到反映服务现状和促进服务改进的作用，就要运用比较的工具。横向比较可以反映商业街区服务水平与同行竞争对手的差距，而纵向比较可以反映自身的发展。

（5）主观评价与客观评价相结合原则。消费者满意本身是个主观概念，反映消费者对产品和服务满足其需求的程度的主观评价。目前，服务质量评估的一个趋势是将消费者满意这个主观指标尽可能的客观化、定量化，从中找到一定的规律，促进服务质量改进。但是，不管怎样努力，消费者满意指标的主观性质还是无法改变的，商业街区要尽量调和主观评价和客观评价的关系，使之能客观反映消费者的要求，且易于操作，易于反映到服务设计和服务改进中去。

（6）全面评价和局部评价相结合。有时商业街区需要全面了解消费者对产品和服务的满意评价，有时只需了解消费者对产品和服务的某些方面的意见。这些不同，可能是由于场合不同，例如推出新产品前的全面调查或简单的消费者满意反馈表，也可能是时间或成本方面的考虑，时间和成本任何时候都是商业街区经营活动面临的严厉约束。

为加快商业街区的发展，提高服务质量，本书提出以下几种应对策略。

1. 树立服务观念，构建服务文化

（1）树立服务观念

观念是行动的先导。要搞好服务工作，首先必须转换传统服务观念。随着经济的发展，商业街区必须牢固树立"消费者第一"的思想，把满足消费者的需要作为服务工作的中心，以消费者的满意程度作为衡量服务工作好坏的标准。为此，商业街区应把目前及未来消费者迫切需要的服务作为主要工作内容来对待，从思想上和行动上重视服务，以提高消费者的满意程度，提高商业街区的竞争能力。

（2）构建服务文化

服务文化是商业街区文化的组成部分，同时也是一种边缘文化，它一直渗透到消费者生活的各个领域。服务文化是以服务价值观为核心，以消费者满意为目标，以形成共同的以服务价值认知和行为规范为内容的文化。它推崇和追求服务的高品位、高境界。

2. 积极推进知识服务

（1）知识服务的概念

知识服务是一种与知识经济时代消费者由数量型向质量型转变相适应的高级服务形式。具体来说，就是指街区在为消费者服务时，充分提供满足其需求的各类知识及相关技能，为消费者解决后顾之忧。这是一种以消费者为中心的服务方式，是一种更新、更高级、更深层次的服务形式，它提高了服务的总体价值和档次。

（2）知识服务的功能

知识服务是知识经济社会所需要的一种服务内容和方式，它有着多方面的社会功能：满足消费者需要的功能；提高消费者满意和忠实度的功能；保护消费者权益的功能；增强商业街区竞争能力的功能；促进商业街区改善经营管理的功能。

（3）推进知识服务具体做法

为了促进我国知识经济的发展，努力使我国尽早地走向知识经济社会，商业街区应顺应社会潮流，适应高知识产品大量进入消费者家庭的新情况，主动采取措施，大力推进知识服务工作的开展。

3. 有效管理服务承诺

生产有形产品时,承诺的部门和传递的部门可以独立运作。产品可以经过设计,生产然后销售。然而在商业街区服务中,销售和营销部门将承诺其他部门的员工能提供何种服务。因为员工的服务不可能像有形产品的生产那样标准化、机械化,所以需要更多的协调和承诺管理(图 9-3)。

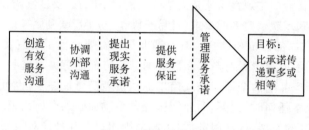

图 9-3　服务承诺流程

4. 科学管理消费者期望

有时,商业街区不得不告诉消费者过去提供的服务不能再继续或者要更高的价格。那么商业街区如何告诉消费者服务不能像所期望的那样?这就涉及消费者期望的管理,具体办法如图 9-4 所示。

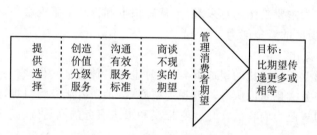

图 9-4　科学管理消费者期望

5. 改进消费者教育

在许多有效服务中,消费者必须扮演他们的角色。如果消费者忘记扮演角色或者扮演不恰当,就会导致失望。针对这一原因,商业街区必须改进消费者教育。图 9-5 中显示了改进消费者教育流程。

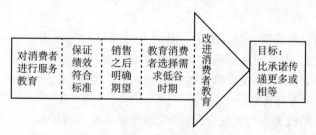

图 9-5　改进消费者教育流程

第3篇

商业街区运营效果评估

第10章 ◆ 商业街区发展中的政府作用机理

本章主要聚焦商业街区发展过程中政府的作用机理,说明政府在商业街区发展与改造过程中扮演的独特角色。本章首先从商业街区不同的建设模式出发,探讨在商业街区发展中的政府作用,之后从理论方面证明了市场失衡的存在,为政府干预经济运行提供了理论基础,在此基础上辅以案例,探讨了在市场失灵情景下政府的做法,以及如何避免政府失灵现象的发生。接着介绍世界著名商业街区的建设改造过程,总结政府作用,最后为我国商业街区发展过程中政府作用的完善提出了建议。

10.1 商业街区建设中的政府作用

政府与市场共同对经济运行和发展起作用,这是现代市场的一个基本事实。正如美国经济学家罗伯特·吉尔平在《国际关系政治经济学》一书中所言:"两种对立的社会组织形式——国家与市场——交织在一起,贯穿着数百年来的历史,它们的相互作用日益增强。"

这一点在商业街区的建设模式之中同样也得到了充分的体现,一个商业街区的开发需要政府和市场综合性的协调与管理,仅仅依靠开发商或政府均较难单独完成。但是在不同的建设模式下,政府和市场在商业街区建设过程中发挥作用的大小和程度有着较大的差异。在探究商业街区建设过程中政府作用的类型时,结合商业街区建设模式,通常将其划分为政府主导建设模式下政府作用、市场主导建设模式下政府作用,以及政府市场互动型建设模式下政府作用三种基本情况。

10.1.1 政府主导建设模式下政府作用

政府主导模式是指由政府策划、政府组织,主要运用政府资源进行商业街区建设的模式。该种模式的一个重要特征就是政府是项目的投资及实施主体,直接作为商业街区市场供给方的形式出现。需要注意的是,在政府主导型商业街区建设过程中,市场与政府之间并不处于一种绝对对立的状态,而是就政府和市场这两种调节经济运行的基本力量而言,政府居于领导和支配的地位。政府主导模式的具体采取形式一般是由政府成立一个专门的行政派出机构如管委会进行管理,同时还成立一个一般开发主体,类似于商业街区的投资公司,由其负责土地的一级开发,平衡协调各项目的利益关系,以及商业街区的环境经营和固有资产的经营。

在政府主导类型的商业街区建设中,政府常常发挥政府干预作用来支持街区建设,这与20世纪30年代出现的凯恩斯主义经济手段有相似之处,主要是政府出面克服市场调节失灵的状态。1936年,凯恩斯发表了《就业、利息和货币理论》,书中提出政府要为实现充分就业做出努力的主张,认为政府有必要对经济进行干预,政府的经济职能在于通过财政政策,增加政府支出,增加需求,以消除失业;通过税收来鼓励投资。以前商业街区的形成一般是自由的、偶然的,没有统一的、科学的规划与论证,只有市场历史性的决定。而商业街区的建设并不只是单纯的经济建设,还牵扯到就业、消费、需求、调节等方面。凯恩斯式的政府干预摒弃了市场决定论,认为市场具有很大的缺陷和不足,并且在恶意竞争中会造成大量的资源浪费和商业街区建设发展迟缓。政府干预一般为政府参与设计、规划、定特色、招商、督建、管理等一系列街区建设与管理工作,并且出台一揽子相关政府去引导和扶持所建街区的发展。

案例 10-1

上海淮海路商业街改造

淮海路,上海最著名的马路之一,有着一百多年的历史,在20世纪90年代有"东方巴黎时尚街"之称,具有东西方文化交流的特色。其以格调高雅、人文荟萃、意蕴丰富而饮誉于世。淮海路似一条长龙,横卧在上海市中心区,东起人民路,西迄凯旋路,蜿蜒十余里。春夏浓荫蔽道,四时鲜花吐艳,店肆栉比多名品珍品,道路以宽阔整洁著称。道路两侧及邻近街弄,经典建筑、名人故居、革命遗迹星罗棋布。

淮海路分东路、中路、西路,分别筑于不同时期。其中最繁华的中路段始筑于1900年,迄今已有一百多年的历史。淮海路地区的开发与发展,建立在周密规划的基础之上。上海海关在1912—1921年的十年报告中便称,"法租界的西区是上海唯一经过精心设计的住宅区,有优质的马路。上海的外国人的住房不足问题,可望在这个区里得到解决。"宝昌路在建设之初,便设计阔60英尺,对于人行道、行道树都有要求。淮海路地区发展时期,恰巧赶上世界性建筑材料革新时期。作为现代建筑重要材料的水泥,以及由此而来的钢筋混凝土普遍被用于城市建筑,对于城市空间的拓展,城市景观的改变,带来不可估量的影响,也使得淮海路地区的建筑建立在很高的起点上。1929年建筑的华恩公寓,在国际饭店问世以前,是上海最高的建筑。在相当一段时间里,淮海路是上海高档商店非常集中的地方。自20世纪20年代起,一批白俄贵族在这里,开办珠宝店、时装、餐饮、百货、西药、酒吧咖啡馆等高档商店。优越的区位,特殊的道路,独有的传统,丰富的底蕴,使得淮海路地区在上海特色独具,卓尔不凡。

1949年以后,一直到1978年以前,由于城市规划的无序及市政建设投入的不足,淮海路逐渐失去了以往的风采,商业功能退化、建筑老化问题一直困扰着这里的商家,这种情况直到改革开放后政府加大投入之后才得到了根本性的改观,并使淮海路重新焕发了生机和活力。

改革开放以来,为了重塑淮海路的昔日风采,在难以从社会吸收大额改造建设资金的情况下,从1993年到2003年,政府独自共投入了400多亿元改造整个淮海路。开发中要求功能与形态联动,对淮海路整个商业街区实施综合的规划和改造,形成东段1.1公里,以商务功能和服务业功能齐头并进,西段以休闲、旅游业为主的发展格局,成为上海最繁荣的街区。淮海路经过改造以后,建成一大批规模大、档次高、装潢洋的商厦商场,或饰以古典式浮雕,或配以时髦模特,店堂宽敞明亮,商品质优价昂。二百永新、太平洋百货、中环广场、时代公司、新华联商厦、雪豹商城,都是国际著名商店。一些店名也充满欧美情调,如巴黎春天、黛丽斯、伊势丹、南希、麦当劳、达·芬奇等。毁而复建的汾阳路普希金铜像,诉说着昨天的历史,四季飘香的雁荡路茶坊、酒吧、咖啡吧,洋溢着今天的追求。

政府同时还在淮海路不断的创新和改革中发挥了主导性的作用,从而使淮海路有了更大的发展。新天地也正是在淮海路边成功发展的例子。新天地在淮海路的东边,是以中共一大会址为中轴线,分南北两块,背面以石窟门为主体。石窟门是上海人的一种情结,上海人大部分原来都是居住在石窟门那种房子中,所以新天地的改造又集聚了上海人文化底蕴。因为一大会址正好在新天地中间,必须按照要求建造房子,这样规定了新天地的建造只能保留石窟门的建筑风格,同时又有一些变革,还吸收了来自世界各地的风情餐厅、咖啡馆、酒吧等,展现了新天地的精品元素。在南部有一个购物休闲公司,入驻了青年人喜爱的服装品牌店、饰品店、餐饮店和大型的建筑中心,是时尚休闲娱乐场所。在北部和南部的建筑又交相辉映形成了东西方文化的融合,历史与现代的对话。走进新天地的时候,中年人感到怀旧,有石窟门的房子;青年人感到时尚,因为建筑只保留石窟门的外壳;外国人感受到浓郁的上海风情;中国人又感到很洋气。所以在新天地里,每个人都会有自己的感觉。新天地也成为上海时尚的新地标,成为展望上海昨天、今天、明天的窗口。

政府是如何支持新天地的发展的呢?首先,政府在2000年投入巨资启动了新天地背后的4万平方米的绿地建设,花了很大力气,出动了机关干部,参与市民动迁,2001年一大会址正好是在中国共产党成立80年庆典的时候完成绿地建设,这样推动了新天地活动的开始。同时,政府还始终出资为淮海路和新天地搭建商业的氛围和平台。比如卢湾区每年在淮海路和新天地举行新年的倒计时活动。三四月份时,把上海国际时装周开幕式放在淮海路新天地。八月份有上海旅游节、啤酒节,还有F1赛事。九月份,在淮海路举行旅游节开幕式大型巡游等,观看人数有五六十万,政府组织了50辆的新闻车在淮海路巡游。众多政府支持主导的活动已经将上海淮海路推向世界,又把世界引回上海。这些活动丰富了淮海路,丰富了企业的繁荣。每年除了这些大型活动外,还有组织日本周、德国周、法国周等活动,由各个国家组织他们的商品,组织他们的企业在淮海路做展示。

政府为淮海路所做的投入得到了丰厚的回报,现在淮海路占卢湾区一年财政收入的50%到60%,一个商业街区带动了整个区域的经济发展。但同时,我们从淮海路的历史变迁过程中也可以发现,没有政府的支持,淮海路只会持续地老化下去,其发展也就失去了依托。

政府主导型商业街区的发展模式在一定程度上是为了弥补市场的内在缺陷和不足而存在的。在该模式的商业街区建设中,政府发挥着独一无二的积极作用。第一,政府对商业街区的总体规划、功能定位、开发建设能够直接调控,因此项目建设能够迅速而清晰地表达政府意志。第二,商业街区建设需要大量的投资,一般企业难于承担。在经济发展的初级阶段,企业规模普遍偏小导致其自身资本积累不足,同时外部资本市场的不完善也使其难以筹集到足够的资金用于大规模商业街区的建设,这时就需要政府作为主要的推动者来参加,由

于有政府信用作为担保,其招商引资也比较容易。第三,商业街区的建设如果任由市场来组织的话,难以体现商业街区发展的前瞻性要求,市场中的私有开发商一般只注重于短期利益的实现,而不注重项目的长期利益。第四,商业街区建设具有很强的正向外部性,私有开发商一般难以对此部分的社会收益收取费用,造成投资激励不足,同时即使在愿意投资的情况下,也会采用种种措施阻止这种外部性的向外扩散,从而影响整体社会福利。

在该模式下,虽然政府发挥着很大的正向作用,但这种模式本身也有其很大的缺陷而受到众多的否定和非议。其缺点主要表现在以下几个方面。第一,政府主导决策的非理性。由于缺少大型项目开发所需要的丰富的开发经验与一流人才团队等其他主客观条件的限制,政府不可能完全正确地认识客观世界,往往难以准确地把握住市场真正的需求。市场运作不同于政府事务的管理,同时政府官员往往并不等同于企业家,因此其获取市场信息的途径和内容及对于市场的理解和把握往往会存在一定的偏差,有可能导致开发出来的产品与市场的真正需求存在一定的脱节现象。第二,政府主导行为的自利性。现实中的政府是由政治家和政府官员组成的,现代政治经济学的公共选择理论认为,如同经济活动一样,政治领域中的个人同样是自私的理性经济人。政府也有自己的价值取向,其建设的目标并不以经济收益作为唯一的终点,政府的价值理念同样会对其行为方式产生重要影响,如制造政绩工程等。第三,政府往往是缺乏效率的,由于缺乏有效的市场竞争,以及政府预算的软约束,使得政府在进行商业街区建设的过程中难以真正地关注项目效率,重结果而轻过程。

从目前社会发展的一般实践来看,政府主导商业街区建设是在市场化过程中,处于特定时期的特定主体,为了特定的经济发展需要而阶段性地采取的一种特定的经济管理模式,它的存在是特定的,也是必需的。在该模式下的政府在商业街区的建设过程与经营过程中都发挥着根本性的作用。例如,上述上海淮海路的建设案例就反映出政府在商业街区建设过程中的决定性作用。

10.1.2 市场主导建设模式下政府作用

市场主导型商业街区建设是指在商业街区的建设过程中,由市场各投资主体推动,利用自主资源遵循市场规则参与商业街区项目建设,投资什么、投资多少及怎样投资,完全是市场经济主体个人的私事。但不能否认的是,市场主导商业街区建设很多也是在政府策划与指导、支持和规范下进行的。政府在建设过程中扮演着十分重要的幕后角色,使用宏观调控政策及其手段来诱导、协调和规范投资活动,并放宽市场政策,从资源的载体和资源的利用上,支持市场投资主体直接参与和自主实施。

在市场主导型商业街区建设模式下,政府不担任强硬的监管角色。街区完全是由市场自由形成,由统一业态形成销售特色、吸引消费者而聚集形成的。政府只参与街区商户的工商、卫生等行政工作,对街区自身的发展不产生强制的指导和规范行为,对商业街区建设中业态的成型、发展和自我调节不干预、不调节。商业街区的发展完全由市场决定,消费者需要什么样的业态和服务,街区就产生什么样的业态和服务,即使业态杂乱或消费者的需求是暂时性且无序的,政府也只做好服务性工作。市场自由型商业街区多属于历史性街区,由市场决定或交通条件塑造的、市民需求形成的聚集型街区。此类街区的成型自由度、偶然性高,发展前景在经济浪潮和消费转型条件下不可预测。

我国早期形成的大部分商业街区都是依靠市场聚集而自由形成的。此类街区的特点和缺陷大体相似：有着一定的市场影响力，业态具有一定的区位决定性，街区规划落后，档次较低，发展前景后劲不足等。

案例 10-2

南京 1912 街区建设

南京 1912 文化休闲街区位于南京市玄武区，西临太平北路，北依长江后街，其东、南紧邻总统府，占地 3 万多平方米，近 20 栋民国府衙式独立建筑形成 L 形分布，依托着 9 万平方米的民国总统府。景区内丰富的历史内涵，散发出跨越世纪沧桑的典雅和大气。

1912 年是民国元年，"南京 1912"这个名字从 600 多个征集方案中脱颖而出，一下子打动了所有人的心。的确，民国曾是南京历史上最繁华最鼎盛的时期，是南京城美丽又辛酸的一段绮梦。当时的南京城聚集着最显赫的政界要人和学术大家，是中西交汇之地。受西风东渐之影响，民国时期的建筑、社会风尚都带着中西合璧的味道。这样一种历史经验和怀旧情怀，自然成为时尚消费的最佳背景。南京 1912 文化休闲街区以特有的民国历史背景为切入点，强烈突出民国主题文化和国际流行时尚相结合，成功打造出为时尚人士、外籍人士服务的南京名流商务、生活区，填补了南京中高档次文化休闲营业物种的空白。南京 1912 文化休闲街区已成为一个具有浓郁民国文化特点的都市旅游景点，既是集休闲、娱乐、文化组合服务的新地标，也是一个新生活、新体验的时尚新商圈。

南京 1912 街区的建设是完全按照市场主导的模式来进行的，政府基本上未进行任何参与，其项目的基本推动者均为一般的市场经济主体。"南京 1912"最初的策划由东方三采投资顾问公司提出，东方三采将南京定位于"城市客厅"，力图成为南京白领、小资、文化人群集中消费的"高尚休闲商业区"。策划方认为，南京"总统府"是孙中山先生 1912 年 1 月 1 日宣誓就任中华民国临时大总统所在地，与总统府毗邻的民国建筑群具有深厚的历史文化底蕴。在这里兴建既具有历史文化特色又具有现代时尚风采的休闲、文化商业中心，就是要将"南京 1912"打造成一个中西合璧、时尚互融、文化精彩，可与上海"新天地"相媲美的现代城市客厅。因此，尽管最终仍是商业用途，南京 1912 的设计风格必须与总统府遗址建筑群总体风貌保持一致。总统府是南京民国建筑风貌的集中地，依托于总统府的南京 1912，体现的也是民国建筑的精神。项目的投资方为江苏省政协，总计投资 6 亿元。2004 年 4 月在全国范围招标，最终由南京东方企业（集团）接手，斥资 3 亿多元取得十年经营权。由南京东方企业（集团）有限公司和美力三采置业（上海）发展有限公司合资成立的南京东方三采投资顾问有限公司进行经营管理。而东方三采每年须向管理方江苏省政协上交 4 000 万元的管理费，十年总计 4 亿元。

南京 1912 聚集 45 至 50 家商家入驻，品牌构成比例为：40％为国际一线品牌，30％为区域一线品牌，还有 30％为本地一线品牌，并把消费水平定位在中、高端。南京 1912 项目的开发获得了巨大的成功，据了解，南京 1912 的租金基价现在是：地下室和阁楼 3 元/（平方米/天），二层为 5 元/（平方米/天），一层为 7 元/（平方米/天）。如果在一层经营三百平方米的面积，那么每年的租金就在 75 万元左右。而南京 1912 目前约有 20％的房屋被预留，对房价租金的上涨有所期待。

相对于政府主导进行商业街区的建设,市场主导模式有以下优点:第一,该方式有利于引进有雄厚财力、有长远眼光、有国际化运作经验的开发公司,以及可以充分利用强势开发企业在人才、经验、资金、招商、经营等方面的强大优势;第二,市场经济主体善于捕捉市场机会,其对于市场的理解和把握是客观有效的,因而其产品的开发更能适应市场需求,保证和提高项目开发的成功率;第三,市场往往是高效率的,由于自身逐利性的自发特征,因此市场经济主体往往有追求效率提高的内在动因,因而有助于项目实施效率的提高。

同时,市场主导建设商业街区也存在一定问题,这就需要政府站出来拨乱反正。例如,市场主导型商业街区建设有一个很大的自身问题是急功近利,只注重短期利益的实现,而不注重项目的长期利益,只注重项目自身利益而忽视社会公众利益等,这时政府就会发挥作用,着眼商业街区发展的必要性和预期的运营效果,发布相应的政策避免市场问题的出现。同时在商业街区运营过程中,政府退居第二位,在街区的行政工作和行为规范等方面给予指导和监督,督促商业街区的正常发展。

10.1.3　政府市场互动型建设模式下政府作用

政府市场互动型商业街区建设模式是指由政府与市场多元主体共同策划和推动,依照实际情况,政府与市场多元主体运用各自资源协同实施商业街区建设的模式。政府与市场协同模式是建立在多元治理理论基础上的,政府与其他开发商共同组建新公司进行开发,共同作为出资人参与项目的实施,双方的权利大小与出资额对等。在这种模式下,政府与其他市场主体主要通过合作、协商、伙伴关系,确立认同和共同的目标进行商业街区建设,其实质是建立在市场原则、公共利益和认同基础上的合作,它所拥有的管理机制主要不依靠政府的权威,而是合作网络的权威。

这与政府干预不同,政府或者选取商业街区建设中的一环进行干预,或对商业街区不足之处实施补救和扶持,并且保持商业街区自身市场指导的主要特质。也就是政府起到商业街区建设的辅助作用,而商业街区实质经营情况,不由政府主导和支配。由于市场经济瞬息万变,并且信息流通和协调不能完全通过市场进行完全的、正确的资源调配,其所导致的市场失灵和调节滞后使市场供给与需求出现极不平衡的状态,因此市场出现周期性的、不可控的失衡状态即经济危机。政府的适时干预即是调节市场不均衡,协调供给平衡,信息扩大,刺激交易和生产,通过一定的政策和导向性指导消除市场的缺陷,保证就业。新凯恩斯主义代表人物斯蒂格利茨[①]认为:"如果没有政府的干预,市场是不会实现有效的资源配置的。"因为:"一是政府是对所有的社会成员呈现普遍性的组织;二是政府又有其他自由经济组织所没有的强制性。"

在商业街区管理和调控中,政府主要发挥以下作用。一是禁止权。政府可以控制街区业态规模,控制企业准入门槛,调节街区业态配比。二是处罚权。政府对街区明令禁止的破坏街区市场和谐的动作进行处罚,限制市场差错。斯蒂格利茨并非只强调或突出政府在经济管控中的作用,他认为政府归根结底还是配合市场进行调控的,最好采取一种折中的办法,即将政府的调控性和市场的自由性结合起来。

① 约瑟夫·E.斯蒂格利茨.经济学[M].张帆,译.北京:中国人民大学出版社,2005.

案例 10-3

泰兴市"新城商业街区"项目简介

泰兴市"新城商业街区"项目就是政府、市场互动的一个较好案例。泰兴地处江苏省中部,是长江经济开发带上的一座新兴工贸城市,历史悠久,文化繁荣,经济发达。2002 年被评为全国县域经济基本竞争力百强市(县),江苏省文明城市。

根据泰兴市的城市规划设想,泰兴市将以中兴大道(现国庆东路)作为轴线,实现城市东扩,形成泰兴市新的政治、经济、文化、商业等中心。泰兴市"新城商业街区"处于新城、老城的十字道路交界点上,位于泰兴市新城区中兴大道、东润路、东城路及文江路地块,毗邻新的市政府行政中心大楼和超大规模的居民新区,以及准五星级宾馆、中央公园等配套设施项目。"新城商业街区"占地近 70 亩,重点开发建设大型购物中心(含大卖场、专卖店、家电城及数码港等)、世界风味美食广场、休闲娱乐总汇、开放与围合式及功能岛相结合的特色商业街区,总建筑面积近 5.5 万平方米,总投资约到 2.5 亿元人民币。

在项目的实施过程中,泰兴市和项目的具体实施方上海新航星集团共同出资建设"新城商业街区"。以政府信誉为担保的这一举措在能够降低项目的投资风险的同时也吸引了更多的民间资本进入。政府和一般市场主体作为共同的项目推动者,但在实际运作中,双方各司其职,合理互动,政府主要通过规划控制的形式将自己的理念融入项目的设计中,而新航星集团则负责具体的规划实施。

政府市场协调模式的优点在于在实施的过程中,两种行为主体之间不同价值取向和目标的沟通和协调,也有利于发挥政府主导和市场主导两种模式的优点,而克服其缺点。该模式的优点还在于灵活方便,既能有效吸收社会资金参与商业街区建设,同时又能保持政府以市场参与主体的形式对项目进行直接控制以体现政府意志。

就上述的三种建设模式而言,政府主导型商业街区建设目前占据很大比重。中国商业步行街委员会所做的一项调查显示,当前商业街热的根源在政府。这几年对商业街的调查发现,商业街的管理体制非常特殊,大部分的商业街管理机构都是政府来组织的,全国各地的政府对商业街表现出了极大的热情和重视。

10.2 商业街区政府作用相关理论基础

政府究竟应该在商业街区的建设中扮演怎样的角色,这与一个国家的社会经济制度有密切关系。在二十年的改革开放发展历程中,我国经济发展不断地取得新的成就,综合经济实力水平也有了本质的提高。党的十一届三中全会以来,经过三十年以来不断的努力,中国正逐渐实现经济腾飞的梦想。随着经济的不断发展,我国政治体制也发生了巨大的改变,政府职能在市场经济中的作用也逐渐发生了改变。政府作用的不断转变推进了我国社会生活各个方面的变化,也直接带动了社会结构的变化,实现了由以政府为主导的一元结构向多元结构的转换。

政府经济职能设置的不同,对商业街区的形成和发展有非常重要的影响。经济职能是政府职能中最明显、最主要、最基本的职能,它是为了保证国民经济稳定运行、社会发展稳步有序、人民生活安居乐业。文化和社会职能相对政治职能和经济职能而言,它是为了进一步保证人民生活质量,促进社会和谐发展。接下来,将从基础理论和政府作用两个角度出发,探索在商业街区的发展过程中的政府作用。

10.2.1　基础理论

市场机制对经济活动的自我调节是在事后进行,并通过分散决策来实现,因此不可避免具有盲目性,导致经济活动失衡。垄断、外部性、公共产品、信息不完全及公共利益等诸多理论都证明了市场失衡的存在,为政府干预经济运行提供了理论基础。

1. 市场失灵理论

古典主义经济学认为自由放任的市场经济是实现资源最优配置的唯一方式,福利经济学的第一、第二定理[①]也在产权私有且明晰、市场完全竞争的假设前提下,分析指出市场机制与帕累托最优状态之间存在着完美的对应关系,呼吁通过不受政府干预的自由市场作用保持经济的高效率。在此理论指导下,西方国家政府对经济活动的干预日趋减少。然而自从 19 世纪后期,政府在经济上的作用都稳步增加。原因是市场机制自我运行所带来的失灵,导致了资源配置的效率缺失,为政府介入经济活动提供了依据。

(1) 非完全竞争

完全竞争是新古典经济学的最基本假定之一,其基本特征包括:市场上存在大量的买者和卖者;产品是同质的和可分的;资源可以自由流动;信息充分和对称;厂商间没有勾结;不存在外部性。在符合上述条件的市场上,每种商品只有一个价格,每个消费者在预算约束的条件下进行自身效用最大化的交易,消费者可以按市场价格购买任何产品,生产者在既定的价格下选择收益最大化的投入和产出,最后的均衡是市场出清。给定消费者偏好、资源禀赋和技术条件,完全竞争的均衡就是帕累托最优的均衡。

但是,从 19 世纪前半期开始,经济学界越来越清楚地认识到,上述的完全竞争市场只是一种理想状态,其对现实经济的解释力极其有限,而非完全竞争,尤其是垄断竞争才是真实的市场结构。市场机制条件下,追求利润最大化是企业组织进行生产经营活动的根本内在动力,为了在自由竞争中取得胜利,企业不得不进行资本积累以扩大生产规模、通过技术进步提高生产效率并降低生产成本。而资本积累带来了资本积聚与资本集中,其最终结果便是资本由少数大企业完全掌握。相应地,生产也日益集中于这些大企业,而当生产集中发展到一个部门被少数企业所控制时,垄断也就形成了。由于缺少竞争压力、发展动力和有力的外部制约监督机制,在自由竞争基础上形成的垄断最终却限制了自由竞争机制作用的发挥,导致垄断行业的生产效率往往低于社会最优生产效率水平。而且由于垄断还经常会出现违背市场法则、侵犯消费者公平交易权和选择权等现象,因此垄断成本往往要高于社会成本,造成了社会资源的浪费,导致生产效率的下降,从而也抑制了私人资本的投资。

(2) 外部性

外部性是指一个人或一群人的行动和决策使另一个人或一群人受损或受益的情况,而

---

① 福利经济学第一定理是指在经济主体的偏好被良好定义的条件下,带有再分配的价格均衡都是帕累托最优的;福利经济学第二定理是在完全竞争的市场条件下,每一种具有帕累托效率的资源配置都可以通过市场机制实现。

且这种外部性不能通过市场机制来购买或进行补偿。外部性包括正外部性（即外部经济）和负外部性（即外部不经济）。正外部性是某个市场行为主体的市场交易活动使他人或社会受益，而受益者则不需支付任何费用；负外部性是某个市场行为主体的市场交易活动给他人或社会带来损失，但这种损失却不能在价格中得到反映，从而降低资源配置效率的现象，也可通俗理解为"坐享渔翁之利"。在市场机制中，交易当事人的产权收益是有限的，只能在既定的产权配置结构下才能获取合法的权益，如果产权主体的行为选择超出了对于某些特定资产的占有、使用和转让等，获取了超出权力约束规定外的利益，就构成侵权。而外部性的存在意味着获得收益却无须成本、造成损害却无须赔偿，其实质是责任与权利的不对等。现实生活中，外部性的存在十分广泛。例如，环境污染的负外部性与保护环境的正外部性等。而外部性，尤其是负外部性的存在，最终造成社会生产脱离最有效的状态，使得市场经济体制优化配置资源的基本功能得不到充分发挥。因此，需要政府采用种种管制手段，增加正外部效应行为的收益和负外部效应行为的成本，特别是需要政府来强化市场主体的社会责任，矫正和抑制市场主体的负外部效应行为。

（3）公共产品理论

公共产品是与私人产品相对应的概念。除熟知的国防、公共安全、法律制度之外，属于公共产品范畴的还有具有规模经济性的自然垄断产品（如基础设施、公共福利行业等）。按照萨缪尔森的观点，私人产品之所以为私人产品，是因为每个人对该项产品进行消费的同时排除了其他人的消费，即私人产品的产权界定较为明晰。按照科斯定理的基本逻辑，只要产权是明晰的，市场机制的自我运行便能明确人们收益、受损及如何补偿的边界，从而保证产权价值的实现。由于公共产品的不可分割性，每个人消费它的同时并不能排除其他人的消费，因此其产权界定往往是模糊的，产权的占有者、获益者及成本的承担者并不一致，收益、受损及如何补偿的边界也就不能被明确界定，不可避免地会产生"搭便车"现象，造成公共产品的过度使用，最终导致哈丁所说的"公地的悲剧"。因此，追逐个人利益最大化的私人组织投资不足使得公共产品的有效供给不足[①]。而公共产品的充足供给是商业街区形成和发展的必要前提，公共产品的供给状况在某种程度上决定了商业街区的发展规模。而政府作为社会公共利益的代表，可以通过提供公共产品和服务来弥补私人投资的不足，促进产业集群的形成与发展。

（4）信息不完全与不对称

所谓不完全信息，是指市场交易的参与者并不能完全获知其所处经济环境状态的全部信息。不完全信息来自搜集信息的高昂成本、不同行为主体知识结构的差异性、市场主体的有限理性、获取信息的能力差异，等等。这些因素与市场机制无关，因此信息的不完全性也不能通过市场机制来弥补。

古典主义假设信息是完全的，市场交易各方的决策均是在拥有完全信息的背景下进行的，交易各方当事人能够完全预测到其他各方的行为选择，而且其自身的行为选择通常也能够实现自身效用的最大化，也因此市场总是均衡的。现实中，由于外在环境的复杂性、不确定性、自身能力的局限性，等等，交易各方当事人并不具备古典主义所描述的完全理性，交易

---

① 1968年，美国学者哈丁在《科学》杂志上发表了一篇题为《公地的悲剧》的文章，常常被用来解释由于公共产品的使用具有非竞争性和排他性，往往使得它在使用过程中落入低效甚至无效的资源配置状态。

各方当事人并不能完全预测到其他各方当事人的选择,而且其自身的行为选择也并不一定能够实现自身效用的最大化。更进一步,由于不同行为主体知识结构的差异性、获取信息的能力差异等因素的存在,不完全信息在交易各方当事人之间的分布是不对称的,交易主体的一方可能拥有产品或服务的更多的信息,另一方则拥有较少的信息,在市场交易过程中,拥有信息较少的一方处于不确定境地,而拥有信息优势的一方意味着对剩余索取权更强的占有能力。因此,优势一方更具有采取机会主义行为的动机,给信息劣势一方带来利益损失,导致交易双方利益失衡,容易造成道德风险,并形成劣币驱逐良币的逆向选择,降低市场效率。

(5) 社会公平失衡

自由放任的经济中,市场通过产权结构决定人们在资源使用时的权利义务及相应的社会经济关系,由于初始财产和产权结构的差异,使得要素所有者在收入领域呈现出分配不均衡的局面。而且任何个体、群体或地区,一旦在某一个方面(如金钱、名誉、地位等)取得成功和进步,就会产生一种积累优势,就会有更多的机会取得更大的成功和进步。正是由于资产的自我累积和权利的泛化效应,使得市场机制条件下的收入分配呈现出"马太效应"①般的两极分化现象,由此激发的社会矛盾已逐步显示出对经济和社会安全的威胁。历史与现实表明,市场机制的自我运行无法有效地解决收入分配不公现象,建立在瓦尔拉斯一般均衡基础上的帕累托效率标准很显然地忽视了社会发展的另一要义,即公平。任凭分配的不公平长期存在下去而不加以适当的调控,将会引起社会的不稳定,最终也会导致经济增长的波动或停滞。因此,政府应当介入社会分配领域,尤其是运用公共财政、社会保障等再分配手段,缓解市场机制造成的社会分配不公问题。

2. 政府失灵理论

为了避免市场失灵带来的经济效率和公共福利的损失,我们需要借助政府"看得见的手"的力量来调控宏观经济运行。然而,政府这只看得见的手的作用并不是无限的,一旦政府干预不足或者过度,它不仅不能纠正市场机制自我调节的缺陷,还可能造成新的市场扭曲。如同市场失灵一样,政府干预同样存在着失灵,这是由一系列因素导致的。

(1) 政府干预行为的低效率

存在政府干预时,它就如同劳动力、资本、技术、土地等生产要素一样,在某种程度上决定着经济发展的方向与效率。一般而言,一国或一经济体的要素禀赋结构是既定的,而当政府干预带来的生产要素配置超出这一既定结构限制时,政府干预的宏观经济必然会出现效率缺失。另外,即使政府干预带来的生产要素的配置并没有超出既定结构的限制,由于政府行为本身的一些特性,也会带来经济效率的缺失。

其一,政府通过一定的制度安排直接调控宏观经济,调控的有效性取决于制度是否代表社会公共利益。然而正如公共选择学派所主张的那样,政府在代表公共利益之前,首先也是亚当·斯密笔下的"经济人"。作为经济社会体制中的最大组织,政府同样追求自身的组织

---

① 马太效应是指好的越好,坏的越坏,多的越多,少的越少的一种现象。其名字来自《圣经马太福音》中的一句话。在《圣经新约》的"马太福音"第二十五章中有这么一句话:"凡有的,还要加给他叫他多余;没有的,连他所有的也要夺过来。"社会学家从中引申出了"马太效应"这一概念,用以描述社会生活领域中普遍存在的两极分化现象。

利益,其制定的政策和措施或者行为很可能因为代表着自身组织利益而与社会公共利益或其他组织的利益相冲突,此种制度运行的最终结果必然带来"内在效应"[①]从而限制政府优化配置资源职能的发挥。

其二,按照西方经济学的经典假设,偏好在很大程度上影响人们的经济行为选择。作为政治性的组织,政府具有明显的政治偏好,一旦政治偏好先于经济效率,那么政府的调控行为便不能保证是建立在成本最小化或者收益最大化基础上,此时的政府调控目标便从优化资源配置、实现公共利益最大化转向追求政治利益的最大化。

其三,理论上,经济主体的行为选择要受成本的制约,但对于政府,尤其是政府投资而言,其对利率的敏感程度要明显地小于私人投资[②],使得政府的投资选择缺少成本压力,其对经济的干预就很可能带来成本与收益之间的不匹配。另外,按照制度经济学的假设,对产权的持有带来私人收益。同样,产权的缺失会带来高昂的成本。私人投资的有效性就在于其私有产权的清晰界定,相应地,其成本和收益也都有明确的承担者,而政府行为的成本来自税收,税收又来自公众,但却被政府掌握。因此,对于政府而言,其对税收的使用缺乏产权约束,如此情形下的政府干预行为不可避免地会造成资源的浪费。

(2)政府干预结果的不确定

由于种种因素的限制,使得政府干预经济活动运行的结果并不确定。这些因素具体包括以下方面。

其一,政策的时滞性。任何一项政策效用的发挥都不是一蹴而就的,必须经历一段较长的时期。然而每一项政策都有其特定的适用性,在此期间,宏观经济运行的复杂性、不确定性都可能使原有政策的适用条件发生变化,导致本来适用的政策变得不再适用,此即政策效应的时滞性。

其二,理性预期。预期是指经济行为主体在采取行为选择之前对未来经济走向所做的一种估计。理性预期学说认为人们的预期通常会变成现实,因为人们在进行预期的时候,通常会依据自己所能掌握的全部信息及对各个经济变量之间关系的理性判断,来采取行动以实现自身利益的最大化。正是由于理性预期的作用,导致政策的效用大打折扣,甚至无效。尽管政府也可以预期到一定政策条件下微观经济主体的行为选择,然而由于政府政策的公开性,使得政府行为对于公众而言属于完全信息,而微观个体的行为选择却不易被完全掌握,而且较政府而言,微观经济个体的行为选择更加灵活、更加及时,这使得政府的宏观调节总是滞后于微观个体的自发调节,从而削弱了宏观经济政策的有效性。

(3)寻租与腐败

寻租作为一种非生产性活动,源自资源的垄断或稀缺。政府拥有的权力是造成寻租的重要来源。价格管制、特许经营权制度、进口配额制度、行政审批等都是政府常用的规制手段,也是政府获取寻租权力的重要途径。市场机制的自我调节会使得资源配置不断地向最优路径靠拢,然而政府的寻租行为恰恰截断了这一均衡路径,一方面造成资源配置的不公,另一方面造成资源的浪费,带来社会福利的净损失。

---

① 内在效应主要是指政府干预经济的过程中谋求内部私利而非社会公共利益的现象。

② 对于私人投资而言,利率相当于其投资的借贷成本,因此,私人投资水平对利率的变动比较敏感,利率上升,投资需求下降,反之亦然。

（4）政府行政能力的有限性

西蒙的有限理性学说认为,由于环境的复杂性、交易的不确定性及人类认知能力的有限性,使得人们在市场交易过程中掌握的信息通常是不完全的,因此便不能像新古典经济学所假设的那样,一切都是已知的。同样,面对纷繁复杂的经济现实,由于政府的有限理性,使得政府在制定政策的时候并不总能预计到政策实施的后果,也不能完全预计到政策实施过程中所可能出现的一系列问题。因此,政府的行政能力是有限的,政府干预便可能是无效的。

另外,政府行政能力的有限性还来自其收入的约束。一旦政府财政紧缺,政府可能会通过提高税率或者是发行货币来获取资金,而这种政策的结果要么带来通货膨胀,要么因为利率的提高而抑制私人投资,带来社会效率的损失。严格来讲,在研究城市商业街的过程中,不能简单地从市场或者政府角度来考虑问题,因为市场失灵和政府失灵往往是联系在一起的,政府会根据市场失灵的具体原因采取措施,原因不同措施就不一样,措施不一样效果就不同,这是相互作用的。

10.2.2 商业街区发展中的政府作用[①]

1. 商业街区发展中的市场失灵

对于宏观的市场和微观的企业而言,商业街区是一种介于两者之间的中观组织。较市场而言,商业街区的发展更为确定且易调节;较企业而言,尽管商业街区相对不灵活,但是作为微观企业的集聚组织,商业街区具有独特的网络效应。然而,在商业街区的发展过程中,也不可避免地出现如宏观市场和微观经济主体一样的市场失灵,包括拥挤效应、产品的"柠檬市场"等。

（1）商业街区的拥挤效应

尽管商业街区的形成与发展有利于运营效率的提高、资源的有效利用、规模经济及市场交易费用的降低,但商业街的规模并不是越大越好。由于生产要素和资源供给的有限性,商业街区存在规模边界,一旦超出这一边界,商业街区的经营规模进一步扩大,或者街区内店铺数量继续增加,必然会引起"拥挤效应"。

过度竞争便是商业拥挤的最直接后果。由于地理上的邻近,商业街区中的店铺共享资本、劳动力和客流资源,甚至拥有共同的目标市场。因此,街区店铺的竞争对手大都处在其所属商业街区内部,而企业为了维持自身发展,不得不竭尽一切竞争手段将产品价格降低到甚或低于平均成本的水平,使整个集群内的资本和劳动力等要素获得的回报远远低于社会平均水平。同时,由于商业街的规模经济具有强大的吸引力,街区外企业纷纷试图进入。然而任何一个试图进入商业街区的企业只能观察到商业街区带来的规模经济,却并不知道有多少其他的企业也在试图进入,由于这种信息的不完全性,任何一个街区外企业都希望能够尽早进入,以获得先驱优势。再加上街区内技术创新的外溢效应,造成整个行业的运营成本和进入壁垒随之降低,进一步强化了街区外企业的进入动机。在激励竞争的外部环境之外,较低的进入壁垒造成商业街区内企业的数量过多,最终引发过度竞争。另外,在进入壁垒较低的同时,街区内企业却面临着较大的退出障碍。

---

① 王战营.产业集群发展中的政府行为及其评价研究［M］.郑州:河南人民出版社,2014.

（2）商业街区中的"柠檬市场"

商业街区内技术创新的外溢效应使得率先采用服务等创新的企业获得的市场优势持续时间较短，因此，面对激烈竞争，大量企业纷纷采取模仿的方式进行运营，缺乏技术创新的动力，最终造成商业街区内的技术停滞，商业街区产品的同质化现象日趋严重。如此情形，街区内企业往往会采取机会主义行为以次充好，以降低成本，获取超额利润。

信息不对称理论认为，信息在交易双方之间的分布是不均衡的，一般情况下，相较于产品的买方消费者而言，产品的卖方生产者拥有更多关于产品成本、质量等方面的信息。消费者并不知道哪些产品属于次品，为了避免自身的利益损失，消费者通常会通过产品市场上平均价格的高低来判断质量的优劣。如果消费者按照市场上的平均价格进行购买，那么对于产品质量较高的企业而言，其生产成本自然会大于收益。相反，产品质量较低的企业往往从中获取更高的利润，其结果便是产品质量高的企业迫于生产成本的压力，逐步退出市场，导致商业街区整体质量整体下降，当消费者感知到产品质量下降时，产品的平均价格便会进一步下降，最终形成街区内的"柠檬市场"[①]，给整个商业街区的声誉和利益造成严重损害。

（3）市场失灵下政府的做法

市场失灵是市场机制在不少场合下会导致资源不适当配置，即导致无效率的一种状况。换句话说，市场失灵是自由的市场均衡背离帕累托最优的一种情况。在市场失灵的情况下，就要求政府进行干预调控，引导商业街区朝正确的方向发展。

首先，要科学发挥政府的引导作用，进行合理市场部署。政府在特色商业街区发展过程中的作用发挥特别重要，在引导商业街区发展过程中，发挥积极作用。政府既要对特色商业街区进行整体规划，并在公共设施建设等方面要给予资金支持，同时对于商业街区投资商的行为予以监督，保证其做出的投资决策符合公众利益，有利于特色商业街区的发展。但同时应避免政府过多介入，而造成负面影响。

其次，要加大政府的管制力度。政府的管制分为经济性管制和社会性管制。经济性管制主要是为了防止资源配置低效率和确保利用者的公平利用，政府机关通过许可和认可等手段，对企业的进入和退出、价格、服务的数量和质量、投资等行为加以管制。社会性管制是以保障商业街区安全、健康、卫生，保护环境，防止灾害为目的，对产品和服务的质量和伴随着为达到这些目的而制定标准，并禁止、限定特定行为的管制。

最后，政府要留给控制商业街区开发的规模，规范其行为。收紧开发的窗口，提高准入门槛，限制低资质的商家进入市场，保证商业街区建设运营的质量和效果。对违法违规行为应及时进行纠正，甚至清理门户，不能因眼前短暂的利益影响了商业街区的健康发展。同时，政府要抑制商铺炒作，将政策措施信息公开透明化，采取税收、打击非法交易等多种手段抑制商家恶意炒作行为；鼓励适度的竞争，反对不正当竞争；完善相关法律，加强执法和监督，采取措施鼓励商业街区商家公开相关信息，透明公正地展现在社会监督之下。

---

　　① 柠檬市场又称次品市场，也称阿克洛夫模型，是指信息不对称的市场，即在市场中，产品的卖方对产品的质量拥有比买方更多的位息。在极端情况下，市场会止步萎缩和不存在，这就是信息经济学中的逆向选择。柠檬市场效应则是指在信息对称的情况下，往往好的商品受淘汰，而劣等品会逐渐占领市场，从取代好的商品，导致市场中都是劣等品。

案例 10-4

观音桥商业步行街

　　观音桥步行街地处重庆市江北区,是重庆八大新地标之一、中国十大著名商业步行街之一,西南地区规模最大、最宽敞、绿化率最高达 40% 的步行街。其城市景观公共空间面积达20 万平方米步行街,由占地 3 万平方米的商业建筑及一条长 400 米的商业步行街组成。北城天街购物广场运用 Shopping Mall 国际商业流行理念,集购物、休闲、餐饮、娱乐于一体,拥有两家主力百货店,两家大型超市,三个休闲景观广场,一个多厅电影城及拥有数百泊车位的大型停车场,包容百货、超市、专卖店、大卖场等各种商业形态,吸纳全市消费力,是目前重庆规模最大,业态最丰的购物广场。

　　就是这样成熟的商街,发展初期也存在市场失灵现象。街区内的新世纪百货、重庆百货、茂业百货、北京华联、新世界百货都是同档次、同级别的大型百货,结果相互厮杀,场面十分惨烈。2007 年前后,北京华联"退出江湖",茂业百货与新世界百货之间硝烟弥漫。而解放碑在当时却各得其所、"和平共处""相安无事":美美做高档,太平洋推时尚,王府井吸引大众,新世纪定位工薪阶层,茂业专做女性卖场,"各家自扫门前雪",有所为有所不为,优势互补,相得益彰,扩大了商圈的辐射范围,增强了商圈对消费者的吸纳能力,商圈表现出旺盛的生命力。当然,这种"和平"是典型的"战争"之后的"和平",这十多年来,在解放碑倒下的大型百货还不少:群鹰、雨田、大世界、西格玛、女儿家、阳光、迪康、银座、银太、新世界……最终都在重庆最好和最有影响力的解放碑商圈陷入"滑铁卢"。

　　这些著名的百货商店在此大败的主要原因是这些商家与强劲的竞争对手定位相仿,没有采取拉大市场差异性的正确战略,没有自身特色与强化自身企业文化,一开始就把自己置身于市场份额相对较小的激烈的市场竞争中。最典型是银太,挖用太平洋的人才,套用太平洋的经营模式,经营太平洋同档次的商品,结果仅仅三年时间"儿死摇篮"。

　　观音桥商业步行街发展早期的市场失灵现象在大型百货商店的同质化竞争中表现得淋漓尽致,所产生的恶果引起了重庆市各区政府的重视和关注,并采取了行之有效的整改措施:早在 2004 年上半年,南岸区政府就宣布,从政策上适度控制百货业态在南坪商圈的发展,考虑错位经营,重点发展家居、建材、汽车、医药等领域的零售流通业。同年年底,沙坪坝区出台了《沙坪坝区商业发展战略规划》,明确提出"限制综合百货业态的重复引入"。取而代之的是商圈升级、丰富商业,大量引入品牌店、折扣店、风味餐饮店、个人趣味店等,并引导现有综合百货店向品牌店方向转化。2005 年开始,渝中区投入巨资重点用于改善零售商业布局和经营的同质化,把解放碑等打造成不同特色的商圈。此后,政府又陆续发布相关规定政策,及时纠正市场失灵导致的诸多恶果,最终将观音桥商业步行街打造成为著名的商业街区,然而其商圈同质化、百货业扎堆现象将永远是历史留给我们的经验,在后续的商业街区建设和改造中应从中吸取教训,获取智慧,积极运用政府手段避免市场失灵。

2. 商业街区发展中的政府失灵

(1) 发展政策与商业街区现实相背离

政府在制定商业街区政策过程中,常常以发达国家或地区发展较为成功的商业街区为参照物,很容易忽略本地区商业街区发展的实际情况,使得制定出来的发展政策并不能真正有效地服务于地区商业街区的发展,更甚者会导致商业街区的发展陷入困境。因此,政府必须遵循实事求是的原则,按照区域商业街区的类型、特点等实际需要出发,制定具有针对性的政策,真正有效地推进区域经济发展。

另外,商业街区的发展是一个动态的、连续的过程,包括形成、发展、成熟及衰退阶段在内的每一个时期,其实际发展所需要的支持也不尽相同。比如,形成阶段,政府干预主要采取商业支持的形式,并辅助于人员引导;成长阶段,政府作用的关键在于突破限制商业街区发展的各种瓶颈,主要包括资金瓶颈和技术瓶颈等;而成熟阶段,政府的作用主要表现在引导和监管上,以帮助商业街区能够在更长时间内持续发展,延长商业街区的生命周期;衰退阶段,政府的主要任务在于帮助商业街区降低损耗,顺利退出,或者是帮助商业街区实现结构调整和升级。然而,地方政府常常忽略商业街区不同发展阶段的不同需要,不能对自身的干预行为进行相应的调整,造成政府失灵。

（2）政府缺位与越位

① 政府缺位

商业街区建设和发展中的政府缺位主要表现在制度建设不到位、管制不力和规划不科学三个方面。

第一,制度建设不到位。在市场经济的大背景下,商业街区的建设当然应该遵循一般的市场经济法律制度,但这还远远不够。商业街区的建设作为我国经济生活中的一种重要现象,必须有专门的制度和规范。对此,作为制度供给者的政府责无旁贷。

第二,管制不力。管制是指利用政府制定的法律以某种方式影响私人经济。管制可以是经济管制也可以是社会管制,前者旨在鼓励企业和其他经济生活参与者采取某种行为或促使其避免某种行为社会管制常表现为力图保障公民和消费者的利益。商业街区建设中,政府管制严重缺位,造成一系列问题。

第三,规划不科学。政府的规划不是对商业街区的具体规划,而是对一个城市或地区商业街区发展的整体性规划。这种规划对商业街区的建设和发展起着引导、指导和控制的作用,它引领着商业街区的发展方向,所以意义重大。而恰恰是在这方面,政府做得不好。

② 政府越位

商业街区建设中的政府越位,主要表现在政府直接或变相直接进入商业街区建设领域和微观管理领域。很多城市在改造或建设商业街区的过程中,往往直接成立"建设指挥部"这样的政府临时机构,从规划、建设到招商全部由政府一手操办。商业街区建成后,再成立"商业街区管理委员会",委员会由众多有关政府部门组成,由政府的分管领导担任委员会主任。管理委员会下设办公室,负责商业街区的日常管理和协调工作。前述各个城市的商业街区管理办法几乎无一例外地做了如此的规定,例如《全国商业街区管理技术规范》讨论稿,也要求成立商业街区管理委员会来管理商业街区。

政府的这种越位至少造成了两种负面效果。第一,增加了难度,降低了效率。商业街区是城市的一部分,城市管理的方方面面本就有相应的部门各司其职,这些部门之间本就有协调机制,现在为了一条街单设一个负责协调的机构,在管理者和被管理者之间增加了一个中间人,并且这个中间人还有管理职能,对于被管理者来说就又增加了一个"婆婆",对于管理者来说则又增加了一个扯皮的对象,办事的效率、管理的效率因而降低。第二,增加了管理成本。显而易见,每增加一个机构设置就要增加人员、设施、设备的投入,就要支出运行费用,从而增加政府的管理成本。试想一个城市建设几十条商业街区,就要相应地设立几个管理机构,政府的管理成本增长几何?

由于政府在商业街区建设中的缺位与越位,该做的事情没有做或者没有做好,不该做的事情却做了一大堆,导致我国商业街区建设的无序发展,造成资源的极大浪费。因此,对商业街区建设中的政府角色进行重新定位十分必要。

(3)如何避免政府失灵

为了有效发挥政府的管理作用,助力商业街区的建设,避免政府失灵,基于公共选择理论的启示,政府可以从以下几点避免政府失灵。

第一,要转变政府职能,减少"政府失灵"。政府要更新观念,转变政府管理方式。科学的政府管理方式,必须构建于新型的政府行为理念和政府行为方式之上。政府只能办应办、能够办好的大事情,如社会公共领域、非竞争领域、宏观领域。要将传统的直接控制、直接管理转变为间接调控为主的管理模式,即间接的、经济手段为主的、裁判式的、法治的、规范程序化的管理。同时政府要积极培育和健全社会中介组织,使其成为承担政府管理社会服务的具体组织者和运行者,建立健全行业协会组织,使其成为政府产业政策的切入点,加强对中介组织的管理和监督,促使他们规范运作,健康发展,维护公平的市场竞争秩序。

第二,要建立以绩效为主的政府评估机制。政府绩效评估就是狠抓管理的效率、能力、服务质量、公共责任和社会公众满意程度等方面的判断,对政府公共部门管理过程中投入和产出所反映的绩效进行评定。就我国而言,政府服务提供尚未实行严格意义上的绩效管理。因此,坚持"以人为本",建设公共服务型政府,必须对政府的服务实行绩效评估。

第三,要引入市场竞争机制,提高政府机构效率。将竞争机制引入政府所管理的公共部门,推广政府采购制度,通过公开、公平、公正的招投标竞争,以提高公共产品的功能价格比,并防止寻租;另外,应强化各地方政府之间的竞争,防止和纠正其内部成员和不同组织之间的不合理行为,协调他们的利益关系,就可以使政府机构组织及其成员的目标符合或接近社会公共利益目标。

第四,要加强法治和制度建设,建立健全对政府权力的监督和约束机制。加强法制建设,将政府的行为纳入法制轨道,特别是公共决策的制定和执行的法制化,可以从制度上防止政府行为的任意性及由此导致的腐败。

案例 10-5

上海舟山路改造

提篮桥历史文化风貌区是上海市十二片历史文化风貌区之一,舟山路正处于这个风貌区的中心地带,其南端毗邻一个社区公园,北端附近则坐落着著名的犹太人会堂和提篮桥监狱。这里所说的舟山路指的是以舟山路为核心,由四周街坊组成的街区。舟山路本身是一条尺度宜人,环境别致的街道,第二次世界大战时期还被称作虹口区犹太人的"小维也纳"。街道的东侧是规整的小商铺,大多出售普通服饰;而西侧是红墙青瓦的维多利亚风格建住宅,这些建筑在功能和形式上都达到了相当高的水准,是受到律法保护的历史建筑。舟山路是整个街区的商业中心,在城市功能上,它也算社区一级的公共服务中心。只不过这个中心不再有往日的生意,整个街区不再有往日的活力。

舟山路从20世纪80年代的小商品市场,演变为20世纪90年代的商业一条街,商户以街头小棚的形式分布在舟山路两侧,以贩卖服饰为主。从业人员日益增多、市场日趋兴旺,也促进了周边商业的发展。但随之而来的交通与环境问题凸显出来,由此产生的社会安全等问题也逐渐暴露。2001年,虹口区政府下令取缔舟山路市场并拆除舟山路上所有商业小棚,将整个社区规划成为无马路市场街道,并禁止西侧破墙开店。十年已过,曾经名噪一时的舟山路终于"成功"改造成为一条整洁的城市支路,但是其东侧商铺生意平淡,周边住宅小区多剩下老年居民,整个街区走向衰落,毋庸置疑。

政府强制改造之后,舟山路不再是周边居民非通行活动的意愿场所,其商铺及周边商业设施收益较十年前有明确下降,其中的原因主要包括:商品价格偏高、商品类型缺乏多样性、地区商业氛围不足,出现这样的现象,一定程度上可以说是政府失灵导致的。一方面,2001年"拆棚入室"的政策使得舟山路两侧商铺成本陡增,迫使原本销售低价商品的商铺退市,只有出售相对高价商品的商铺才能留下生存;另一方面,当地消费水平以中低消费为主,居民需要真正物廉价美的商品。规范业态导致店铺竞争减弱,商品多样性降低。过去小棚搭建的店铺成本低廉,货种丰富,更随着季节更替货品类型,满足消费者所需,但这种多样性对现在舟山路而言是无法达到的。此外,随着舟山路商铺数量严重缩水,价格攀升,种类缺失,居民购物选择余地也随之减少;加之交通日益便捷和城市其他区域商业设施蓬勃发展,对舟山路这般小规模的商业街起到抑制作用,整个街区的商业氛围逐渐消失,活力殆尽。

政府出于改善生活条件、提升城市形象等目的,改造舟山路本不可厚非,但结果却加速了地区的衰败。政府在舟山路改造过程中过分重视地区改造形象,而忽视改造背后商品价格上升与消费群体购买力不足之间的矛盾,这是政府在主导舟山路街区改造中的失误,体现出在商业街区改造过程中的政府失灵。

10.3　世界商业街区政府作用的经验

10.3.1　世界著名商业街区建设发展的政府参与案例

1. 法国巴黎香榭丽舍大街

香榭丽舍大街位于法国巴黎核心区域,是一条世界闻名的商业街,它全长1 800米,东起协和广场,西至星形广场,地势西高东低,以圆点广场为界分为两部分,广场以东是约700米长的林荫大道,以自然风光为主,广场以西则是全球国际名牌最密集的高级商业区。据统计,平均每天有高达30万人次的游客光顾,并且其中有很大一部分是外国人。

尽管现在的香榭丽舍大街世界瞩目,在历史上它也曾经经历过一段"困难时期",20世纪80年代城市化进程开始加快后,香榭丽舍大街上机动车挤占行人空间,交通拥堵加上路边乱停车,导致行人步行受阻,并且街道景观混乱,大街上无论是电话亭、报亭、告示牌还是建筑物本身,都充满各种色彩艳丽的标语与广告,很不协调,街道上各种人群汇集、嘈杂,购物环境恶劣。那时的香榭丽舍大街满是油腻的快餐店和商场艳俗的霓虹灯,毫无往日高贵典雅的气质。

由于法国民间历来有保护历史文化遗产的传统,香榭丽舍大街的商户于1860年就组成了名为香榭丽舍守卫及促进会的组织,由大道上的著名品牌"路易·威登"发起成立的"捍卫香榭丽舍委员会",于1980年改为"香榭丽舍委员会",该委员会的主旨是要维护香榭丽舍大街的名誉及形象,委员会不仅监督地方政府调查商家的装潢还有商业活动,也负责帮助新店家融入,同时也确定这些店家符合香榭丽舍大街的形象。该委员会由香榭丽舍大街两侧商户和居民代表共约400人组成,全部是志愿者。委员会靠会员缴纳的会费维持运转,所以在运作中能保持独立性。

20世纪80年代,香榭丽舍委员会开始对大街的受损情况进行跟踪研究,并提出了"拯救香榭丽舍计划",推动巴黎市政府于20世纪90年代初开始对香榭丽舍大街进行了整体规划与改造。在此期间,市政府兴建了一个有850个车位的地下5层停车场,并腾出4公顷路面进一步拓宽了人行道并重新铺设;人行道拓宽后,在原有两排梧桐树基础上,再增加了两排梧桐树,重现绿树成荫的散步大道景观;取消了路边侧道和停车场,让露天咖啡座获得更多面积;还统一设计、精心制作了道路两旁的路灯、长椅、海报柱、报亭、公共汽车候车亭和书报亭等公共设施;巴黎市政府还出台了一系列十分严格的管理法规,把随意设置和张贴广告、乱停车、随意设置建筑物筑件,以及随意设摊设铺、污染环境和损坏公共设施等视作违法行为,违反者将受到相当严重的行政处罚,甚至追究法律责任。

正是由于该委员会在整体规划及管理方方面面的积极介入与推动,香榭丽舍大街才得以在今天依然保持着的古典优雅的风貌与独特的商业魅力。

2. 美国纽约第五大道

纽约第五大道位于美国纽约曼哈顿的中轴线,是美国最著名的高档商业街,是"最高品质与品位"的代名词,全世界租金最昂贵的商业街区之一,它是纽约曼哈顿一条重要的南北向干道,是纽约的商业中心、文化中心、居住中心、购物中心和旅游中心。

第五大道的成功很大程度上来自其完善的商业规划和市政规划,纽约市政府从20世纪70年代初开始,就开始对第五大道的商业布局进行规划和调整,通过引入一批最具执行力的大公司,来帮助政府的规划落地。纽约市政府对第五大道采用了复合布局、组合规划的方式,在商业街区内引进高端品牌,密集布点;在商务区引入大机构,使得邻近的商业街区可以有高收入群体的支撑。商业建筑在规划时就与交通出入口无缝衔接。纽约市政府开辟了大量的地下和立体停车设施,白天在主干道上只允许公共交通车辆双向行驶,傍晚6时以后,才允许社会车辆和私家车进入,白天只能绕支马路行驶,同时允许在支马路单侧设置收费停车道。第五大道是纽约市民举行大型庆祝活动时的传统途经路线,并且在夏季的星期日是禁止机动车通行的步行街。

除了纽约市政府的规划与建设,1907年成立的第五大道协会也在该街区的管理上发挥了重要作用,确保了商业街区的高品质和安全。第五大道协会有四项主要职能:①协会雇用了相当于城市警力5倍的社区安全员来配合纽约警察巡逻,保障治安,不断进行监督,防止出现小贩,禁止销售假冒伪劣商品;②保持大道干净卫生的环境;③为游客提供各项服务;四、在纽约州努力争取该街区的福利。

从纽约第五大道成功打造国际高端商业街区的运作过程中,我们可以看到政府与行业协会的分工协作,政府负责前期规划与统筹,在后期运作中则主要以行业协会为主,而此时政府则负责配合支持。

3. 英国伦敦牛津街

伦敦的牛津街是英国最重要的商业街区,享有遍及全球的声誉,不仅吸引了英国其他地方的游客,也吸引了大量的海外游客,每年有 3 000 万来自全球的游客来此观光购物。它是伦敦西区的购物中心,长 1.25 英里的街道上云集了超过 300 家世界著名大型商场。每年络绎不绝的外国游客到牛津街参观、购物,他们的消费占牛津街全部收入的 20%。牛津街上名牌店的商品款式非常齐全,某些意大利顶级品牌的商品在伦敦竟比其来源地店铺里的更多。

牛津街的成功来源于整条商业街规划科学、管理机制有序。20 世纪初,牛津街上的商家通过合作组建了以协调、管理为目的牛津街商会,其职能主要包括制定行业标准,设立进入牛津街的商家门槛;通过统一营销提升整条商街的知名度;改造和维修沿街的公共设施,督促商家改善经营环境;制裁违反行业秩序和过度竞争的商家等。商会实行董事会制,董事会由各成员选举产生,执行主席再由董事会选举产生,执行主席每五年重选一次。商会和政府密切合作,政府对牛津街的改造都会先与商会进行商榷,同时商会也会在政府进行规划调整及项目改造时给予最大的支持。

政府根据牛津街商业发展的需要,委托专业公司对牛津街进行整体的规划和改造,在不破坏历史风貌的前提下,使牛津街适当地拓宽,改善交通环境,使公共环境更加优美,使购物环境更加人性化。改造的初步方案出台后,会先交由商会充分讨论,商会除了提供众多有益的意见外,还会分摊大量的改造资金,牛津街上所有商家每年在改善经营环境、为消费者提供更好的服务方面都会投入几千万英镑的资金。

如今的牛津街虽然依然是一条狭窄的双车道,但是已经拥有了行人优先的交叉口和供游人们坐下喝喝饮料、稍事休息的休闲绿岛;在许多路口建起了优美的设置,以阻止某些较大型的机动车驶入大街,并将沿街的公共交通停车点美化一新;在改造中还设法辟出空间,分别建成了几个总数在 1 000 多个泊位的停车场。牛津街区域的公共交通十分便捷,牛津街是伦敦的重要交通干线,通过改造,如今这条全长 2 公里的商街有 39 条公交线路可以抵达,沿街设有 30 多个站点,平均每小时有 250 辆公共汽车和 750 辆出租车进出牛津街,有 4 个地铁站与 5 条地铁线路相连,每年运送乘客超过 1 亿人次。其中,全伦敦最繁忙的牛津圆环站每年为牛津街迎送 5 300 万人次的客流,从而确保了公共运输网的核心地理位置,也为商业的繁荣做了最好的铺垫。

4. 北京王府井大街

现在的王府井大街的格局最早奠定于元初修建大都之际,到明朝时,出现了早期的工商业活动,清光绪年间定名为王府井大街。一百多年来,王府井虽历经战争、时局动荡,屡受经济萧条的影响,却始终保持着北京商业第一街的地位。

但是,由于 20 世纪 90 年代北京市城市商业的全面兴起,王府井的地位也不可避免受到了挑战。20 世纪 90 年代开始,双安、当代、燕莎等十几个上万平方米的大型综合性商场在北京三环、长安街沿线陆续出现,这些新商业设施吸引了大量原本属于王府井的客流。王府井与这些新商场相比之下，更凸显出基础设施老化、环境恶化，对消费者失去吸引力，导致客流量持续下降，从最高峰时的每天 30 万人骤降至每天 5 万人。

为了改变这种局面，北京市政府在 1993 年决定对王府井商业街进行改造，并成立了王府井地区建设管理办公室（以下简称王府井地区办），负责对王府井地区开发建设、城市管理、商业管理等各方面的综合管理。该办公室实际上是王府井地区的行政管理机构，直接隶属于北京市市政府，但其单位性质为政府拨款的事业单位，经地方政府授权行使一定的行政职能，具体职能为：制定王府井地区开发建设的有关政策、改造规划，并组织实施；统筹安排王府井地区的各项建设项目，并协调开发建设中的有关事宜；负责王府井地区的土地开发管理，会同市、区有关部门审查、办理王府井地区建设项目的立项、可行性报告、合同章程、土地出让、初步设计、开工建设事项；会同有关部门研究制定加强王府井地区管理的有关政策和方案，加强组织实施，加强对王府井地区的综合管理。其后还在原职能基础上增加了治安管理、商业管理、城市管理等综合管理职责。

王府井地区改造主要由王府井地区建设管理办公室"统一规划、统一领导、统一管理"，政府在改造过程中投入了大量财力。王府井地区办经过与众多方面的协调，首先编制了王府井地区的改造规划，规划商业和公用设施 300 万平方米，规划的项目有 51 个。尔后王府井地区办又着手对王府井地区的商厦、道路、街景及排水、电力、通讯等市政管线设施进行彻底改造，通过历时 8 年的改造建设，总体规划项目中的 17 个已陆续建成，总建筑面积 150 万平方米，当时亚洲最大的商业楼宇，密度最大、最集中的大型商场、宾馆、专卖店出现在改造后的王府井地区，众多国内著名品牌、老字号商家也大量汇聚于此。

10.3.2 世界商业街区案例中政府作用的总结

在这几个著名商圈的案例中，王府井大街的整体改造和纽约第五大道 20 世纪 70 年代的改造升级都属于政府主导建设模式，而巴黎香榭丽舍大街改造与伦敦牛津街改造是属于政府市场互动建设模式，但同一种模式之间也略有区别。

王府井大街的整体改造始终是由北京市政府主导的，全程由政府规划、政府投入，而纽约第五大道 20 世纪 70 年代的改造虽然是纽约市政府主导，但是纽约市政府是通过引入有实力的公司来执行政府规划的方式来实现的，属于政府规划、企业投入，筹资模式有很大不同。香榭丽舍大街的改造中由商家和居民自发组成的委员会起到了主要作用，但是也得到了巴黎市政府的大力支持，包括资金支持，可以说双方都是积极主动的。伦敦牛津街的改造中牛津街商会起到的作用更大，政府委托专业公司制定的整体规划和改造的方案，也对牛津街的改造提供了难得的指导与支持。

通过对以上世界商业街区案例进行回顾与分析，可以从中总结出在商业街区建设中政府发挥的作用，也对未来的商业街区建设提供了借鉴和启示。

第一，做好城市规划，完善制度建设。在商业街区建设过程中，政府利用行政手段，可以做好城市规划，同时完善制度建设，在宏观层面上为商业街区的建设打好基础，上述北京王府井大街改造就很好地反映了这一点。制度建设方面，政府首先规范自身行为，同时可以规范市场行为。全国许多城市都制定了针对商业街区的规定、办法，规定了商业街区建设与管理使用的术语、基本条件、消防安全、街区管理的要求，涵盖了特色商业街区建设和管理的方方面面。作为国家的行业标准,它将是各地方政府制定本地规范的标准和依据,起到规范商业街区规划、建设和管理行为的作用。同时政府成立商业街区管理委员会来管理商业街区,不断探索行政管理体制如何与社会经济体制相适应,从制度上约束自己,为商业街区发展提供便利。

第二,运用多种手段对商业街区的建设和发展进行调控。商业街区的有序发展,离不开政府的科学引导。例如,在英国伦敦牛津街的成功改造工程中,政府引导的作用就不可忽视。政府可以利用多种引导工具或手段,如计划、规划和政策。政府制定的年度工作计划和中长期规划,是引导国家或地区经济社会发展的重要手段,对商业街区的建设和发展也是如此。政府可结合具体情况,正确地运用引导手段,对商业街区的建设和发展进行科学引导。政府要转变发展观念,在发展的指导思想上以科学发展观为统领,坚持以人为本,全面协调可持续的发展,不以单纯的增长为发展目标,树立正确政绩观,关注民生,为民造福,改革考核评价体系,这是政府能够对商业街区建设进行正确引导的前提。遵循规律,从实际出发,因地制宜。市场经济规律、商业规律、商业街区建设与发展的规律,是政府对商业街区建设和发展进行引导所应遵循的规律,并且这一切都要与本地的实际情况相结合。同时,政府制定的具体规划要有前瞻性和综合性。一是要将商业街区的建设纳入城市整体规划之中,统一规划、统筹安排、分步实施,以保证商业街区的建筑风格与城市整体形象的协调一致。二是重点规划和发展主题鲜明、独树一帜的各类主题商业街区。三是制定振兴商业街区的政策措施。针对中小零售业者面临的问题,从金融方面,要解决其资金不足的困难;从法律方面,要拟定商业街区相关的法令条文,以保证商业街区政策的有效推广,推动商业街区的繁荣和发展。

第三,重视交通设施规划,完善公共设施建设。法国巴黎香榭丽舍大街和北京王府井大街的建设都反映了这一点。与整个城市建设一样,商业街区的建设也包括基础设施建设,这就由政府来提供。在商业街区建设中,政府在交通设施的规划与建设方面发挥着重要的作用。例如,法国巴黎香榭丽舍大街改造过程中,市政府兴建了一个有850个车位的地下5层停车场,并腾出4公顷路面进一步拓宽了人行道并重新铺设,才打造出如今的香榭丽舍大街。进行合理的设施建设规划,保持商业街区的交通顺畅,停车便利,减少商业街区附近汽车阻塞、人流拥挤等问题的发生,减少噪声和废气污染,使人们有兴趣到商店购物休闲,提高商业街区的经营效益。这些都得益于政府在规划改造或建设商业街区的过程中给予了通盘的考虑,进行了统一规划建设。同时市政设施的规划建设也同样举足轻重,市政建设是商业街区存在的基础。政府在市政建设中要注意城市系统的布置,改造供水、供电、供气、排水等市政设施的基础,并从特色商业街区的空间组织、环境美化、街容治理等方面进行周密的规划。在商业街区空间组织方面,要做到街区建筑物及其他设施整体布局合理,空间组织形式多样化。

第四,政府在商街街区建设中协调各方关系。首先,要协调政府各有关部门,如工商、税务、城管、市政、环保等,这都与商业街区有密切的关系。这些部门都在自己的职权范围内对商业街区实行条条管理,因此就需要政府在其中协调各有关部门,协调各种管理资源,使其形成一个有机整体,统一对商业街区实施管理。其次,要在政府各有关部门与商业街区之间进行协调服务,各政府部门在依法行政、严格执法的同时,要主动协调与商业街区有关方面的关系,在自己的职权范围内为商业街区提供服务,帮助、支持商业街区健康发展。最后还要协调商业街区和周边环境之间的关系。政府要妥善处理商业街区与周边的交通环境、商业环境、人居环境之间的关系,规划时统筹考虑,兼顾各方利益;产生矛盾时要注意协调,化解矛盾,促成和谐发展;注意整合各种资源,协调各方,合作共赢。

第五,政府在商业街区建设中提供信息支持。虽然政府与市场都存在信息不全面的问题,但二者的角度是不一样的,从某种程度上来说,政府是市场最重要的信息源,对市场的影响最大。因而,政府对市场的支持很重要的是信息支持,对商业街区的经营者来说也是一样。首先,建立畅通的渠道,这是前提条件。现代信息技术为建立畅通的信息渠道提供了技术平台,建立电子政府的趋势使之可以成为现实。现代市场竞争某种程度上就是信息的竞争,政府的各种信息要迅捷地传达到经营者,经营者要能够方便快捷地得到信息,才能在竞争中处于有利地位。其次,信息支持应是普惠的。政府提供的信息应该面向所有的市场主体,不能有所偏私,否则就会形成新的信息不对称。最后,政府提供的信息要全面。这包括对政策的解释、解读要全面,信息的收集、整理要全面。只有全面的信息,才能帮助市场主体做出正确的判断,从而做出正确的决策。

10.4　我国商业街区发展中政府作用完善策略

在商业街区的建设领域,政府不是不能有所作为,而是应该和必须有所作为,关键的问题是做什么和怎么做。就商业街区的发展来说,商业街区不仅需要规划具体规划,而且需要策划;不仅需要建设,而且需要经营;不仅需要管理,而且需要持续运作;不仅需要招商,而且需要选商;不仅每个商家要搞好经营,而且要搞好整个街区的经营。这些都不是政府应该或必须做的事情,政府应该守住自己的本分,转化政府干涉思路与作用渠道,切实改善在商业街区发展中应发挥的作用。

10.4.1　加快政府职能转变,提供高效优质公共服务

1. 深化制度改革、增强公共服务

结合政府职能转变实际情况,科学合理地界定职权范围,努力消减和下放涉及商业流通,尤其是商业街区发展相关的审批事项,加强非行政许可审批范畴的改革力度。同时,让社会公众和商业企业参与职能转变进程,遵循"简政放权、放管结合、优化服务"基本原则,以社会公众和商业企业的实际需求为导向,推动职能转变,加快建设现代服务型政府,为商业街区发展提供优质高效的管理和服务,切实根据消费者对商业街区实际需要,提供应有的公共物品,为消费者提供交通、安全、舒适环境等,为企业发展提供税务、工商管理、行政执法等方便,形成消费者、企业之间的良性互动。政府应该进一步改善经济调节水平,学会运用更经济、法律、行政方式来加强对各地市商业街区发展的总体管理,合理界定政府与商业企业关系,政府与市场关系,把需要政府管理的事务管好,把本该属于市场的事务交由市场,政府应该把更多的注意力放在制定品牌战略、发展规划、政策法规、标准规范上,切实从制度上下功夫,更好地发挥市场对资源配置的基础作用,更加有效地为商业街区提供公共物品。

2. 严格依法行政，提高监管水平

坚持科学决策和合理施政，把风险评估、企业参与、专家论证、政企集体讨论作为制定商业街区发展政策的必须环节，对可能影响商业街区发展的、可能影响商业企业利益的、可能涉及商业街区周围居民生活的一切重大政策，都依法进行听证，并建立、健全重大决策责任倒查及终身责任追究制度；对因施政不当造成重大损失及严重不良影响的，要严格按照相关程序，依法追究决策职责，建立健全商业信息反馈制度，提高政府对商业市场的敏感及反应能力。政府对商业街区的管理要严格执行法律法规、规章制度赋予的职责，依法行使权力、履行职能，加强事前指导、事中规范、事后监督机制管理，构建科学合理的商业街区综合监管体系，形成各司其职、各负其责、相互配合、齐抓共管的工作机制，提高监管效能；建立健全商业企业、政府部门信用信息基础数据库，完善信息搜集与发布，提升市场与政府之间的信用信息对接和交流，推动商业街区信用体系建设。

3. 强化作风建设、提升行政效能

政府部门应该密切联系商业企业，加强对商业企业沟通交流，协调解决问题，定期开展商业街区发展调查研究制度，深入了解商业街区发展需求，牢牢把握发展方向。严格按照公开、透明原则，科学制定绩效考评制度，加强对商业街区发展的绩效管理，切实把商业街区规划、建设和发展列入各地市科学发展综合考核体系和绩效考核机制，按照进行考核要求，分解商业街区发展目标及任务，既注重公众的参与，又注重专家学者的意见评估，形成专业考核与社会评价有机结合的目标考核体制机制，通过实施考核评议兑现年度奖惩措施，并加强绩效考评结果运用，对服务满意度不高的部门和单位要实行跟踪督办且限时整改。

10.4.2 强化政策支撑引领，助推商业产业转型升级

1. 设立专项资金，发挥引导作用

积极推动各级政府共同设立现代商业街区发展引导专项资金，确立财政资金的稳定投入，重点扶持商业商贸集聚区域、商业街区功能项目、物流流通管理、传统商业街区转型升级等方面建设和发展。发挥商业街区专项资金基础杠杆作用，积极撬动社会企业、单位资本的持续投入，不断拉动高新技术企业、科技型中小企业进入当地商业街区的发展中。可遵循"一街一策"的原则，制定和出台更加优惠的扶持政策，大力推动社会资源参与商业街区的开发建设，尤其是参与传统商业街区的转型升级项目，来破解商业街区在转型升级和业态调整整合方面面临的难题，形成政府、社会、企业协同参与商业街区规划、建设和发展的全新格局。

2. 强化政策扶持，确保落实到位

重点在财政支持、税收管理、土地使用、信用贷款方面，认真落实国家、省、市支持商贸业、物流业及服务业的各项积极政策，将国家在降低商业流通领域及减轻税收费用负担的各项政策规定理解到位、执行到位、落实到位，切实做到为涉及商业街区的商贸流通企业、单位减轻经济负担。针对各地当地商业街区的发展特点，尽快制定商业街区发展扶持政策，将商业街区发展纳入历史资源、人文环境保护领域，进一步有针对性地制定税收、费用减免及扶

持政策,以专项补助或奖励的方式,切实降低商业街区管理、运营的成本。

3. 突破政策壁垒,构建开放市场

商业街区的发展不仅仅需要市场化的经济运作,还需要政府部门的政策性引导,两者缺一不可。因此,政府各个行政部门,如发改委、规划局、商务局、财政局、工商局、城管局、园林局、环保局、旅游局等,必须积极配合形成合力,切实将政府在商业街区发展中的规划建设、行政引导、运营管理和经济调控职能发挥到位,注重坚持以商业市场化运作为主,调动经济社会各个方面的积极因素,协同加入当地商业街区的规划、建设、发展中来。为了实现经济市场对周边地区及城市的辐射作用,还要推动当地与周围地区的经济、社会政策的对接,力求消除政策因素壁垒,实现生活整合、信息共通、资源共享,大力打击阻碍公平竞争、设置贸易壁垒、助长地方保护主义、排斥外地产品及服务的行为,促进商业贸易流通市场自由公平。

10.4.3 建立行政保障机制,确保商业市场稳定运营

1. 强化政府保障、巩固政策引导

在各级组成当地现代商业街区建设工作领导小组,并建立推动商业街区发展建设工作机制,形成统一领导、分工负责、上下联动的工作机制,严格明确针对商业街区发展的职能范围,科学实施简政放权工程,促成商业街区发展的强力保障。以城市商圈的理念来统筹规划全市商业街区建设和发展,加快推广现代物流、连锁经营、电子商务及物联网技术的新兴商业模式的应用,加快流通组织、品质消费、大宗贸易、服务增值等新兴商业载体建设,推动商务经济、休闲经济、总部经济、品牌经济的进一步大发展。政府部门可以成立协调指导机构,牵头推进市域间的商品贸易、商业流通的交流协作,制定商业产业发展机制,实现市域间的共通共赢。

2. 强化规划管控、准确市场定位

随着商业街区建设热潮的不断提升,同质化竞争的问题逐渐显露出来,为减少商业街区之间同质化竞争,保证商业街区整体向好发展,政府部门应提升科学调研分析能力,制定有效的规划引导措施。首先,政府部门必须坚持"科学规划、准确定位、合理管控"的原则,科学分析影响商业街区发展的各个要素,严格管控商业街区建设和改造前期、中期、后期的各个环节。必须根据商业街区区位,研究潜在消费群体的阶层、需求、购买力、偏好等因素,准确把握各种类别、层次消费群体的消费需求、消费特点,还要考虑商业街区发展的历史背景、文化特征、环境资源、影响能力、品牌效应等,在消除同质化竞争难题之后,科学确定商业街区的市场定位及发展方向。其次,严格按照国家、省、市的相关规定要求,建立完善商业用地储备制度,有效管控商业地产开发节奏、产权分割等问题,避免商业开发与城市建设冲突。最后,各区商业街区发展规划应与全市发展规划相对应,各区的规划方案,必须送相关主导部门审核,防止重复建设出现的恶性竞争。

3. 激发企业活力、鼓励新兴业态

主动加强与国际、国内大型商业企业对接合作,着力引进一批大型企业,落地一批重大

项目,打造一批知名品牌。同时,支持本地企业做大做强,支持他们加快市场拓展步伐,参与助推商业街区发展,引导和促进他们通过兼并重组和联大靠强等形式,实现跨区域、行业经营,切实提高他们的市场竞争力和影响力。注重对中小商贸企业的扶持发展,积极构建商贸服务共享平台,建立企业之间合作、融资平台,积极发挥桥梁纽带作用,促进企业、行业的融合。积极组织平台,进一步推动大型商贸企业与国际机构、外贸网络交流合作,加强对国内外市场的利用能力,实现内外贸进一步融合发展。实施引导举措,激励社会资金投入新兴流通、新兴服务行业,鼓励新型业态、新型销售方式的发展,加快流通行业新兴模式的发展,促进商品流通业的提档升级。

案例 10-6

杭州市湖滨步行街

杭州湖滨步行街区位于西湖东侧,对于"三面云山一面城"的西湖而言,它是杭州城市中心商业区与湖滨唯一直接相邻的地带,地位非常重要,西湖东侧的湖滨步行街地位也可见一斑。2019年,商务部印发《关于开展步行街改造提升试点工作的通知》,决定在杭州湖滨步行街开展步行街改造提升试点工作,由此开始了湖滨步行街的改造之路。

杭州市政府立即着手湖滨步行街的改造工程,根据杭州市发展的前景,借鉴国际的先进经验,召集专业团队,逐步拟制了湖滨旅游商贸步行街区的建设目标:①建设现代化的步行街区。最重要的是要创造步行者的天堂,形成高效的商业运作机制,人车分流,购物与供货分离,力求后勤服务能到达每一商店的后院和后门;同时要求有良好的可达性,让消费者通过公交、出租车、自备车等便捷地抵达步行区。②建设以湖滨为特色的步行街区。力求创造城区与自然互为渗透的一体化区域,充分发掘西湖的历史传统,保护与发扬地区传统文化特色。③建设有活力的步行街区。充分发挥杭州市传统商业街延安路的作用,作为西湖的门户,应努力吸引旅游者,同时兼顾杭州市民的需要,为此商业街以专卖店为主,周边布置大容量的百货,力求商业、娱乐、餐饮、休闲等功能交混、互补,提升步行街的活力。

在湖滨步行街的提升改造中,杭州市市政府与上城区区政府都给予了莫大的政策支持与引导。在步行街定位、交通设计、基础设施方面都予以指导,紧紧围绕"最时尚、最智慧、最人文"打造"醉杭州"样板和"杭州的、时尚的、国际化的智慧街区"目标展开。在"最时尚"打造上,杭州市政府借助湖滨步行街搭建促进消费大平台,招商引资,设立专项专款,推动消费升级,进一步释放消费潜力,满足消费者对美好生活的需要。在"最智慧"打造上,政府紧紧抓住杭州市打造数字经济第一城和杭州作为新零售策源地的大机遇,加快数字经济应用、新零售业态聚集,顺应零售创新趋势,激发企业活力,鼓励新型业态的进入。该商圈主要从商业业态、街区形态、文化生态三个方面向"新零售试验区"转型。目前该商圈拥有盒马鲜生、蔚来汽车、LINEFRIENDS、网易严选、网易考拉等特色零售创新业态59家,且全面落地电商平台和垂直类电商的线下新零售体验店。在"最人文"打造上,再现活化西湖文化、吴越文化、东坡文化、南宋文化,准确把持人文特色定位,凸显杭州历史文化基因,让步行街的文化底蕴和厚重历史能感知、能共鸣,打造特色。

如今,在杭州市政府的引导下,杭州湖滨步行街已完成改造,开街迎客,湖滨整体内涵体系得到全面提升,业态分布和商业聚集情况大为改善。湖滨步行街现已成为北至庆春路、南至解百新元华、东至延安路、西至湖滨路的大新型商业街区,打破了原有以道路、大型商业体进行空间区隔的方式,植入"湖滨九里"街区概念,即以解放路为界,按照从南到北、从东到西的命名顺序,整个街区共分为9个里(泗水里、将军里、东坡里、仁和里、龙翔里、学士里、长生里、劝业里、钱塘里),完成了湖滨步行街全新升级。

10.4.4　优化商业发展环境,推动公共物品科学供给

1. 完善设施配套、加快聚集人气

完善基础设施建设和相关功能配套,完善商业街区或者商业聚集区的停车场、公共交通、绿化、公厕等配套设施的建设,合理增加小型便民购物中心、生活超市等基础设施,加强对物流配送车辆的管控,营造良好发展环境。以规划为先导,准确把握商业街区功能定位,注重商业街区内的业态构成,以商气聚人气。同时,加强宣传,着力提高城市吸引力、影响力和知名度。

2. 规范市场环境、营造良好氛围

必须强化市场监管能力,打击一切制假售假、商业欺诈和侵犯知识产权的行为,推动诚信体系在商业市场环境中的运用,推动行业管理部门、执法监管部门、行业组织和征信机构、金融机构、金融监管部门的信息共享,大力倡导诚信经营、诚信消费,营造诚信兴商的良好氛围。

3. 推动信息公开、赢得社会支持

尝试建立商业街区发展信息公开制度,定期向社会发布商业街区发展情况、商业景气分析报告和导向性意见,建立公益性的商业网点信息查询系统,为消费者提供消费指南,引导和吸引广大消费者关注支持商业及商业街区发展。

案例 10-7

成都宽窄巷子

宽窄巷子位于四川省成都市青羊区长顺街附近,由宽巷子、窄巷子、井巷子平行排列组成,全为青黛砖瓦的仿古四合院落,这里也是成都遗留下来的较成规模的清朝古街道,与大慈寺、文殊院一起并称为成都三大历史文化名城保护街区。宽窄巷子历史悠久,文化底蕴深厚。康熙五十七年(1718年),在平定了准噶尔叛乱后,选留千余兵丁驻守成都,在当年少城基础上修筑了满城。民国初年,当时的城市管理者下文,将"胡同"改为"巷子"。20世纪80年代,宽窄巷子列入《成都历史文化名城保护规划》。如今,宽窄巷子已经被认定为国家AA级旅游景区,先后获2009年"中国特色商业步行街"、四川省历史文化街区、2011年成都新十景、四川十大最美街道等称号,已经成为四川成都的代名词。

2003年,成都市宽窄巷子历史文化片区主体改造工程确立,在保护老成都真建筑的基础上,形成以旅游休闲为主、具有鲜明地域特色和浓郁巴蜀文化氛围的复合型文化商业街

区,并最终打造成具有"老成都底片,新都市客厅"内涵的"天府少城",宽窄巷子街区正式出现在世人的词典中。宽窄街区的重建工作于 2005 年正式启动,2008 年 6 月,为期三年的宽窄巷子改造工程全面竣工,修葺一新的宽窄巷子由 45 个清末民初风格的四合院落、兼具艺术与文化底蕴的花园洋楼、新建的宅院式精品酒店等各具特色的建筑群落组成,为宽窄巷子梳理出更清晰的气质:闲在宽巷子,品在窄巷子,泡在井巷子。

宽窄巷子经过岁月的沉淀,几次革新,终于演变成现在的模样。现在取得的成果离不开政府的指导和支持。宽窄巷子采用政府主导、国有企业运营的开发模式,在政策制定、基础设施建设、组织社区参与、关系协调、营造经营环境等方面,政府都发挥了应有作用,为宽窄巷子保护与开发的可持续发展提供了多方面的支持。

在改造伊始,就结合宽窄巷子作为历史街区的情况,确定了总体定位。

宽巷子——老成都的"闲生活"。宽巷子代表了最成都、最市井的民间文化;原住民、龙堂客栈、精美的门头、梧桐树、街檐下的老茶馆……构成了宽巷子独一无二的吸引元素和成都语汇;宽巷子,呈现了现代人对于一个城市的记忆。

窄巷子——老成都的"慢生活"。改造后的窄巷子展示的是成都的院落文化,以简洁朴素的街面设计突出道路两旁院落的精致,以植物结合建筑的形式,营造出安静的氛围。

井巷子——成都人的"新生活"。通过规划改造,井巷子是宽窄巷子的现代界面,是宽窄巷子最开放、最多元、最动感的消费空间。

同时在总体布局上合理规划,由三条步行街组成,中间用通道连通,实现了人气、商业的互动,也显得非常人性化。另外,在宽窄巷子两端分别设置了东广场和西广场,起到聚集人气的效果、提供促销场地等作用。步行街长约 400 米,宽巷子以 6~7 米宽居多,窄巷子宽度为 4 米,完善街区技术设备,设计合适的街巷距离,适宜聚集人气。同时在不同的区域安排不同的业态,进行不同功能定位,严格规范宽窄巷子市场经营环境,为消费者提供良好的消费体验。

宽窄巷子商业街业态总结见表 10-1。

表 10-1　宽窄巷子商业街商业业态总结

街道	宽巷子	窄巷子	井巷子
功能定位	情景消费休憩区	精致生活品位区	时尚动感娱乐区
业态	以精品酒店、私房餐饮、特色民俗餐饮、特色休闲茶馆、特色休闲酒馆、特色客栈、特色企业会所、SPA 等情景消费游憩区	以各西式餐饮、轻便餐饮、咖啡、艺术休闲、健康生活馆、特色文化主题店为主题的精致生活品位区	以酒吧、夜店、甜品店、婚场、小型特色零售、轻便餐饮、创意时尚为主题的时尚动漫娱乐区
目标客户	针对休闲怀旧游客	针对时尚精致消费游客	针对年轻人休闲人群

第11章

商业街区的产出效应分析

11.1 商业街区产出类型分析

商业街区是人流聚集的主要场所,是商业与零散店铺的集中场所,由众多商店、餐饮店和服务店共同组成,按一定结构比例规律排列的商业繁华街道,是城市商业的缩影和精华,是一种多功能、多业种、多业态的商业集合体。商业街区发展至今,已经积淀为历史、文化、民俗、经济等互相交织、意义复杂的社会复合体。在社会文化的深刻影响下,其物质形态明显反映出整个社会的发展水平及其相应的价值。整合商业街区各种资源,激发其商业价值、文化价值、旅游价值、经济价值、社会价值的多方共赢,已成为商业街区发展的潮流。

11.1.1 商业效益

商业街区是城市的有机构成,归根结底其是为了追求商业价值而存在的,因此追求高的商业效益对商业街而言是至关重要的。

(1) 形成商业集聚。商业街区往往是百货店、专卖店、精品店、餐饮、休闲、酒吧、文化、旅游、娱乐、健身等多种商业元素的集聚地。各种类型的商业企业在空间上的联合集聚,会产生 1+1>2 的系统效应。首先,商业街区中大量商铺聚集,形成了巨大的吸引力,吸引消费者来此购物,消费者可实现一站式购齐,节约消费者时间成本和交通成本,因而产生消费带动效应。其次,商业街区中存在专业化分工,企业之间的互补关系可以产生协同效应。商业街区中企业的集聚产生规模经济,可以共同营销以降低宣传费用,可以增加与供应商谈判的砝码以降低交易成本,也可以共用基础设施,提高基础设施的使用率。此外,商业集聚通过集中化大规模的商业活动和提供相关服务,将会带动街区周围的金融、房地产、餐饮、旅游、广告及交通运输的发展,促进该区域的商业规模化和专业化。而当商业集聚规模、专业程度达到一定水平,还会引起周围人们的思想和消费观念的变化,甚至消费结构的改变,从而促进消费环境和商业经营的进一步提升。街区商业集聚所形成的规模经济性,使零售业和服务业或配套设施具备了经济上的合理性。最后,商业街区具有区位品牌效应。商业区位品牌是商业集群内企业一种重要的无形资产,企业通过集聚,集中广告宣传的力度,这既减少了单体企业的广告宣传费用,又借助广告效应形成整体品牌优势和区位商业优势,使单体企业获得稳定乃至不断增长的顾客流及整体的商誉。

（2）业态多样，功能完备，增加商业丰富度。商业街区几乎都同时兼备观赏功能和实用功能，街区内服务设施一应俱全，包含餐饮、酒店、超市、百货、电影、健身、服装、KTV、电玩等多种商业业态，具有展示（审美的愉悦、陶冶）、消费（吃、住、游、购、娱）、体验（情景/活动）、引领（文明、时尚）、保护（文化、传统）五大完备功能，充分满足不同消费者的多重需求，让消费者既达到休闲放松的目的，又达到购物消费的目的。

案例 11-1

南锣鼓巷商业业态分析

南锣鼓巷地处北京东城区交道口街道辖区内，紧邻北京钟鼓楼、什刹海。在近 20 年的发展过程中，南锣鼓巷由最初的京味儿十足、文艺气息浓郁，迅速发展成为一条人气十足、商业氛围浓厚的特色商业街区。交道口街道组织编制的《交道口街道社区发展规划（2006—2020 年）》和《南锣鼓巷保护与发展规划（2006—2020 年）》积极推动了南锣鼓巷以商务休闲、文化旅游、文化创意等为主导的业态定位。

从图 11-1 中可以看出，南锣鼓巷的商业业态分布集中于外部道路鼓楼东大街和南北贯穿的南锣鼓巷，"T"形的线性结构特征明显。零售设施、餐饮设施分布于主结构之上，而商务设施、娱乐康体设施、旅馆设施分布较为均匀。

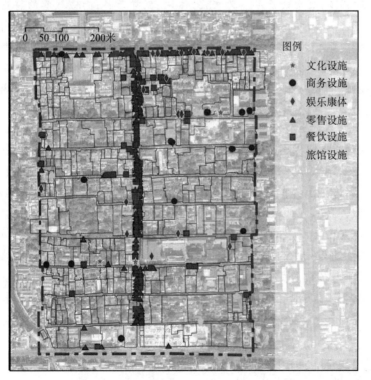

扫码看彩图
（图 11-1）

图 11-1 南锣鼓巷商业业态空间分布特征图

资料来源：姜淼. 历史文化街区商业业态定量分析方法与比较研究[D]. 北京：北京建筑大学，2019.

从表 11-1 南锣鼓巷业态的类型结构统计可以看出，其零售商业占比最高（61.24%），其次为餐饮(55.01%),娱乐康体(13.99%)、旅馆(10.23%)设施占比相对较低,商务(4.40%)、文体(2.64%)设施占比极低。南锣鼓巷的业态类型以零售商业、餐饮为主体,南锣鼓巷紧邻什刹海、钟鼓楼、北海、景山等旅游热点地区,周围又存在东四、国子监等传统风貌完整的胡同,随着其知名度不断升高,为该地区带来了庞大的客流,因而也促进了零售商业、餐饮设施的扩张。

表 11-1 南锣鼓巷商业业态结构统计表

业 态 类 别	类型结构占比/%	品质结构占比/%
特色业态整体	—	68.22
零售商业	61.24	51.85
餐饮	55.01	20.24
旅馆	10.23	68.73
商务	4.40	100.00
文体	2.64	100.00
娱乐康体	13.99	50.27

资料来源:姜淼.历史文化街区商业业态定量分析方法与比较研究[D].北京:北京建筑大学,2019.

从南锣鼓巷业态的品质结构上来看,业态品质整体处于相对较高的水平(特色业态的占比为68.22%)。南锣鼓巷主街已开始培育具有文创和非遗内涵的特色店铺。南锣鼓巷的特色零售商业占比为51.85%,售卖的产品多为文化、休闲、创意产品;南锣鼓巷的特色餐饮占比为20.24%,多为酒吧、咖啡厅为主,同时餐饮业态也逐渐由临街小吃摊位向室内环境别致、饮食独特的餐馆转变。南锣鼓巷的特色旅馆设施占比高达68.73%,南锣鼓巷并非游客住宿的集中区域(旅馆设施整体占比仅为10.23%),但分布其内的旅馆多为青年旅舍或主题型旅馆,住宿品质较高。南锣鼓巷的特色娱乐康体业态的占比为50.27%,区域内分布有桌游吧、小剧场等设施,为城市人群提供了城市休闲的场所。

(3) 商业氛围浓厚,提高商业吸引度。商业吸引度是指商业街区对商户及消费者的吸引程度。商业街区的商业氛围浓厚,每年街区统一举办购物节、美食节、时装周、戏剧节、音乐节、大型巡演、大型展览、民俗节等特色主题活动。从消费者角度而言,由于商业街区各类企业之间提供的产品和服务具有互补性和配套性,可以更好地满足不同层次消费者的需求,使他们愿意前来购买。同时由于商户的集中,消费者在价格搜寻和商品比较过程中节约了时间和精力,每年的营销活动等浓厚的商业氛围使得商业街区的商品价格相对较低,增加了消费者价值,从而提升商业街区对消费者的吸引力。从商家角度而言,商业街区内商业氛围浓厚,商业企业通过集聚,集中广告宣传的力度,这既减少了单体企业的广告宣传费用,又借助广告效应形成整区位商业优势,为商业街区的招商引资做宣传,从而提升商业街区对商家的吸引力。

11.1.2 经济效益

经济效益是指人类在进行经济活动的过程中,劳动消耗与劳动成果的比较,其公式可以表示为:经济效益=产出÷投入。经济效益反映了商业街区利用资源和市场创造价值的经营业绩,也代表街区今后发展的速度、质量、规模、效益和潜力。评价的角度与层次不同,经济效益所包含的内容也不相同。

(1) 对政府主体方面,经济效益需要统筹考虑国民经济全局,从社会再生产全过程的角度计算产出与消耗之比,称之为社会经济效益。保护并发展良好的商业街区是支持城市商业活动和有机活力的重要构成因素,能够促进零售商业的发展。这种对商业活动的支持,可进一步促进城市区域经济的繁荣,促进城市整体经济活力的产生。对于政府来说,可以利用商业街区来发展城市的旅游业,合理的商业街区设计可以使其成为城市的名片,这样不仅可以减少城市宣传上的费用,还可以为政府创造更多的财政收入,丰富市民的生活,让城市更加充满活力,也可以促进地方旅游业及其附属产业的发展,从而带动地方经济的发展。

(2) 对投资主体方面,经济效益是指企业在商业街区建设与发展过程中的产出与消耗之比,实际利润率、投资回收期、实际财务内部收益率等指标可以衡量经济效益的水平高低。体验经济下的商业街区,可以吸引更多的消费者带来更多的消费,使其获得更多的经济利益。企业利用商业街区的特色资源,结合历史文化价值,创造实现经济价值,并且可以获得很好的企业品牌效应,博取其他群体的信任和改善自身的形象。商业街区的开发与发展中,有很多如商业地产、酒店等特性的商业项目,这些项目实施模式可以给房地产企业带来项目运营及后期营销推广等项目经验的积累。市场经济的模式决定了投资群体都是以追逐利益最大化为基本目的,追求利益的最大化。

(3) 对商户主体方面,商业街区中大量商铺聚集,形成了巨大的吸引力,吸引消费者来此购物消费,增加商户的销售额与营业利润。此外,商业街区中存在专业化的分工,企业之间互补的关系,产生协同效应。商业街区中商户的集聚产生规模经济,可以共同营销以降低宣传费用。从商户主体角度讲,商业街区可以使他们迅速、准确地掌握市场信息,减少生产盲目性。同时,商业街区把分散的企业聚集到某一空间内,无形中扩大了商品销售的规模,从而节省了交易成本。

(4) 对居民主体方面,商业街区集购物、休闲、餐饮、观光于一体,对于消费者具有强大的商业吸引力,商业街区的居民也希望可以在商业街区的建设与发展中获取超出其产权的额外经济效益,如居民将自己更新改造后的建筑作为商铺来经营,从而享受街区开发与管理带来的商业红利。

案例 11-2

成都远洋太古里商业街区经济效益分析

成都远洋太古里位于锦江区大慈寺片区,北邻大慈寺路、西接纱帽街、南靠东大街,邻近春熙路商业步行街,由太古地产和远洋集团共同打造,项目总投资超过 90 亿元,占地 7.4 万平方米,零售街区面积 11.4 万平方米。街区于 2015 年 4 月 24 日开街运营,首创"快要慢活"业态模式,是一座开放式、低密度的街区形态购物中心,节假日客流量达 15 万人(次)。街区内设中里、西里、东里,建筑包括地下一层、街区一层和街区二层。地下一层的品牌主要是服装家居零售品牌、餐饮品牌、休闲娱乐品牌。街区一层的品牌布局以高端奢侈品、轻奢品、快时尚商品、休闲服饰、首饰、餐饮、数码产品为主,街区二层以餐饮和体验业态为主。成都远洋太古里商业街区的餐饮店铺 79 家,进驻品牌 317 个。根据 2018 年锦江年鉴数据,成都远洋太古里商业街区在 2015 年的销售额为 14.5 亿元,税收 5 900 万元,2016 年销售额为 30 亿元,税收 1.55 亿元,2017 年销售额 45 亿元,税收 1.84 亿元。见表 11-2。

表 11-2　成都远洋太古里商业街区经济效益

时间/年	销售额/亿元	税收/亿元
2015	14.5	0.59
2016	30	1.55
2017	45	1.84

资料来源:锦江年鉴,2018.

11.1.3　文化效益

文化的形成是一个长期积累和沉淀的过程。从商业街区创建开始,商业街区的文化就在不断积累。商业街区的文化是商业街区的建筑形态、景观设置、文化古迹、特色经营、商业信誉、故事传说等组成的,是物质文化和精神文化的统一体。富有文化内涵的商业街区能给消费者情感上的认同和共鸣,让消费者在逛街的同时不断丰富体验,不仅满足了基本的购物需求,更满足了其品味城市历史,寻求情感共鸣的精神需求,而此过程也是展示商业街区的生活方式和文化内涵的过程。商业街区的建设、发展过程带来的文化效益如下。

(1) 传承地域文化,延续文脉。商业街区是众多民俗活动发生并传播的中心,它集中展现了一个城市社会的风俗习惯及地方文化个性,并以其自身的活力传承社会文化。相对地,正是由于民俗民风的丰富多样性、内在继承性、地方性及顽强的生命力,才使商业街区成为社会中不可分割的一部分。作为一个完整的社会环境,商业街区具有保存和延续文脉的重要作用,是城市商业文化和艺术传承的活化石,成为城市文化的缩影。

(2) 展示城市文化独特性,提高文化影响力。城市的特色标志往往能够反映整个城市的发展和演变,在某种程度上而言,商业街的文化氛围能够从侧面呈现城市的风貌,展示城市文化独特性。在一些知名的商业街区中,完全没有"千街一面"的现象存在,还因其营造的独特文化氛围而成为城市的标志。比如中西融合的上海新天地、拥有老北京风貌北京王府井大街、以唐风打造的西安西大街……当人们提及这些商业街区的时候,整个城市的文化面貌便跃然纸上,名胜、历史、文化等使得这些商业街区独具风格,成为城市的必然标志,也提高了城市文化的影响力。一个拥有地域特色文化活力的商业街区,不再是仅仅满足城市商业功能的存在,它也是人们心中的文化认同与归属及有意义的生活场所,不仅承载着购物功能,同时承载着这个城市的文化传承、对外的窗口展示等功能。

(3) 文商融合。文化是城市旅游的本质属性,是旅游追求的目的之一。商业街区蕴含街区文化和城市特色文化,在吸引消费者的同时向消费者展示城市的独特文化和形象。商业街区是消费的地方,消费不仅是实物消费,也是精神消费,更是一种体验消费。商业街区往往都是商业聚集区,商业聚合能力强,可一站式满足人们购物、餐饮、娱乐等不同方面的需求。在商业街区,消费者所体验到的商品、艺术、文化与休闲等不仅增添了购物的趣味性,延长了消费者游览的时间,更可以使其记忆深刻,增强消费者忠诚度。

案例 11-3

宽窄巷子文商融合

青羊区宽窄巷子步行街地处成都市中心城区的最中心。街区北起槐树街,南至蜀都大道,东抵长顺街,西至西郊河,总占地面积约 1 006 亩,包括核心区、拓展区。其中,核心区包括宽巷子、窄巷子、井巷子、实业街、泡桐树街、支矶石街,6 条街步行总长度约 2 880 米。

宽窄巷子是成都三千年少城文化和三百年满城文化的最后遗存,是北方胡同文化与川西民居四合院落融为一体的建筑风格在中国南方城市的"孤本",是成都平原宜居休闲与时尚生活的最典型代表,是中国首个院落式情景消费生活体验最原真性的标本。宽窄巷子的发展遵循"以成都传统民居建筑为载体,以巴蜀文化和成都民间文化、民俗文化为特色",围绕川菜、川酒、川茶、川戏等浓郁地方特色文化资源开发,建设集旅游观光、休闲娱乐、商业商务、文化创意于一体的商旅文融合功能片区。其步行街依托宽窄院巷文化、历史遗址、名人文化等资源,立足主街区的 6 条街巷及拓展区的小通巷、奎星楼街等,形成了不可复制的"老成都记忆"文博旅游业态。

11.1.4 旅游效益

商业街区与城市旅游相互依存,共同发展。商业街区是城市旅游的重要吸引物,商业街区的发展有利于城市空间的重新布局,促进城市功能的提升,有利于城市旅游形象的构筑,增强城市的知名度,从而为城市旅游的进一步发展提供有利条件。当然,商业街区的发展也离不开城市旅游的支撑。城市旅游的发展为商业街区汇集了一定的人流,并且为商业街区的初期建设提供了充足的资金来源,其在多年发展历史中所积累的各种服务业设施也满足了旅游者的多方面需求,从而保证了商业街区客源的稳定性,促进了商业街区的进一步发展。商业街区是城市旅游的重要吸引物之一,其建设、发展过程带来的旅游效益如下。

(1)补充城市旅游资源。城市旅游资源是城市旅游活动得以开展的前提和基础,是城市旅游开发能否成功的关键。商业街区作为近年来在各大城市新兴的一种城市旅游资源,一直具有很强的吸引力,很多城市旅游者甚至是因为商业街区而慕名前往所在城市进行旅游活动。加之很多商业街区本身是在历史建筑、历史街区的基础上加以改造,再融入餐厅、酒吧等各种现代元素,既满足了旅游者探究城市历史、感受城市文化的需求,同时又满足了旅游者休闲放松、娱乐购物的需求,因而一直备受城市旅游者的青睐。

借助商业街区开展的一系列主题活动也是吸引旅游者的重要资源之一。例如,天津五大道每年都会举办五大道旅游节,既有热情奔放的中外演员参与的盛大花车巡游活动,又有凝聚近代人文底蕴的五大道老照片展,以及青年视觉——当代大学生眼中的小洋楼摄影展;既有五大道旅游节纪念封首发式,又有欧美经典老影片展映活动,为海内外旅游者奉献了一道道各具特色的精神盛宴。这些主题活动不仅有效对外宣传了主题街区,提升了主题街区的知名度,同时也成为重要的城市旅游资源之一,吸引着旅游者的关注。

案例 11-4

南河头文化商业街区旅游资源分析

南河头历史文化保护区位于平湖市旧城中心,南靠南城河,北至人民路,东临东湖,西到日晖漾,总占地面积约 0.21 平方千米。旖旎的水乡风光、独特的人文景观、传统的建筑风格、淳朴的民间风情,南河头具有鲜明的艺术特色和审美价值,是目前能够记录并表达平湖历史传统建筑和较为完整地承载平湖风物的传统街区。

南河头是平湖市的最后一片古城,仅占平湖城市建成区面积的 0.46%,却拥有 170 余处文保点及历史建筑。其格局之大、底蕴之深、保存之好,令人惊叹,具有非凡的历史价值和文化意义。省级历史文化街区有南河头和南混堂弄 2 处,南河头有国家级文物保护单位莫氏庄园,市级文物保护单位葛氏祠堂,市级文保点稚川学堂旧址、永凝桥等,还有江南三大藏书楼之一传朴堂旧址,葛氏、张氏、陈氏、徐氏、沈氏、王氏等宅第共 160 余处,文化遗迹有古井 5 口、古树名木十余株、河道、河埠、驳岸、桥梁。南混堂弄文保点建筑有混堂弄 3 号施宅、混堂弄 38 号戈宅、书院弄 35 号钟宅、书院弄 29 号钟宅、鲍家汇 50 号民居,平湖县委办公旧址,清、民国时期的传统民居,如混堂弄 34 号钱宅、混堂弄 50 号民居,书院弄 25 号水井。

平湖南河头也有不少文化名人旅游资源。1999 年版《辞海》共收了 9 名平湖人:南宋画家赵孟坚,明代权臣陆炳,清代大臣、书画鉴赏家、收藏家高士奇,清代廉臣、理学家陆陇其,现代戏剧家、教育家、书画家、高僧李叔同,中国民族乐器演奏家朱英,著名导演、中国左翼电影的开拓者程步高,冶金和材料科学家邹元燨,篆刻家陈巨来。

南河头文化商业街区丰富的人文、景观等旅游资源为平湖市补充了城市旅游资源,备受城市旅游者青睐。

（2）增加大量城市旅游者。主题街区作为城市旅游资源的有力补充,正积极发挥其旅游吸引物作用,必然会为城市旅游催生大量的城市旅游者,是聚集人气的核心载体。未来,随着商业街区的进一步开发与完善,必将会吸引越来越多的旅游者,为旅游城市集聚起大量人气。

（3）刺激城市旅游消费。很多旅游城市既具备一流的旅游资源,也具备较为完善的旅游服务设施,可以满足旅游者正常的生活和旅游需求,但是购物和娱乐这两个环节却始终未能跟上国际城市旅游发展的潮流。从旅游经济学角度看,旅游者的消费分为基本消费和非基本消费,而购物和娱乐属于非基本旅游消费,也是形成旅游新的经济增长点的源泉。现代商业街区大多都是集购物、餐饮、休闲、娱乐、观光等多功能为一体的综合性旅游区域,充分体现了现代消费经济的开放性、体验性与互动性,更加契合现代城市人群的消费习惯,这就使得各类形形色色的旅游产品充斥着旅游市场,极大地激起了旅游者的消费热情,是引起冲动型消费市场的巨大驱动力。因此,商业街区大量的人流、物流和资金流,吸引着众多要素的聚集,极大地刺激了城市旅游消费,带动了城市旅游消费的蓬勃发展。

（4）延伸城市旅游产业链。旅游产业链是指旅游行业为了最大地满足旅游者的旅游消费,获得经济、社会、生态等多方面的效益,而在旅游产业内部形成的不同企业间的分工协调、相互联系、密切衔接的链条关系。显然,商业街区作为城市居民和旅游者休闲、购物、娱乐的理想场所,不仅是城市消费中心,而且要满足旅游者多层次、多方位的需求,经营内容涵盖吃、住、行、游、购、娱等方方面面。这就有力地促进了旅游相关产业的互动互融、无缝衔接,有效地拉伸了旅游产业链条。商业街区通常业态结构多样,包含观光业、商业、餐饮业、住宿业、娱乐业,甚至包含文化产业、地产业等。商业街区能够从各种业态的商业经营中获得可观的利润,更重要的是带动了周边区域价值的提升。依托旅游商业街区的建设,其旅游与商业的繁荣,必将吸引大量旅游要素的积聚,从而逐步形成一个城市的商业中心、文化中心和旅游中心,强化了所在区域的价值与凝聚力,进而促进相关产业升级,带动相关产业发展。以天津音乐街为例,音乐街除了乐器销售、特色餐饮经营火爆外,更带动了周边房地产价格的上涨。由此可见,商业街区能够有效延伸旅游产业链条,为一条龙或一体化的旅游生产与服务奠定坚实的基础,对旅游经济发挥着强大的辐射和带动作用。

(5)凸显城市旅游形象。城市旅游是综合的品位与体验,城市的形象则代表了一个城市的个性、精神与文化。良好的城市形象是当今城市潜在的、重要的旅游资源。然而,随着城市经济的快速发展,各城市盲目进行各种项目开发而忽视了对本地文化的尊重与保护,使得城市个性逐渐消亡,现代城市急切需要寻找自己的个性与特色。世界上的名城几乎都有自己的形象定位,如中国香港是"动感之都""购物者的天堂",中国澳门是"东方的拉斯维加斯",巴黎是"世界浪漫之都""世界服装之都",洛杉矶是"国际影都",维也纳是"音乐之都",慕尼黑是"啤酒之都"等。从某种意义上来说,旅游城市正是以其鲜明、突出的旅游形象而吸引住旅游者的眼球,留住旅游者的脚步。旅游形象已经成为当今城市旅游发展的新领域,没有鲜明旅游形象的城市是难以长久吸引旅游者的。

商业街区以其独有的个性承载着城市旅游的核心,它可以成为政府和投资者共同打造的"城市名片""城市窗口"。国内外很多知名城市都具有代表城市旅游形象的商业街区,例如巴黎的香榭丽舍大街,以其大道中央车水马龙的繁华和大道两旁浓密法国梧桐树遮盖下的悠闲向世人展示着巴黎人的生活与浪漫,它是法国向世界展示它在各领域傲人成就的橱窗,更是一个国际知名品牌的汇集之地,与巴黎"服装之都""浪漫之都"的城市形象密切契合。

11.1.5　社会效益

社会效益是从整个社会角度出发,分析商业街的建设、发展对社会所产生的直接、间接效益,主要从政府主体与居民主体来分析商业街区的社会效益。

(1)增加社会就业。就业是民生之本、安国之策,是人民群众改善生活的基本前提和基本途径,解决就业问题根本要靠发展。凭借着浓厚的商业氛围、便利的交通设施和独特的历史文化,商业街区是城市商业的缩影和精华,是一种多功能、多业种、多业态的商业集合体。商业街区中大量商铺聚集,随着商户店铺入驻、商家店铺升级、商场后勤保障的完善,往往会提供大量的岗位供务工人群选择,提供更多的就业机会,可以充分利用当地剩余劳动力,增加社会就业。

(2)体现城市风貌,起到城市名片作用。商业街区是组织城市空间,尤其是城市外部公共空间的主要元素,对其进行组织和开发,对于整个城市的发展和高效运作至关重要。不论是从城市交通规划、土地利用还是城市空间设计的角度来看,良好的空间能够为城市生活带来生机,增添城市生活情趣,构成城市丰富的空间景观,成为城市风貌的集中体现。商业街区的发展有助于提升城市历史文化底蕴,树立城市历史悠久的形象,成功的商业街区能够代表地区整体形象和美誉度,成为动态的城市名片,为城市的招商引资和旅游业的发展做宣传。

(3) 促进城市化进程。商业街区经济是城市经济发展的大产业,带动区域和全城的经济发展,是推动城市化进程的发动机。随着社会经济的发展,居民消费水平的提高,商业街区不仅仅在中心市区,而是已布局和渗透到各市区县中。随着商业街区的商业聚集规模扩大,必然引起周围环境或消费结构的改变,甚至引起所在地区的产业结构的调整,如带动和促进本地区金融业、建筑业、房地产业、旅游业、交通运输和娱乐业的发展。商业街区的开发,催生了服务业的发展,同时推进了城市化进程,使得消费者一站式的服务需求更为紧迫,而这又反过来进一步促进商业街区的发展。

(4) 增强居民幸福感。众所周知,集购物、休闲、餐饮、观光于一体的商业街区业态丰富、功能完备,首先具有满足市民基本购物需求与放松休闲、愉悦精神的作用。通过满足市民的这些需求可以提升居民幸福感,提升城市综合服务功能。对于社会公众来说,最重要的就是提高生活质量,改善生活环境。其次,是在不破坏原有社会网络和结构的前提下,商业街区能得到良性的发展和可持续的空间改善。最后,居民能获取超出其产权的额外经济效益,例如居民将自己更新改造后的建筑作为商铺来经营,从而享受商业街区开发与管理带来的商业红利等,这些都可以增强居民幸福感。

(5) 增强居民参与性。商业街区作为市民购物、休憩、娱乐、社交、聚会等社会活动的场所,使人与人之间产生联系,增进人际交流和地域认同感,使人们充分认识到社会的存在和自我在社会的存在,更有利于培养城市居民维护、关心城市面貌与环境的自觉性。

案例 11-5

晋江五店市传统商业街区社会效益分析

五店市传统街区,作为具有寻根、延续、传承、纽带、平台功能的晋江闽南文化新街口,给晋江带来的社会效益具体表现为以下三个方面。

(1) 街区位于梅岭组团旧城改造区域范围内,历史文物及历史建筑分布众多,丰富多样。在整个旧城改造区内,17 处文物当中就有 9 处位于街区的规划范围内,147 处历史建筑就有 44 处位于街区的规划范围内,由此凸显五店市传统街区的历史价值。对其进行良好的规划建设,必将在很大程度上为文化重新注入生命,使历史文化得以永续。

(2) 晋江经济正处于高速发展中,各种机构和企业急需一个有效展示的平台。街区所在的区域正是未来城市核心商圈的中心位置,可以承载晋江发展的平台和窗口的功能。晋江的历史、现在与未来都需要与世界有一个有效的沟通,这个平台可以体现晋江最为集中的文化,体现晋江千年来的历史发展趋势,展示晋江近代来的商业文明。此外,晋江需要此类平台与窗口去展示自己的历史与现状,为晋江的未来和晋江的人们带来更好的生活。

(3) 街区的规划建设将为当地及周边居民提供一个环境优美的休闲、观光、旅游场所,以便在平日紧张工作之余品茶饮酒、琴棋书画,丰富当地居民的生活;同时,还可以拉动周边地区相关产业的发展,充分发挥景区的资源性,间接带动农业、交通、通信、建筑、商业、文化等产业发展,促进人流、物流、经济流的聚集和扩散,有效地增加当地居民收入,推动经济发展,促进社会和谐进步。

11.2 商业街区产出效应评价原则

商业街区的产出效应评价实际上是围绕商业街区的集客能力对商业街区的一种全面测评和分析,其评价指标体系应该是一个由多个指标所组成的相互联系、相互依存的指标群,来反映一个复杂系统,以此来全面、准确反映影响商业街区产出的诸多要素的现实情况,指导商业街区的规划与建设。因此,商业街区产出效应的评价需要遵循以下几个原则。

(1) 科学性原则。商业街产出效应评价指标的概念、含义、范围必须清晰明确,无歧义,指标体系要客观反映其与各子系统和指标间的相互关系。此外,各个指标的选择、指标权重的确定、数据的选取、计算、合成等都必须建立在一定的科学基础上,能够、真实有效地反映商业街区产出的真实情况,能够为商业街区的管理与发展提供可靠的科学依据。

(2) 系统性原则。商业街区是一个复杂的系统,各指标相互独立又相互联系,共同构成一个有机整体。因此在对其进行评价时,指标体系必须遵循系统全面性原则。指标体系应尽可能体现与商业街区产出效应相关的重要内容,能从多层面、多视角、多主线反映商业街区产出状况,以保证评价结果全面、综合、准确地反映商业街区的产出。

(3) 目标一致性原则。目标一致性原则是指设计的指标与评价目标一致,同时评价指标体系内部各项二级、三级指标具体内容之间必须相融,不能把相互冲突的指标放在同一体系内。

(4) 可比、可测、可操作性原则。可比性是指评价对象之间或评价对象与标准之间能够比较;可测性是指设置的指标体系能在实践中获取足够的信息,使评价对象在这些项目上的状态进行量化描述;可操作性是指评价体系力求简化,对评价信息的统计方法简易,具有可操作性。构建商业街区产出效应评价指标体系的基本目的就是要把复杂的现象变为可以度量计算比较的数据,来反映商业街区的发展与产出水平,为城市规划和商业街区建设提供定量化的依据。所以,在设计指标体系的时候要注意指标的适用性和可操作性,要选取那些便于收集和计算分析,并且对商业街区建设具有实用价值的指标。

(5) 动态发展原则。随着对商业街区的认识不断深入,在现在理论认识和实践条件下设计的指标不能反映未来商业街区发展的情况,因此只有不断完善、改进、更新评价标准和观念,使评价着眼于未来,才能使商业街区产出评价更具有实际意义。

11.3 商业街区产出效应评价指标体系

商业街区产出效应评价指标体系以商业效益类指标、经济效益类指标、文化效益类指标、旅游效益类指标和社会效益类指标为一级指标,二级和三级指标原则上需要结合具体商业街区的特征及所在地域情况进行设计。在此,本节给出具有普适价值的商业街区产出效应评价指标体系,见表11-3。

商业效益类指标包括商业街区规划和建设阶段设计、引导所形成的商业集成度、商业丰富度和商业吸引度,具体包括店铺、商户、业种、业态、功能等。

经济效益评价反映了商业街区利用资源和市场创造价值的经营业绩,也代表街区今后发展的速度、质量、规模、效益和潜力。经济效益类指标的构建,具体从街区经济运行所影响的主要受益主体,即政府、投资者、商户、住户四个方面来设计。

文化效益是从文化视角出发,分析商业街区的建设、发展对城市文化的直接、间接影响,文化效益类指标主要包括城市文化传承、文化影响力与文商融合等。

旅游效益是从旅游视角出发,分析商业街区的建设、发展对城市旅游的直接、间接效益。旅游效益指标主要包括旅游资源、游客、旅游消费、旅游产业链、旅游形象等。

社会效益是从整个社会角度出发,分析商业街区的建设、发展对社会所产生的直接、间接效益,主要从政府与居民两个视角展开。社会效益类指标主要包括城市化率、土地使用、就业、居民幸福感、居民参与性等。

表 11-3　商业街区产出效应评价指标体系

一级指标	二级指标	序号	三级指标	三级指标解释
商业效益类指标 A_1	商业集成度 B_{11}	C_{111}	商户总数	商业街区内的商户店铺总数/个
		C_{112}	核心店铺	商业街区内的主力店的数量/个
		C_{113}	老字号店铺	商业街区内开设年代久的商店数量/个
	商业丰富度 B_{12}	C_{121}	业种业态多样性	商业街区店铺业种、业态丰富/种
		C_{122}	功能完备性	不但能够满足购物需求,还能得到多方位的消费体验(旅游、文化、休闲、娱乐、餐饮等多项综合功能)
	商业吸引度 B_{13}	C_{131}	街区营销活动	商业街区里的商户联合起来举办营销活动/次
		C_{132}	商户关系	是否存在竞争、合作、聚集、依赖、层级的关系,关系随其他因素变化的程度
		C_{133}	客流聚集	商业街区吸引的年客流量/人次
经济效益类指标 A_2	政府主体方面指标 B_{21}	C_{211}	经济密度	单位面积的商贸业零售总额/(万元/m^2)
		C_{212}	对财政的贡献	对财政收入的贡献/万元
		C_{213}	商贸业零售总额增长率	商贸业零售总额的增长速度/%
		C_{214}	总资产贡献率	全部资产的获利能力/%
		C_{215}	商贸业劳动生产率	根据商贸业的价值量指标计算的平均每一个从业人员在单位时间内的价值量/%
	投资主体方面指标 B_{22}	C_{221}	实际利润率	实际利润与资金投入的比值,反映盈利能力的主要静态评价指标/%
		C_{222}	实际财务内部收益率	项目在整个计算期内各年财务净现金流量的现值之和等于零时的折现率,反映盈利能力的主要动态评价指标
		C_{223}	投资回收期	投资项目投产后获得的收益总额达到该投资项目投入的投资总额所需要的时间/年
	商户主体方面指标 B_{23}	C_{231}	商户营业额变化	平均营业额变化/万元
		C_{232}	商户利润变化	平均利润变化/万元
	居民主体方面指标 B_{24}	C_{241}	居民收入变化	商业街区周边范围内原住居民平均收入变化/万元

续表

一级指标	二级指标	序号	三级指标	三级指标解释
文化效益类指标 A_3	文化传承 B_{31}	C_{311}	历史遗迹	历史遗迹规模数量/个
		C_{312}	建筑风格	街区建筑具有独特地域文化风格
		C_{313}	文脉系统	历史的社会特征、生活方式是否得到传承，甚至旧的商业经营模式是否再现等
	独特与影响力 B_{32}	C_{321}	文化资源异质性	街区拥有的文化资源同其他街区相比的独特性程度
		C_{322}	文化影响力	文化在商业街区游客中的知名度和吸引力
	文商融合 B_{33}	C_{331}	文化与商业融合	街区的文化品质中可以被运用到商业的部分
旅游效益类指标 A_4	旅游资源 B_{41}	C_{411}	补充城市旅游资源	街区的存在补充了当地城市的旅游资源
	旅游游客 B_{42}	C_{421}	吸引城市旅游者	街区的存在增加的城市旅游者数量/个
	旅游消费 B_{43}	C_{431}	刺激旅游消费	街区带来的游客消费收入/万元
	旅游产业链 B_{44}	C_{441}	延伸城市旅游产业链	街区的存在有效延伸旅游产业链条
	旅游形象 B_{45}	C_{451}	凸显城市旅游形象	街区体现城市的独特内涵与魅力，凸显城市旅游形象
社会效益类指标 A_5	政府主体方面指标 B_{51}	C_{511}	增加社会就业	每万平方米建筑面积就业贡献人数/人
		C_{513}	促进城市化进程	增加的城市居民数量/个
		C_{514}	城市知名度与美誉度	能够代表地区整体形象、美誉度，起到城市名片的作用
	居民主体方面指标 B_{52}	C_{521}	居民幸福感	街区业态丰富，功能完备，能提高居民生活质量与幸福感
		C_{522}	居民参与性	居民维护、关心城市面貌与环境的自觉性与参与性

11.4 商业街区产出效应评价方法

11.4.1 层次分析法

层次分析法(the analytic hierarchy process，AHP)是美国著名运筹学家、匹兹堡大学教授 T. L. Saaty 于 20 世纪 70 年代中期提出的。它是一种结合定性分析和定量分析的一种简单而实用的方法。它可以处理多目标、多准则、多层次的复杂问题，是决策分析的一种方法。它本质上是一种决策思维方式，即把复杂的问题分解为各个组成要素，将这些因素按支配关系分组形成有序的递阶层次结构，通过两两比较方式确定层次中诸因素的相对重要性，然后综合人的判断来决定决策诸因素相对重要性总的顺序。运用层次分析法解决问题的基本步骤如下。

（1）明确问题并建立层次结构。应用 AHP 分析决策问题时，首先要把问题条理化、层次化，构造出一个有层次的结构模型。在这个模型下，复杂问题被分解为元素的组成部分。这些元素又按其属性及关系形成若干层次，上一层次的元素作为准则对下一层次有关元素起支配作用。这些层次可以分为以下三类。

① 最高层:这一层次中只有一个元素,一般它是分析问题的预定目标或理想结果,因此也称为目标层。

② 中间层:这一层次中包含了为实现目标所涉及的中间环节,它可以由若干个层次组成,包括所需考虑的准则、子准则,因此也称为准则层。

③ 最底层:这一层次包括了为实现目标可供选择的各种措施、决策方案等,因此也称为措施层或方案层。

(2) 构造成对判断比较矩阵。在确定各层次各因素之间的权重时,如果只是定性的结果,则常常不容易被别人接受,因而 Saaty 等人提出一致矩阵法,即不把所有因素放在一起比较,而是两两相互比较,对此采用相对尺度,以尽可能减少性质不同的诸因素相互比较的困难,以提高准确度。例如对某一准则,对其下的各方案进行两两对比,并按其重要性程度评定等级。a_{ij} 为要素 i 与要素 j 重要性比较结果,表 11-4 列出 Saaty 给出的 9 个重要性等级及其赋值,按两两比较结果构成的矩阵称作判断矩阵。

表 11-4　判断矩阵比例标度表

标　度	含　义
1	i 和 j 相比,具有同样重要性
3	i 和 j 相比,前者比后者稍重要
5	i 和 j 相比,前者比后者明显重要
7	i 和 j 相比,前者比后者强烈重要
9	i 和 j 相比,前者比后者极端重要
2,4,6,8,	上述相邻判断的中间值
倒数	两个要素相比,后者比前者的重要性标度。要素 i 于要素 j 比较的判断 a_{ij},则要素 j 与要素 i 比较的判断 $a_{ji} = 1/a_{ij}$

(3) 层次单排序及其一致性检验。对应于判断矩阵最大特征根 λmax 的特征向量,经归一化(使向量中各元素之和为 1)后记为 W。W 的因素为同一层次因素对于上一层因素某因素相对重要性的排序权值,这一过程称为层次单排序。定义一致性指标 $CI = \frac{\lambda - n}{n-1}$,$CI =$ 0,有完全的一致性;CI 接近于 0,有满意的一致性;CI 越大,不一致越严重。为了衡量 CI 的大小,引入随机一致性指标 RI。$RI = \frac{CI_1 + CI_2 + \cdots + CI_n}{n}$,其中,随机一致性指标 RI 和判断矩阵的阶数有关,一般情况下,矩阵阶数越大,则出现一致性随机偏离的可能性也越大,其对应关系如表 11-5 所示。

表 11-5　平均随机一致性指标 RI 标准值

矩阵阶数 n	1	2	3	4	5	6	7	8	9	10
RI	0	0	0.58	0.90	1.12	1.24	1.32	1.41	1.45	1.49

考虑到一致性的偏离可能是由于随机原因造成的,因此在检验判断矩阵是否具有满意的一致性时,还需将 CI 和随机一致性指标 RI 进行比较,得出检验系数 CR,定义 $CR = \frac{CI}{RI}$。一般而言,如果 $CR < 0.1$,则认为该判断矩阵通过一致性检验,否则就不具有满意一致性。

（4）层次总排序及其一致性检验。计算某一层次所有因素对于最高层（总目标）相对重要性的权值，称为层次总排序。这一过程是从最高层次到最低层次依次进行的。A 层 m 个因素 $A_1,A_2,\cdots,A_m$，对总目标 Z 的排序为 $a_1,a_2,\cdots,a_m$。B 层 n 个因素对上层 A 中因素为 A_j 的层次单排序为 $b_{1j},b_{2j},\cdots,b_{mj}(j=1,2,\cdots,m)$。层次总排序的一致性比率为：$CR=\dfrac{a_1CI_1+a_2CI_2+\cdots+a_mCI_m}{a_1RI_1+a_2RI_2+\cdots+a_mRI_m}$，当 $CR<0.1$ 时，认为层次总排序通过一致性检验。

11.4.2 模糊综合评价法

模糊理论是由美国著名的控制论专家查德（L. A. Zedeh）教授提出的，他在 1965 年发表了 Fuzzy Sets（模糊集合）的论文，提出了处理模糊现象的数学概念"模糊子集"，力图用定量、精确的数学方法去处理难以准确界定的现象。在商业街区评价中，由于评价因素的复杂性、评价对象的层次性、评价标准中存在的模糊性，以及评价影响因素的模糊性或不确定性、定性指标难以定量化等一系列问题，使得人们难以用绝对的"非此即彼"来准确地描述客观现实，经常存在着"亦此亦彼"的模糊现象，其描述也多用自然语言来表达，而自然语言最大的特点是它的模糊性，而这种模糊性很难用经典数学模型加以统一量度。因此，建立在模糊集合基础上的模糊综合评判方法，从多个指标对被评价事物隶属等级状况进行综合性评判，它把被评判事物的变化区间做出划分，一方面可以顾及对象的层次性，使得评价标准、影响因素的模糊性得以体现；另一方面在评价中又可以充分发挥人的经验，使评价结果更客观，符合实际情况。模糊综合评判可以做到定性和定量因素相结合，扩大信息量，使评价数度得以提高，评价结论可信。

模糊综合评价方法（fuzzy comprehensive evaluation method，FCE）的基本思路是：在确定评价因素、因子的评价等级标准和权值的基础上，运用模糊集合变换原理，以隶属度描述各因素及因子的模糊界线，构造模糊评判矩阵，通过多层的复合运算，最终确定评价对象所属等级。一般而言，模糊综合评价过程大致包括这样几个环节。

（1）确定评价对象的因素集。$U=\{u_1,u_2,\cdots,u_p\}$，其中 u_i 表示具体的评价指标，p 表示评价指标数量。

（2）确定评判集。$V=\{v_1,v_2,\cdots,v_m\}$，即等级集，每一个等级可对应一个模糊子集。其中 v_i 表示评价等级，m 表示评价等级数量。

（3）建立隶属度矩阵 $\boldsymbol{R}$。对评价对象的每个评价指标 $u_i(i=1,2,3,\cdots,p)$ 进行等级判定，以及确定评价因素等级的隶属度 $(\boldsymbol{R}|u_i)$，确定模糊关系矩阵：$(\boldsymbol{R}|u_i)=(r_{i1},r_{i2},\cdots,r_{im})$。由于部分指标难以定量确定隶属度，因此将评价指标分成两大类，即定量指标和定性指标进行综合评价时，可以根据实际意义确定隶属度评价矩阵 $\boldsymbol{R}$。

（4）确定权重向量。通过专家问卷调查及层次分析法确定的权重次序，从而确定权系数：$A=(w_1,w_2,\cdots,w_p)$。

（5）合成模糊综合评价结果向量。确定被评事物的模糊综合评价结果向量 $\boldsymbol{B}$。即

$$\boldsymbol{B}=A\cdot R=(w_1,w_2,\cdots,w_p)\cdot\begin{bmatrix}r_{11}&r_{12}&\cdots&r_{1m}\\r_{21}&r_{22}&\cdots&r_{2m}\\\vdots&\vdots&\vdots&\vdots\\r_{p1}&r_{p2}&\cdots&r_{pm}\end{bmatrix}=(b_1,b_2,\cdots,b_m)$$

（6）分析模糊综合评价结果向量。其他方法评价事物时最终算出的是一个综合值，对于评价结果是一维的综合评价值只需进行简单比较排序就可以了。模糊综合评价结果表现为一模糊向量，根据最大隶属度原则，判定评价对象级别，然后进行综合分析。

11.4.3　评价方法的选择

商业街区是一整套具有多个非定量评价指标的、多层次的复杂系统，包含的因子较多，只有合理的选择评价因子，建立层次分明的指标体系，并对每一指标赋以合理的权重值，才能保证评价结果的合理性。商业街区的评价往往引入层次分析法与模糊综合评价法结合使用。

商业街区产出效应评价采用 AHP 与 FCE 结合的综合评价，其过程如下。

（1）确定评价目标。本章中评价目标为商业街区的产出效应评价。

（2）确定评价体系模型。以"分而治之"的思路，对评价目标进行分解，形成各级评价指标，并最终构造层次模型。表 11-3 显示了商业街区 5 种产出效益的具体指标构成与评价体系模型。

（3）确定指标权重。各项评价指标项对评价对象的影响程度存在差异，为了在评价过程中充分纳入这种差异，需要确定各个评价指标对评价对象的影响程度，即其权重。使用商业街区评价体系层次模型生成 AHP 调查问卷，邀请专家参与调查。收集专家们的 AHP 调查问卷，利用层次分析法进行分析确定各个评价指标对评价目标的排序权重。

（4）专家评分确定评价结果。以层次模型的评价指标（即方案层要素）作为 FCE 评价指标，生成 FCE 问卷。对各个被测对象，寻找专家/评测人填写并收集 FCE 问卷。FCE 问卷收集后，根据专家评分数据及 AHP 获得的各个评价指标排序权重（作为 FCE 的权向量），计算得到各被测对象的综合评价结果。

11.5　商业街区产出效应评价结果解读

11.5.1　评价结果的重要性——满意度分析

重要性—满意度分析（importance-performance analysis，IPA），最初由 J. A. Manilla 和 J. C. James 于 1977 年提出。一般来说，各种形式的调查研究仅能得出对调查对象的主观评价，但考虑到成本问题，并非所有评价低的结果就一定要马上进行优化。IPA 方法就将成本纳入考虑范围，力图将有限的资源用于解决最重要的问题。换言之，IPA 方法被提出，其目的就是找出那些既重要又存在严重不足的指标，也就是那些亟待优化的指标项，并据此将调查研究的结果转化为对实际行动的指导。IPA 方法的主要实现方式是对调查结果进行统计分析，确定调查对象各项指标的"重要性"和"满意度"，并使用散点图的形式将统计数据可视化表达。根据各项指标对应的散点在坐标图中的位置特征，分析两方面内容：一是每个指标在使用者心中的重要性与其带给使用者的实际感受之间的差异。二是哪些指标可以维持现状，哪些需要优化调整；需要优化调整的指标中，哪些紧迫程度更高，哪些较低，以此分析结论来指导实际行动。

本章拟借鉴 IPA 方法的核心思想,对调查和评价结果进行系统分析,并基于该分析,找出商业街区产出效应各项指标中重要且有严重不足的指标项,即那些亟待解决并且对于商业街区产出预期有较大提升作用的指标项,以此为依据,制定以产出为导向的商业街区优化策略。据此,商业街区产出效应评价结果的重要性—满意度分析解读步骤如下。

(1) 专家评价结果确定后,分别求出各项指标的所有重要性得分的中间值 I_m 和满意度的中间值 P_m。中间值的选择是使用所有数据的中位数或平均值:当中位数与平均值之间存在显著差异时,适于使用中位数;而当两者接近时,使用平均值可以保留更多有用信息。

(2) 以重要性为横轴,满意度为纵轴,将各个指标的重要性和满意度平均值转化为坐标点,绘制散点图,并分别绘制 $I=I_m$ 和 $P=P_m$ 两条垂直于坐标轴的直线。

(3) 以 $I=I_m$ 和 $P=P_m$ 两条直线为分界线,划定四个象限(图 11-2),分别对落入四个象限的指标进行解释,并基于此得到行动指导策略。

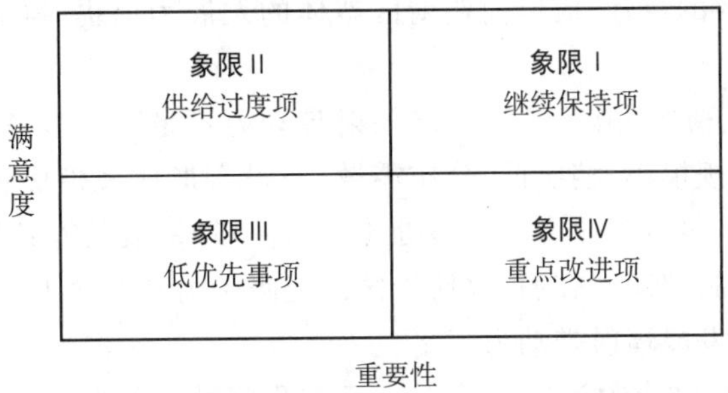

图 11-2　重要性——满意度(IPA)象限图

资料来源:根据 Martilla 和 James(1977)整理而成。

象限Ⅰ:保持(Keep up with the Good Work)落在该区域内的指标项。对于该象限内的指标项,专家/评测人认为其对商业街区产出具有高重要性,同时对这些指标项也非常满意,因此该区域内的指标项可以继续保持当前状态,不需要干预或改进。

象限Ⅱ:落在该象限内的指标项为过度供给项(Possible Overkill)。这些指标表示商业街区产出具有较低重要性,但却有比较高的满意度,评测人很满意商业街区在这些指标上的表现,然而从另一方面来说,商业街区管理者可能在这些不太重要的指标上给予过多的资源与关注。因此该区域内的指标,仅需要保持当前状态即可,而当条件受限时,为了重点调整其他象限内的指标,象限Ⅱ区域内的指标可以根据实际情况适当进行牺牲。

象限Ⅲ:落在该象限内的指标项为低优先事项(Low Priority)。这些指标尽管满意度评价较低,但也并不具有很高的重要性。在资源有限的情况下,这一象限内的指标可以暂缓进行优化调整。

象限Ⅳ:重点关注(Concentrate Here)落在该区域内的指标项。这些指标项对于商业街区产出具有很高的重要性,但其满意较低。因此,商业街区要改善现状,应当重点关注这一区域内的指标。

11.5.2　可能存在的问题分析

(1) 商业定位不清晰,商业集聚效应差。许多商业街区尽管商业业态非常丰富,但也存在着经营档次较为混乱的问题,国际知名品牌与低档劣质消费品比邻而售的现象比比皆是。

由于不同的职能部门根据各自的需求和职能范围对商业街区进行定位,并以自身对街区的定位进行管理,统一管理难度较大,造成业态混乱局面。而经营档次的混乱会直接影响商业街区的整体开发和街区商业氛围的形成,这无疑影响到商业街区的发展。以西安西大街为例,目前西大街的商业业态主要包括零售、餐饮、酒店、休闲娱乐、银行分支机构等,以商业功能为主,以行政、金融、居住功能为辅。西大街在商业上以服装零售为主,大到百货商场小到服装小店,在布局上与东大街重复,并未形成自身的明确定位。在金融方面,虽然有多家金融银行,但大多为中小型银行,影响力较弱未成规模。这些直接导致西大街成为一条发展目的不明确的街区。在商业街区的发展过程中,不乏很多路段店铺处于招商空置的状态。街区商业布局凌乱,既有高档商场,也有很多小商铺,商品档次相差太大,未发挥集聚效应。由于业态互补性差,影响商业街区的经营,这无疑影响了街区的整体情况。商业街区上非商业单位过多,影响了商业链条的完整性。此外,商业街区商业氛围的形成集聚效应的发挥,不仅依赖于一条商业街区的经营,应以商业街区整体的发展为前提,以主街道为领头羊,相交的各支街道协同发展。

(2)基础设施建设薄弱,街区经济发展辐射带动力不足。很多商业街区的基础设施建设相对薄弱,商贸设施规模小、档次低、分布零散,还没有形成规模优势,对周边配套产业发展的辐射带动力不足。很多商业街区大多处于起步阶段,一般只能满足当地居民消费需求,经济效益不够显著,商旅带动性较弱,致使街区缺乏吸引力和聚集力,空置率偏高,产业链的关联效应小,街区经济发展辐射带动力不足。

(3)特色文化缺失,文化内涵有待挖掘。目前我国城市商业街区的同质化经营倾向十分严重,无论是从整体建筑风貌、沿街店面布置、商业形式内容还是从街道环境上来看并没有太多体现地域文化的内容,根本看不出与任何其他城市的商业街区有何不同,容易使消费者产生"千街一面"的感觉,没有使得能够很好承载地域文化的城市商业街区发挥其应传播文化的作用。此外,大多数商业街区的"购物功能"相当充足,但休闲等文化性消费服务严重欠缺,缺乏文化特色,文化内涵有待挖掘。往往一个商业街区能做到门庭若市,并不是靠恢宏的建筑、昂贵的商品,而是凭借特有的文化氛围来折服消费者的。这些与城市人文、城市肌理相呼应的文化氛围,会使消费者感受到别样的情怀。文化资源的传承与发展不应被动地等待市场机会,应结合自身形式与历史文脉方面的优势,将"特色""古文化""地域文化"等作为商业街区复兴的起点,通过合理的商业运作和包装来积极影响市场,自我滚动良性发展。

(4)吸引游客有限,旅游消费乏力。成功的旅游商业街区往往能够给游客提供一站式的综合服务和旅游体验,吸引大量的游客,拉动旅游消费。而现实中很多商业街区往往由于街区特色不足、经营混乱、管理效率低下等问题难以吸引游客停留。此外,夜间旅游是夜间旅游消费的主要内容,也是现代城市旅游的一种重要形式,商业街区则是夜间旅游活动开展的重要场所之一。国内一些著名的主题街区,如上海"新天地"、杭州"西湖天地"、成都"九眼桥"等,无不是以其丰富多彩的夜间旅游活动而彰显出城市的动感与活力,成为城市旅游的一大特色。与之相比,其他很多商业街区的夜生活则显得较为黯淡。尽管一些大型商业街区在夜间九十点仍有不少客流,但无法与白天的热闹、喧哗场面相比,街面便显得萧条、冷清。夜间旅游活动是集聚人气、延长旅游者驻足时间、提升夜间消费水平、展现城市魅力的有效途径。商业街区夜间旅游活动的不足,显然在一定程度上制约了城市旅游的进一步发展。

（5）街区过度开发导致居民社会网络的解体，居民幸福感降低。城市文脉不是通过简单的几栋历史建筑保护和街区风貌形象的维护就能延续下来的，城市文脉依附于街区最为真实的社会生活之中。目前很多地方领导和开发商带领下的以旅游开发为主要手段的街区改造，虽然没有对街区进行大拆大建，但是为了获得最大的经济效益，往往将原住居民赶出街区，代替以商业和文娱功能，不可避免地导致长期以来形成和保留下来的邻里关系和社会网络的解体，居民生活幸福感降低。同时，这种以表演式的仿古活动来取代世世代代依附于街区中的传统生活方式的做法，从某种意义上也是一种伪造行为，街区也会因此失去原有的地方特色和历史韵味。

11.5.3 对策建议

1. 商业效益系统

（1）提高商业集聚。商业街区内，非商业单位过多会影响商业链条的完整性。面对这样的情况，应用土地置换等手段，可以为有意愿、有能力的非商业单位提供改造或迁出的优惠，将非商业单位搬迁到其他区域，吸引知名企业入驻，优化街区功能，提高商业街区的经营面积，增加单位经济产出。若存在目前无法迁出的困难，尽可能将沿街门面改作商业用房，从而使整个街区商业集聚形成点点相连的闭合式商业街区。

（2）调整商业业态。现代商业街区一大特点是商业形态杂乱、商家纷纷比拼新奇与时髦，商业形态千篇一律。合理的业态布局是商业街区发展的首要问题。国际上公认"三足鼎立"之势，即购物、餐饮、娱乐尽量保持在4∶3∶3的比例。这样能吸引和留住消费者，可以满足消费者不同的需求。商业街区应提高餐饮和娱乐的比例，适当降低购物比例，让街区的综合功能得以发挥。商业街区应将不同的设施，不同的店铺组合起来。同时，应注意业态组合，合理延长营业时间，将时间观念引入三维空间中，充分利用每天24小时，持续满足消费者的各种活动需求。针对不同时间段来布置商业活动，按照各自的营业时间加以组织安排，从而促进整个地段的繁荣和活力提升，最大限度地发挥商业地段的商业效能。

（3）明确商业街区定位。商业街区的准确定位是决定商业街区生存与发展的前提条件，是实现与其他商业街区错位经营的重要因素，也是商业街区成功的必备要素之一。对商业街区进行准确定位，要根据所在城市的基本功能和独有特征、当地的实际状况和消费习惯、消费能力来确定自己的定位，做到因地制宜至关重要。商业街区定位的前期分析应以商业街区所在的城市背景、独特的地域文化特色、城市周边的环境资源及居民的生活习惯为着手点，从宏观市场到微观市场进行全面的调研和解析，确保发展方向与城市整体发展相协调，充分利用优势资源和条件，明确具有特色的商业街区定位。

2. 经济效益系统

（1）街区经济发展与提升城市建设管理水平相结合。结合地区开展的城市建设管理提升为契机，按照"统一规划、一街一品、彰显人文"的思路，将道路改造与商业街区建设有机结合，统筹对道路路面、管网、街景、路灯、环卫设施等进行全方位综合配套改造，提升街区景观形象；同时，整合改造商业设施，提升产品经营规模、档次，集中抓好一批商贸、餐饮、休闲特色街区,提升街区经济承载力,实现经济繁荣与城市建设管理相互促进、共同发展。

（2）街区经济的发展与商业业态的改造升级相结合。针对消费层次和消费对象的不同,把商贸、餐饮、娱乐等传统服务业与中介、信息等现代服务业结合起来,既要注重发展新型业态,吸引或建设一批高档次、辐射力强、有带动效应的大项目或高附加值的商业街区,同时要注意用现代流通方式和手段对现有的商业街区进行改造升级,发展一批以当地居民消费为主、向周边城区辐射的、有一定品位的特色商业街区,逐步形成层次清晰、特色鲜明的街区经济发展模式。

（3）街区经济的发展与城市空间和土地资源的合理高效利用相结合。立足于规模化、集约化、专营化,按照规划要求,尽可能将黄金地段街区两侧的土地及地上建筑物置换为商业用地和商用建筑,增加商业面积,加快产品结构升级,提高单位面积土地和空间上的产出效益,实现城市空间的优化,城市资源的高效利用。

（4）引入创意产业功能,增强街区经济效益。创意产业作为一种创新型且具有高附加值的新兴产业,对于优化城市的产业结构、提高城市竞争力有着十分重要的作用。目前,文化创意产业已经成为各国新的经济增长点,以空前的规模和速度在全球范围内迅速崛起。纵观英国、美国、澳大利亚、新加坡、日本、韩国等提倡大力发展创意产业的国家,创意产业形成的集聚效应无不在提升城市形象及为城市寻求更多的发展机遇上发挥了巨大作用。正因为创意产业相比人们日常生活中的一般性生产活动具有更强烈的集聚效应,并且创意产业的发展离不开历史文化的积淀,因此,在历史商业街区的保护与再生中适当地引入创意产业,可以实现街区产业转型,增强街区经济效益。

3. 文化效益系统

（1）注重文化打造。商业街区在开发与管理过程中应该深度挖掘文化内涵,突出文化主题,选择合理的开发模式。文化消费不是简单的吃喝消费,文化消费是复合消费,消费的不仅仅是表面的物质性商品,更是暗含其中的文化意义。近年来,由于整体旅游市场的升温,作为城市文化精神的体现,历史文化商业街区的稀缺性更促进了城市旅游商业的发展。目前,商业街区的相关研究中一共有4种文化类别:现代时尚潮流文化,追求现代流行的文化潮流;移植欧美海外风情,形成异国情调;中式古风文化,以汉唐宋明清不同朝代为依托,形成时代文化主题;民族民俗文化,以当地民俗、宗教、少数民族风格情调等为基础,形成特色文化。

在文化类别的基础上明确文化主题有助于深层次的文化打造。文化主题对商业街区的重要性相当于经济对国家发展的重要性,从中可以看到街区文化的缩影。例如,著名的宁波日湖婚庆广场,便是以婚礼消费为文化主题,成功营造出属于自己的"婚街""喜街""家饰街"的主题文化。江南印象商业街结合自身现状,综合考虑了常熟的琴韵文化、消费市场的平稳上升、可签约的商户数量和人口的流动比率等多方面因素,明确了自己的文化主题:古镇风情。苏式建筑以轴线的形式分布,与整条商业街的业态布局相呼应。街道两旁的商店、餐厅、咖啡厅和琳琅满目的商品等环节都围绕这个主题合理规划,让消费者在特定的文化空间里感受到生活情趣。

（2）挖掘文化内涵。特色商业街区的成功是一片区域的成功,是文化传承和延伸的成功。商业街区建设应注重挖掘其文化内涵,对当地历史遗迹中蕴含的传统文化、环境性格、场所精神进行深入挖掘,从而在商业街区的管理和运营中凸显历史资源的潜在价值,将文化融入公共生活中,既要创造舒适宜人的物质购物空间,也要营造浓郁的文化氛围、历史韵味及传统文化的感染力。

举办传统文化活动是提升商业街区文化氛围的有效方式。街区的魅力来源于社会生活氛围,这给人以归属感和认同感。提升街区社会生活氛围有助于提高街区整体的吸引力。通过举办与商业街区当地历史文化内涵相关的活动,以此营造传统文化氛围,不仅可以吸引人流,活跃气氛,也是对传统文化的传承。活动展示的内容可以是街区的历史,也可以是发展现状,更可以是对未来的展望。这不仅是传承和发扬商业街区文化底蕴的重要手段,也是提升街区魅力的有效措施。

(3) 商旅文协同发展。商业街区是一个功能高度聚集的载体,除购物外,还有娱乐、休闲、餐饮等不同的功能,应加强购物之外的功能的发挥。随着人们消费需求的提升,单纯的购物吸引力正在弱化,人们更加关注购物中游览得到的乐趣,商业与旅游融合是符合目前的商业趋势。商业的繁荣会拓宽人们城市旅游的范围,旅游的发展为商业带来人流,人流是商业发展的必要条件。因此商业与旅游的结合是未来经济发展新的趋势。

商业街区旅游业的发展,不仅取决于其名胜古迹的吸引力,也取决于街区的住宿、餐饮、交通、社会氛围等其他配套条件,旅游产业族群的内部是互相依赖的。相反,商业街区的人流量不仅取决于商业集聚度,与旅游发展程度也息息相关。将商业街区的旅游资源开发利用,形成新的旅游产品,展示当地的文化品位,是商旅结合的重要问题。应努力实现特色文化与现代商业街区的结合,创造出具有文化品位和独特风格的现代特色商业街区,构建具有当地特色的商业街区。根据商业街区主流消费群体的感知和关注点,在充分挖掘和整合商业街区的各种文化资源后,采用适当的方法筛选出吸引和满足消费群体的文化。不断扩张商业街区的文化体验项目,让服务和产品多元化,不断地满足消费者新的需求,重视体验性产品项目的开发,由此增加消费者的参与度与愉悦感,延长消费者在商业街区的时间。

4. 旅游效益系统

(1) 发展晚间消费市场,打造夜休闲经济。夜间旅游活动是夜间消费的主要形式,也是连接商业街区和城市旅游的最佳桥梁,它的开发能丰富旅游者的行程,延长旅游者的滞留时间,增加旅游者的旅游消费支出,带动关联产业发展,从而使得商业街区及其他城市设施利用率提高,由此也延长了商业街区生命周期,提升了城市旅游竞争力。晚间消费是一个城市商业繁荣的标志,不仅可以满足消费者购物、娱乐、餐饮的需求,也是一种可观的消费经济业态,发展潜力巨大。现在的商业街区发展中往往存在夜休闲经济缺失这一问题,晚上 10 点多以后,基本上许多商业活动就停止了。而一些发展晚间消费经济的商业街区,也往往存在规模较小、缺乏整体规划、商业活动缺乏新意、晚间消费选择少、相关部门协调不够、公共配套措施不足等问题。大力发展晚间市场能够大力拉动城市消费经济增长,作为重要的夜生活元素,商业街区有必要变成促进全方位的、专业的、权威的晚间消费的主力。因此,需要高度重视商业街区夜经济的市场潜力,大力扶持酒吧等行业发展。同时,对街区内购物、文化、旅游、休闲设施进行结构调整和品位提升,从而构建街区夜生活圈,以此来集聚人气,打造繁荣的夜间旅游市场,刺激旅游者的夜间旅游消费。

(2) 旅游专题活动满足游客参与性。走马观花式的购物形式,无法让游客了解商业街区的内涵。流于建筑风格的表层形态,无法让游客进行真正的"文化体验"。而通过定期的专题活动,让游客在"吃、喝、玩、乐"中参与到商业街区的生产和娱乐中,能够大大地满足游客的参与性,使其与商业街区本身的街区文化产生共鸣。以"江南印象"商业街为例,作为具有后现代文化特征的文化风情体验式街区,举办专题旅游活动有利于满足游客的参与感。比如在元旦身着汉服,亲制灯笼;在茶馆,品清茶,听评书;在亭中提笔落墨,吟诗作对等,与众不同的游憩方式,给游客带来真实的街区文化体验。久而久之,游客与街区,传统文化与现代生活便能结合得更加紧密。

(3)强化和提升旅游服务业。商业街区的发展始终是依托于城市旅游服务业的发展,城市旅游服务业的全面升级才能真正为商业街区的发展构筑良好的发展平台。城市旅游服务业的发展是商业街区赖以生存的基础,是商业街区拥有长久生命力的保障。城市旅游服务业的健康发展,主要表现在以下几个方面。首先,接待旅游者人数持续增加,旅游收入持续增加,旅游业增加值在全市 GDP 中所占比重持续稳定上升。其次,旅游产品整体结构合理且特色鲜明。全市旅游产品通过有效的整合,形成风格统一、内容形式互补、地方色彩浓郁、自我优势突出的整体结构,并包含若干具有较大知名度的旅游拳头产品。最后,相关配套设施发展完善。旅行社业、餐饮业、住宿业、零售业等相关行业配套建设完善,数量充足,高中低档结构层次合理,服务质量优质稳定。因此,要以持续、健康、稳定发展的旅游服务业,为商业街区与城市旅游的联动发展提供强有力的支撑。

5. 社会效益系统

(1)注重保护与更新开发并重。商业街区应该在发展现代文化的同时注意保护传统文化,但不要过分建设,反而失去了传统商业街区所独有的韵味。可以采用"分类保护、分片控制"的发展对策,注意保护古建筑、古街巷、古民居和原住居民,完善与提升街区的功能,增强街区的活力。同时需要注重城市景观与商业街区效益相兼顾。特色商业街区的人气来源于传统文化、习惯的沿袭,在建设改造时,应该充分考虑如何将景观建设与商业街区效益相结合。坚持增加、稳定本地客流与吸引流动性客流相结合的原则,尽可能减少改造后分流出的客流量,并使改造后新吸引来的客流价值远远超出分流出去的客流价值。

(2)强化街区市民休憩功能。城市的实质是人们进行交往活动的平台,脱离人的活动,城市也就失去了其内在意义。人的参与活动是城市活力最直接的来源,因此参与活动的人群的数量和密度可以作为判断一个城市是否具有足够的社会活力的重要指标。希腊学者 C. A. DoXiadiS 所提出的人类对环境的需要层级理论中指出,当外界环境满足了人的安全和舒适需求的情况下,就要满足人们得以根据其自身需要与意愿进行选择的可能,人们的心理上希望在与自然、与社会、与人为设施、与信息等方面有最大或最佳限度的满足。这种行为上的自由度,决定了行为主体与外部环境的内在联系,而那些能让人感觉到放松和自由的休闲空间让各种自由行为的发生变成可能,它通过激发人们自主参与的热情,达到集聚城市中形形色色的人群的效果,从而激发城市的内在活力。因此,在商业街区的发展过程中,我们应该充分重视市民休憩功能的塑造,使之不仅在功能上满足不同人群的多样化需求,同时还要强调特色休憩场所和交流空间的塑造,以丰富街区活动方式的多样性和趣味性。

第 **12** 章 ◆

商业街区运营评价体系

12.1 构建商业街区评价体系的必要性

12.1.1 商业街区建设存在的问题

商业街区是城市不可缺少的部分,能够展现城市经济的发展水平,是城市商业职能表现最集中、最突出的地方,对城市商业的发展起着非常重要的作用。它也是城市商业文化和市民生活的窗口,是现代城市公共活动空间的重要组成部分,把城市公共活动和商业活动结合在一起。发展商业街区是促进商业产业发展、满足市民和游客多样化消费需求、完善城市功能的重要举措,因而它的规划建设和持续发展非常重要。

随着城市发展水平的提高和各地政府对城市形象的追求,全国的商业街区建设掀起了一个高潮。据中国步行商业街工作委员会不完全统计,截至 2010 年年底,我国县级以上城市商业街区已超过 5 000 条,总长度多达 3 000 公里,面积超过 2.5 亿平方米。其中一些城市的新建或改造商业街区长度正在从 1 到 2 公里延长至 3 公里。

但是在各个地方政府大力开发和改造商业街区的过程中,也出现了诸多问题。首先,原有的商业街区经重建和改造后,商店的营业额和客流量下降;其次,新建设的商业街区,虽然景观独特、环境优美,吸引了大量的市民和游客,却出现了"有店无市""有人流无客流"的状况,导致商业投资与回收不成比例,商业利益和文化环境相冲突,商业环境和社会环境相冲突;最后,新规划的商业街区吸引了大量的人流、客流,取得了很好的经济效益,但由于没有处理好交通等问题,导致周边原有的几条商业街区衰败,影响了整个商业中心的长期发展。

面对商业街区建设快速推进的现状,相应的理论研究,特别是能够指导商业街区规划建设和运行管理的系统评价研究仍显迟滞。这使得商业街区发展缺乏理论支持,粗放式的人为"造街"现象十分普遍。

12.1.2 构建商业街区评价体系的必要性

在经济社会快速发展的今天,特色商业街区是传播城市商业文化、体现商业个性、承载商业内涵的重要载体和窗口。特别是上海商业街区作为上海对外交流窗口的形象,成为上海体现城市经济活力和发展水平的重要方面。现今上海商业街区已经成为汇集商业、金融、文化、旅游和贸易于一身的城市经济中心,面对日益激烈的国际竞争环境,打造上海各商业街区,向国际社会展现上海的经济实力,体现上海良好的形象,吸引众多国内和国外的投资者,推动上海整体经济的发展已成为上海各级政府、管理者关心的问题。2018年,商务部印发《商务部办公厅关于推动高品位步行街建设的通知》,要求进一步加快推动高品位步行街建设。近年来,我国各地的城市建设中各种形式的商业街区如雨后春笋般出现,大多数商业街区创造了可观的经济效益。但是这种繁华的背后却有不少的隐忧:商业街区建设中交通设施建设相对滞后;建筑立面杂乱或者风格庸俗;绿化、配套设施较少;一些有历史文化价值的建筑或场所遭到破坏等。由此带来的一系列后果说明了我国现代城市设计、管理中的诸多问题。与此同时,一些商业街区却因为在旧建筑保护、配套设施建设等方面的突出表现,而获得了极好的经济和社会效益。

以上矛盾一定程度上反映了一个问题:对于目前的商业街区建设缺少一个理性的评价体系。通过建立一个合理有效的商业街区评价体系,可以评估目前已经建设的商业街区的经济效益、社会效益和环境效益,并通过同一个评价体系对不同商业街区之间评价比对,发现商业街区的不足,可以据此指导管理建设实践。更为重要的是,通过一个合理有效的评价体系,可以在商业街区的开发建设之前对相关的建设可能带来的社会经济环境效益进行预先的评估,从而避免开发建设中的盲目现象。

国内对商业街区建设的研究,有的关注于具体设计方案和设计技巧的介绍,而缺乏深层次的理论探讨;有的仅仅给出一些定性建议,缺乏可操作性;有的虽然提出了评价指标体系,但是并没有围绕如何提高城市中心商业街区的集客能力这个问题,没有指出商业街区的各个属性指标对商业街区集客能力的影响程度,造成理论与实际的脱节。因此,制定一套科学合理的评价标准,有助于遴选高水准的特色商业街区,并为其他街区的进一步改造和提升提供参考标准。

为响应商务部组织制定的《商务部办公厅关于推动高品位步行街建设的通知》,针对理论研究没有解决商业街区该如何建设的问题,我们对国内外研究商业街区评价指标制定的理论和经验做出归纳和总结,基于上海制定面向全国商业街区的评价指标体系。

评价指标体系的建立与运用,一方面对规划商业街区有指导作用,使商业街区的建设紧紧围绕打造高品位步行街的目标,培育中高端消费领域新增长点,增强消费对经济发展的基础性作用。另一方面,评价指标体系可以对现实生活中的商业街区进行评价,发现它存在的问题,从而有利于商业街区的改造与重建,促进商业街区的持续发展。因此,评价指标的制定具有重要的现实意义。

12.2　世界商业街区特征分析

考虑到我国商业街区面临的问题和建立商业街区评价体系的必要性,我们可以把目光转向国外,他山之石可以攻玉,通过对国际著名商业街区进行特征分析,可以为我们开发高品质商业街区评价体系提供借鉴经验。

12.2.1 世界著名商业街区

1. 美国纽约第五大道

纽约第五大道是美国最著名的商业街区之一,汇集了曼哈顿的精华。在这个历史悠久、以时尚大气著称于世的街道上,商品以齐全、快速更新见长。店铺租金连续多年全球排名第一,奠定了其令全球最前沿时尚品牌及顶尖零售品牌向往的商业街区地位。第五大道上商业店铺鳞次栉比,经营品类包罗万象,汇集了世界著名的商店和精品百货,主要以专卖店、专业店和世界著名连锁店为主。在经营上各店特色突出,给人以深刻的印象。除商业之外,第五大道上还有众多银行大厦和酒店,如著名的纽约银行大楼、洛克菲勒中心、帝国大厦、半岛酒店、广场酒店,等等。第五大道夜幕下闪烁的灯光、缤纷的广告和躁动的人群,使人感受到经典名店的风采、现代科技的辉煌和美国文化的浓烈。

2. 巴黎香榭丽舍大街

法国巴黎最繁华热闹、最具代表性的商业街区是香榭丽舍大街,堪称世界上最美丽的大街,她高贵、个性鲜明,一如巴黎的华丽富贵。大街中央马路宽 80 米,可容纳 12 辆汽车并行,街道两侧的人行便道平坦宽阔,有各种专业公司、大小商店,从银行、保险、时装、娱乐到文物古玩,以及花卉、报刊摊位,应有尽有。香榭丽舍大街是富人的天堂,几乎囊括了所有著名的奢侈品牌,但也是穷人的乐园,包含众多价格亲民的大众消费品牌。大街中段还有一个地下商场,几十家大公司在这里设有分号,地上地下组成一个立体商业街区。

香榭丽舍大街连接着从凯旋门到协和广场之间约 1 800 米的风景,沿街两旁拥有颇具历史厚度的罗浮宫、玻璃金字塔、杜伊勒里花园、凯旋门等景点。著名的大皇宫、小皇宫和协和广场是法国建筑艺术的代表,协和广场中央具有 3000 多年历史的埃及方尖碑使得协和广场成为游客和巴黎市民休憩、消闲的最佳场所。香榭丽舍大街也是法国人大型集会、庆典的举办地,因而它也是游客们感受法国政治、经济和历史的窗口和载体。

3. 伦敦牛津街

牛津街被誉为"英国购物第一街",这不但是英国,也是全欧洲最繁忙的商业街区。牛津街上商店近千家,每天光顾的购物者平均在百万人左右,每周平均有近千万人次。牛津街不是纯步行街,牛津街以其强大的消费向心力作用为城市提供了一条重要的交通干线,50 辆公共汽车路线、4 个地铁枢纽与 5 条交通国道错位相连,源源不断地为其输送强大的购买主力,进一步确保了牛津街公共交通网络的核心地理位置。在牛津街上,中型以上的百货业态占到 41% 以上,精品专卖店占 31%,餐饮休闲业态占 12%,文娱休闲业态占 8%,金融贸易等商业业态占 8%。大型百货单体店最大,拥有四大旗舰百货商场:塞尔福里奇百货、玛莎百货、德本汉姆百货和约翰·路易斯百货。大型百货的橱窗和陈列都以现代时尚的布局而著称,更新频率高,时效性好。在这里除了观光老牌百货店、享受高标准的服务之外,店铺的建筑特色也是吸引客流的一道独特风景。牛津商业街区还组建了牛津街商会,制定行业标准,督促商家改善经营环境,以此来提升知名度。

4. 南京路、淮海路步行街

淮海路步行街与南京路步行街是上海最为出名的商业街区,具有不可复制的独特的地域优势:历史文化传承、商业经营特色、商务和旅游资源,它们的目标是逐步建设成为亚太地区乃至全球著名的世界级商业街区。吴江路步行街与以高端品牌为主的南京路毗邻,走中档路线,与南京路步行街的商家形成互补和错位经营,对南京路步行街的遗缺做了完美的补充,起到为主街补充配套的功能。

南京路作为"中华商业第一街"已有百年历史,体现了上海商业的繁荣繁华,集聚了全国顾客。淮海路作为东西方文化融合特色引领时尚也有百年历史,让上海人充满特有情结。两街目前均定位于世界级商业街区,强化文化底蕴、个性特色,错位发展、优势互补,形成特定风景线。经过多年发展,它们的商业结构不断向世界品牌多元化、商业业态多样化、消费结构科学化、消费环境人性化、品牌文化地标化调整,体现了世界级的软件和硬件,世界级的品质和品位。

上海南京路、淮海路商业街区引进众多奢侈品概念店和一些知名品牌的旗舰店,集聚世界全新业态的前沿,构筑世界品牌的大世界,形成上海商业新景观。同时催生老字号品牌升级换代,打造中华世界品牌新天地,老凤祥、古今、锦江、和平、国际饭店等老字号集聚在南京路、淮海路、豫园商城商圈。

12.2.2　世界著名商业街区核心特征

1. 学界对世界著名商业街区的观点

目前对于世界著名商业街区的看法比较有代表性的是麦肯锡公司提出的三大特征说和顾国建的六大要素说,以及"豪布斯卡"(HOPSCA)原则。"豪布斯卡"原则(HOPSCA)被西方国家作为振兴商业街区的一个主要成功因素,即酒店(Hotel)、办公楼(Office)、停车场(Parking)、购物(Shopping)、集会(Convention)、公寓(Apartment)。"豪布斯卡"原则实际上反映的是商业街区要繁荣必须要有客流,要保证客流商业街区周围不仅仅要有酒店、住宅区等,商业街区提供的功能更不能仅仅局限在为消费者提供购物功能上,还要实现娱乐、旅游功能。"豪布斯卡"原则反映了商业街区繁荣的一些硬性、客观指标,但是没有体现商业街区的购物环境、商店提供的服务等影响消费者购物体验的指标。

麦肯锡对全球九大著名商业街区进行了研究,包括伦敦的卡纳比街和牛津街、巴黎的香榭丽舍大街、米兰的蒙特拿破仑大街、巴塞罗那的兰布拉斯大街、芝加哥的密歇根大道、纽约的时代广场、新加坡的滨海大道和东京的银座。研究结论认为,世界著名的商业街区具有三大特征:全球声誉、密集的客流量和可靠的收入。

2. 世界著名商业街及其核心特征

从我们对世界著名商业街区,如牛津街、第五大道和香榭丽舍大街的分析及麦肯锡对其研究来看,世界著名商业街区是经过长期的历史发展积淀而成,在全球范围内被广泛认知并对消费文化产生引领作用,是全球消费者和品牌商、零售商趋之若鹜的商业胜地。总的来说,这些世界著名商业街区具备四大核心特征。

(1) 具有深厚的历史文化底蕴,主要体现在以下三个方面。

① 历史悠久。英国牛津街自 Selfridges 的开业至今 150 多年,香榭丽舍大街距 1869 年巴黎扩建完成迄今 150 年。世界著名商业街区不是造出来的,而是在长达几十年甚至上百年的历史中慢慢生长形成的。缺少了悠久的历史文化积淀作为基础,商业街区就不过是缺少灵魂的集市而已。

② 文化传承。世界著名商业街区是城市商业文化和艺术传承的活化石。它不仅聚集了大量的老字号商业企业和历史古迹,还包含了具有世界影响力的博物馆、艺术馆,以及较高艺术价值的雕塑、街道设施等,这些使得商业街区成为城市文化的缩影。

③ 影响广泛。世界著名商业街区作为城市乃至国家形象的名片,其文化影响力延展至全球,特别是街区的各种活动具备世界级的影响力。例如,香榭丽舍大街是全球顶级自行车赛事——环法自行车赛的终点;每年 7 月 14 日巴士底日,法国总统都会出席在香榭丽舍大街举行的阅兵式;每年的最后一天,香榭丽舍大街就会成为步行街,人们在街上庆祝新年。

(2) 有良好的设施条件,主要包括以下三个方面。

① 交通可达。除了自驾、乘坐出租车可以便利地到达商业街区外,公交和地铁也是各世界著名商业街区便利的交通方式。同时,各大名街均是地铁线路的换乘站,使来自四面八方的消费者都能用最便捷的方式到达。

② 设施便利。消费者在到达后能够高效地满足其最后 100 米的便利交通需求。例如,能够提供足够的停车设施,地铁站同商业核心区的距离,以及路程中商业丰富度。

③ 环境舒适。消费者能够方便地游逛于商业街区之中,同时也能在商业街区及分布其中的各大商场中享受舒适的购物环境。

(3) 有领先全球的商业模式。世界著名商业街区必然拥有独特和领先全球的商业模式,同时商业的国际化程度高,商业经营高效,这些主要体现在以下三个方面。

① 模式引领。世界著名商业街区引领着全球商业发展潮流。一方面,世界著名商业街区具备合理和稳定的商业生态,对一个城市的商业发展起到稳定器的作用;另一方面,世界著名商业街区在商业组合、设施设备、全球声望等方面受到推崇,成为世界各地商业街区建设所效仿的旗帜。

② 全球引力。在良性竞争的推动下,由各类国际零售巨头主导的商业创新不断涌现。世界著名商业街区不应当只是本土零售商聚集的商业街区,而应当拥有显著的国际化零售商。国际化程度越高,街区商业丰富度也越高,越具备不断发展和提升的活力。

③ 经营高效。世界著名商业街区吸引了全球范围的消费需求,这种全球范围内的消费需求使得入驻世界著名商业街区的商家能够获取更高的劳效和坪效,以及更为丰厚的利润。例如,在纽约第五大道的苹果全球旗舰店单店销售额一度占到苹果公司全球销售额的 6%,同在第五大道的耐克城的销售也是耐克全球旗舰店中的销售冠军。

(4) 有优良的消费品质,这主要包括以下两个方面。

① 品牌丰富。能够满足综合性消费需求是世界著名商业街区的重要特征。例如,纽约第五大道的商店以货品齐全、更新速度快著称,从 49 街到 60 街两旁著名的精品店和旗舰店鳞次栉比,包括服装、珠宝、百货、玩具、家具、皮具、钟表、书店等,店内昂贵的商品举目皆是,消费者可以在这里买到全世界所有的名牌商品。

② 品质高端。世界著名商业街区不仅是全世界最知名、最流行的时尚品牌的聚集地，同时也是众多世界顶级商品品牌的聚集地，它能够为消费者提供高品质的商品。

12.3   商业街区相关评价体系分析

目前，国内对商业街区评价的研究主要从空间景观设计、生态文明、客户满意度、街区竞争力等多个角度进行评价，也有部分学者采用综合评价方法，对各类因素进行归类，赋予权重，并开展评价测算。

12.3.1   从景观设计角度进行评价

王婷婷(2014)以商业步行街环境景观为研究对象，采用文献综述、实地调研、统计分析、实证案例等方法，通过对国内外相关研究的总结，结合对重庆市主城区商业步行街环境景观的实地调研，对商业步行街环境景观进行认知。研究提及的具体测量指标见表 12-1。

表 12-1   商业步行街环境景观测量指标

目 标 层	准 则 层	因 素 层	指 标 层
商业步行街环境景观 POE 综合评价	视觉形象	空间形象	空间比例尺度协调性
			空间秩序感
			整体色彩协调性
		景观要素形象	水体景观美观性
			植物绿化美观性
			地面铺装个性与美观性
			建筑外立面形象
			小品、设施艺术性与美观性
			夜间照明的景观性
	使用功能	休憩交往功能	休憩空间尺度适宜性
			休憩空间布局合理性
			休憩设施舒适性
			休憩设施布置合理性
			休憩设施数量合理性
		商业服务功能	商业活动场地尺度合理性
			商业氛围营造效果
		交通组织功能	步行空间舒适性
			步行空间安全性
			交通便捷性
			交通导向清晰
	运行保障	管理维护	环境卫生保持
			设施维护
			绿化管理维护
			水体清洁保持

陈曦(2016)从已有的城市地下空间开发相关经验及积累的技术出发，结合居民需求，提

出了适应于城市地下商业空间人性化设计的要素构成及影响其发展的相关要素构成,并且对重庆商圈实地调研,全面分析、评价了其人性化设计特点,从生理需求和心理需求两个方面构建了地下商业空间人性化设计评价指标。具体评价指标体系见表12-2。

表 12-2　地下商业空间人性化设计评价指标

目　标　层	要　素　集　合	要素指标层
基于生理需求的人性化设计	物理环境	声环境适宜度
		光环境适宜度
		嗅觉环境
		温度适宜度
		卫生清洁度
		材料舒适性
		色彩适宜度
	空间供给	空间结构清晰度
		空间组织合理性
		空间功能多样性
		公共空间质量
		出入口空间质量
	安全设计	疏散(安全)便捷性
		避难场所
		景观安全性
		材质安全性
		安全设施品质
	无障碍设计	无障碍出入口
		无障碍通道
		公共设施无障碍设计
		无障碍标志
基于心理需求的人性化设计	空间尺度	层高合理性
		交通空间尺度合理性
		出入口尺度合理性
		中庭空间尺度合理性
		景观尺度合理性
		公共设施尺度合理性
	管理服务	治安管理品质
		污染管理品质
		休憩设施品质
		通信服务品质
		设施更新频率
	情感需求	艺术性
		文化性
		地域性
		生态性

续表

目 标 层	要素集合	要素指标层
基于心理需求的人性化设计	标识系统可识别性	出入口导向性
		交通空间导向性
		疏散空间导向性
		休息空间导向性
		景观导向性
	可达性	出入口可达性
		节点空间可达性
		景观可达性
		疏散空间可达性
		服务设施可达性
		垂直交通可达性

12.3.2 从生态文明角度进行评价

甘娜等(2016)根据商业街区生态文明的内涵和指导思想,结合生态文明空间评价和商业街区评价已有研究,采用专家评分法和问卷调查法,从生态环境、生态建筑、生态服务、生态文化4个方面建立商业街区生态文明评价体系。具体评价指标体系见表12-3。

表 12-3　商业街区生态文明评价指标

一级指标	二级指标	三级指标	三级指标描述
生态建筑	自然环境	空气质量状况	一年中空气质量达到优良的天数
	人工环境	绿化水平	绿地覆盖率
	节地与室外环境	建筑与空间	建筑与地形相配合,合理开发利用地下空间,建筑不破坏当地水等环境,充分利用尚可使用的老建筑
		建筑与绿化	合理立体复层绿化,绿化物种选择适宜的乡土植物
	节能与能源利用	节能设施使用	利用自然条件采光和通风,采用有效的节能设备和系统
		再生能源使用	根据当地自然资源条件,充分利用可再生能源
	节材与材料运用	建筑要素	合理采用高性能混凝土、高强度钢
		再生材料使用	新建建筑使用可再循环材料或废弃物作为新的建筑材料
	节水与水源利用	供水、排水系统	用水有安全保障措施,具有合理、完善的供水、排水系统;采用高效绿化灌溉系统
		再生水使用	合理确定雨水积蓄、污水处理及利用方案
	室内环境质量	空间布局	平面布局和空间功能安排合理,有助自然通风采光;室内采用灵活隔断
		室内环境	温度、湿度、噪声和有害气体量等指标达到国家相关标准

续表

一级指标	二级指标	三级指标	三级指标描述
生态建筑	公共设施	交通系统设施	到达商业街区的交通方式具有多样性和便捷性;道路通畅率
		内部道路设施	道路规整、具有特色街区基本特征;行人流线和景观的结合度高;具有无障碍设计
		停车场	有一定规模的停车位或停车场建设条件较好,停车秩序井然
		环境卫生	地面无垃圾、无污迹、清洁美观;果皮箱、公共厕所布局合理,与街区氛围相协调
		休闲设施	设备、休息座椅布置合理;具有休闲节点和核心休闲广场
生态服务	治安管理	管理制度	有完善的管理制度、专门管理机制,管理模式先进
		安全设施	信息化、智能化;年度有无治安事件
		物流管理	具有高效物流系统,货物运输的绿色通道,仓库充分使用;货物绿色包装、积极倡导绿色消费
	服务途径	餐饮与住宿	具有本地特色的品牌餐饮店;垃圾有效回收利用;酒店集中建设,无安全事故和环境污染超标事故
		交通方式	以步行、自行车为主,内外道路连接合理、流畅
生态文化	街区影响力	开街历史	开街有一定历史
		知名度	年客流量的大小
		主题风格	建筑及建筑环境具有独特的文化主题
		建筑外观	建筑群体多样并协调,具有本地区独特风格
	街区景观	街道小品	具有一定的艺术价值、布置合理、完好整洁
		色彩协调	色彩多样,体现地区文化特色,搭配协调
		店内特色	陈设规范、美观、整洁;服务热情、礼貌
	文化活动	节庆活动频率	单项活动连续举办的年数
		节庆活动影响力	国际、国内或省内市内

12.3.3　从客户满意度角度进行评价

曹帅强等(2014)认为商业街区满意度评价是当今城市"生态文明"建设的重要课题之一,他的研究以衡阳市商业街区为例,运用层次分析法,通过对消费者和经营者发放 200 份调查问卷,从商业街区的商业信誉、街区环境、街区服务构建商业街区客户满意度评价指标体系。具体评价指标见表12-4。

表12-4　商业街区客户满意度评价指标

目　标　层	系　统　层	指　标　层
衡阳市客户满意度评价	商业街区商业信誉	商品款式符合个人品位程度
		商品及街区特色
		商品价格
		店家服务态度

续表

目　标　层	系　统　层	指　标　层
衡阳市客户满意度评价	商业街环境	街区服务质量
		街区建筑风格及店内装修
		整体布局
		街区文化
		街区绿化
		街区卫生
		街区治安
		街区交通状况
		文明礼仪
		广告宣传
	商业街区服务	街区管理
		公共设施
		店面数量
衡阳市经营者满意度评价	商业街区特色	街区特色
		广告宣传
		街区建筑及店内装修
		整体布局
		街区文化
		文明礼仪
	商业街区环境	街区服务质量
		街区绿化
		街区治安
		街区交通状况
		街区卫生
	商业街区服务	街区管理
		公共设施
		市政配套
		店面数量

12.3.4　从街区竞争力角度进行评价

周永广等(2012)选取杭州市内两条不同时期规划的步行商业街——河坊街和南宋御街为对象,采用实地调查和案例对比,对商业街区的业态构建了竞争力评价的指标体系,并首次在商业街区研究领域中采用了信息熵权 TOPSIS 法(逼近理想解排序法),对两者业态的竞争力、空间布局进行了比较分析。在研究过程中,提及商业街区业态竞争力的测量标准,具体内容见表 12-5。

表 12-5　商业街区业态竞争力测量标准

目　标　层	指　标　层	数　据　层
商业街区业态竞争力	生命指数	店龄

目 标 层	指 标 层	数 据 层
商业街区业态竞争力	集客能力	游客流量
		留客时间
	付租能力	月收益
		月租金
	业态规模	总面积
		商铺数

12.3.5 综合评价指标

除了以上从单一指标方面对商业街区进行评价,还有一些学者综合景观、商业功能、文化环境等多方面指标,将硬件设施与软件服务相结合,构建商业街区评价综合指标体系。

慕文娟等(2016)从环境认知理论的角度出发,采用层次分析法构建了哈尔滨商业步行街评价指标集,并运用层次分析法和因子分析主客观相结合法确定各指标权重,建立了哈尔滨商业步行街的评价指标体系,为商业街区的设计与管理提供了依据。其具体评价指标见表 12-6。

表 12-6 哈尔滨商业步行街评价指标体系

目 标 层	准则层	一级指标	二级指标
环境认知下的哈尔滨商业步行街使用后评价	视觉形象	要素形象	建筑立面细部设计美观性
			标志性小品及设施醒目性
			地面铺装独特性
			植物绿化美观性
		空间形象	步行街节点丰富性
			步行街边界清晰性
			步行街比例尺度宜人性
			步行街轮廓线的协调感
	使用功能	商业服务	商业业种业态多样性
			商业店铺衔接性
			商业广告及橱窗醒目性
			商业氛围浓厚性
		休闲交往	环境设施布局合理性
			环境设施数量合理性
			环境设施舒适性
			环境设施美观性
		交通组织	交通流畅性
			交通安全性
			到达步行街便捷性
			停车便捷性

续表

目 标 层	准则层	一级指标	二 级 指 标
环境认知下的哈尔滨商业步行街使用后评价	文化表达	时代特征	步行街风格对城市文化的延续
			历史文化的体现及与现代的结合
		地域文化	地方文化活动丰富性
			寒地特色的体现

洪增林等(2012)依据商业街区评价指标选取原则,从集客能力、综合效果等方面设计指标,具体包括设施类、商业类、形象类、经济效益类和社会效益类指标。

12.3.6　国外相关研究

国外关于商业街区评价的研究更多关注核心指标评价法。核心指标评价法是用 $1\sim2$ 个反映评价对象核心特征的指标来进行评价的方法。具有代表性的核心指标评价法包括商圈评价的基础模型,如雷力法则、饱和指数理论等,以及知名国际机构发布的排行榜。

雷利法则奠定了商圈引力模型的研究基础,被所有的商圈引用和运用。该法则是 1929 年美国人威廉·雷利用三年时间,通过调查美国 150 个以上的城市,证实商业场所对消费者的吸引力同其商业规模成正比,同消费距离成反比。其后,1943—1948 年美国伊利诺大学的经济学者 P. D. Converse 依据雷利的法则,进一步研究两个商业中心的行商势力范围,找出两商圈之间的均衡点(breaking point)。这两个研究模型仅仅使用了两个定量化的核心指标——人口和距离。

20 世纪 80 年代,哈佛商学院在实践中创立了饱和指数理论,即通过计算零售商业市场饱和指数,测定特定区域范围内某类商业的饱和程度,用以判定某个地区同行业不足或饱和的问题。其研究的核心指标有 3 个,包括消费者的特定消费支出、购买人数和同类商业的营业面积等。

在实际的商业街区评价对比上,全球五大房地产顾问公司中的高纬环球和高力国际、仲量联行均采用核心指标评价法。除此之外,国际上一些被广泛接受的排行榜和评价研究均采用核心指标评价法,如全球 500 强企业采用销售额一项数据。核心指标评价法的价值在于通过少数几个能够获取的指标来对商业街区进行评测,具有很强的操作性和可比性。特别是知名国际机构通过翔实数据的对比发布的各类排行榜被社会广泛接受,具有全球性的影响力。但同时,核心指标评价法过于简化,会忽略一些影响商业街区发展的因素。如果能通过细致和深入的分析,找到评价对象的核心特征,用若干客观性指标来反映其核心特征,将有效地避免核心指标评价法的过简化劣势。

12.3.7　现有评价指标的局限性

回顾国内外现有评价指标体系,主要从设施设备、景观设计、商业运营、社会效益四个方面对商业街区进行指标评定,侧重于景观设计在商业街区中不可或缺的作用。然而根据当下商业街区的发展需求,景观与商业结合才是评定商业街区的全面指标体系。此外,现有的指标对于上海地区特色商业街区的评定缺乏适用性,没有很好地结合上海本地商业和文化特色,对上海市商业街区发展的指导尚不充分。

基于此,我们将充分了解目前上海地区特色商业街区的发展现状,结合上海商业经济发展趋势及城市发展定位,制定全面的商业街区评价标准体系。

12.4 商业街区评价方法

作为广义的城市空间,商业街区的建设不仅仅包括建筑空间的内容,更包含了社会、经济、政治及文化等诸多方面的内容。社会经济的发展,城市居民的收入及文化背景、政策的引导等诸多方面的内容都将给商业街区的建设带来不同程度的影响。因此,商业街区评价需要采用科学的评价方法。

12.4.1 利用德尔菲法

德尔菲法(Delphi Method),又称专家意见法,在 20 世纪 40 年代由兰德公司用于预测后而被广泛采用。德尔菲法是采用匿名的方式广泛征求专家意见,经过几轮函询和反馈,使专家的预测、评价趋向一致,从而对评价对象做出预测、评价的方法。

其优点主要包括以下几点:一是充分性,即邀请专家对问题进行判断预测,充分吸收各位专家的专长、经验和意见;二是统一性,即通过多轮反复征询、反馈和修改,专家的意见、评价趋向统一;三是可靠性,即德尔菲法采用的是匿名的形式,专家之间不能互相讨论,每位专家都必须依靠自己的经验和学识做出独立的判断,避免了许多不必要的干扰;四是客观性,由于每位专家可以根据前一轮归纳、整理后的意见再次做出判断评价,因而最后得出的结论是在参考、综合了全体专家的意见的基础上得到的,保证了结论的客观性。

12.4.2 利用层次分析法

层次分析法本质上是一种决策思维方式,即把复杂的问题分解为各个组成要素,将这些因素按支配关系分组形成有序的递阶层次结构,通过两两比较方式确定层次中诸因素的相对重要性,然后综合人的判断来决定诸因素相对重要性总的顺序。

首先将所要分析的问题层次化,根据问题的性质和研究的总目标,将问题分解成不同的组织因素,按照因素间的相互关系及隶属关系,将因素按不同层次聚集组合,形成一个多层分析结构模型;通过两两比较的方式确定层次中诸因素的相对重要性;然后综合决策者的判断,通过计算,最终得到最低层(方案、措施、指标等)相对于最高层(总目标)相对重要程度的权重系数或相对优劣次序的问题,主要步骤如下。

(1) 明确问题并建立层次结构。首先,将问题条理化、层次化,构造出一个有层次的结构模型;其次,将复杂问题分解为元素的组成部分。这些元素又按其属性及关系形成若干层次。上一层次的元素作为准则对下一层次元素起支配作用。这些层次大体分为以下三类。

① 最高层:只有一个元素,它是分析问题的预定目标或理想结果,也称目标层。

② 中间层:所有为实现目标所涉及的中间环节,可有若干个层次,包括所需要考虑的准则、子准则,因此也称为准则层。

③ 最低层:为实现目标可供选择的各种措施、决策方案等,也称为方案层。

(2) 构造两两比较判断矩阵。建立递阶层次结构以后,上下层次间元素的隶属关系就被确定了。以上一层的某一个元素为准则,确定它所支配的下一级的若干元素的权重,即确定它下属的这些元素对它的相对重要性。这个过程通过构造两两比较判断矩阵来实现的。

要比较 n 个因子 $X = \{X_1, \cdots, X_n\}$ 对某因子 Z 的影响大小,采取对因子进行两两比较建立成对比较矩阵的办法。即每次取两个因子 X_i 和 X_j,以 a_{ij} 表示 X_i 和 X_j 对 Z 的影响大小之比,全部比较结果用矩阵 $A = (a_{ij})_{m \times n}$ 表示,称 A 为 $Z \sim X$ 之间的成对比较判断矩阵。

(3) 计算被比较元素的相对权重。得到了某一标准层的两两因子比较矩阵后,需要对该准则下的 n 个因子 $X_1, \cdots, X_n$ 的相对权重进行计算,并进行一致性检、常用的计算方法有幂法、和法及根法。

(4) 计算各层次元素的组合权重。从最高层次到最低层次依次计算该层次所有因素对于最高层相对重要性的权值。

12.5　商业街区评价指标体系

12.5.1　评价指标选取原则

1. 科学性原则

科学性是构建商业街区评价指标体系的最基本原则,必须贯彻于整个设计过程。一是选择思路清晰,不仅要尽可能地突出重点,去除相对不重要的影响因素,还要保持逻辑条理顺畅,避免各指标重叠混淆。二是选取方法正确,采用定性和定量相结合的方法从质和量两方面加以确定。三是设计论据要充分,即指标的释义、计算和评级都要有据可依。

2. 目标一致性原则

所设计的评价指标应与评价目标一致,同时评价指标体系内部各项二级、三级指标具体内容之间必须相融,不能把相互冲突的指标放在同一体系内。

3. 全面性原则

全面性原则是要求商业街区评价指标体系的内容要全面地反映所有能够影响商业街区状况的各项重要因素。商业街区评价是一种多因素综合评价,因此不但要求所选取的指标内容全面,而且需要充分考虑到各指标之间的相互依存又相互制约的关系,从而使得评价结果更能体现出商业街区的综合水平。

4. 可操作性原则

构建商业街区评价体系的最终目的是将其运用到商业街区整体水平的实际检验中,因而如果实践性不强,那么整个商业街区评价体系是失败的。可操作性原则就是要求指标释义简单易懂、数据信息易于采集,力求任一评价主体都能够正确使用商业街区评价体系。

12.5.2　评价指标体系维度构建

商业街区系统是城市社会结构和空间结构的复合共同体,从这个意义上来分析商业街区空间,可以认为商业街区系统是由以下子系统构成。

（1）规划布局系统。其主要包括区位选址、交通系统和空间布局等。

（2）景观设施系统。其主要商业街区的绿化景观系统主要包括绿化花木的配置、景观的序列、卫生状况和公共设施等。

（3）商业功能系统。其主要包括业态的构成、街区特色功能、夜间经济的开发和国际化程度等。

（4）运营管理系统。其主要包括街区相关制度的制定及对商户的管理等。

（5）综合效益系统。其主要包括街区产生的经济效益、社会效益及消费者满意度等。

12.5.3　评价指标的选取和阐释

本指标体系包含 5 个一级指标体系，分别为：规划布局、景观设施、商业功能、运营管理、综合效益；15 个二级指标；59 个三级指标（表 12-7）。

表 12-7　商业街区评价指标体系

一 级 指 标	二 级 指 标	三 级 指 标
规划布局	区位选址	发展规划
		商业资源
		联动发展
	交通便利	公共交通
		停车便利
	街区空间	步行空间充足
		道路系统
		活动空间
景观设施	景观优美	风格特色
		商业建筑
		广告招牌
		主题景观
		绿化景观
	卫生整洁	街区卫生
		商户整洁
	设施完备	卫生设施
		导览设施
		休息设施
		通信设施
		无障碍设施
		服务中心
		安全设施
商业功能	特色功能	独特性
		特色商户
		老字号店铺
		业态丰富
		功能完备

续表

一 级 指 标	二 级 指 标	三 级 指 标
商业功能	夜间经济	夜间商户
		夜间活动
		夜间交通服务
	国际化程度	国际化消费者
		国际化品牌
		国际化服务
运营管理	运营高效	商业氛围打造能力
		智慧服务
		公共服务
		投诉处理
	诚信经营	商户信誉优良
		惩戒制度
		商户自律组织
	保障力度	街区统一规划管理
		街区改造提升力度
		制度完善
综合效益	经济效益	零售增长贡献
		街区坪效
		街区经营主体盈利率
		税收贡献
	社会效益	就业贡献度
		客流聚集
		特色风貌保护程度
	消费者认可度	街区知名度
		街区的标志效应
		服务满意度
		消费支出意愿
		街区态度
		光顾意愿
		口碑传播
		消费者停留意愿
		消费者情绪

以下为各项评价指标内容。

（1）规划布局

有近 3 年编制完成的商业街区专项改造提升规划，且规划经当地人民政府审批通过，有合理的布局结构、景观提升、业态优化、交通组织等内容。定位明确、目标清晰，符合消费升级、高质量发展和对外开放的要求，能反映改造提升的经济和社会效益（表 12-8）。

表 12-8 规划布局评价指标

一级指标	二级指标	三级指标	指标内容
规划布局	区位选址:商业活动的空间位置的选择合理,位于城市中心或繁华地带,地理位置优越,功能分区合理	发展规划	位于城市总体规划所确定的城市商业中心范围,与城市总体规划及城市商业网点规划衔接,有专门发展规划和配套改造提升方案;符合城市总体规划、控制性详细规划及城市商业网点规划;政府高度重视,有支持街区发展的相关政策文件
		商业资源	商业资源丰富,与周边文化、旅游资源统筹规划,与核心商圈、中心广场、中央商务区等协调发展,具有吸引各种投资的能力
		联动发展	主街和辅街联动发展,功能互补,相辅相成,相互促进;形成以主街为中心、辅街予以支持的联动系统;旅游景区、城市中心广场、中央商务区统筹规划,融合发展
	交通便利:附近公路通畅,方便公共交通、私家车行驶和行人步行,交通秩序良好	公共交通	公共交通便利,距离街区 500 米范围内有地铁站或公交站点,距离街区 100 米范围内有出租车停靠点和非机动车停放点,运力充足,有利于街区客流集散;公共交通标识明显,易于分辨
		停车便利	停车位充足,距离街区 500 米范围内有充足的可供消费者停车的机动车位数量,满足停车需求;停车位疏密有致,高矮适宜,采用现代化自助停车系统及收费系统,高效便捷
	街区空间:占地面积宽阔,空间充足,规划合理;空间格局疏密有致、收放自如、开合得当;按照功能定位,科学规划街区功能分区,统筹发展辅街,拓展街区服务空间;街区附近路况良好,无明显拥堵情况	步行空间充足	打造舒适型步行系统,纯步行长度和占地面积、商业建筑面积宽阔,满足大客流需求,步行指示牌及指引标志明显易懂;占地面积不小于 1 万平方米,经营面积不小于 1 万平方米
		道路系统	人车分流,步行者优先,形成街区道路慢行系统,保障行人安全;与周边道路连接的路口设有过街天桥、地下通道等街道转换通口;机动车道路况良好
		活动空间	有足够的商业广场、休闲广场、历史文化体验广场等公共活动空间和休息空间,可满足举办户外活动、展览等要求;设置充足的休憩座椅等设施供消费者休息体验,至少每 50 米设置一个休息座椅

（2）景观设施

建筑风格、街容街貌宜人,环境优美干净,卫生、导览、休息、通讯、无障碍、询问、安全等设施完善（表 12-9）。

表 12-9 景观设施评价指标

一级指标	二级指标	三级指标	指标内容
景观设施	景观优美:风格独特,建筑立面及广告招牌协调、美观,绿化覆盖较好	风格特色	街区建筑体现地域和人文特色,与街区定位和经营风格协调一致;外部环境设计具有独特性,路面环境、店铺招牌设计与整体大环境相协调

续表

一级指标	二级指标	三级指标	指标内容
景观设施	景观优美:风格独特,建筑立面及广告招牌协调、美观,绿化覆盖较好	商业建筑	有体现城市商业形象的地标性商业建筑,建筑群错落有致;有与街区定位相一致的商业设施建筑规模,满足发展需求;街内建筑风格体现地域文化或融合中国传统建筑元素,建筑风格统一,体现时代特征,易于辨识;街区及街内建筑均通过消防安全验收
		广告招牌	广告招牌设置有统一规定,美观协调,设计、色彩搭配合理;广告招牌、电子液晶广告牌规整,无明显破损和脱落情况;广告内容和形式具有清晰的文化表达,内容积极向上,有吸引力
		主题景观	有具有独特性和创新性的主题景观、夜景亮化方案;主题景观可满足消费者、网红"打卡"类需求;夜景亮化色彩搭配合理,设计新颖,亮化效果明显
		绿化景观	绿化覆盖率达到20%(含)以上,措施多样,种类丰富;根据不同功能区域,因地制宜,达到良好效果;有统一规划设置的绿植、花坛等绿化景观及雕塑、小品等文化艺术景观;定期有专门工作人员进行绿化的养护与修剪
	卫生整洁:街区卫生整洁、店面卫生整洁	街区卫生	街区干净,无垃圾、果皮及其他杂物,无乱堆乱放现象,无积水无积雪;地面平整、防滑、无破损,建筑立面无破损、脱落;垃圾箱外观干净、无污渍;花坛绿植内无杂物、无枯枝
		商户整洁	商户店面门窗、地面、墙面应整洁、干净、明亮,无丢弃物和明显污迹;商户地面干净、无垃圾杂物、无堆占、无积水
	设施完备:各项设施能满足消费者基本需要	卫生设施	根据《城市环境卫生设施规划标准》(GB/T 50337—2018)设置垃圾箱和公共厕所,每50米至少设有1处分类垃圾箱,每400米至少设有1处公共厕所(含建筑物内部厕所)
		导览设施	有融合指示标牌、品牌形象、建筑景观等功能的标识导视系统;在商业街区主出入口处设置铭牌,标识商业街区的名称、简介及全景导览图;位置显眼,文字规范准确,中外文对照
		休息设施	有与客流量相适应的公共休憩场所,设置足够的休息座椅、按摩椅等,提供报刊等
		通信设施	通信设施配套齐全,移动通信信号良好,Wi-Fi覆盖率达100%
		无障碍设施	有符合GB 50763—2012标准的无障碍设施,包括无障碍通道(路)、电(楼)梯、平台、房间、洗手间(厕所)、席位、盲文标识和音响提示及通信等,形成完整的无障碍标识系统,清楚地指明无障碍设施的走向及位置;街区主街步行盲道无缺损且主要出入口有轮椅坡道,出入口地面平整、防滑,坡度符合规定
		服务中心	设有商业街区服务中心,提供咨询、指引、失物招领、广播、便民设施,如充电宝、雨伞租借,退换货,投诉,开具发票等服务

续表

一级指标	二级指标	三级指标	指标内容
景观设施	设施完备:各项设施能满足消费者基本需要	安全设施	消防器材放置于合适位置,易于拿取,种类丰富,包括灭火器、消防栓、烟雾报警器、火灾探测器、喷淋头、疏散指示灯等;实施24小时监控,监控覆盖率达100%;有警务工作室或治安值班室,有专职保安队伍,具有突发事件应急处理机制

（3）商业功能

业态结构合理,门店分布均衡,商业功能关联度高,商业连续性好,有一定创新性和引领性的业态、门店或经营方式等,品牌丰富,服务优良（表12-10）。

表 12-10　商业功能评价指标

一级指标	二级指标	三级指标	指标内容
商业功能	特色功能:业态定位明确,品牌独特,特点突出,有文化底蕴,具有文化展示及体验互动场所等	独特性	商业街区在历史、人文或商品品种等方面具有独特性
		特色商户	特色商户占商户总数比例超过20%
		老字号店铺	老字号是指历史悠久,拥有世代传承的产品、技艺或服务,具有鲜明的中华民族传统文化背景和深厚的文化底蕴,取得社会广泛认同,形成良好信誉的品牌;老字号店铺数量占比超过20%
		业态丰富	店铺经营种类多样化,覆盖零售购物、餐饮、文化体育、休闲娱乐等不同方面
		功能完备	不仅具有单一商业功能,同时具备旅游、休闲、娱乐、餐饮、购物等多样商业功能,满足消费者多样化需求,街区业态类型丰富且集聚,特色鲜明
	夜间经济:从当日下午6点到次日凌晨6点所发生的三产服务业方面的商务活动发展蓬勃,满足消费者夜间经济需求	夜间商户	引导有关业态适当延长营业时间,促进夜间经济发展;营业延迟至夜间11点的商户数量占20%或以上,营业延迟至夜间10点的商户数量占30%或以上
		夜间活动	商户推行夜间特色活动,晚7点后推出特色活动的商户占30%或以上
		夜间交通服务	晚7点至早6点增加停车位和出租车候客点
	国际化程度:国内外客流聚集,满足国内外消费者的购物消费、休闲娱乐等需求	国际化消费者	每年国际化消费者比例占30%或以上
		国际化品牌	国际品牌入驻比例占20%或以上
		国际化服务	导览设施标有双语标识,服务中心提供双语服务,满足中外消费者需求

（4）运营管理

对进驻商户进行全面经营效益评估,考察进驻商户的诚信经营的程度,有无不良信用记录;针对商业街区的统一发展是否建立完善的保障体系（表12-11）。

表 12-11　运营管理评价指标

一级指标	二级指标	三级指标	指标内容
运营管理	运营高效:具有较好的商业氛围打造能力,街区可以提供智慧服务,并匹配相应的公共服务,有健全的消费者投诉处理机制	商业氛围打造能力	街区定期举办的购物节、美食节、时装周、音乐节、民俗节等特色活动的能力;定期开展商业促销活动的能力;街区设计效果富有新意和内涵,具有差异化特点的能力;街区打造购物场所的情景化、主体化、情感化、文化休闲化的能力;街区广告、灯光等商业布置完善
		智慧服务	创新服务模式,开展智能化建设,导入"互联网＋"和新型支付模式,提供智慧停车、智能导购、精准营销等智能服务;提供 Wi-Fi 全覆盖、智能停车、移动支付等附,使用大数据改善和优化街区的重要用户数据资产,完善生态
		公共服务	有统一的商户入驻、大型活动管理、环境维护、完善的交通系统等公共服务,对商户、居民和消费者遇到问题时解决问题的能力;具有数量较多的停车场泊位及金融服务机构
		投诉处理	有完善的消费者投诉处理制度,投诉渠道畅通,反馈高效,以及较高的处理率水平;投诉处理制度规定投诉受理、处理方法、处理权限、投诉处理记录等内容;投诉处理记录包括投诉日期、投诉人姓名和地址、产品名称、生产日期、投诉内容、处理结果、处理日期、处理人等信息;投诉处理包括记录投诉内容、判断投诉是否成立、确定投诉处理责任部门、责任部门分析投诉原因、提出处理方案、提交主管批示、实施处理方案
	诚信经营:商业入驻的商户诚信收集,信誉优良;街区有健全的惩戒制度;成立商区自律组织,有健全的组织机构	商户信誉优良	不得经营假冒伪劣商品,商品质量应符合有关部门要求;商品价格透明合理;无强制消费;具有良好的服务态度,服务方式,广泛的服务范围,合理的服务价格;尚未被信用信息发布查询机构掌握不良信用行为记录(如银行资金记录、安全生产记录);有多形式信用评价机制
		惩戒制度	有打击假冒伪劣、对失信商户惩戒制度,无重大妨碍市场公平竞争、违规事件;开展守信激励和失信惩戒制度建设;定期对商户做出信用评定,对违法失信商户实施惩戒;有惩戒评审委员会制定信用评级标准,确定具体考评项目、标准分级信用类别的基准分值,结合商户、产品质量及经营行为、市场管理实际等几个方面内容进行考核
		商户自律组织	有商户自律组织,有明确的议事程序和协调机制;定期开展自我检测,出具自检报告;对自律组织成员的财务状况、业务执行情况、对客户的服务质量进行监察,对自律组织成员的日常业务活动进行监管,对业务活动进行指导,协调组织成员之间的关系,对欺诈客户、操纵市场等违法违规行为进行调查处理
	保障力度:街区进行统一规划管理,具有较强的改造提升力度,相应管理制度完善,各项工作制度按照既定流程规范执行	街区统一规划管理	针对商业街区户外活动、装饰装潢、广告宣传等统一管理程度,结合商业街区建设规模、特点、风格和档次统一规划,并按照修建性详细规划或城市设计的深度要求进行编制;引导商业街区向特色化、专业化方向发展,完善城市功能、优化城市景观、提升城市品位;有统一的机构领导开展总体规划、商业运行和物业管理等模式,实现规划、改造、管理、运营一体化,有效避免各部门机构重叠、职能交叉和管理混乱局面

续表

一级指标	二 级 指 标	三级指标	指 标 内 容
运营管理	保障力度:街区进行统一规划管理,具有较强的改造提升力度,相应管理制度完善,各项工作制度按照既定流程规范执行	街区改造提升力度	有确定的改造提升资金保障;有统一的统筹领导小组;有专业的设计团队进行改造提升;根据情况启动商圈升级、业态布局规划
		制度完善	管理制度完善,包括安全、卫生、市容、道路、绿化、环境、文档等管理制度;设置综合办公室、财务部、人力资源部、运营部等部门,明确各部门岗位职责,设计考勤制度、日常工作制度、薪酬及奖励制度、档案管理制度、办公供给制度、人事管理制度、后勤服务制度等相关制度的组织框架,各项工作制度按照既定流程规范执行

（5）综合效益

街区带来的经济效益、零售增长贡献率、主体盈利率以及对税收的贡献;街区带来的社会效益,为社会带来的就业贡献以及对当地特色风貌的保护程度（表 12-12）。

表 12-12　综合效益评价指标

一级指标	二 级 指 标	三级指标	指 标 内 容
综合效益	经济效益:经济效益显著,零售增长贡献率较高,街区坪效较高,街区经营主体盈利率不低于20%;对财政税收收入有较大贡献	零售增长贡献	街区在本年度的零售总额,年度销售总额达到 1 000 万元以上
		街区坪效	街区在本年度单位面积的零售总额
		街区经营主体盈利率	街区在本年度中,所有商户中实现盈利的营业主体的比例,主体盈利率达到 60% 以上
		税收贡献	街区本年度对财政税收收入的贡献,年度财政贡献达到 200 万元以上
	社会效益:街区为社会带来较大的就业贡献,具有较大的年客流量,同时注重对街区特色风貌的保护	就业贡献度	街区实际吸纳就业人数及创造的就业岗位数量,吸纳就业人数达到 500 人以上
		客流聚集	街区本年度实际吸引到的人流量（年客流量）,含在特殊节日吸引到的人流量（日客流量）,年度客户流量达到 50 万以上
		特色风貌保护程度	街区现存历史建筑与文物保护单位的建筑面积大小,有相应的历史建筑与文物保护的制度,设有保护现存历史建筑与文物的专项资金
	消费者认可度:由街区的标志效应带给消费者较高的街区知名度,消费者表现出较好的街区态度和消费者情绪,消费者停留意愿较强并乐于进行口碑传播	街区知名度	消费者对街区的知晓程度;街区在社会大众中的影响力,在大众媒体上出现的频率
		街区的标志效应	该商业街区能够代表地区整体形象,起到城市名片的作用大小;具有明显的标志性建筑
		服务满意度	消费者在街区体验和购物的整体满意度;能够快速为消费者解决问题,带给消费者美好的购物体验;提供高品质的服务;能够主动为消费者提供服务
		消费支出意愿	消费者愿意消费支出的比例和消费支出平均水平,日人均消费达到 200 元以上
		街区态度	消费者对街区的喜爱程度（喜欢、喜爱）;消费者认为街区给自己带来了愉快的购物体验

一级指标	二级指标	三级指标	指标内容
综合效益	消费者认可度：由街区的标志效应带给消费者较高的街区知名度，消费者表现出较好的街区态度和消费者情绪，消费者停留意愿较强并乐于进行口碑传播	光顾意愿	消费者光顾街区的意愿（次数、频率）
		口碑传播	消费者对街区的口碑传播（推荐意向程度、好评或差评倾向），对街区给予好评的程度，愿意将街区推荐给朋友的程度，好评率达到 80% 以上
		消费者停留意愿	消费者愿意在街区参观停留消费的时间，消费平均停留时间在 5 小时以上
		消费者情绪	消费者在街区的情感体验，在街区停留时表现出开心、愉悦、兴奋的程度

12.5.4　评价指标体系的量化和权重计算

为使评价指标能够更准确地反映世界著名商业街区的核心特征，我们通过层次分析法确定各指标权重。

在商业街区的各项指标的权重确定过程中，首先把初步拟出的评价指标体系表和对指标的说明，发给各位专家，请专家按规定的方式发表意见，并事先规定指标重要度的级数和每级的量值。一般将重要度分为 5 级，5 级的量值分别取 1、2、3、4、5，量值越大越重要。调查对象可根据对指标重要度的认识，在咨询表的相应位置上填入分值。表 12-13、表 12-14 所示是商业街区一级评价指标的重要性计算表和权重计算表。

表 12-13　一级指标重要性计算

指　　标	规划布局	景观设施	商业功能	运营管理	综合效益	代数和
规划布局	—	3	1	−1	−2	1
景观设施	−3	—	2	−1	−3	−5
商业功能	−1	−2	—	−2	−3	−8
运营管理	1	1	2	—	−1	3
综合效益	2	3	3	1	—	9

注：列指标比横指标重要，则为正数；横指标比列指标重要，则为负数。

对各连指标得分的求和再排序就能得出指标的重要性关系。在表 12-13 中，重要性指标排序是：综合效益（9）＞运营管理（3）＞规划布局（1）＞景观设施（−5）＞商业功能（−8）。

权重的计算首先是计算评价矩阵中每行的分值的几何平均数，然后计算各项指标的几何平均数占几何平均总和的比值，这个比值就是单项指标的权重。由表 12-13 可见专家十分重视商业街区综合效益，而不太关注商业功能。

表 12-14　一级指标权重计算

指　　标	规划布局	景观设施	商业功能	运营管理	规划布局	几何平均	权重
规划布局	—	3	1	1	1/2	1.1067	0.1984
景观设施	1/3	—	2	1	1/3	0.6866	0.1231
商业功能	1	1/2	—	1/2	1/3	0.5373	0.0963
运营管理	1	1	2	—	1	1.1892	0.2131
综合效益	2	3	3	1		2.0598	0.3692

注：横指标比列指标重要，则为分数。

表 12-14 列出了 5 个一级指标的相互权重关系,每个二级指标和三级指标之间都有相关指标,用同样的方法也可以计算出各相关指标的权重值(表 12-15)。

表 12-15　商业街区评价指标权重值

一 级 指 标	二 级 指 标	三 级 指 标
规划布局(0.1984)	区位选址(0.2894)	发展规划(0.5000)
		商业资源(05000)
		联动发展(0.1796)
	交通便利(0.4765)	公共交通(0.3876)
		停车便利(0.4328)
	街区空间(0.2341)	步行空间充足(0.4012)
		道路系统(0,1660)
		活动空间(0.3561)
景观设施(0.1231)	景观优美(0.3970)	风格特色(0.2134)
		商业建筑(0.2276)
		广告招牌(0.1226)
		主题景观(0.1908)
		绿化景观(0.2456)
	卫生整洁(0.3479)	街区卫生(0.5000)
		商户整洁(0.5000)
	设施完备(0.2551)	卫生设施(0.1598)
		导览设施(0.0987)
		休息设施(0.3079)
		通信设施(0.2890)
		无障碍设施(0.1102)
		服务中心(0.1331)
		安全设施(0.1874)
商业功能(0.0963)	特色功能(0.2978)	独特性(0.1800)
		特色商户(0.2076)
		老字号店铺(0.2065)
		业态丰富(0.2745)
		功能完备(0.1314)
	夜间经济(0.3347)	夜间商户(0.2673)
		夜间活动(0.3347)
		夜间交通服务(0.3980)
	国际化程度(0.3675)	国际化消费者(0.3017)
		国际化品牌(0.4633)
		国际化服务(0.2350)
运营管理(0.2131)	运营高效(0.4091)	商业氛围打造能力(0.0847)
		智慧服务(0.3479)
		公共服务(0.3254)
		投诉处理(0.2420)

续表

一级指标	二级指标	三级指标
运营管理(0.2131)	诚信经营(0.2467)	商户信誉优良(0.4673)
		惩戒制度(0.3375)
		商户自律组织(0.1952)
	保障力度(0.3442)	街区统一规划管理(0.3655)
		街区改造提升力度(0.3257)
		制度完善(0.3088)
综合效益(0.3692)	经济效益(0.3578)	零售增长贡献(0.3347)
		街区坪效(0.0507)
		街区经营主体盈利率(0.3582)
		税收贡献(0.2564)
	社会效益(0.2087)	就业贡献度(0.2179)
		客流聚集(0.4023)
		特色风貌保护程度(0.3789)
	消费者认可度(0.4335)	街区知名度(0.1228)
		街区的标志效应(0.0769)
		服务满意度(0.1178)
		消费支出意愿(0.1123)
		街区态度(0.0449)
		光顾意愿(0.1978)
		口碑传播(0.1201)
		消费者停留意愿(0.1098)
		消费者情绪(0.0976)

12.6　商业街区评价指标体系在上海特色商业街区评价中的运用

12.6.1　上海特色商业街区评价的必要性

根据上海市统计局发布的数据,2019年上海市GDP总量达到38 155.32亿元人民币,比上年增长6%。消费市场规模(社会消费品零售总额)达到1.35万亿元,成为国内最大的消费市场之一。目前上海已经迈入世界一线城市阵列,目标是赶超如纽约、东京、伦敦、巴黎等国际性大都市。上海的商业存量在国内主要城市排名靠前,总体量已经超过像中国香港、新加坡、中国台北等亚洲城市,但商业质量与亚洲一线城市仍有差距,具体表现为消费规模、商业评效、品牌进驻上的差距。2019年,中国大陆游客的境外消费排名世界第一,2019年上半年境外消费总额为1 275亿美元,国内消费外溢现象依然存在。境外消费中上海游客消费排名高居第二位,仅次于广东,中高端消费外溢现象严重。

由于存量的巨大,上海商业的开发经营收益一直难以突破,与国际其他城市差距明显。上海商业地产历史悠久但新时期商业开发起步慢,经营者(开发商)的经营经验和经营水平仍有不足。在上海 67 个特色商业街区中,51%为自发性街区,品牌开发商、经营商占比少。由于经济水平的限制,中国长期处于压抑性消费市场,近十余年上海进入大众消费时代,这种消费形态在商业载体上的表现为从品类单一到品类齐全,是一个从小到大的过程。特点也表现为单一品类的聚集,如豫园、七浦路、吴江路等。

为了帮助上海商业街区加快商业转型升级、提升城市繁荣繁华,发挥综合溢出效应,加快服务长三角协同发展,我们使用此商业街区评价指标对上海特色商业街区进行评价。

根据以上指标体系,按照调查对象和方法分类,通过专家评分表、运营方调查问卷、消费者调查问卷、现场观察记录表和大数据搜索等工具实施数据采集方案。

12.6.2　评价指标调研问卷收集

1. 采集说明

调研人员在商业街区基本信息采集之前,通过二手资料收集,对相关基本信息进行调查,并填入表格。评价指标信息通过专家打分和消费者调查相结合的形式收集。

专家打分法中,选择熟悉商业街区领域的专家共 15 名,并且各位专家在年龄、性别的分布均匀,以进一步保证问卷结果的客观性和普适性。通过邮件向各位专家发送相关资料,包括各个商业街区的背景资料与设计好的调查问卷,以征询专家意见;相关资料发送后的一周内,对专家填写的问卷进行回收,并对专家的意见进行分析汇总,将最终统计结果通过邮箱反馈给专家;经过对专家意见的征询和反馈,以及结合消费者的问卷信息收集形成最终的调研结果。

消费者调查采用线上线下结合的方法收集问卷。线下在商业街区附近拦截消费者,线上对在该街区有过消费经历的消费者发放问卷。

2. 数据处理

对回收的问卷进行 SPSS 等统计软件分析。

参考文献

[1] 胡晓云,徐芳.关于卷入度问题研究的追踪溯源[J].广告研究(理论版),2006(1):22-26.

[2] 侯利民,陶卓民.南京旅游特色街区发展刍议[J].江苏商论,2007(3):82-84.

[3] 张迪.城市街区旅游产业开发研究[C].//江苏省旅游学会.江苏省旅游学会首届学术年会论文集.江苏省旅游学会:江苏省旅游学会,2008:134-141.

[4] 赵梦妮,钟永德.旅游特色街区业态比较研究——以张家界溪布街和桂林阳朔西街为例[J].中南林业科技大学学报(社会科学版),2013,7(3):6-8.

[5] 贺佳婴,季玉群.休闲文化产业发展中城市特色商业街开发初探[J].东南大学学报(哲学社会科学版),2013,15(S1):29-31.

[6] 傅祈.南方滨水商业街区外部空间设计研究[D].长沙:湖南大学,2014.

[7] 胡昕.国内外滨水商业街比较研究[J].时代经贸,2015(10):18-43,122.

[8] 顾晨莹.上海休闲街区商业网点集聚研究[D].上海:华东师范大学,2012.

[9] 王媛.都市白领阶层消费特征之我见[J].学习月刊,2010(6):107.

[10] 杨继瑞."浪费型消费"的经济学分析[N].光明日报,2014-01-15(015).

[11] 葛林.体验经济下传统商业街的地域性设计研究[D].西安:西安建筑科技大学,2017.

[12] 李旭.体验式消费下商业建筑的空间组合与设计研究[D].长沙:湖南大学,2017.

[13] 姚宁波.地铁施工对繁华街区商业氛围的影响评价研究[D].杭州:浙江大学,2016.

[14] 陈亮亮.基于使用后评价的商业化历史街区步行空间的氛围研究[D].成都:西南交通大学,2015.

[15] 张成.城市历史文化题材商业街区规划设计研究[D].南京:南京大学,2015.

[16] 何阳.体验式商业空间"情境营造"策略研究[D].长沙:中南大学,2014.

[17] 张晓辰.休闲商业街区场所营造研究[D].长沙:湖南大学,2014.

[18] 张剑芳.体验消费模式下的城市商业综合体空间研究[D].长沙:湖南大学,2014.

[19] 刘焕文.体验式消费影响下城市商业综合体室内步行街设计研究[D].西安:长安大学,2013.

[20] 练舢姗.地下商业街氛围设计研究[D].南京:南京林业大学,2011.

[21] 李涛.城市综合体商业空间氛围营造研究[D].重庆:重庆大学,2011.

[22] 黄楚宇.深圳市东门商业步行街升级发展对策研究[D].哈尔滨:哈尔滨工业大学,2014.

[23] 张淳.城市特色商业街发展模式与战略研究[D].天津:天津大学,2014.

[24] 朱颖婷.城市特色商业街区评分制管理研究[D].南昌:江西财经大学,2017.

[25] 郝建海.合肥城隍庙街区改造与更新策略研究[D].合肥:合肥工业大学,2017.

[26] 陆地.黄兴南路步行街的管理体制改革研究[D].长沙:湖南大学,2017.

[27] 欧阳旭.论北京路步行街的管理与经营[D].广州:暨南大学,2007.

[28] 俞斌.长春拾光里商业街的运营模式与营销策略研究[D].长春:吉林大学,2018.

[29] 崔博荃.政府优化特色商业街管理模式的对策研究[D].青岛:青岛大学,2016.

[30] 樊盛兰.城市社区商业开发运营研究[D].重庆:重庆大学,2006.

[31] 周宵.金陵东路商业街整体规划和商业结构调整研究[D].上海:上海交通大学,2012.

[32] 王强.地下商业空间利用及营运管理分析[D].武汉:华中师范大学,2013.

[33] 温宏飞.基于 WBS 理论的城市综合商圈运营规划研究[D].天津:天津大学,2015.

[34] 王欣.谈谈商业企业服务规范化[J].商业研究,1986(10):32-34.

[35] 李金国.大商业管理中应注意的几个问题[J].上海商业,1996(Z1):70-71.

[36] 程千.建立服务质量体系与服务标准化[J].质量天地,2001,000(8):48-49.

[37] 张来灿,杨毅,崔景."商业街"深层意义之探索[J].建筑师,2006(5):5-9.

[38] 蒋颖颖.步行商业街复合型服务亭规划与设计[D].上海:东华大学,2006.

[39] 樊军辉.我国旅游景区服务质量及其标准体系的研究[D].石家庄:河北师范大学,2007.

[40] 罗倩兰.重庆市主城区商业步行街使用状况评价[D].成都:四川农业大学,2012.

[41] 温晓娟.城市游憩商业区服务标准研究[D].上海:华东师范大学,2013.

[42] 康俊生,晏绍庆,马娜,等.城市商业区国家标准研究[J].标准科学,2014,000(4):6-9.

[43] 蔡京蓉.城市商业区运营管理的标准化研究[C].市场践行标准化——中国标准化论坛,2014-09-25.

[44] 冯意婷,梁昌文,钟照华.将标准化引入商圈服务建设[J].中外企业家,2016(3):28-29.

[45] 李学海.浅谈企业实施安全标准化的重要意义[J].吉林劳动保护,2011(S1 期):74-76.

[46] 韩佳嘉.石家庄特色商业街研究[D].石家庄:河北经贸大学.

[47] 董润芸.服务质量评估及提升研究[D].沈阳:沈阳工业大学,2003.

[48] 曹桂林.浅析对商业健身俱乐部会员投诉的管理[J].商业文化(学术版),2008(6):54-55.

[49] 聂召.商业物业管理中关系质量对客户抱怨行为的影响机制研究[D].成都:西南交通大学,2008.

[50] 吉姆·哈蒂根.处理顾客投诉有效的服务补救方式[J].饭店现代化,2014(6):48-49.

[51] 程晓芳.商贸服务企业服务质量评价指标体系构建研究[D].西安:西安科技大学,2015.

[52] 张燕超.运营商的售后服务:客服投诉管理[J].现代经济信息,2016(14).

[53] 高婷.城市游憩公共空间服务质量评价[D].上海:上海师范大学,2017.

[54] 冀雪华.北京社区购物中心服务质量评价体系研究[J].中国储运,2018,000(7):125-128.

[55] 王瑶.缓解大型商场基层管理人员客户投诉压力的小组社会工作实践[D].长春:长春工业大学,2019.

[56] 陈小宁.顾客投诉管理体系在 AS 公司的应用和研究[D].南京:南京理工大学,2008.

[57] 方宇.杭州市电子商务投诉的管理机制研究[D].南昌:南昌大学,2016.

[58] 于茂高.城市次中心商业街区建设模式研究[D].南京:南京农业大学,2008.

[59] 吕雁南.特色商业街区建设中的政府行为研究[D].郑州:郑州大学,2014.

[60] 王战营.产业集群发展中的政府行为及其评价研究[D].武汉:武汉理工大学,2013.

[61] 邓彭成.徐州市商业街发展中的政府职能履行研究[D].咸阳:西北农林科技大学,2017.

[62] 吴毅雄.政府参与下的南京东路商圈建设发展研究[D].上海:上海交通大学,2013.

[63] 赵镜宇.马连道茶叶街产业升级中的地方政府作用探究[D].北京:中央民族大学,2016.

[64] 顾竹屹.从公共选择理论视角分析历史街区改造困境——以上海舟山路、多伦路为例[C].//中国城市规划学会.多元与包容——2012 中国城市规划年会论文集.中国城市规划学会:中国城市规划学会,2012:990-998.

[65] 葛然.吉林省文化商业街建设的政府职能研究[D].长春:吉林大学,2017.

[66] 刘展蓉.我国城市特色街建设与发展中的政府角色[D].青岛:中国海洋大学,2008.

[67] 崔博荃.政府优化特色商业街管理模式的对策研究[D].青岛:青岛大学,2016.

[68] 周宵.金陵东路商业街整体规划和商业结构调整研究[D].上海:上海交通大学,2012.

[69] 陈俊.常熟市历史文化街区保护管理问题与对策研究[D].苏州:苏州大学,2014.

[70] 苟学珍.干预型政府向规制型政府转变的经济法思考[D].兰州:兰州大学,2019.

[71] 唐克,陈凤.成都宽窄巷子旅游开发商业模式及其运行问题[J].西南民族大学学报(人文社会科学版),2012,33(10):147-152.

[72] 唐玉生,黎鹏,刘双,等.我国西部地区历史商业街区演化路径及影响因素[J].管理学报,2016,13(5):745-754.

[73] 刘渝琳,刘明.政府优惠政策对区域经济发展影响的双门槛效应研究[J].中国软科学,2012(11):87-99.

[74] 唐代剑,王琼英.杭州特色商业街形成与扩张机理研究[J].经济地理,2013,33(6):84-90.

[75] 范殷雷.杭州沿西湖滨水街区不同模式特色营造研究[D].杭州:浙江大学,2007.

[76] 陈雪琦,夏森炜,杨阳,等.传统历史文化街区保护开发的社会及经济效益——以晋江五店市传统街区为例[J].福建建筑,2019(2):14-17.

[77] 冯四清.商业街评价体系的构建[J].合肥工业大学学报(自然科学版),2004(2):26.

[78] 郭紫红.西安市西大街特色商业街区发展评价研究[D].西安:西安建筑科技大学,2014.

[79] 姬跃蓉.论张披路步行商业街的商业集聚作用[J].发展,2011(8):88.

[80] 赖阳,黄爱光.世界著名商业街评价指标体系研究[J].中国市场,2013(7):82-90.

[81] 李义福,肖冉,罗菁,等.老北京商业街对北京经济发展影响的研究[J].中国商贸,2014(14):161-163.

[82] 姜淼.历史文化街区商业业态定量分析方法与比较研究[D].北京:北京建筑大学,2019.

[83] 刘乾.城市立体化商业街区步行体验评价研究[D].武汉:华中科技大学,2018.

[84] 刘文蕾.主题街区对城市旅游的影响研究[D].天津:天津商业大学,2011.

[85] 马彬斌,黄萍,文智丽,等.中美特色街区开发模式比较分析——以宽窄巷子和 Broadway 为例[J].中国商论,2020(10):61-63,65.

[86] 马小琴.构建商业街评价指标体系的探索性研究[D].长春:吉林大学,2007.

[87] 邵伟伟.打造特色商业步行街 培育城市经济景观带——以烟台市东方巴黎步行街为例探讨商业步行街的发展[C].烟台中心城市发展研究:山东省科学技术协会,2007:173-178.

[88] 沈燕峰.城市商业街的评价体系研究——基于苏州市山塘街特色商业街的实例分析[D].苏州:苏州大学,2007.

[89] 肖月强,黄萍,陈杨林.城市特色商业街评价体系研究——以成都青羊特色商业街区为例[J].西南民族大学学报(人文社会科学版),2011(9):157-161.

[90] 荀培路.中国商业街的自我救赎[J].商业时代,2005(2):28-29.

[91] 应奋,张杰.基于集对分析的旧城区改造综合评价体系研究[J].中国管理信息化,2011(4):24

[92] 张宜时,王海鹰.传统商业街发展中的问题及对策研究——以沈阳中街为例[J].商业经济,2009(19):75-77.

[93] 赵伟宏.平湖市南河头历史文化街区保护开发思考[J].绿色科技,2020(3):62-65.

[94] 顾国建.零售业:发展热点思辨[M].北京:中国商业出版社,1997.

[95] 王婷婷.商业步行街环境景观 POE 评价探讨[D].重庆:西南大学,2014.

[96] 陈曦.重庆市地下商业空间人性化设计研究[D].重庆:重庆大学,2016.

[97] 甘娜,刘晓博,陈其兵.商业街生态文明评价体系构建与运用:以春熙路为例[J].四川师范大学学报(自然科学版),2016,39(4):612-617.

[98] 曹帅强,邓运员,刘红利,等.城市商业街区满意度综合评价——以衡阳步行街为例[J].衡阳师范学院学报,2014,35(3):162-165.

[99] 周永广,温俊杰,陈鼎文.基于信息熵权 TOPSIS 法的步行商业街业态竞争力及布局研究——以杭州市两条步行商业街为实证案例[J].浙江大学学报(理学版),2012,39(6):724-732.

[100] 慕文娟,田大方.环境认知下哈尔滨商业步行街评价指标体系构建[J].山西建筑,2016,42(11):9-11.

[101] 洪增林,史新峰.商业街评价指标体系的构建研究[J].西安工业大学学报,2012,32(1):68-73.

[102] J. A. Hward, J. N. Sheth. The Theory of Buyer Behavior Research Paradigm[J]. Journal of Business Research,1969,60(3).

[103] Ding Shaolian. Impacts of urban renewal on the place identity of local residents-a case study of Sunwenxilu traditional commercial street in Zhongshan City, Guangdong Province, China [J]. Routledge,2016,12(3).

[104] José Más Ruíz,F. Image of suburban shopping malls and two-stage versus uni-equational modelling of the retail trade attraction[J]. European Journal of Marketing,1999,33(5/6):512-531.

[105] Kathleen Lord. The Function of Commercial Streets in Montreal and Paris, 1853-1936[J]. Journal of Urban History. 2018,44(6):1131-1153.

[106] Liang S, Weikang T, Yanbing R, et al. Research on Visual Comfort of Underground Commercial Streets' Pavement in China on the Basis of Virtual Simulation[J]. International Journal of Pattern

Recognition and Artificial Intelligence,2020,34(3):23.

[107] Martilia J A,James J C. Importance-Performance Analysis[J]. Journal of Marketing,1977,41 (1):77-79.

[108] Meng J,Zhu Z,Zeng J. The Research on the System of Level of Service of the City Commercial Pedestrian Street[J]. Applied Mechanics and Materials,2014:656-665.

[109] Noor M G,Zaynab R A. Toward liveable commercial streets: A case study of Al-Karada inner street in Baghdad[J]. Heliyon,2019,5(5).

[110] Parsons A. Assessing the effectiveness of shopping mall promotions: Customer analysis[J]. International Journal of Retail & Distribution Management,2003,31(2):74-79.

[111] Walaa A E M,Wesam A E M. Urban renewal for traditional commercial streets at the historical centers of cities[J]. Alexandria Engineering Journal,2019,58(4).

[112] Yun G,Nicholas T,Yan L. The Commercial Street as "Frozen" Festival: A Study in Chinese Mercantile Traditions[J]. Architecture and Culture,2018,6(3).